Karl Clausberg

ZEPPELIN

Karl Clausberg

ZEPPELIN

Die Geschichte eines unwahrscheinlichen Erfolges

Mit 223 Dokumentar-Photographien

Weltbild Verlag

Autor und Verlag danken Herrn Hans Georg Knäusel von der Firma Luftschiffbau Zeppelin GmbH, Friedrichshafen/Bodensee für die freundlich und vielfach gewährte Unterstützung, ohne die dieses Buch in der vorliegenden Fassung nicht hätte verwirklicht werden können.

Die Bildlegenden des Tafelteiles wurden von Herrn Gerhard Hackl, München, verfaßt. Ihm gilt ebenfalls der Dank von Autor und Verlag.

CIP-Kurztitelaufnahme der Deutschen Bibliothek

Clausberg, Karl:
Zeppelin : d. Geschichte e. unwahrscheinl. Erfolges / von Karl Clausberg. – München : Schirmer-Mosel
ISBN 3-89350-030-8

Genehmigte Lizenzausgabe für Weltbild Verlag GmbH, Augsburg 1990

Lithos: Brend'amour, Simhart GmbH & Co., München
Gesamtherstellung: Wiener Verlag, Himberg bei Wien
Printed in Austria
ISBN 3-89350-030-8

Es gilt also jetzt mutatis mutandis das Wort,
das Heine einst etwas spöttisch geprägt hat:

»Franzosen und Russen gehört das Land,
Das Meer gehört den Britten.
Wir aber besitzen im Luftreich des Traums
Die Herrschaft unbestritten.«

Das erläuternde Attribut fällt natürlich weg:
Wir besitzen im Luftreich die Herrschaft unbestritten.

Pressestimme zur Fernfahrt Zeppelins
am 5. August 1908

INHALTSVERZEICHNIS

VORWORT

Die Akten und Briefablagen eines gründerzeitlich anmutenden Unternehmens in mehr oder minder vollständigem und unberührtem Zustande anzutreffen, grenzt heute – im Zeitalter der Reißwölfe und gesetzlich verordneter minimaler Papierlebensdauer – fast schon ans Wunderbare; und noch viel mehr, wenn es sich um den Nachlaß eines Unternehmens handelt, das seinerzeit buchstäblich innerhalb von Stunden und Tagen zum Range einer nationalen Institution aufstieg, sogar die höchsten Repräsentanten des Staates an Popularität regelrecht überflügelte. In jedem Fall also eine interessante, wenn nicht wichtige Quelle der Information über jene Großväterzeit, die heute auf verschiedenen Wegen – mit nostalgischer Rückwendung oder nüchterner Forschung – dem Geschichtsbewußtsein wieder zugänglich gemacht wird: in einer Konzentration und Perspektive, wie sie erst durch den historischen Rückblick möglich ist. Wenn in diesem Neuland zwischen ästhetischer Technik-Geschichte und Massenpsychologie ein glücklich erhaltenes Firmenarchiv in solcher Schlüsselstellung nicht nur neue Einblicke in die technischen und geschäftlichen Vorgänge bietet, sondern darüber hinaus auch noch – mit Briefablage und Zeitungsausschnitten – das ganze Ausmaß der epidemischen Faszination, welche diesem Unternehmen in wilhelminischer Zeit zuteil wurde, dokumentiert, so hat man es in der Tat mit einer Goldgrube zu tun – einer Goldgrube, die einerseits der Mühe des jahrelangen Materialsammelns enthebt, andererseits aber gerade durch ihren Reichtum den Schatzgräber und Erzähler in Verlegenheit bringt.

Reiz und Schwierigkeit, diese Materialfülle in lesbare Zusammenhänge eines Buches zu bringen, lagen in der Auswahl und in der Art der sprachlichen Darbietung: Aus den bizarren, heroischen, tragikomischen, bewegenden und trivialen Vorkommnissen, deren anekdotischer Charakter bisweilen ›fast zu schön ist, um wahr zu sein‹, die wesentlichen Züge eines Bildes zusammenzusetzen, ohne die Farbigkeit der Einzelheiten aus den Augen zu verlieren oder im Anekdotischen stekken zu bleiben; jene Atmosphäre von Fortschrittsglauben und Heilserwartung, von vaterländischer Gesinnung und individueller Verunsicherung, von Fluchtwünschen und bramarbasierender Selbstbestätigung spürbar zu machen, welche den psychologischen Nährboden für den wohl spektakulärsten Heldenkult der wilhelminischen Ära lieferte.

Das Heldenleben des Grafen Zeppelin, so wie es sich in den Augen seiner Zeitgenossen darstellte, aus der historischen Entfernung durchsichtig und zugleich verständlich werden zu lassen, konnte eigentlich nur, so möchte man meinen, auf eine Demontage der Heroengestalt hinauslaufen; und in der Tat, es gibt Dinge genug, die sich zum *Durchleuchten* und *Auseinandernehmen* anbieten: von den religiös-erotischen Glanzlichtern der Massenbegeisterung bis zur Warenzeichen-Verwendung bei speziellen Gummiprodukten, von den aggressiven Zerstörungsphantasien scheinbar friedfertiger Bürger Jahre vor Ausbruch des Ersten Weltkrieges bis hin zu den haarsträubenden Bombardierungsplänen des alten Grafen kurz vor seinem Tode im Jahre 1917; und ähnliches mehr. Solche Dinge hervorzuzerren, geschmacklos breitzutreten und der voyeuristischen Neugier preiszugeben wird mancherorts vielleicht noch vertraute Machtworte wie *Denkmalschändung, Nestbeschmutzung* oder *got-*

teslästerliche Übertreibung und *Verfälschung* wachrufen, zumal die Darstellung obendrein einen ironisch-distanzierten Ton anschlägt und so der inhaltlichen Anstößigkeit eine der Form hinzufügt. Und sicher wird der Leser auch bemerken, daß ein Buch nicht die ›Geschichte, wie sie wirklich gewesen ist‹, wiederholen kann, sondern zwangsläufig eine ›story‹ mit Erzählerstandpunkt bleibt, auch wenn sie ausgiebig von Quellen und Zitaten Gebrauch macht; und es wird auch nicht zu übersehen sein, daß dieses Buch sozusagen beim Lesen geschrieben wurde, das Resultat von Monaten, nicht von Jahren ist und einem Mosaik aus mehr oder minder intelligent zusammengestellten Bildern, Schriftsätzen, Aussagen, Meinungen, Erinnerungen, Ausreden und Lügen gleichkommt – doch Verleger sind keine kulturhistorischen Forschungsinstitutionen, die einem ewig Zeit lassen, weil sie für die Ewigkeit arbeiten. Aber warum nicht aus der Not eine Tugend machen? Schließlich wäre noch zu bemerken, daß Burleske und Komik einen besseren Kontrasthintergrund für tragisch-heroische Momente bilden können als schönfärberisch gereinigte Heldenlieder. – Doch es bedarf dieser Rechtfertigungen gar nicht; es genügt, sich die Alternativen anhand der vorliegenden ›Zeppelin-Literatur‹ vor Augen zu führen.

Abgesehen von jenen Schriften und Büchern älteren Datums, die absichtlich tendenziöse, national-überhöhte Lebensbilder entwarfen, sind Darstellungen der Zeppelin-Geschichte im wesentlichen zwei Rubriken zuzurechnen: der mehr oder minder biographisch angereicherten Technikgeschichte einerseits und andererseits jener personenzentrierten Literaturgattung, die Kampf, Sieg, Leiden, Scheitern etc. großer Persönlichkeiten beschreibt. Auch die Biographien und Erinnerungen der engsten Mitarbeiter des Grafen, vor allem die Artikel und Bücher Hugo Eckeners sowie die Memoiren des kaufmännischen Direktors des Zeppelin-Unternehmens, Alfred Colsman, sind deutlich beeindruckt und geprägt von einem allgemeinen Bedürfnis nach Heldenverehrung, die in den dreißiger Jahren längst in kulturhistorische Perspektiven eingemündet war: »Haß und Hohn, Tod und Wahnsinn sind das Schicksal der Pioniere«, liest man zum Beispiel in der Biographie FERDINAND GRAF VON ZEPPELIN von Hans Rosenkranz aus dem Jahr 1931; ›Die Geschichte eines abenteuerlichen Lebens‹ erschien hier eingebettet und vorgezeichnet in jenem geschichtsträchtigen Verhältnis von Geist und Technik, das – von den Erfindungen der Uhr, des Kompaß und der Brille an – sich in *Traum und Tragik* der großen Wegbereiter verwirklichte: »Sie werden von der Mitwelt gesteinigt, oder sie verbluten am Mut ihrer Experimente. Aufschwung und Niederbruch sind ihnen oft in dieselbe Stunde gepreßt. Sie sind wie die Rufer in der Wüste ... Man hört sie nicht, und man verspottet sie; oder man hat sie gehört und vergißt sie dann wieder: von höchstem Ruhm sinken oft die Pioniere in Armut und Vergessenheit. So ist es Christoph Columbus ergangen, der der gefeiertste Mann seiner Zeit, der Groß-Admiral aller überseeischen Länder gewesen war, und der dann doch in Einsamkeit und Armut und Verbitterung starb ... – So steht am Anfang des Weges von Pionieren fast immer der Fluch, an seinem Ende nur selten der Segen. – Alles dies, was ihm bevorstand, wußte Zeppelin. Um seines Zieles willen ging er dennoch seine Straße.«

Rosenkranz und seiner weltgeschichtlichen Betrachtungsweise zufolge war dem Grafen ein zweifacher Leidensweg beschieden: »Zeppelin – am Beginn seines Werkes – sah die Gefahr, mit Scharlatanen und Narren verwechselt zu werden; denn die Geschichte der Luftfahrt ist voll von ihnen.« Sich derart vorhersehbaren Prüfungen zu unterwerfen, nur um eine höchstwahrscheinlich undankbare ›historische Aufgabe‹ zu erledigen, war nicht jedermanns Sache, verlangte vielmehr übermenschliches Format: »Ich ... möchte denjenigen sehen,« fragte Rosenkranz, »der den Grafen Ferdinand von Zeppelin vertreten hätte in seiner magischen Besessenheit, in dem Erdulden ungeheuerlichster Rückschläge, im Erleiden der Lächerlichkeit, die er freiwillig auf sich nahm.« – Und solch magische Größe des Lebens ließ schließlich sogar die strategischen Exzesse des alten Grafen nach Beginn des Ersten Weltkriegs als unwesentlich erscheinen: »War Zeppelin am Ende seines Lebens verblendet und im Irrtum: – vor dem Recht seines Werks, vor der Reinheit des Wirkens ist alle Dunkelheit der letzten Jahre ausgelöscht. Sein Antlitz aber und das Bild seines Schicksals bleiben bestehen.«

Jener bemerkenswerte Vorgang, welcher den technischen Experimentator mit Geld und Verbindungen zum Erfindergenie, den Fehlschläge-Überwinder zum Helden und Idol stempelte, ist so oder so durchweg als verdienter Erfolg der genialen Beharrlichkeit oder als logische Konsequenz einer richtigen Konstruktionsidee einfach vorausgesetzt worden; Mißgeschick und epidemische Bewunderung blieben so gesehen zufällige äußere Zutaten einer unwandelbaren inneren Bestimmung. – Daß *richtige Ideen* und *große Persönlichkeiten* nicht nur aus eigener Kraft zu dem werden, was sie dann eines Tages darstellen, sondern kraft einer Verstärker-Rückwirkung aus der Öffentlichkeit, dafür ist die Heroengestalt des Grafen Zeppelin und auch der Sieg seines ›Systems‹ ein Parade-Beispiel. Und eben dieser, Idole und Ideen schaffende Wechselwirkungsprozeß, wie er an Leben und Werk des ›deutschen Luftfahrtmessias‹ so exemplarisch zum Zuge kam, wird gerade erst in den ›herabwürdigenden‹ Einzelheiten und lästerlichen Entgleisungen besonders einsichtig.

Unter solchem Blickwinkel kann jedenfalls dieser *unwahrscheinlichen Erfolgsgeschichte* eine angemessene Würdigung im Rahmen einer ›allgemeinen Geschichte der geistigen Verfassungen‹ zuteil werden – auch wenn sie nur selten durch das repräsentative Hauptportal der *Hochkunst* und *Weltliteratur,* vielmehr vorwiegend über die *volkskundliche* Hintertreppe der Gelegenheits-Dichtung und Zeitungsausschnitte, des Kleinbürger-Patriotismus und Soldaten-Lateins, des Andenkenrummels, der Warenwerbung, der Firmenakten und Geschäftspapiere, der banalen aber bezeichnenden Episoden zu erreichen ist.

So stehen hier genau genommen weder die Persönlichkeit des Grafen noch die wechselhafte Geschichte seiner ›Erfindung‹ um ihrer selbst willen im Mittelpunkt, sondern vielmehr *jene* ›unwahrscheinliche Erfolgsgeschichte‹ die Nation und Idol zueinander finden ließ, und insbesondere der Moment der Offenbarung, als es dem deutschen Volk wie Schuppen von den Augen fiel: anläßlich der Katastrophe von Echterdingen im August 1908, die zum tragischen Höhepunkt der ersten, mit ungeheurer Begeisterung verfolgten Fernfahrt Zeppelins wurde. Der Sturm, der das havarierte Schiff losriß, die Stichflamme, welche vor den Augen von Tausenden sein feuriges Ende herbeiführte, wurde zum Sturm der Anteilnahme, zum zündenden Funken einer der erstaunlichsten Massenhysterien, die in der berühmten Sechs-Millionen-Spende des deutschen Volkes ihren spontanen Niederschlag fand. Um dieses Ereignis, seine Voraussetzungen und Folgen kreist gewissermaßen die Zeppelin-Geschichte, so wie sie hier präsentiert wird, nicht um die verkehrstechnischen oder kriegerischen Fernziele, die man schon damals im Auge hatte, oder um jenes Jahrzehnt erfolgreicher Ozeanüberquerungen und Weltreisen, das dann mit der zweiten spektakulären Brandkatastrophe im Jahre 1937 in Lakehurst ausklang und so das Ende der deutschen Luftschiffahrt ankündigte.

Von dem Ausmaß der Zeppelinbegeisterung auf ihrem ersten Höhepunkt, wie es sich unter anderem in tausenden von Briefen an den Grafen ausdrückte, läßt sich kaum eine angemessene Vorstellung vermitteln; stellvertretend ist hier eine typische Ausdrucksform jener Zeit, das Gedicht und Lied, in Betracht gezogen: Die Epiphanie von Echterdingen löste nicht nur die Geldbörsen, sondern auch die Zungen der wilhelminischen Nation zu einem Pfingstwunder besonderer Art; seine poetischen Leistungen und Fehlleistungen sind hier allerdings nur summarisch als *andere Hälfte der Volksspende* gewürdigt. Diese ›geistigen Gaben in Versen‹ in angemessener Ausführlichkeit – zusammen mit einer Auswahl zeitgenössischer Zeppelin-Darstellungen, die den politischen Hintergrund seiner Erscheinung satirisch oder dramatisch unterstreichen – zu präsentieren, bleibt einer gesonderten Publikation vorbehalten: Mit einem solchen *Liederbuch der Zeppelin-Lyrik* wird dann endlich ein Vorhaben verwirklicht sein, das zwar nicht der Graf selbst, aber einer seiner engsten Vertrauten jahrelang im Sinn hatte.

September 1978 K. C.

Kapitel I

Der EPILOG als Einleitung: Nachkriegserscheinungen – Ein Deutscher *Kolumbus der Lüfte,* ein *Phönix aus den Wolken* – sein neuer Aufstieg und willkürliches Ende

Am Sonntag den 12. Oktober 1924 um 6 Uhr 35 morgens erhob sich ZR III – das 1921 von den Vereinigten Staaten in Friedrichshafen bestellte Reparationsluftschiff – nach Probefahrten und einer Deutschlandrundreise zum letzten Mal vom heimischen Boden, um seinen großen und gefahrvollen Flug über den Atlantik anzutreten. Draußen vor der Halle lag dichter Herbstnebel, und schon in sechzig Metern Höhe war das Schiff der begeisterten, wohl aber zum großen Teil auch trauernden Menschenmenge aus den Augen entschwunden. Die Klänge des Deutschlandliedes schallten noch kurze Minuten zu uns herauf, erinnerte sich ein Jahr später A. Wittemann, Navigationsoffizier an Bord des Zeppelins: Der Kommandant, Herr Dr. Eckener, sei in der besten Stimmung gewesen, er habe Befehl gegeben, durch den Nebel durchzustoßen, und 350 Meter über dem Abflugplatz lächelte uns der tiefblaue Himmel entgegen. Die Sonne war im Aufgehen und sandte die ersten Strahlen auf die Nebeldecke. Würde sie die Kraft haben, die weiße Decke, bevor wir deutsches Land verließen, zu durchdringen, und uns zum letztenmal einen Blick hinunterwerfen lassen?

Auch in den Erinnerungen des Kommandanten von 1949 war es ein bemerkenswertes Datum: »Am 12. Oktober 1492 war Kolumbus von Spanien aus auf seiner Entdeckungsfahrt in Amerika gelandet, und am 12. Oktober 1924 sollte jetzt das Luftschiff zur ersten Fahrt nach Amerika starten! Die Übereinstimmung aller Ziffern in diesen beiden Daten war so seltsam, jedenfalls nach Meinung des spanischen Gesandten in Berlin, daß er eine Art göttliche Fügung darin sah« und daraus – vergeblich – einen moralischen Anspruch auf Teilnahme ableitete. – Diese weit hergeholte, wahrhaft welthistorische Parallele wurde auch in den Organen der öffentlichen Meinung auf der anderen Seite des Ozeans gezogen: Unter dem Titel ›The Columbus Highway‹ brachte die New York Evening World am 14. Oktober eine Zeichnung, welche den Entdecker der Neuen Welt, über einen Globus gebeugt, den Kurs seiner flugtüchtigen Nachfahren mit dem Finger verfolgen ließ, während in der Höhe des Bildhintergrundes – vor seinem geistigen Auge – das deutsche Luftschiff durch Wind und Wetter seine Bahn dem Lande der in dieser Hinsicht damals noch begrenzten Möglichkeiten entgegenzog.

Zwar war es nicht das erste Mal, daß ein Luftschiff den Atlantik überflog: Schon 1919 hatte ein englischer ›Zeppelin-Nachbau‹, wie man deutscherseits sich tröstete, diese Erstleistung nach geduldigem Warten auf eine stabile atlantische Schönwetterlage vollbracht; aber die nonstop-Überquerung des Ozeans inmitten der atmosphärischen Wetterschichten, die mit Passagierflugzeugen erst viel später bewältigt wurde, war damals, vor allem in wechselhafter Jahreszeit, noch ein Flug ins Ungewisse.

Witterungserscheinungen vielfältiger Art – nicht nur die physikalischen des Luftmeeres – bestimmten das Bild wie auch die Risiken und Erfolgsaussichten dieses gewagten Fluges: Jene Nebel, welche das Schiff so schnell den Blicken der am Boden Zurückgebliebenen entzogen und das deutsche Land zu Füßen der angehenden Ozeanflieger verhüllt hatten, sah man auch im übertragenen Sinn auf Deutschland liegen.

»Länger als drei Tage zitterte das ganze deutsche Volk, trotz aller Zuversicht in ungeheurer Erregung und verfolgte mit fieberhafter Spannung alle Nachrichten, die Kunde über den Fortgang der kühnen Tat brachten«, war Mitte November in ›OST UND WEST‹, der Illustrierten Wochenschrift der Münchener Neuesten Nachrichten für das Ausland zu lesen. »Endlich, am 15. Oktober, traf, mit Jubel begrüßt, die frohe Kunde ein: Das Luftschiff hatte nach achtzigstündiger Fahrt glücklich sein Ziel erreicht; hatte, Stürmen und Regenschauern trotzend, den atlantischen Ozean überquert. Der Stolz, ein Deutscher zu sein, schwellte alle Herzen. Der Luftzug, den die Schrauben des Zeppelin erzeugten, hatte die schwere Wolkendecke zerrissen, die seit dem unglücklichen Ausgang des Krieges erstickend über Deutschland lastete. Hell strahlte durch den Wolkenriß zum erstenmal wieder die Sonne der Hoffnung auf unser niedergedrücktes Volk. Seit jenem Tage, an dem in den ersten Stunden des Nachmittags aus Millionen Kehlen das Vaterlandslied zum Himmel stieg, fühlten wir es alle: Deutschland kann und wird nicht untergehen!«

Das lichtvolle Wortbild vom wolkendurchbrechenden Hoffnungsstrahl fand in der bildlichen Berichterstattung eine Entsprechung und vielleicht sogar eine direkte Bildvorlage: Eine andere deutsche Illustrierte – ZEITBILDER – hatte zum Amerikaflug eine Photographie veröffentlicht, die offensichtlich das neue Luftschiff vor wolkenverhangenem Himmel über Meeresbrandung zeigte; eine Photographie, die auf ihre Weise viel effektvoller und differenzierter jene Gefühle und Überlegungen der deutschen Öffentlichkeit einfing und zum Ausdruck brachte, als es pathetische Worte vermochten. Im nachhinein betrachtet scheint sie als ein visuelles Schlüsseldokument die massenpsychologischen Wirkungen des Amerikafluges musterhaft in sich zu konzentrieren und wiederzugeben – trotz, oder vielmehr gerade wegen ihrer besonderen Darbietungsform. Mit der Unterschrift ›Zeppelin III fliegt über den Ozean‹ übernahm sie Laszlo Moholy-Nagy, konstruktivistischer *Bauhaus*-Theoretiker und Leiter der Klasse für Metallarbeiten in Dessau, als Eingangsbeispiel medienunangemessener Bildgestaltung in sein Bauhausbuch über ›Malerei Fotografie Film‹, das er zu dieser Zeit gerade zusammenstellte.

LZ 126 (ZR III) fliegt über den Ozean. Photographie aus der Illustrierten »Zeitbilder«, die Moholy-Nagy in sein Bauhaus-Buch übernahm.

»Das ist die *romantische* Landschaft«, lautete sein Bildkommentar. »Nach der glänzenden – allerdings nicht wiederholbaren – Periode der Daguerreotypie hat der Fotograf alle Richtungen, Stile, Erscheinungsformen der Malerei nachzuahmen versucht. Es dauerte ca. 100 Jahre, bis er zur richtigen Verwendung seiner eigenen Mittel kam.« Das Bild des Luftschiffs über den Wellen gehörte für ihn zum anderen Extrem. Moholy-Nagy, der die eleganten Metallkonstruktionen der Zeppeline offenbar als Vorbild jener neuen Einheit von Kunst und Technik bewunderte, die im Bauhaus propagiert wurde – schon sein Filmskript ›Dynamik einer Großstadt‹ hatte als erste Einstellung den Blick auf ein entstehendes Luftschiffgerippe vorgesehen –, muß dieses Lichtbild in der Tat wie eine Theateraufführung mit falschem Bühnendonner und Feuerzauber vorgekommen sein.

Eine dramatische Inszenierung war dieses Lichtbild in jedem Fall – und höchstwahrscheinlich auch ein ›fiktives‹ Dokument, das nur aufgrund der authentischen Ortsatmosphäre nicht sofort Zweifel an seiner Augenzeugenqualität herausforderte, im Gegenteil. War es schon vollends undenkbar, daß diese Photographie als gelungener Schnappschuß während des Atlantikfluges zustande kam – ZR III überflog bei strahlendem Nachmittagssonnenschein die französische Küste und kam am übernächsten Tag im Morgennebel an der amerikanischen Ostküste an –, so hatte auch die Aufnahme während des früheren Deutschlandfluges nicht viel mehr Wahrscheinlichkeit für sich: Diese eindrucksvolle Bildszene konnte eigentlich nur als Montage so perfekt ein›gestellt‹ worden sein.

Aber selbst wenn diese Bildreportage als ›unwahrscheinlicher‹ Zufallstreffer in einer Verkettung glücklicher Umstände machbar gewesen wäre, so hätten doch ebenso jene Bildvorstellungen Auge und Hand des Photographen geführt, welche bei einer Montage Pate standen – und so oder so ihre eigene Entstehungsgeschichte haben. Jedoch auch ohne die bewußte Kenntnis solcher Traditionszusammenhänge vorauszusetzen, hatte das Bild hinreichende Wirkungsqualitäten, um sofort die Aufmerksamkeit von Betrachtern auf sich zu ziehen und seine wiederholte Reproduktion auszulösen; so etwa mit dem bezeichnenden Untertitel: ›Allen Gewalten zum Trotz‹.

Kämpferisch aufgelegten Optimisten konnte das schwerfällige Aufbrausen der Meeresbrandung allerdings ohnmächtiges Wutschnauben angesichts des unerreichbaren fliegenden Wesens, die perspektivisch stark verkürzte Untersicht und Seitwendung des Schiffskörpers den Anflug hochnäsig-majestätischen Auffahrens signalisieren; gleichzeitig mochte sich in der zweidimensionalen Bilderfahrung, die ohne stereoskopische Zwangseindrücke anschaulich wird, der Zusammenhang von Wolkenöffnung und Luftschifferscheinung eher als ein ursächlicher darstellen, so als hätte es in der Macht dieser Himmelsausgeburt gestanden, das Wolkendunkel mit seinen Schraubenwirbeln auf der Stelle zu zerreißen. In dieser Sicht also ein Triumphalbild, das gerade am vergeblichen Widerstand der Naturkräfte die Größe des endgültig errungenen Sieges zeigte.

Ängstlicheren und wankelmütigen Naturen mußte dagegen die düstere Gewitterstimmung aufs Gemüt schlagen und so – mit dem Überfliegen der Brandung – eine Vorstellung von den für dieses Mal überstandenen Gefahren des Ozeanfluges vermitteln, dessen Ende allerdings im Photo noch keineswegs abzusehen war, denn der Bildausschnitt verriet nicht allen Augen, daß die Meeresaufnahme vom Strand aus gemacht war. Anschaulich wurde in dieser Einstellung nur, daß der Zeppelin im abnehmenden Licht mit einer fischartigen Bewegung dem heraufziehenden Dunkel nach oben und bildauswärts zu entkommen suchte.

Bewußt-tiefsinnigen Betrachtungsweisen standen selbstverständlich mehrdeutige Wege der Bildauslegung offen, die vor allem von der Lichterscheinung, dem wolkenzerreißenden Hoffnungsschimmer ihren Ausgang nehmen konnten. So gesehen, ließ sich sogar das verdunkelte Meer als Allegorie deutscher Nachkriegs-Seelenverfassung zu einem hellen Aufbranden der Zeppelinbegeisterung bewegen, so, wie es die zitierte Pressestimme fast schon nahelegte.

Der Erscheinungs- und Ereignischarakter solcher See- und Sinnbilder deutschen Wiederaufbegehrens im photographischen Gewande hatte seine Parallelen in utopischen Ausläufern der Literatur, welche z.B. auf den Amerikaflug vom Bodensee sofort einen süddeutschen ›Schuß ins All‹ – so 1925 der Titel des Romans von Otto W. Gail – mit majestätischer Rückkehr in Wort und Bild folgen ließen: »›Ich fürchte, daß diese dichten Wolken Schwierigkeiten in der Orientierung bereiten werden‹, meinte der graubärtige Herr. ›Kaum!‹ entgegnete Geheimrat Heyse. ›Die Funkpeilungen sind so zuverlässig, daß auch ohne Sicht auf die Erde eine sehr genaue Ortsbestimmung möglich ist. Übrigens ist ja Berger hierin Fachmann. Er war es, der bei dem Amerikaflug des ZR III erstmalig diese Art der Richtungs- und Lagebestimmung angewandt hat. Und seither ist das Funkpeilungsverfahren wesentlich verbessert worden. Außerdem ...‹ Ein brausendes ›Hurra‹ der Menge verschluckte die letzten Worte Heyses. In südwestlicher Richtung hatte ein dunkler Punkt die Wolken durchbrochen und wurde zusehends größer. In schräger Fahrt kam er näher und tiefer. Die gewaltigen Tragflächen blitzten ab und zu hell auf, wenn ein Sonnenstrahl sie traf. Deutlich konnte man schon die eiförmige Gestalt des Schiffsrumpfes erkennen.« – Diesen Landeanflug brachte die begleitende Illustration – wie das Zeppelin-Photo – als lichtumflossene Wiederkehr in Wolkenhöhe, die hier jedoch nicht den Ozean, sondern das Friedrichshafener Bodenseepanorama überstrahlte.

Im Roman mündete der begeisternde Wolkendurchbruch in eine aufschlußreiche Zuschauerbeklommenheit bei der Raumschifflandung: »Einige Male zog es majestätische Kreise über dem Startplatz. Dann schraubte es sich im Gleitflug tief herab. Drückend wuchtete die mächtige Masse über den Köpfen der Zuschauer, daß viele ängstlich auseinanderstoben und ein heilloses Gedränge entstand. Man konnte sich des Eindrucks nicht erwehren, das unheimliche Gebäude in der Luft müsse im nächsten Augenblick herabsausen und mit seinen Stahlmassen die Menschen unter sich begraben.« Staunen und Furcht angesichts des sich herablassenden Riesengebildes, wie sie hier zu Worte kamen, waren offensichtlich Reflexe einer Sinneserfahrung, die damals nur von einer Zeppelinlandung herrühren konnte.

Solche, in eine auch maßstäbliche Überwältigung der Menschenzwerge umschlagende Erwartungsperspektive war bildlich nur mit einem – zeigefingerartig – auf den Betrachter gerichteten Sinkflug zu suggerieren. Auch dieser Eindruck kam im Ozeanflugphoto – trotz der schräg himmelansteigenden Schiffssilhouette – durch die starke perspektivische Verzerrung, das vorne-Größerwerden und Näherrücken zum Zuge; ganz im Gegensatz zur Wirkung der geometrisch gleichen Verzerrung eines in die Bildtiefe ziehenden Luftschiffs, wie es etwa in einer Simplizissimuszeichnung anläßlich des Amerikafluges aus der Perspektive der am Strande Zurückbleibenden gezeigt wurde: Hier scheint nun gerade die weit entrückte Schiffsspitze auch zeitlich schon hinwegzueilen, ähnlich, wie man es aus den bewußten ›Hosenträger‹effekten von Zeichentrickfilmen kennt.

Untermalte die Simplizissimuszeichnung mit einem winkenden Kinderpaar am Strand deutsche Abschiedssentimentalitäten, so wählte Kommandant Eckener zur photographischen Illustration seines Flugberichts im Zeppelin-Gedenkband des nächsten Jahres eine nüchternere Bildversion (die vermutlich ebenfalls eine Montage war). Unter dem Titel ›ZR III über dem atlantischen Ozean‹ war das Schiff zwar auch hier über einer – schräg ins Bild laufenden – Meeresbrandung vor bewölktem Himmel zu sehen, zog jedoch eher seitwärts vorüber, ließ also den Betrachter eigentlich unbetroffen. Trotz aller motivischen Ähnlichkeiten war dieses Seefahrtphoto mit dem anderen Glorienbild des Amerikafluges kaum zu vergleichen.

Alles in allem wurde mit jenem anderen Photogemälde also keineswegs nur ein sachlicher Bildbericht zusammengestellt, sondern vielfältige, widersprüchliche Betrachterempfindungen und Hoffnungen unterschwellig angesprochen: Panik- und Triumphgefühle, die sich angesichts dieser gloriosen Himmelfahrt und Wiederkehr aus den Wolken ebenso in der Schwebe hielten, wie das Schiff selbst im Bilde zwischen Aufstieg und Niedergehen zu schwanken schien. Und all das – für den Illustriertenleser – unter dem Anschein einer unbestechlich-objektiven, von der Kamera mechanisch und wahrheitsgemäß aufgezeichneten, photographischen Wirklichkeit.

Aus deutscher Sicht war der Atlantikflug des Zeppelin eigentlich eine Reise ohne Wiederkehr – das Luftschiff ging ja zum Kriegsschuldenausgleich in den Besitz der Vereinigten Staaten über. So mochte das atlantische Anflugbild zwar eine fiktive amerikanische Erwartungsperspektive mit einschließen, aber im Grunde veranschaulichte es ein anderes Ankunftsereignis: Die glorreiche Wiederkehr eines überparteilichen Symbols deutscher Zuversicht und Tüchtigkeit, das angesichts der Wirtschaftsmisere, der drückenden Friedensbedingungen, der anscheinend führerlos dahintreibenden Politik als wegweisendes vaterländisches Gestirn erscheinen konnte, um so mehr aber auch Ängste und Zweifel an seiner Beständigkeit heraufbeschwor, so, wie das Risiko der Überführung bis zur Landung in *Lakehurst* auf den deutschen Luftschiffern und ihren Landsleuten gelastet hatte.

Das Ausstrahlungsvermögen dieses wiedererstandenen Wahrzeichens deutschen Selbstvertrauens bekamen nun – unter Eckeners geschickter Flugregie – die Amerikaner zu spüren, wie aus den – hier kombinierten – Berichten des Kommandanten und des Navigators Wittemann zu entnehmen ist: »(Eckener:) In früher Morgenstunde kamen wir über Boston. Die Stadt lag noch in tiefem Schlafe, aber sie wurde wach. Sirenen und Dampfpfeifen heulten uns nach, als wir schon weit draußen waren; aber sie gaben uns eine Ahnung davon, was unser in New York wartete ... (Wittemann:) Schon lange vorher waren Schiff und Besatzung von Behörden und Vereinen in einem kaum zu bewältigenden Funkverkehr herzlich begrüßt und willkommen geheißen worden ... (Eckener:) Bei Tagesanbruch lagen wir vor Sandy Hook ... Die Bai und die niederen Gestade waren von einem leichten Morgennebel verhüllt, aber die phantastischen Gestalten der Wolkenkratzer ragten aus ihm heraus und glänzten in der aufgehenden Sonne. Das imposante ... Bild, das diese überwältigend großartige Metropole des Wagemutes und Unternehmungsgeistes dem einfahrenden Fremden bietet, zeigte sich in doppelter Kraft und Schönheit, ein Märchen, in das wir aus dem dunklen, einsamen Meere plötzlich hineingeraten waren. Uns stockte der Atem. Im Anschauen dieser, wie eine zauberhafte Fata Morgana wirkenden, fast unwirklichen Erscheinung warteten wir ein wenig, um dem Nebel Zeit zu lassen, sich zu lockern. Dann fuhren wir langsam die Bai hinauf ... (Wittemann:) Wie die Seeschiffe woll(t)en wir über die Quarantänezone durch den Hafen einziehen ... (Eckener:) Unser Anblick, als wir plötzlich im Nebel erkennbar wurden, weckte offenbar Staunen, und eine tolle Begeisterung brach unter den Arbeiterscharen aus, die zu ihrer Tagesarbeit fuhren ... (Wittemann:) Ein ohrenbetäubendes Getute sämtlicher im Hafen von New York liegenden Schiffe setzt(e) ein (und) begleitet(e) uns auf dem ganzen Wege ... (Eckener:) Die Menschen strömten auf die Straßen, Plätze und Brücken, und sie winkten und verstärkten den Chor der Sirenen und Dampfpfeifen mit aller Kraft ihrer Lungen. Die große Weltstadt hatte ihre große Sensation, nach der sie ja immer ausschaut. Wir machten den New Yorkern die Freude, recht lange über der Stadt zu kreuzen, indem wir langsam in Spiralen zu einer Höhe von etwa 3200 Metern aufstiegen .., (Wittemann:) um zu zeigen, daß ein Zeppelin auch ein Meister der Höhe ist. Eine gute Stunde hatte die Weltstadt Gelegenheit, sich den Ozeanbezwinger anzusehen.«

Diese offensichtlich in wechselseitiger Faszination ablaufende Begegnung von deutschen Luftschiffern und amerikanischer Öffentlichkeit, der sich die offiziellen Repräsentanten mit sicherem Blick für das publizistische Gebot der Stunde – aber sicher nicht nur aus kühlem Opportunismus – anschlossen, hatte wichtige Folgen: Unter dem Eindruck der allgemeinen Begeisterung trat ein Umschwung in den bis dahin noch sehr reservierten Nachkriegsbeziehungen der Vereinigten Staaten zum ehemals feindlichen Kaiserreich ein; das Zeppelinunternehmen und sein staatsmännisch-

Konfettiparade für die Besatzung des LZ 126 in New York

geschickt auftretender Leiter gewannen ein politisches Gewicht, das über die Reichweite der flugtechnischen Glanzleistung deutlich hinausging: Das Luftschiff wurde zum Botschafter eines besseren, friedlichen Deutschlands – für eine Weile.

Nach dem spektakulären Erfolg des atlantischen Überführungsfluges fielen nicht nur die von den Siegermächten diktierten Baugrößenbeschränkungen; es gelang den um ihre Existenz besorgten Friedrichshafenern, mit dem Wind einer fast einhelligen Anerkennung im Rücken, nach und nach die Geldmittel zur Konstruktion eines eigenen Transatlantik-Verkehrsluftschiffs zusammenzubringen, das dann, nach seiner Fertigstellung, 1928 mit einer neuerlichen Amerikafahrt als *Graf Zeppelin* ein Jahrzehnt technisch ungetrübter Luftschiffahrterfolge einleitete. Die aufsehenerregende Weltumrundung 1929 und eine Polarfahrt unter Eckeners Leitung sowie regelmäßige Passagier- und Postflüge nach Süd- und Nordamerika machten das deutsche Luftschiff und seinen Führer zu einer der populärsten Erscheinungen im In- und Ausland. Und mit der wachsenden Zahl der Flüge unter verschiedensten Klimabedingungen wuchs auch die Erfahrenheit in der Handhabung des Luftschiffs zu einer Art ›hohen Schule‹, welche durch Lehrbuchwissen kaum zu vermitteln gewesen wäre, sondern als ›Kunst‹ aus der Praxis hervorging.

»In der Tat konnte auch der verbohrteste Flugzeugfanatiker nicht an der Tatsache vorbei«, schrieb Eckener 1949, »daß das Luftschiff Verkehrsleistungen vollführte, zu denen das Flugzeug damals noch nicht fähig war, und daß es dabei eine Propaganda und einen Prestigegewinn für Deutschland buchen konnte, deren Wert unschätzbar war.« Aber nicht nur die ›Konkurrenz‹, die direkt mit dem Flugzeug und seiner praktischen Verwendung zu tun hatte, sondern vor allem auch die ›Militaristen‹ und die Kreise der Wehrmacht verharrten in einer fühlbaren Zurückhaltung gegenüber dem Zeppelin. Denn was konnte dieser in einem etwaigen Kriegsfall noch bedeuten?

Den zwiespältigen Höhepunkt und endgültigen Fall des Zeppelins leitete das Dritte Reich in die Wege – mit jenen charakteristischen Formen von skrupelloser Ausnutzung und Ausmerzung, die es auch bis in seine eigenen höchsten Parteiränge hinein praktizierte. Einerseits kam den Nazis die Luftschiffbegeisterung für ihre Propagandazwecke sehr gelegen; vom Jahre 1934 ab hatten die Friedrichshafener Luftschiffer das riesige Hakenkreuz auf den Stabilisierungsflächen »in aller Welt spazierenfahren müssen«, wie Eckener es später sarkastisch ausdrückte; und auch für Wahlfeldzüge und zur völkerbeeindruckenden Führer-Olympiade 1936 bediente sich Dr. Goebbels per Anordnung des bewährten fliegenden Werbeträgers und des zweiten, gerade fertiggestellten Schiffs *Hindenburg.* Andererseits war dem Regime und speziell dem Propagandaminister die Galionsfigur des Zeppelinunternehmens längst ein Dorn im Auge; Eckeners Popularität und politische Äußerungen hatten ihn schon vor der Machtergreifung – Eckener setzte sich z. B. in einer Rundfunkrede für Brüning ein und war als möglicher Gegenkandidat Hindenburgs bei der Reichskanzlerwahl im Gespräch – zu einem gefährlichen Rivalen in der Volksgunst gemacht, und seine späteren Verhaltensweisen machten ihn auch nicht beliebter. Anläßlich einer Kontroverse um die Propagandaeinsätze der Luftschiffe zog er sich – um es mit seinen Worten zu sagen – den ›publizistischen Bannfluch des Berliner Mephistopheles‹ zu, und auch sein interner Einfluß wurde wenigstens reduziert, da man ihn wegen seines weltweiten Ansehens nicht gut gänzlich kaltstellen konnte.

Das Reich veranlaßte 1935 die Gründung einer *Deutschen Zeppelin-Reederei* unter Beteiligung der reichseigenen *Lufthansa;* »Der Zeppelin-Betrieb war nun allerdings gesichert, aber er war es um den Preis seiner Unabhängigkeit.« Eckener wurde vom Geschäftsführer der Verkehrsabteilung und entscheidenden Fahrtenleiter zum Aufsichtsratsvorsitzenden der neuen Gesellschaft ›degradiert‹, wie er es nannte. – Nach außen hin gerieten die Luftschiffe immer mehr in das nationalsozialistische Zwielicht, und auch im Inneren der Zeppelingemeinschaft begannen laut Eckener ›fünfte Kolonnen‹ der neuen Weltanschauung kräftig voranzuarbeiten. Dennoch gelang es Eckener, amerikanische Geschäftsleute zur Gründung einer gemeinsamen *German-American Zeppelin-Transport-Corporation* zu bewegen, die allmählich vier

Luftschiffe in Dienst stellen und einen fahrplanmäßigen Atlantikflugverkehr eröffnen sollte, so, wie es nach den ersten Fahrten mit dem neuen ›Hindenburg‹-Schiff rentabel schien. Aber *Hindenburg* stand – nach seiner propagandistischen Entweihung durch Goebbels – in Eckeners Augen »unter einem schlechten Stern«, und es kam anders!

Aber es war nicht notwendig jene Bilderbuchkatastrophe von *Lakehurst,* welche das neue Luftschiff vor den Augen der Neuen Welt in Flammen aufgehen ließ, die den Zeppelinen den Todesstoß versetzte; der *Hindenburg* war bereits für einen Flugbetrieb mit dem unbrennbaren Edelgas Helium konstruiert, und das Unglück gab zunächst den Anstoß zu einer begrenzten Aufhebung des amerikanischen Exportverbots für ihr Monopolprodukt zugunsten der Zeppeline. Es war Hitlers beginnende Außenpolitik mit anderen Mitteln, welche die Amerikaner trotz Eckeners Bemühungen dazu veranlaßte, von dieser Vereinbarung Abstand zu nehmen, und es waren schließlich die Nazis selbst, die Hand an die kriegsuntauglichen Luftschiffe legten, nachdem sie sich zuvor die Legende vom deutschfeindlichen Sabotageakt – entgegen den Expertenmeinungen – zu eigen gemacht hatten:

»Das Ersatzschiff für den verbrannten *Hindenburg* wurde im Herbst 1938 fertiggestellt und ... wieder auf den Namen *Graf Zeppelin* getauft. Es mußte mit Wasserstoff gefüllt werden, um im Jahre 1939 einige Probefahrten zu machen, an denen nur die Besatzung teilnahm. Einige Monate nach (Kriegs)ausbruch ... wurde es in seiner Halle in Frankfurt abgewrackt, damit sein Aluminiumgerüst zum Bau von Flugzeugen Verwendung finde. Gleichzeitig wurde die große Halle kurzerhand gesprengt. Das alles geschah ohne zwingende Notwendigkeit mit solcher Hast und Zerstörungslust, ohne Rücksicht auf den Wert des dabei vernichteten Materials und Gutes, daß darin nicht allein eine völlige Gleichgültigkeit, sondern eine offenbare verächtliche Abneigung gegen den Zeppelin zutage trat, wie sie Goering auch offen bei der entscheidenden Beschlußfassung zum Ausdruck brachte.«

Mit diesen bitteren Worten schilderte Eckener 1949 das Ende der deutschen Luftschiffe, nicht ohne einen merkwürdigen Trost daran zu knüpfen: Er sei bei allem Bedauern über diese Unvernunft nicht einmal unzufrieden damit gewesen, »denn in der Tat: die Gedankenwelt um die Zeppelin-Idee des alten Grafen und jene ... Hitlers waren in ihrem innersten Kern unverträglich miteinander.« Im letzten wehmütigen Rückblick seiner Lebenserinnerungen, welche die Geschichte des Zeppelins vom Anfang bis zum Ende überspannten, verklärte sich für Eckener das Werk des alten Grafen, so, wie er es fortgeführt hatte, zu einem ›wesenhaften Friedensschiff‹, das allein in einer friedlichen Atmosphäre leben und erfolgreich sein konnte. Gewiß, die Zeppeline hatten zu Beginn des zweiten Weltkrieges keinerlei militärische Bedeutung mehr, und das war auch der Grund, warum der Luftwaffenchef des Dritten Reichs sich ihrer so rücksichtslos entledigte; aber sie waren nicht immer als reine Friedenssymbole angesehen worden, als sie zuerst ›in silbernem Glanze vor dem blauen Himmelszelt‹ erschienen – nicht im Ausland und auch im kaiserlichen Deutschland nicht.

Jene Ideen, die nach dem ersten Weltkrieg die Luftschiffe zu friedfertig-völkerverbindender Mission im Sinne Eckeners entließen, haben zwar nicht – wie im zitierten schwäbischen Zukunftsroman – am Bodensee, aber in Peenemünde ihre technologische Fortsetzung gefunden und schließlich jenes unvorstellbare ›Gleichgewicht des Schreckens‹ von ›overkill‹-Fähigkeiten der Supermächte mit ihren Fernwaffen, aber auch die phantasiebeflügelnden oder -nachvollziehenden Spektakel der Raumfahrt und Mondlandungen heraufgeführt. Daß gerade die zerbrechlichen ersten Luftschiffe im Bewußtsein der wilhelminischen Öffentlichkeit eine ähnliche Rolle gespielt haben sollten, muß – nach heutigen Maßstäben – zunächst unbegreiflich erscheinen, aber das erhaltene Quellenmaterial liefert ein überraschend deutliches Bild jener vaterländischen Begeisterung, welche die Errungenschaft des ›menschlichen Kunstfluges‹ samt seiner Zukunftsperspektiven auslöste.

Das deutsche Luftschiffwunder weckte andererseits zwiespältige Gefühle im Ausland, die in Wort und Bild geradezu gattungsbildend wirkten und mittlerweile in Rückblenden unterschiedlicher Einfärbung wiederbelebt werden. Ein bezeichnendes Beispiel: die 1975 preisgekrönte Kurzgeschichte des amerikanischen Science-Fiction-Autors Fritz Leiber mit dem Titel ›Catch that Zeppelin‹, in der ein deutschstämmiger Amerikaner sich beim Besuch New Yorks im Mai 1937 in ein Parallel-Universum versetzt findet. Dort sind nicht die Nazi-›Hunnen‹ in Deutschland an der Macht, sondern eine friedfertige deutsche Nation hat mit umweltfreundlichen Elektroautos und Riesenzeppelinen die technische und kulturelle Führung der Welt übernommen. Der Name des Wanderers-zwischen-zwei-Welten aber, der sich vorübergehend als angesehener ›Zeppelin-Fachmann‹ fühlen kann, ist *Adolf Hitler!* – Unwahrscheinliche Metamorphosen einer Schreckenswelt des fortschreitenden Faschismus, die im Augenblick der *Hindenburg*-Katastrophe wieder zur Wirklichkeit zurückkehrt; zu einer Wirklichkeit, die schon in ihrer Luftfahrt-Vorgeschichte nicht nur friedfertig war.

Vor dem Hintergrund des allgemeinmenschlichen ›Fliegenwollens‹, das im 19. Jahrhundert zum praktischen Prüfstein des humanen Fortschrittvermögens erhoben wurde, stellt die Geschichte Zeppelins allerdings die Geschichte eines unwahrscheinlichen Erfolges dar – im doppelten Sinne des Wortes. Diesen Erfolg nicht nur in seinen technischen, sondern auch in seinen massenpsychologisch-politischen sowie ökonomischen Voraussetzungen und Folgen, bis hin zu jener Nachkriegseuphorie angesichts der ersten Atlantikflüge, ausführlicher nachzuzeichnen, ist das Thema dieses Buches.

Kapitel II

Der PROLOG im Sinne des 19. Jahrhunderts: Menschliches FLIEGENWOLLEN zweierlei Art – *lenkbare Luftschifferei* und *persönlicher Kunstflug*

1848 erschien – als Übertragung von Schriften Edm. Marey-Monges u. A. – in Weimar ein Buch über ›Die Luftschiffahrtskunde‹, eine ›Darstellung des gegenwärtigen Zustandes der Aeronautik und Entwickelung der Mittel zu ihrer größeren Ausbildung und Vervollkommnung, um ihr eine hochwichtige Nutzbarkeit für die Menschheit zu verschaffen‹, welche von Ferd. Steinmann, dem deutschen Herausgeber, mit einer bemerkenswerten Betrachtung des Flugproblems im Rahmen der Menschheitsgeschichte eingeleitet wurde:

»Wenn es einerseits in der Natur des menschlichen Genius liegt, alle Kräfte, welche die Natur ihm zugänglich gemacht, seiner Botmäßigkeit zu unterwerfen, so ist es andererseits seine Bestimmung, diese Herrschaft in's Unendliche wachsen zu sehen. Mit der allmäligen Bändigung und Zähmung der wilden Tiere, mit dem Urbarmachen des Bodens, mit dem Durchwühlen der Eingeweide der Erde wuchs die Zahl seiner Eroberungen; aber nicht alle wurden ihm ohne Mühsal, ohne die schmerzlichsten Opfer zu Theil. Das Wasser, z. B., das Meer, dies ruhelose Element, vermochte er nach langen, gefahrvollen Kämpfen erst seinem Joche zu unterwerfen ... Wie viel verunglückte Versuche mußten gemacht, welche Unfälle überstanden werden, ehe aus der unvollkommenen Schifffahrt der Vorzeit, durch die Erfindung des Compasses, die schönen, majestätischen Formen der Kriegsmarine, die bewundernswürdigen Fahrzeuge der Dampfmaschine sich bildeten! Wenn der menschliche Geist eines Zeitraumes von nicht weniger als 40 Jahrhunderten bedurfte, um zu solchen Ergebnissen zu gelangen, so mag man sich aus diesen Resultaten einen Maßstab bilden für die gewaltige Rolle, welche die Zeit bei allen Dingen spielt, und in'sbesondere für die, welche sie bei der Entwickelung der Luftschifffahrt spielen wird.

Die Luft scheint den Anstrengungen von uns Sterblichen zu spotten; vergebens strebten seit den entferntesten Zeiten bis auf unsere Tage die geschicktesten Mechaniker danach, Mittel aufzufinden, mittelst welchen sie die Geheimnisse der Atmosphäre zu entschleiern vermöchten; alle ihre Versuche scheiterten und mußten scheitern, denn die Lösung der Aufgabe war, wenn nicht unmöglich, so doch höchst schwierig. Die Luft, gleich der Jungfrau der Schweizer Alpen, deren reiner Schnee so lange durch keines Sterblichen Fuß entweihet wurde, schien Jungfrau bleiben zu wollen: da trat Montgolfier auf, ... und gab uns das hohe Bewußtsein, auch dieses Element zu den Eroberungen der Menschheit zählen zu dürfen.«

Diesen ersten heißluftgetriebenen Höhenflug des menschlichen Genius im Jahre 1783 – kaum drei Monate später verwendete J. A. C. Charles zum ersten Mal das zwei Jahrzehnte zuvor entdeckte Wasserstoffgas zum Auftrieb seiner *Charliere* – sah Steinmann wieder zurückfallen in weniger inspirierte Zustände: »Mongolfier's Entdekkung hat das gewöhnliche Schicksal menschlicher Dinge erfahren. Zuerst mit dem höchsten Enthusiasmus aufgenommen, reizte sie nach der Revolution nur noch die Neugier und wurde bald nur mit gleichgültigem (Blick) noch angesehen: Von den Gelehrten verstoßen, nur noch bei öffentlichen Festen zur Befriedigung der Schaulust der Menge dienend, sank die Aeronautik in den letzten Jahren der Restauration immer tiefer; sie wurde vergessen, bei Seite geschoben. Seit jener Zeit gab sie nur

Lebenszeichen, wenn sie dann und wann zum Zwecke einer kleinlichen Speculation dienen mußte. Für die Wissenschaft war sie todt.«

In dieser Publikation der Jahrhundertmitte ging es also schon wieder darum, »der Luftschifffahrt ein frisches, gesundes Leben einzuflößen, und sie zur Erreichung einer höhern Stufe der Vervollkommnung zu befähigen«, und dazu schien es dem Herausgeber notwendig, auf die Vielfalt der noch bevorstehenden Schwierigkeiten hinzuweisen: »Wie dies nun auch sein mag, die Gesammtheit dieser Schwierigkeiten macht jedenfalls die Luftschiffkunst zu einer der schönsten, zugleich umfassendsten Aufgaben der Neuzeit, deren vollkommene Lösung freilich einen großen Aufwand an Geld und Zeit, lange, die Geduld im höchsten Grade prüfende Studien, große geistige Anstrengungen nöthig macht ... Wenn aber dereinst« – und hier sprach Steinmann ›aus der festen Überzeugung‹ – »diese Arbeiten und Mühen mit Erfolg gekrönt werden sollten: dann wird die Menschheit, die Civilisation Vortheile daraus ziehen, deren Aufzählung bei dem jetzigen Zustand unserer Denkweise höchstens ein ungläubiges Lächeln auf die Lippen des Lesers hervorrufen würde.«

Mochte Steinmanns uneingeschränkt vorteilhafte Einschätzung der Zukunftsmöglichkeiten noch ganz im Zeichen eines aufklärerischen Fortschrittsglaubens stehen, so traf sein Hinweis auf deren Ausmaß und die zuvor noch zu überwindenden Probleme sicherlich das Richtige: »Die Bewältigung der ungemein großen Schwierigkeiten ... erfordert ein beharrliches, festes Streben, vor welchem alle falschen, ungegründeten Vorurtheile fallen müssen. Stets muß man die Macht der Zeit erwägen und bedenken, daß noch viele Versuche mißglücken werden, ehe z.B. die Aufgabe, große Aerostaten nach Belieben zu lenken, eine Aufgabe, welche keine der kleinsten Schwierigkeiten ist, eine genügende Lösung findet.«

Die Schwierigkeiten zeigten sich in der Tat als außerordentlich langwierig: ›Hundert Jahre Luftschifffahrt‹, eine ›Darstellung der Aeronautik nach ihrer Entwickelung und ihrem gegenwärtigen Stande‹ im Jubiläumsjahre 1883, gaben z.B. dem Universitätsdozenten Felix Auerbach keinen Anlaß zu festlicher Zuversicht: »Die Zukunft der Luftschifffahrt ist, heutigem Ermessen nach, eine bescheidene; eine glänzende ist sie nicht.«

Und selbst nach Anbruch des neuen Jahrhunderts schien sich die Lage in den Augen mancher Beobachter noch nicht wesentlich gebessert zu haben: »Keine von allen menschlichen Mangelhaftigkeiten hat sich nun bisher allen Bekämpfungen gegenüber spröder und hartnäckiger erwiesen, als die Unfähigkeit, zu fliegen«, war in einer Presseplauderei aus der Feder eines satisfaktionslüsternen »höheren Offiziers und Fachmanns« am 13. Februar 1902 in der ›Beilage zur Allgemeinen Zeitung‹ von München zu lesen.

»... Es ist dies um so kränkender und aufregender, als gerade das Fliegen im Zustande des Träumens sich so leicht, so spielend und so schmeichelhaft befriedigend vollzieht. Die dabei angewendeten Bewegungen sind denen des Schwimmens oder Wassertretens verwandt; der Flug geht meistens nicht sehr hoch und nicht sehr weit, und man ist von dem Gefühl hochbefriedigt, etwas zu können, was die staunenden Anderen nicht nachzumachen vermögen.« Aus der traumhaft-psychotischen Bewältigung dieser Menschheitsaufgabe sah der Autor nun wiederum die verschiedenen Anstrengungen zu ihrer Realisierung historisch hervorgehen: »Aus den vielen Versuchen, von dem schönen Traum etwas in die Wirklichkeit herüberzuretten, haben sich mit der Zeit zwei scharf getrennte Gruppen des Fliegenwollens herausentwickelt«.

Mit dem zwiespältigen ›Fliegenwollen‹ war hier jener dumpfe Drang zur ›freien, willkürlichen Bewegung im Luftmeer‹ umschrieben, der zwar sein Ziel ungefähr kannte, dem es aber an der theoretischen Einsicht und den praktischen Mitteln zu seiner befriedigenden Durchführung immer noch gebrach. Auf dem Wege zum Ziel, den *Archimedischen Auftrieb* durch einen *gerichteten Antrieb* zu ergänzen oder zu ersetzen, hatten sich die Geister geschieden und in regelrechten Glaubensstreitigkeiten entzweit: Es ging letzten Endes um die Alternative *leichter als Luft* oder *schwerer als Luft*, um die Prinzipien der zusätzlich angetriebenen statischen- oder der dynamischen Fliegekunst.

Das künstliche dynamische Gegenstück zu den voluminösen und auftriebskräftigen Ballonfahrzeugen war längst bekannt – als unscheinbares

Spielzeug: Der scheinbar in der Luft stillstehende Flugdrachen an der Leine, eines der chinesischen Erbteile des Abendlandes; auch er kam beim Kampf um die Luftbeherrschung vorübergehend wieder zu höheren Ehren. Zur *Lenkbarkeit* der Luftschiffe konnte er – ohne Bewältigung des Antriebsproblems – zunächst ebensowenig beitragen wie zur Verwirklichung anderer ›Übertragungen‹, so etwa Luftzüge nach dem Muster irdischer Eisenbahnen zusammenzustellen und mit Hilfe von Drachenflächen durch den Himmel fahren zu lassen; unter dem Gesichtspunkt der technischen Entwicklung und Nachahmung lagen andere Vergleiche und Analogiebildungen näher: Schiff, Fisch und Vogel.

Auch das ›Schiff der Lüfte‹ hatte – abgesehen von den konkreteren Entwürfen vor Montgolfier – als sagenhaftes Wort- und Vorstellungsbild seine Tradition in der abendländischen Phantasie. Mit Beginn der realen Luftfahrt standen aber auch schon verschiedene reale Modelle von Wasserfahrzeugen zum Vergleich und Nachahmung zur Verfügung: die durch Menschenenergie – mit Paddeln, Rudern, Riemen etc. – getriebenen Boote, windgetriebene Segelschiffe und dann auch bald die Rad- und Schraubendampfer mit Maschinenantrieb.

Neben den verschiedenen Antriebsarten waren in den Wasserfahrzeugen vor allem schon jene gesammelten Erfahrungen verkörpert, die nach und nach zu stromlinienförmigen Rumpfgestaltungen geführt hatten. So findet sich etwa in der genannten ›Luftschifffahrtskunde‹ von 1848 eine bezeichnende Bemerkung zu der schon frühzeitig zum Zwecke der Lenkbarkeit ins Auge gefaßten länglichen Formgebung für Ballons, daß nämlich ein an beiden Seiten in Kegeln endender Zylinder eine größere Luftreibung erfahre als eine ellipsoidische Gestalt. Untermauert wurde diese Feststellung durch eine Anmerkung von militärischem Scharfblick; in bezug auf das Gesagte führte sie eine Stelle aus einem Aufsatz des französischen Generals Marey-Monge ›Über die blanken Waffen‹ an: »Alle Körper, deren Bestimmung es ist, irgend ein Medium zu durchdringen, zeigen eine ... Kante, welche den zu durchdringenden Körper spaltet; eine Anschwellung, einen dickern Theil ...; ferner endigen sie in einer Spitze oder Kante; und diese drei Puncte sind durch gekrümmte Flächen miteinander verbunden. So sind die Körper der Vögel, um die Luft, so die Körper der Fische gestaltet, um das Wasser zu durchschneiden; es ist die Form der im Wasser befindlichen Körpertheile der Schwimmvögel, sowie der Schiffe und Boote. Der breiteste Theil befindet sich nie am hintern Ende, sondern stets in der ersten Hälfte des Körpers. Je rascher die Bewegung, je größer die Länge im Verhältnis zur Breite ist, desto mehr nach Vorn zu findet sich die größte Breite ... Beim Hauen mit scharfen Instrumenten und Waffen wird das Eindringen der Schneide besonders durch die Geschwindigkeit bewirkt; die Klinge drängt die zertrennten Theile bei Seite und diese streben sich wieder einander zu nähern. Wenn die Klinge keilförmig ist, so üben die getrennten Partikel einen starken Druck auf sie aus und hindern oder erschweren wenigstens ein tiefes Eindringen; wenn aber die Stärke der Klinge in der Nähe der Schneide am bedeutendsten ist und von da ab wieder geringer wird, so dringt sie, da sie nur eben dicht an der Schneide Druck und Reibung auszuhalten hat, leichter und tiefer ein, als bei einer keilförmigen Gestalt.«

Vom idealen Querschnitt fleischüberströmter Säbelklingen zur Stromlinienform der Luftschiffe war es allerdings ein weiter Weg; vorläufig fehlte diesen noch die metallisch-starre Struktur zur Aufrechterhaltung der Fisch- oder Tropfengestalt bei unpraller Füllung oder höheren Geschwindigkeiten, und außerdem blieben sie ohnehin wegen zu schwacher Antriebe gewissermaßen in der Luft stecken – ganz im Gegensatz zu den Geschöpfen der Natur, die sich mit beneidenswerter Gewandtheit in ihren Lebenselementen fortbewegen konnten. »Daß mit dem Gasball das Ziel des nach Luftherrschaft lüsternen Menschen nicht erreicht war, bewiesen schon die kurz nach seiner Erfindung gemachten, wenngleich vergeblichen Anstrengungen von Blanchard, Lunardi, Meusnier u. A. zur Lenkbarmachung desselben, und erst nach einem vollen Säculum unausgesetzter Versuche brachte man es bis auf 6,22 Meter Eigenbewegung (pro Sekunde). Aber auch dieses beste Experiment«, hieß es noch 1899 im Juniheft der ›Zeitschrift für Luftschiffahrt und Physik der Atmosphäre‹, »welches Renard und Krebs 1885 unternahmen, zeigte (angesichts höherer Windgeschwindigkeiten) die Ohnmacht des Aeronauten gegenüber den ihn wie ein Wildbach mitreißenden schnelleren, stärkeren Luftströmungen.« ›Der Weg zum Ziel‹ (der Luftbeherrschung) – so der Titel des Aufsatzes von A. Stentzel – war noch weit.

Mit dem Ballon im Luftozean zu schwimmen wie ein Fisch im Wasser war also zunächst nur insoweit zu vergleichen, als beide sich »mitten in einem Fluidum bewegen, dessen Schwere die ihrige übertrifft« – d.h. in der Vertikale: der Ballon durch Veränderung der Gasmenge, der Fisch meistens mit Hilfe seiner Schwimmblase. Wie die leistungsfähigen Fortbewegungsorgane der Wasserbewohner funktionsgemäß nachzuahmen waren, war ein anderes Problem.

Bewegten sich Schiff und Fisch in einem ›übertragenen‹ Vergleichsfluidum, so mußte das tatsächliche Flugvermögen der eigentlichen Luftbewohner um so mehr herausfordern, als gerade diese Naturgeschöpfe offensichtlich eines spezifisch gewichtsverringernden Auftriebsmittels gar nicht bedurften, sondern einen ›Flugapparat‹ besaßen, der sie instandsetzte, trotz größerer Schwere aufzufliegen.

»Sollen wir denn diese Kunst immer noch nicht die unsere nennen, und nur begeistert aufschauen zu niederen Wesen, die dort oben im blauen Äther ihre schönen Kreise ziehen«, schrieb in seinem Buch: ›Der Vogelflug als Grundlage der Fliegekunst‹ Otto von Lilienthal 1889. »Soll dieses schmerzliche Bewußtsein durch die traurige Gewißheit noch vermehrt werden, daß es uns nie und nimmer gelingen wird, dem Vogel seine Fliegekunst abzulauschen? Oder wird es in der Macht des menschlichen Verstandes liegen, jene Mittel zu ergründen, welche uns zu ersetzen vermögen, was die Natur uns versagte? ... Aber nicht nur unser Wunsch allein soll es sein, den Vögeln ihre Kunst abzulauschen, nein, unsere Pflicht ist es, nicht eher zu ruhen, als bis wir die volle wissenschaftliche Klarheit über die Vorgänge des Fliegens erlangt haben.«

Würde die Tragfähigkeit der Luft nicht nur die Luftschiffahrt, sondern auch den ›menschlichen Vogelflug‹ zulassen, so, wie es außer dem Wasserbefahren mit entsprechenden Konstruktionen die zwar nicht angeborene, aber doch erlernbare Fähigkeit zum individuellen Schwimmen gab? Um vogelgleich im Luftmeer zu schwimmen, benötigte der Mensch auf jeden Fall mehr als seine natürlichen Gliedmaßen, also eben einen sinnvoll konstruierten Zusatzapparat, der den notwendigen Kraftaufwand bis auf ein Minimum reduzierte – aber wie sollte dieser Apparat funktionieren?

Wohl zu keiner anderen Zeit sind jene zahllosen Lebewesen, welche irgendwie fliegend, d.h. durch Flügelschlag, Flattern und Schwirren, im Wellen- und Rüttelflug, segelnd und kreisend, schwalbenleicht oder schwer wie Schwäne die Lüfte bevölkern, mit solcher Faszination und Ratlosigkeit zugleich beobachtet – und untersucht worden. Die technischen Fachzeitschriften dieser Periode sind angefüllt mit detaillierten Beschreibungen und Berichten über Flugverhaltensweisen und Versuche mit gefesselten, behinderten, verstümmelten oder zerstückelten Lebewesen, welche dieses dem Menschen von der Natur in herausfordernder Weise vorenthaltene Vermögen besaßen. Nicht nur Lilienthal, sondern eine Reihe weiterer Flugtheoretiker und Pioniere widmeten der ›Mechanik des Vogelfluges‹ etc. ausführliche Abhandlungen und Bücher; ›Der Vogelflug als Grundlage der Fliegekunst‹ war ein Gegenstand von höchstem wissenschaftlichen und praktischen Interesse im Sinne jenes zweifachen ›Fliegenwollens‹, welches das ausgehende 19. Jahrhundert wie besessen verfolgte.

»Viel später als den Tieren gelang es den Menschen, sich das Luftelement dienstbar zu machen. Verfügten sie auch nicht über natürliche Flügel, wie jene, so versuchten sie es doch, mit von ihrem geflügelten Geiste erdachten Maschinen sich den Luftozean zu erobern. Und dieser Kampf ist noch lange nicht abgeschlossen«, hieß es 1911 im Vorwort zum BUCH DES FLUGES, einem prachtvollen dreibändigen Sammelwerk von k.u.k. Oberstleutnant Hermann Hoernes. »Wir leben mitten im Ringen nach der Beherrschung des Luftreiches und deshalb in einer der interessantesten Zeitperioden seit dem Dasein unseres Geschlechtes ...« – »Tatsächlich hat kaum ein zweiter Gegenstand die Naturbeobachter im allgemeinen, besonders aber die Physiologen, die Physiker und die Mathematiker so vielfach beschäftigt, wie der Flug der Vögel«, begann Herausgeber Hoernes seine über zweihundertseitige Darstellung ›Der Tierflug‹, mit der er den ›Fachautoritäten‹-Beitragsreigen eröffnete. Unter praktisch-technischen Gesichtspunkten hatte sich tatsächlich ganz allgemein eine neuartige Aufmerksamkeit für die unbegreiflichen Leistungen der von der Natur entwickelten ›biologischen Flugmaschinen‹ – laut Hoernes mehr als die Hälfte aller 420000 lebenden Tierarten – gebildet; sie waren als Herausforderung und Vergleichsobjekte ins Bewußtsein des ›Zeitalters der Fortbewegung‹ getreten, das Generalpostmeister Stephan – im fortgeschrittenen Stadium von 1886 – mit begeisterten Worten feierte: »Der Verkehr ist in unserem Zeitalter das herrschende Princip, wie es zu den Zeiten der Hellenen die schönen Künste und Wissenschaften, der Römer das Staats- und Rechtsleben, zur Zeit der arabischen Herrschaft der religiöse Fanatismus, im Mittelalter die religiöse Vertiefung war, endlich in der zunächst hinter uns liegenden Zeit die humanistischen und philanthropischen Ideen. Heute ist der Verkehr die beherrschende Macht.« Und in einer Schrift über ›Die Post im Reiche der Lüfte‹ – Stephans Wunschtraum war die Einrichtung einer Ballonpost – zog er einen Vergleich zur (Menschen)Natur: »Verkehr und Cultur verhalten sich in der Welt zueinander wie Blutumlauf und Gehirntätigkeit im menschlichen Körper ...«; damit waren einmal mehr jene Zweckmäßigkeitserklärungen natürlicher Selbstorganisationsformen, welche insgesamt einen Leitstern dieses bewegten Zeitalters bildeten, zum Zeugen für die bereits erreichte Höhe der (Verkehrs-)Kultur aufgerufen.

Hatte im 17. und 18. Jahrhundert das naturwissenschaftliche Augenmerk noch vorwiegend einer ›systematischen‹ Ordnung der Lebewesen nach körperlichen Erscheinungsmerkmalen gegolten, und war unter entwicklungsgeschichtlichen Perspektiven die zunehmende Vielfalt ihrer Verwandtschaften als ›ständig fortlaufende Formenveränderung‹ begriffen worden, so trat nun – mit Beginn des ›verkehrstechnischen Zeitalters‹ – das Bewegungsvermögen der Lebewesen in den Brennpunkt des Interesses – und der Kamera:

In der flugtechnischen Literatur gegen Jahrhundertende finden sich immer wieder Hinweise auf die Ergänzung und Erklärung direkter Vogelbeobachtungen durch photographische Aufnahmen. Unter den Photographen, die sich mit der Anfertigung derartiger Bildserien beschäftigten, vereinigte vor allem J.E. Marey – ursprünglich Fachmann für Physiologie – in seiner Person und seinen Publikationen jene zeitgemäßen Interessenschwerpunkte, die Naturvorbild, Beobachtungstechnik und technische Nachahmung der Natur in gezielte Beziehung setzten. Mareys Forschungen galten einerseits der Rolle der ›Bewegung in den Funktionen des Lebens‹, der ›Fortbewegung animalischer Maschinen am Boden und in der Luft‹, speziell dem ›Flug der Vögel‹, überhaupt jeglicher Art tierischer und menschlicher Fortbewegungsmethodik, andererseits der Technik der photographischen Sequenzaufzeichnung von Bewegungsabläufen, die er als sogenannte *Chronophotographie* perfektionierte; beides stand in unmittelbarem Zusammenhang mit flugtechnischen Studien und Versuchen: Marey gehörte zu den Experimentatoren, die in den siebziger Jahren künstliche Insekten und Vögel konstruierten; er war mit Nadar befreundet, der die ersten Luftaufnahmen vom Ballon aus machte, gehörte neben Gaston Tissandier, dem renomierten Ballonphotographen der siebziger Jahre, zum Redaktionskomitee der ›Revue de L'AÊRONAUTIQUE théoretique et appliquée‹ und war seit 1884 Präsident der ›Société de Navigation Aérienne‹, beteiligte sich also in maßgebenden Positionen an der Bewältigung der historischen Hauptaufgabe der Menschheit im 19. Jahrhundert, der Erringung des Flugvermögens.

Die zweckmäßige Naturnachahmung – vor allem in Hinblick auf Aeronautik und Aviation – war ein vielbesprochenes Problem von historischer Größenordnung, das man sich anhand der schon erreichten technischen Errungenschaften vor Augen führte: »Die Natur ist unsere Lehrmeisterin, durch ihre vielfältigen Erzeugnisse leiht sie uns direct ihre Vorbilder, welche wir nachzuahmen uns bestreben, so weit unsere wirthschaftlichen Interessen mit dem Bedürnis einer Nachahmung verknüpft sind«, lautete im Heft VII der ›ZEITSCHRIFT des Deutschen Vereins zur Förderung der Luftschifffahrt‹ von 1885 die Einleitung einer ›flugtechnischen Kulturstudie‹ von J.E. Broszus. »Aber auch durch die Erkenntnis der Naturgesetze können wir auf anderem Wege zu gleichen Ergebnissen gelangen und geben dem Kunstprodukt eine Form, welche zwar kein Beispiel in der Natur findet, aber das naturgesetzliche Princip einschließt. Beide Arten der Nachahmung umfassen in den Hauptzügen das Wesen und den Zweck der Technik.« Der Autor fuhr dann fort, die üblichen Vergleiche anzustellen: »Seit die Dampfmaschine die Menschen und Thiere im Dienste der Industrie von den schweren Hausarbeiten entlastete, übernahm sie auch bald die Rolle der Zugthiere in Gestalt der Lokomotive. Wir finden es daher ganz erklärlich, wenn im Anfang einige Erfinder auf den Gedanken kamen, die Lokomotive mit Stampfen zu versehen, ähnlich den Pferdefüßen.« Die sinnvolle Umsetzung der Gehbewegungen in dampfgetriebenes Räderrollen sah er entsprechend auch in der Rotation der Schiffsschrauben anstelle von Fischflossengeruder verwirklicht; eines wie das andere führte für ihn zur unausweichlichen Konsequenz, »daß wir die Flugmaschine keineswegs nach dem Muster des Vogels nachzubauen haben.« Auch hier sollten seiner Meinung nach Maschinenelemente, *drachenartige Schwebeflächen* (Tragflächen) und *schlagende Flug(antriebs)flächen – die Luftschraube*, einzelne Funktionen der natürlichen Flugapparate übernehmen. »Das dynamische Luftschiff, die Flugmaschine, wird, wenn wir nach Analogien schließen dürfen, keine Flügel haben, ebenso wenig wie der Dampfer Flossen oder die Lokomotive Beine«, war das entsprechende Fazit eines anderen Flugtheoretikers. – Die altertümliche Idee, Luftfahrzeuge etwa von angeschirrten Adlern – wie Kutschen von Pferden – heben oder ziehen zu lassen, gehörte ja ohnehin ins literarische Reich der beflügelten Phantasie.

Diesen und ähnlichen, rein theoretischen Überlegungen, welche der außerordentlichen konstruktiven und funktionellen Komplexität des Vogelflügelvorbilds nüchterner Rechnung trugen, standen enthusiasmierte Glaubensbekenntnisse zur ›Möglichkeit des persönlichen Kunstfluges‹ gegenüber, die in der technischen Ausführung künstlicher Flugorgane für den Menschen nur noch ein kurzfristiges Hindernis sahen. Den Vogel schossen Optimisten wie der Wiener Freiherr von Wechmar ab, der überzeugt war, mit seinem patentierten Flattergerät nach Fledermausvorbild und hinreichender Geschicklichkeit die Kraft der Erdanziehung im Fluge überwinden zu können – einer der Väter des totgeborenen technisches Zwischengliedes jener phantastischen Entwicklungsreihe, die von ›Luzifer‹ zum ›Grafen Drakula‹ und den ›Bat‹- und ›Supermännern‹ der comic-strips führte, aber den Wunsch nach ganz individuellem, hautnahem Flugvermögen, so, wie es Tatlin mit seinem ›Letatlin‹ im Sinne hatte, schließlich doch in der riskanten Sportart des Drachenfliegens, in deutlicher Abwendung vom perfektionierten Segel- und Motorflug, verwirklichte.

Auch die lichteren Gestalten der mythischen Historie und kunsthistorischen Bildwelt wurden von der Flugforschergeneration des späteren 19. Jahrhunderts mit großem Ernst betreffs ihrer Glaubwürdigkeit in Augenschein genommen und diskutiert. Mitglieder des preußischen Luftschifferbataillons publizierten in technischen Zeitschriften ›Alte Darstellungen fliegender Menschen‹. Man wies darauf hin, »welche gewichtigen Gründe dafür sprächen, daß der mythischen Erzählung über die Flucht des Dädalos mit seinem Sohne Ikaros ein sachlicher und thatsächlicher Vorgang sehr wohl zu Grunde gelegen haben könne«, und daß die bildende Kunst diese Sage mitunter naturgemäßer und sachlicher dargestellt habe, wenn etwa anstelle des Zusammenfügens mit Wachs die Flügel mit dem Hammer montiert würden. – Andererseits gab es auch zeitgenössische Künstler wie Arnold Boecklin, die sich neben ihrer Kunst lebenslang mit theoretischen und praktischen Flugstudien beschäftigten; Boecklin veröffentlichte in ebendenselben Fachblättern wissenschaftliche Beobachtungen über ›Das Schweben der Vögel‹ und ähnliches, und konstruierte auch einen Flugapparat mit drehbaren Tragflächen, der vom Winde getrieben im Prinzip zur Alpenüberquerung befähigt sein sollte, tatsächlich aber bei einem Unwetter unbemannt auf kürzerem Wege zugrunde ging.

Jedoch weder der Blick in die Geschichte noch der Blick zu den Geschöpfen des Himmels vermochte darüber hinwegzutäuschen, daß ›der Flug, wie er in der Natur vor sich geht, noch immer ein Räthsel, ein Wunder ist, dessen mechanische Erklärung der Wissenschaft des 19. Jahrhunderts erfolgreichen Widerstand geleistet hat‹; kein Wunder also, wenn viele Flugforscher sich – anstelle der versagenden exakten Gesetzesfassung – auf eine ›Naturlehre des Fluges‹ bei ihren Überlegungen und Versuchen verwiesen fühlten. »Noch immer ist die Flugtechnik ein beliebter Tummelplatz des Erfinderwahnsinns, sie die Alchymie des 19. Jahrhunderts« lautete 1889 im Heft VIII/IX der ›Zeitschrift für Luftschiffahrt‹ das abschließende Urteil des zuvor zitierten Wiener Mediziners Dr. Max Herz – in der Tat: hier konnte nur das Experimentieren, das Lernen aus Irrtümern weiterhelfen, denn kurzsichtige oder einseitige mechanische Überlegungen führten offensichtlich zu unvereinbaren Gegensätzen.

Für konsequente Anhänger der Aeronautik war das ungleich wachsende Verhältnis von linearer Größe, Oberfläche und Körper(gewicht) eine absolute Barriere für den ›menschlichen Kunstflug‹; so erklärte 1899 etwa Paul Pacher in seiner Schrift über ›Das Fliegen‹: »Hätten wir eine Athmosphäre von Quecksilber- oder Schwefeldampf zur Verfügung und wäre unser Körper darnach eingerichtet, in dieser Athmosphäre athmen und leben zu können, so könnten auch wir Menschen fliegen wie die Spatzen. Da aber unsere Athmosphäre an spezifischem Gewicht nicht ganz ein Sechstel des Quecksilber- oder Schwefeldampfes aufweist, bleibt das Fliegen ohne Ballon uns Menschen versagt. Nicht im Erlernen des Vogelfluges, sondern im endgiltigen Verlassen dieses glitzernden Hirngespinstes wird der Fortschritt des 19. Jahrhunderts zu suchen sein.« – Und im gleichen Jahre 1899 war aus der Feder eines konsequenten Aviatikers, des schon zitierten A. Stentzel, zu lesen: »Der Mensch kann den freien persönlichen Flug nicht mit einem lenkbaren Ballon, sondern nur mit einem dynamischen Flugapparate, einem Flügel- oder Drachenflieger, und einem an Leistungsfähigkeit dem Totalgewichte entsprechenden Motor erreichen. Ehe diese Etappe im Motorenbau nicht erreicht ist, wird es auch nicht glücken, die Herrschaft über das Reich der Lüfte den Vögeln abzutrotzen. Hoffnung ist aber dazu vorhanden, denn der mächtig emporblühende Automobilismus zwingt die Industrie zur Herstellung immer leichterer und kräftigerer Treibmaschinen.« In solchen Äußerungen trafen wechselseitige Voreingenommenheiten aufeinander: Warum konnte eine kräftige Motorisierung nicht Ballon und Flugzeug gleichermaßen zur vollen Mobilität verhelfen? – Das ›Fliegenwollen‹ der einen wie der anderen Art war zur Glaubensangelegenheit geworden.

Auch für den einzigen konsequenten Experimentator unter den Aviatikern, Lilienthal, der durch seine Beobachtungen und Gleitversuche die wichtigsten aerodynamischen Konstruktionsvoraussetzungen für den Motorflug – gewölbtes Tragflächenprofil, Doppeldeckerprinzip – erprobte und vorbereitete, stellte die Ballonluftfahrt insgesamt einen Irrweg dar: »Ehedem hatte man nur den Vogel als Vorbild, da aber stellte plötzlich der erste Ballon die ganze Flugfrage auf einen anderen Boden. Wahrhaft berauschend muß es gewirkt haben, als vor einem Jahrhundert der erste Mensch sich wirklich von der Erde in die Lüfte erhob. Es kann nicht überraschen, wenn alle Welt glaubte, daß die Hauptschwierigkeit nun überwunden sei, und es nur geringer Hinzufügung bedürfe, um den Aerostaten, der so sicher die Hebung in die Luft bewirkte, auch nach beliebigen Richtungen zu dirigieren und so zur willkürlichen Ortsveränderung ausnützen zu können ... Diese Kleinigkeit hat sich inzwischen aber als die eigentliche, und zwar als die unüberwindliche Schwierigkeit erwiesen ... Jetzt, wo diese Einsicht immer mehr Boden gewinnt, wo also der Ballontaumel seinem Ende sich naht, kehren wir eigentlich mit der Flugfrage zu dem alten Standpunkt zurück, den sie vor der Erfindung des Ballons eingenommen hat«, schrieb er 1889 unter der Kapitelüberschrift ›Der Ballon als Hindernis‹ in seinem Vogelflugbuche.

Hätte Lilienthal geahnt, was sich zwei Jahrzehnte später in Deutschland abspielte, so würde er wohl kaum von einem Ende des Ballontaumels geschrieben haben. Noch weiter vorausschauend aber hätte er eine gewisse Bestätigung sehen können für seine Annahme, »daß der Ballon der freien Fliegekunst eigentlich nicht genützt hat, wenn man nicht soweit gehen will, den Luftballon geradezu als einen Hemmschuh für die freie Entwickelung der Flugtechnik anzusehen, weil er die Interessen zersplitterte und diejenige Forschung, welche dem freien Fliegen dienen sollte, auf eine falsche Bahn verwies.« Und ihm drängte sich auch die Frage auf, »wieviel die Fliegekunst hätte gefördert werden können, wenn die Aufmerksamkeit nicht hundert Jahre von ihr abgelenkt worden wäre, und wenn jene außerordentlichen Mittel des Geistes wie des Geldbeutels, welche in die Lenkbarkeit des Luftballons hineingesteckt wurden, ihr hätten zu gute kommen können.«

Mittel des Geldbeutels waren allerdings auf verschiedene Weise betroffen im Streit der Aeronauten und Aviatiker; es ging um mehr als das rein theoretische Rechthaben. Manch ein Flugmaschinenerfinder setzte damals sein kleines Privatkapital aufs Spiel in der Hoffnung, mit einem erfolgreichen Patent dann das große Geld zu machen. Aber nicht immer waren die subjektiven Beweggründe so direkt als ökonomisches Mittel zum Zweck ausgemünzt; im Bewußtsein konnte die Übersetzung solcher Zusammenhänge über völlig andere Rollen laufen selbst wenn die Bemühungen um Kapitalbeteiligung – oder staatliche Unterstützung – unumgänglich waren.

»Kann sich das Großkapital der Luftschiffindustrie zuwenden?« Das war ›Eine Zeitfrage‹, die zur Jahrhundertwende ausdrücklich in Handels- und Börsenblättern erörtert wurde. Für Hochfinanz und Staatsadministration stellte die Flugtechnik, jener ›Tummelplatz des Erfinderwahnsinns‹, einen noch undurchsichtigen Dschungelabschnitt des wissenschaftlichen Wildwuchses dar, in den man sich nur unter Fehlinvestitionsgefahr begeben konnte – daher die Zurückhaltung und Skepsis. Die Förderung einer Idee war von der Kreditwürdigkeit ihres Erfinders kaum zu trennen; Kredit oder Mißkredit aber hingen von vielfältigeren Maßstäben als nur technischen Erfolgsaussichten ab, und auch ein ›Sieg‹ konnte mehr und anderes bedeuten als profitable Rendite allein.

So gesehen mag die historische Konkurrenz von Luftschiff und Flugzeug als eine von Zufällen und irrationalen Einflüssen verzerrte ›technische Evolution ‹ erscheinen, die schließlich doch das überlegene System überleben ließ – die Zeppeline starben erst auf der Höhe ihrer technischen Reife wie Dinosaurier plötzlich aus; mit der Gewißheit dieses Ausgangs im Sinn könnte man daher versucht sein, auch schon ihre unwahrscheinliche Entwicklung als eine heimliche Sackgasse anzusehen. Um so bemerkenswerter erschiene dann allerdings die von Anfang bis Ende unfallüberschattete Laufbahn der Zeppelinspezies als ein entgegen aller technisch bedingten Wahrscheinlichkeit eingetretener Erfolg.

Hier war viel mehr im Spiel als nur Glück und Zufall; es bedurfte der charismatischen Erfinderfigur des Grafen Zeppelin, der sich die Entwicklung des ›starren Systems‹ zur ›historischen Aufgabe‹ machte, und einer Nation, die an sein Erscheinen eine Heilserwartung knüpfen konnte, um das Luftschiff über die Klippen seiner Kinderkrankheiten und Finanzierungsnöte hinwegzubringen. – Zunächst jedoch war der Erfolg wenig wahrscheinlich.

Kapitel III

Die *selbstgestellte historische Aufgabe* als VORGESCHICHTE: Der ›närrische Erfinder‹ und sein ›starres System‹; Graf Zeppelins Kampf wider Menschen und Natur

Ferdinand Graf Zeppelin, geboren 1838, hatte bereits ein bewegtes Leben als Berufssoldat und Diplomat hinter sich, als er sich 1890 unfreiwillig – zweiundfünfzigjährig – als Generalleutnant der Kavallerie in den Ruhestand versetzt sah: Eine preußische Militärverwaltungsintrige hatte ihn, den württembergischen Südstaatler und angeblichen Partikularisten, im Beförderungs-Roulette der Karriereoffiziere aus dem Rennen geworfen. Der stille Groll über diese ungerechte Entlassung und seine später vielgerühmte Hartnäckigkeit veranlaßten ihn, sich nicht mit der Verwaltung seines Besitzes und dergleichen standesgemäß zur Ruhe zu setzen, sondern eine riskante zweite Laufbahn zu beginnen, die buchstäblich über die Köpfe jener Leute, die ihm die Vollendung seiner Militärkarriere versagt hatten, hinwegführen sollte.

Zunächst jedoch trug es ihm für mehr als ein Jahrzehnt den Ruf eines ›närrischen Erfinders‹ ein, der sich entgegen professörlichen Gutachten und dem Fachurteil technischer Militärexperten darauf versteifte, mit Reichsunterstützung ein voll manövrierfähiges Lufttransportsystem zum Wohle des deutschen Vaterlandes, d.h. auch für strategische Zwecke zu bauen. Die ersten Runden des zähen Ringens mit eben jener Behörde, die ihn zuvor aufs Altenteil geschickt hatte, mit Militärfachleuten, die zugleich seine Konkurrenten waren, mit Professoren, denen seine laienhafte Anmaßung offenbar zensurbedürftig erschien, und die eigene Projekte im Sinn hatten, lieferten nachträglich den Hintergrundskontrast für den unwahrscheinlichen Erfolg; vorläufig machten sie seine Pläne beinahe zunichte. Eine Prüfungskommission unter Vorsitz von Hermann Helmholtz, deren Einberufung Zeppelin nur über seinen wohlwollenden württembergischen Landesvater erreichte, kam 1894 zu einer einstimmig ablehnenden Beurteilung seiner Konstruktion. Sie nannte den Entwurf zwar beachtenswert, konnte sich jedoch nicht entschließen, die Ausführung des Projekts dem Kriegsministerium zu empfehlen. Helmholtz, der schon 1872 und 1882 in kleinen theoretischen Schriften zu einer wenig optimistischen Beurteilung der Luftschifffahrtmöglichkeiten gekommen war, änderte angeblich unter dem Eindruck des Zeppelin-Entwurfs seine Meinung, hat diesem Sinneswandel aber nicht mehr Gehör verschafft – er starb vor der zweiten, vom Grafen durchgesetzten Sitzung, und die Kommission, die nun ganz vom Fachgutachten des Statik-Professors Müller-Breslau und der Einschätzung des beigeordneten ›geübten Luftschiffers‹ Premier-Lieutenant Groß beherrscht war, blieb bei ihrem Urteil.

»Man wird diesen Entschluß kaum tadeln dürfen, denn zu einem brauchbaren Resultat war weder auf Grund des Entwurfs noch nach dem damaligen Stande der Technik eine Möglichkeit vorhanden«, schrieb Alfred Colsman, der langjährige Direktor des Zeppelin-Unternehmens 1933. Der Graf habe gegen das Urteil der Kommission und besonders gegen die Stellungnahme einzelner ihrer Mitglieder überaus heftig gekämpft; »In diesem Kampf hat er nicht immer recht behalten, besonders war seine Einstellung in bezug auf die Form der Luftschiffe, die er gegen Helmholtz und den bekannten Statiker Müller-Breslau verteidigte, irrig.« Jedoch nicht auf den Entwurf, sondern auf die Tat sei es angekommen, auf die allen Rückschlägen zum Trotz, immer wieder neu aufgerichtete Tat, und auf den Willen, durchzuhalten, bis die Entwicklung der Technik der ihrer Zeit voraufgeeilten Idee entgegengekommen war. Der praktische Verstand und die Ausdauer Zeppelins hätten, wenn er auch in manchem irrte, der Wissenschaft doch den Weg ins Freie gewiesen.

In der Tat, daß Zeppelin mit seinem ersten Entwurf auf Vorbehalte der Physikprofessoren stieß, war erklärlich, denn seine Konstruktion hatte zunächst mehr Ähnlichkeit mit einem Kesselwagenzug als jenen Fisch-, Linsen- oder Tropfengestalten, die man schon lange als beste Stromlinienformen erkannt hatte. Und bezeichnend für das außerordentliche Beharrungsvermögen des alten Herrn war es, daß er sich auch später nicht von der gestreckten Zylinderform seines ersten Entwurfs abbringen ließ, sondern nur die ursprünglichen Kugelkalotten an Bug und Heck durch zugespitztelliptische Abschlüsse ersetzte. Noch 1906 vertrat er in einem Aufsatz über ›Motorische Luftschifffahrt‹ in der UMSCHAU unverändert seine Meinung hinsichtlich der zweckmässigsten Gestalt für Luftschiffe: Darüber, ob dem Hauptkörper zylindrische, oder mehr die von Renard, Santos-Dumont, Lebaudy u.a. angewandte sog. Tränenform zu geben sei, seien die Gelehrten noch keineswegs einig.

»Zur Tränenform, oder allgemeiner zu einer solchen mit kürzerem, stumpferen Vorderteil und einem sich vom Hauptspant langsamer verjüngenden Hinterteil, hat wohl am meisten die Vergleichung mit der Natur, dem Bau der Vögel und der Fische, sowie mit den Schiffen, wie sie sich durch Jahrtausende bewährten, Veranlassung gegeben. Die Nachahmung des Vogelfluges wird ja auch für die Flugmaschine am meisten empfohlen, gerade so, als wenn man, um das schnellste Fuhrwerk zu bekommen, einen mechanischen Windhund bauen wollte. Bevor man gedankenlos die Natur nachahmt, muß man erwägen, ob im einzelnen Falle auch der Zweck vorliegt, den die Natur mit ihrer Anordnung verbindet: Der Vogel braucht da, wo seine Flügel sitzen, den kräftigsten und darum breitesten Bau; der Fisch bedarf eines mehr flächenähnlichen, biegsamen Endes, um seine Schwanzflosse zur Wirkung bringen zu können. Beide Zwecke treten bei dem Luftschiff zurück hinter der Anforderung eines möglichst kleinen Querschnitts, bei größtem Innenraum.«

In den weiteren Ausführungen ließ er es sich nicht nehmen, einmal mehr den prominentesten seiner Kommissionsgegner aufs Korn zu nehmen: Kein Geringerer als Helmholtz habe in seinen ›Theoretischen Betrachtungen über lenkbare Luftballons‹ zu zeigen versucht, wie sich ›die an Schiffen gemachten Erfahrungen auf die entsprechende Aufgabe für die Luft übertragen lassen‹. Bei seiner Beweisführung habe jener u.a. bemerkt, daß die erreichten Luftschiffgeschwindigkeiten im Vergleich zur Schallgeschwindigkeit so gering seien, daß es erlaubt sei, Dichtigkeitsveränderungen der Luft zu vernachlässigen. »Wie Helmholtz nun gerade nach Hervorhebung dieser wesentlichen Unterschiede zwischen den Bewegungsbedingungen der Wasser- und Luftschiffe zu dem Schluß kommen kann, daß beide sich ganz ähnlich sind, vermag ich nicht zu begreifen. Immerhin haben die Vertreter der Tränenform das Zeugnis des großen Gelehrten für sich.« –Zeppelin blieb seiner Zigarrenform treu; die tränenförmige Stromliniengestalt der Zeppeline wurde erst während des ersten Weltkrieges unter verschärftem Leistungsdruck eingeführt.

Eine Reihe von scheinbar glücklichen Zufällen, d.h. Zeppelins Privatvermögen sowie seine vielseitigen Beziehungen bewahrten sein Vorhaben und ihn als Person vor einer Lage, die Leute von geringerem Stande und weniger Rückhalt unweigerlich zur Aufgabe gezwungen oder in den Ruin getrieben hätte. 1895 war der Tiefpunkt erreicht: »Es war die Zeit, wo der Graf als ein kompletter Narr verschrieen wurde und wo man in Stuttgart höhnisch mit den Fingern auf ihn wies.« Nachdem ihm auf Befehl des Kaisers schließlich die lächerliche Summe von 6000 Mark als Beihilfe überwiesen worden war, versuchte Zeppelin das für Bau und Erprobung des Luftschiffs erforderliche Kapital von rund einer Million Mark auf eigene Faust aufzutreiben. »Der Erfolg war begreiflicherweise ein sehr bescheidener«, schrieb Eckener 1938. »Etwa 100000 Mark kamen zusammen, vornehmlich durch die Zeichnungen einiger weniger alter Freunde, darunter auch Mitglieder des Württembergischen Königshauses. Vielleicht war der Mißerfolg nicht zum wenigsten darin begründet, daß das Kriegsministerium in militärischen Kreisen dringend von Zeichnungen abriet.«

»... Was der Graf Zeppelin brauchte, war ... der Beistand einer wirklich autoritativen Stelle, die die Bedeutung der Sache gleich ihm erfaßte und die im selben Geiste des Optimismus der Technik eine vielleicht schwierige, aber nicht unlösbare Aufgabe zu stellen entschlossen war. Diese Stelle fand sich: es war der *Verein deutscher Ingeneure.*« Der Verein berief seinerseits eine Kommission und veröffentlichte 1896 einen Aufruf zur Unterstützung des Zeppelinschen Vorhabens: Es erscheine ausgeschlossen, daß die erheblichen Geldmittel, welche notwendig seien, aus rein wirtschaftlichen Erwägungen, d.h. mit der Aussicht auf unmittelbaren finanziellen Gewinn aufgewendet würden. So könne nur auf die gemeinnützige und opferwillige Geneigtheit derjenigen Kreise, welche dazu imstande seien, insbesondere also auf die Geneigtheit der Vertreter der deutschen Industrie, die Hoffnung gesetzt werden, daß sie für die Förderung einer sehr wichtigen und großen technischen Aufgabe unseres Zeitalters zur Aufbringung der bedeutenden Mittel sich bereit finden lassen möchten, ohne welche ein entscheidender Fortschritt nicht zu erwarten sei.

»Der Aufruf, der bei aller vorsichtigen Haltung im wesentlichen vollständig mit der geistigen Grundeinstellung des Grafen Zeppelin zu dem Problem harmonierte, verfehlte nicht seine Wirkung, und man konnte wenig später – 1898 – unter Führung einiger deutscher Industrieller zur Gründung einer *Aktiengesellschaft zur Förderung der Luftschiffahrt* schreiten. Immerhin aber war das Mißtrauen und die Unlust, sich zu beteiligen, noch so groß, daß der Graf Zeppelin von dem Kapital von 800000 Mark fast die Hälfte selbst zeichnen mußte ... Die erste, vielleicht schwierigste und oft fast aussichtslos erscheinende Kampfperiode für die Idee war damit beendet. Jetzt mußte und sollte das Werk selbst für sich sprechen! Der Kampf mit den Bedenklichkeiten und Tücken der Menschen war gewonnen. Es begann nun aber der Kampf mit den ›Tücken des Objekts‹« wie Eckener es ausdrückte.

»... Das weitere Ringen spielte sich jetzt auf dem freien Felde des Bodensees ab, der zu einer Art Schaubühne wurde, auf der vor den Augen der Welt ein packendes Stück in Szene gesetzt wurde, das eine Reihe von Jahren spielte.« Im November 1899 konnte den Aktionären durch Rundschreiben mitgeteilt werden, das nach dem Entwurfe des Grafen v. Zeppelin gebaute Luftschiff stehe vollendet da. Es entspreche bis jetzt allen gestellten Erwartungen. Alle Sachverständigen, welche das Fahrzeug prüfend besichtigt hätten, seien in ihrem Vertrauen auf einen guten Erfolg der Flugversuche bestärkt worden. Aber diese Flugversuche dürften nicht vorgenommen werden, bevor – für den eventuellen Fall ihres unglücklichen Verlaufes – ein das Vermögen der Gesellschaft dann vielleicht übersteigendes Gelderfordernis sichergestellt sei. Mit anderen Worten, nach der Fertigstellung des Flugkörpers war auch das Kapital schon wieder soweit erschöpft, daß zur Abdeckung der Gewährsumme zu neuerlicher Zeichnung gebeten werden mußte.

Der erste Flugversuch verzögerte sich bis zur Mitte des nächsten Jahres – nicht nur wegen versicherungstechnischer Formalitäten, sondern weil laufend noch Änderungen von Konstruktionsteilen, Bedienungsapparaturen usw. vorgenommen wurden, so wie das flugfertige Schiff insgesamt in seinem Konzept – verglichen mit den ursprünglichen Plänen Zeppelins – erheblich verändert war: Ursprünglich hatte Zeppelin eine Art ›Luftzug‹ mit angehängten Lastfahrzeugen der Preußenkommission vorgelegt und zum Patent angemeldet; jetzt waren Zugmaschine und Lastanhänger zu einer konstruktiven Einheit verschmolzen, jenem sogenannten *starren System,* das sich im Prinzip nicht mehr ändern sollte, wie die technische Entwicklung des Zeppelin-Luftschiffes zeigte.

Seit ihn 1874 ein Vortrag von Reichspostmeister Stephan ›über Weltpost und Luftschiffahrt‹ zur ersten, noch nebenberuflichen Beschäftigung mit dem Luftfahrtproblem gebracht hatte, war es Zeppelin klar gewesen, daß es nicht um die Aufstellung kurzfristiger Geschwindigkeitsrekorde, sondern um die Erzielung von Dauerleistungen – Ozeandampfern vergleichbar – gehen müßte. »Vielfach wird angestrebt«, sagte er 1901 in einem Vortrag ›Über die Aussicht auf Verwirklichung und den Wert der Flugschiffahrt‹, vor der ›Deutschen

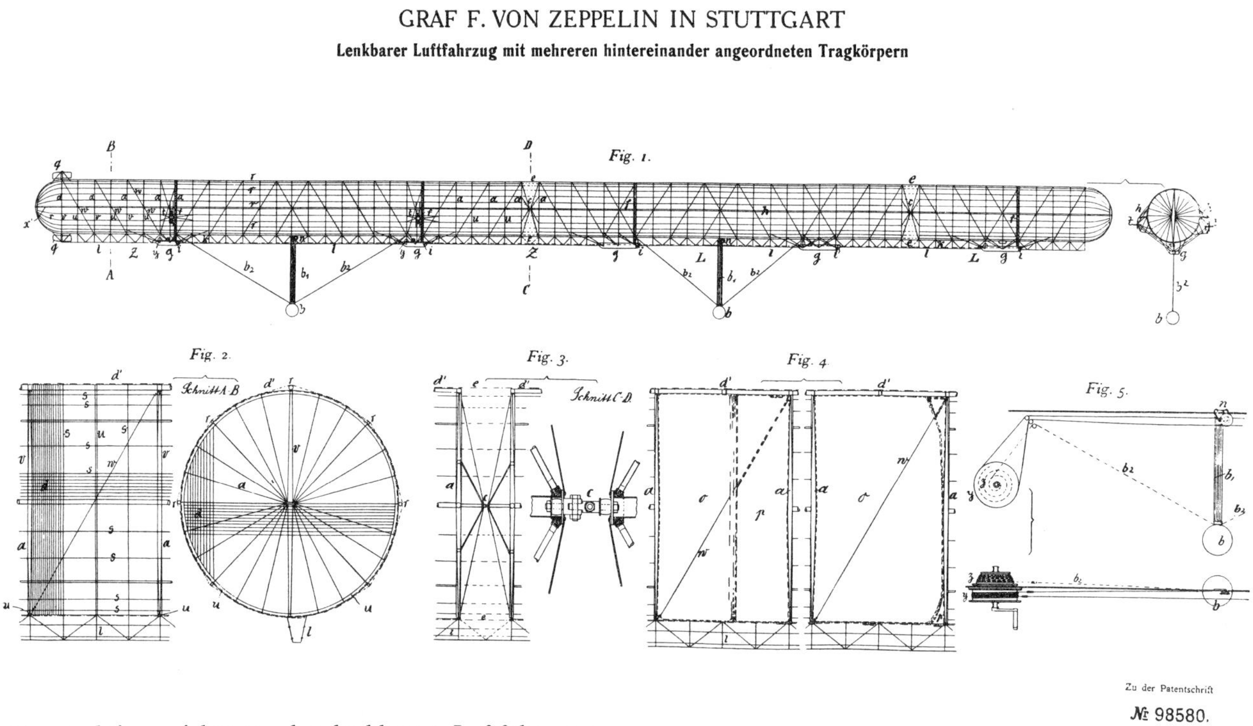

Konstruktionszeichnung des lenkbaren Luftfahrzuges von Graf Zeppelin. Anlage zur Patentschrift.

Kolonialgesellschaft‹ in Berlin, »das Problem mittels sogenannter Flugmaschinen zu lösen, welche an Stelle des tragenden Gases die Tragfähigkeit der Luft benützen, indem sie große Flächen in geneigter Lage mit Maschinenkraft durch die Luft schieben. Die bemerkenswertesten Versuche dieser Art sind vom bekannten Schnellfeuerkanonen-Erfinder Ingenieur Maxim in England und von Ador in Frankreich unternommen worden. Beider Apparate zerschellten bei der ersten Fahrprobe. Ich am wenigsten würde daraus gleich auf Untauglichkeit solcher Flugmaschinen schließen. Aber immerhin ist durch diese Verunglückungen die Aussicht, auf solchem Wege für lange Reisen taugliche Fahrzeuge zu erhalten, wieder in die Ferne gerückt. – Dagegen sind mit durch Gas getragenen Flugfahrzeugen schon manche Erfolge erzielt.«

Nach noch unvollkommenen Versuchen der Franzosen Giffard und Dupuy de Lôme habe als erster ein Deutscher, der Ingenieur Hähnlein aus Mainz, ein dem seinigen ähnelndes Ballon-Fahrzeug gebaut. Leider fehlten ihm die Mittel, um das gut begonnene Werk zu Ende zu führen. Auf Hähnlein fußend – zugestandenermaßen – hätten die französischen Hauptleute Renard und Krebs dann mit ihrem Fahrzeug *La France* sehr schöne Erfolge gehabt. Fünfmal unter sieben Fahrten seien sie mit vollkommener Steuerfähigkeit nach ihrem Willen gefahren und an ihren Ausgangspunkt zurückgekommen. Aber sie konnten im besten Falle nicht länger als eindreiviertel Stunden fahren; dann sei die Kraft ihrer elektrischen Batterien verbraucht gewesen. Flugschiffe, wie er sie jetzt im Sinn habe, sollten aber mindestens mehrtägige Reisen ausführen können. Die Anforderung der Dauerfahrt schlösse jedoch das Auswerfen von Ballast, um zu steigen, und das Ablassen von Gas, um zu sinken, aus. Sein Fahrzeug würde deshalb einfach in Auf- oder Abwärtsstellung gesteuert und so durch die in seiner Längsachse wirkenden Triebwerke in der gewollten Richtung weitergeführt. Da sich nun aber bei der Fahrt nach oben in

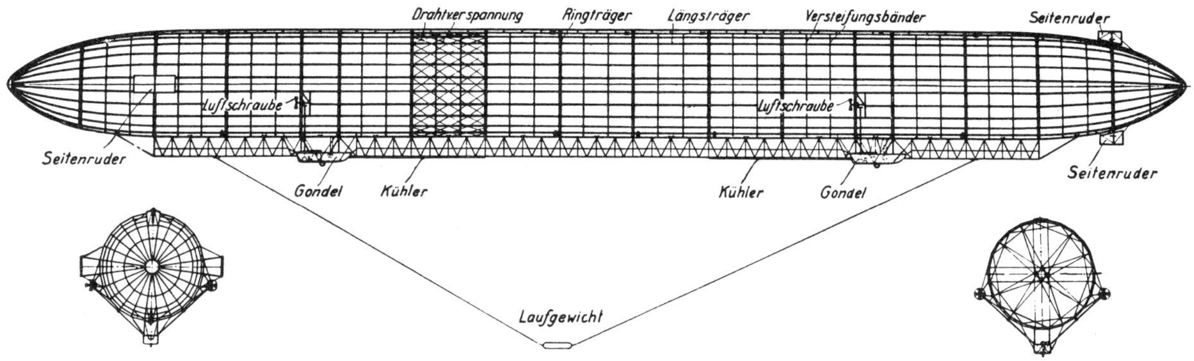

Ausführung des ersten Luftschiffes beim ersten Aufstieg.

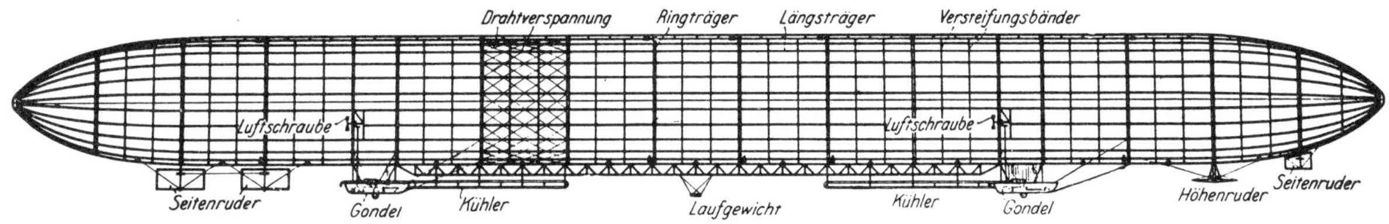

Ausführung des ersten Luftschiffs nach dem Umbau beim zweiten und dritten Aufstieg.

Konstruktionszeichnung des LZ 1

die dünneren Luftschichten und ebenso bei Erwärmung das Traggas ausdehne, so sei ein Raumüberschuß in den inneren Gaszellen derart bemessen, daß die bei der Abfahrt zum Heben des Fahrzeugs ausreichende Gasmenge genügenden Raum zur Ausdehnung finde, entsprechend der Höhe, die man erreichen wolle, und der etwa zu erwartenden Erwärmung.

Das also war der entscheidende Vorteil des Zeppelinschen Systems: Bei allen früheren unstarren Ballonfahrzeugen hatte das Tragegas nicht nur den Auftrieb zu liefern, sondern auch noch die Form des Schiffskörpers durch seinen Überdruck aufrechtzuerhalten. Höhen- oder Temperaturveränderungen machten ständige kostspielige oder komplizierte Nachregulierungen der Ballonfüllung notwendig. Beim Zeppelin-Fahrzeug übernahm nun ein drahtverspanntes Gerippe aus Aluminiumträgern und -ringen die konstruktive Gestalt des Schiffes; das hatte den zusätzlichen Vorteil, daß die eigentlichen Gaszellen nun unter der formgebenden äußeren Gerippebespannung dem Druck des Fahrtwindes, der unmittelbaren Sonneneinstrahlung oder gegenteiligen Witterungseinflüssen entzogen waren; außerdem ließ sich der Tragekörper und die daran hängende Gondel samt Antriebsaggregaten zu einem *starren System* verbinden. Und schließlich erlaubte es die Gerippekonstruktion und Gaszelleneinteilung auch, mit den Dimensionen über alles bisher Dagewesene hinauszugehen und so die für Dauerfahrten erforderlichen Triebwerke und Treibstoffmengen mitzuführen.

Ausreichend kräftige Motorisierung und Betriebssicherheit angesichts der hochexplosiven Traggasfüllung war von dem Augenblick an, da man menschliche – oder tierische – Luftruderleistungen zum Schiffsantrieb als unzureichend oder undurchführbar erkannt hatte, das Kardinalproblem der Lenkbarkeit; Dampfmaschinen schieden wegen ihres viel zu hohen Konstruktionsgewichtes bald aus, und Elektromotoren konnten wegen der

Batterieerschöpfung keine gleichmäßigen Dauerleistungen erbringen. So blieb als effektiver Antrieb nur der leichte, aber feuergefährliche Explosionsmotor übrig, aber auch dessen Leistungen waren vor der Jahrhundertwende für den Luftschiffantrieb kaum ausreichend.

Zeppelin hatte für den ursprünglichen Luftzug zwei 8 PS leistende Motoren vorgesehen gehabt; aber selbst die beiden 15 PS starken Aggregate des ersten Luftschiffs erbrachten bei den drei Versuchsaufstiegen im Jahre 1900 nur eine Fahrtgeschwindigkeit unter 10 Meter pro Sekunde, die also nicht ausgereicht hätte, auch nur gegen leichte Winde anzufahren. Ohnehin kamen sie nicht zum stetigen Arbeiten, denn die ersten beiden Flüge verliefen wegen technischer Störungen, Steuerruderhavarien, Ventilversagen u.a.m. nicht programmgemäß, und der dritte ließ wegen einer notwendigen Gasnachfüllung von schlechterer Qualität, d.h. geringerer Tragfähigkeit, und einer dadurch verursachten Schiffsdurchbiegung – der verringerte Ballast war ungleichmäßig verteilt – wiederum eine volle Erprobung der Fahreigenschaften nicht zu. So blieb der Eindruck dieser Probeaufstiege zwiespältig und löste bei kritischen Beobachtern, so zum Beispiel beim Berichterstatter der Frankfurter Zeitung, einem gewissen Dr. Hugo Eckener, einem privatisierenden Psychologen aus der Schule Wilhelm Wundts in Leipzig, allenfalls freundliche Skepsis aus: »Sicherlich: das ›Luftschiff‹ erwies sich als lenkbar. Es stieg unter Hurrarufen des vollzählig am Ufer versammelten Friedrichshafen majestätisch und ruhig in die Lüfte, schwebte sinnig und hübsch über dem See, machte kleine Drehungen um seine vertikale Achse, vielleicht sogar kleine Kurven, vollführte unzählige kleine Drehungen auch um seine Horizontalachse und blieb sicher und friedlich stets ungefähr in derselben Höhe und über demselben Flecken schweben. Von einem ausgedehnteren Hin- und Herfahren, von einem Auf- und Abschweben zu größeren und geringeren Höhen war freilich nicht merklich die Rede.«

Obendrein meinte Eckener sich keineswegs sicher zu sein, ob diese Bewegungen nicht auch von einem umlaufenden leichten Wind hätten verursacht sein können, und im übrigen bemerkte er zu Verbesserungsaussichten ironisch, »wenn dies auch sonst weiter keinen Nutzen bringen sollte, so jedenfalls einen: dem Orte Friedrichshafen.« Es läge eine gewisse Komik in der Art und Weise, wie Friedrichshafen, das so bescheidene, ruhige Städtchen, durch seinen Luftballon eine berühmte Stadt werden wolle. Unter anderem sei ein ganz findiges Genie sogar auf den Gedanken gekommen, Villenbauplätze ›mit Aussicht auf die Alpen und den Zeppelinschen Ballon‹ anzupreisen.

Mit den augenfälligen Luftschiffaufstiegen und ihrer profitablen Vermarktung war es jedoch erst einmal für mehrere Jahre vorbei: Im Oktober 1900 konnte den Aktionären der ›Gesellschaft zur Förderung der Luftschiffahrt‹ in einem Bericht über das Ergebnis der zweiten und dritten Auffahrt zwar mitgeteilt werden, die drei Aufstiege hätten erwiesen, daß ein Fahrzeug geschaffen sei, welchem man sich mit Ruhe für den Flug durch die Luft anvertrauen könne. Wegen des Nachfüllens mit schlechtem Gas seien weitere Fahrten ohne Neufüllung jedoch nicht ausführbar; zu einer Neufüllung besitze man aber keine Mittel mehr. Und im Dezember informierte ein Rundschreiben, die Generalversammlung der Aktionäre habe, dem Antrag des Aufsichtsrates entsprechend, die Auflösung und Liquidation beschlossen, weil nach Verbrauch des Aktienkapitals und nahezu auch des Garantiefonds weitere Mittel zur Fortsetzung der Flugversuche nicht mehr vorhanden, und Versuche, das Reich zur Erwerbung des Fahrzeugs zu veranlassen, oder auch nur eine finanzielle Hilfe seitens desselben zu erlangen, bislang ohne Erfolg geblieben seien. Nach einer Taxation der Abbruchwerte sei als mutmaßliches Ergebnis der Liquidation ins Auge zu fassen, daß aus dem Erlös die Garantiezeichner zwar nahezu befriedigt werden könnten, für die Herren Aktionäre aber bedauerlicherweise wohl nichts mehr übrig bleiben würde.

Mit dem Ende der Förderungsgesellschaft begann für den Grafen eine weitere Periode der ›Prüfung‹ seines Durchhaltevermögens: Überzeugt von den Flugversuchen – das Schiff hatte sich ohne gefährliche Deformation in der Luft gehalten und ausreichend manövrieren lassen – erwarb er zunächst das Schiff nebst Anlagen aus der Liquidationsmasse und trat 1901 erneut an den *Verein deutscher Ingeneure* heran, um dessen weitere publizistische Unterstützung zu gewinnen. Der Verein reagierte mit einem ›sehr freundlichen, wenn auch merklich zurückhaltenderen‹ Gutachten, das kaum dazu angetan war, eine schon im ersten Anlauf eher gedämpfte Zuversicht nun im Nachhinein in opferwilligen Enthusiasmus umschlagen zu lassen. Für Eckener lag der Grund für diese merkliche Zurückhaltung nachträglich auf der Hand: weil man sich auf Grund der noch wenig befriedigenden Ergebnisse von 1900 der Stellungnahme des Kriegsministeriums glaubte anschließen zu müssen, die etwa folgendes besagte: Das Starrluftschiff möge zwar langfristig Aussicht auf Erfolg haben, wenn die Leistungsfähigkeit, Fahrsicherheit und erzielte Geschwindigkeit groß genug seien, um Landungen auf freiem Feld unnötig zu machen. Gegenwärtig aber könne man nur mit Luftschiffsystemen rechnen, die im Notfall wie ein Freiballon zu landen und transportierbar seien: mit dem unstarren oder halbstarren System – also mit jenen Projekten, die das Ministerium mehr oder minder in eigener Regie zu entwickeln bemüht war.

»Was ist das für ein Unsinn und schwächliches Beginnen«, so zitierte Eckener den Grafen zu dieser Haltung des Ministeriums, »von vornherein mit der Betriebsunsicherheit seines Fahrzeugs zu rechnen und deshalb an Systemen zu arbeiten, aus denen nie etwas militärisch Brauchbares werden kann! Es ist keine Generalstabsidee bei diesem Beginnen.« Für Zeppelin mußte diese Kurzsichtigkeit und kleinmütige Skepsis um so enervierender sein, als er ja den Erfolg seines Systems zum Greifen nahe sah, ihn sozusagen schon in der Hand gehalten hatte; doch weder das Ministerium noch die öffentliche Meinung waren vorerst auf seine Seite zu bringen.

Zwar gereichte es Wilhelm R. (ex) am 7. Januar 1901 zur Freude, Zeppelin Seine Anerkennung für die Ausdauer und Mühe auszusprechen, mit der jener trotz mannigfacher Hindernisse die *selbstgestellte (!)* Aufgabe durchgeführt habe. Er wolle ihm Seine Unterstützung dadurch gewähren, daß ihm der Rat und die Erfahrung der Luftschiffer-Abteilung – durch Entsendung eines Offiziers bei weiteren Versuchen – jederzeit zur Verfügung stehen solle. Zum äußerlichen Beweis Seiner Anerkennung aber verlieh ihm der Kaiser den Roten Adler-Orden 1. Klasse. Weder für die huldvoll verordnete Anwesenheit der Konkurrenz bei weiteren Versuchen noch für den Orden konnte sich der Graf jedoch etwas kaufen. »Ach, wäre nur mit dem Orden eine Anweisung auf einige hunderttausend Mark verbunden gewesen«, war der unwillkürliche Kommentar seines Vetters Generalmajor a. D. C. von Zeppelin bei dieser Gelegenheit.

Während das von ihm erworbene Material und Betriebsgerät als totes Kapital ruhte und ›rostete‹, mußte Zeppelin aufs Neue den Kampf ums lebendige Kapital aufnehmen und notgedrungen wieder zum äußersten Mittel greifen, nämlich ostentativ nach Finanzquellen auch international Ausschau zu halten. Ab 1902 ließ er vom ›Patent- und Technischen Bureau C. KESSELER‹ in Berlin, das schon 1898/99 im europäischen Ausland, in den Vereinigten Staaten und Kanada vorsichtshalber Patentanmeldungen für ihn durchgeführt hatte, Annoncen aufgeben, mit denen nach finanzkräftigen Interessenten an der Ausnutzung seiner Auslandspatente gesucht wurde – teils offen unter seinem Namen, teils aber auch anonym über eine Kontaktadresse wie in der Französischen Presse, wo ihm sein vaterländischer Stolz ein namentliches Anerbieten an die Finanzwelt des Erbfeindes verbot. Vermutlich hatte er vor, eventuelle ausländische Kooperationsmöglichkeiten als psychologisches Druckmittel gegen sein verständnisloses Vaterland zu wenden, so, wie er diesen Hebel schon mehrfach in seinen Denkschriften und Ausführungen dem Kriegsministerium gegenüber anzusetzen versucht hatte: Bei dem Mangel an Unternehmungsgeist und Wagemut in den deutschen großreichen Kreisen sei wahrscheinlich, daß sich das Ausland vor uns der ›Sache‹ bemächtige, oder, da er dazu niemals die Hand reichen werde, so schrieb er 1894, daß sie überhaupt nicht ins Leben treten werde.

Nicht von den großreichen Kreisen des Auslandes, sondern vom deutschen Volke erhoffte und erwartete Zeppelin Unterstützung: Am 25. Juni 1903 ließ er einer Reihe von Zeitungen den vorbereiteten Text einer ›redaktionellen Notiz‹ mit der Bitte um kostenlose Veröffentlichung zugehen, in der unter anderm zu lesen stand, Freunde der Flugschiffsidee hätten den Grafen dringend gebeten, er solle das Fehlende, da er die für den Neubau des Fahrzeugs nötigen Mittel allein nicht aufbringen könne, von breiteren Schichten der Gesellschaft fordern. Der Graf habe es nun für seine Pflicht gehalten, noch einen letzten Versuch zu machen. Mit einem Aufruf an das deutsche Volk wende er sich nunmehr an die Hunderttausende, welche gewiß geneigt seien, für die Aussicht, die brauchbare Flugschiffahrt verwirklicht zu sehen, wenigstens einen kleinen Betrag auszugeben. Graf Zeppelin habe aber einen in seinem Ertrag nicht abzuschätzenden und daher auch möglicherweise mehr als das Notwendigste einbringenden öffentlichen Aufruf vermeiden wollen und daher zu dem Mittel gegriffen, eine beschränkte Anzahl von Postanweisungen mit dem Aufruf unter solche Deutsche zu verbreiten, von welchen anzunehmen sei, daß sie zu einem kleinen Opfer an Mühe und Geld mit Freuden bereit sein würden, wenn es gelte, eine Sache ins Leben zu(rück zu)rufen, die für Deutschland von unschätzbarem Wert werden könne. Allein die Unterstützung des Grafen Zeppelin durch alle jetzt dazu Eingeladenen lasse die Aussicht fortbestehen, daß in naher Frist sein Vorgehen Deutschland zuerst in der Welt die Wundergabe der Beherrschung des Luftmeeres schenken werde.

»Angesporn von den verschiedensten Seiten, die wertvollen Errungenschaften nicht ungenutzt liegen zu lassen«, schrieb Zeppelin im Aufruf, »richte ich an das deutsche Volk den Appell, opferwillig meinem Unternehmen beizuspringen und mich in meinem pflichtgemäßen Ausharren zu unterstützen. Mir aber soll es eine heilige Pflicht sein, dem in diesen Spenden zum Ausdruck gelangenden Zutrauen nach besten Kräften gerecht zu werden.« Die feierlichen Selbstverpflichtungen des Grafen wurden vorerst kaum auf die Probe gestellt; der Aufruf erbrachte – laut Eckener – ganze 8000 Mark, und zum Ausdruck gelangten gänzlich andere Empfindungen: man erlaubte sich nicht nur die Postanweisungen mit höflichem Bedauern zurückzusenden, man bat auch, weitere Zusendungen zu unterlassen oder sah sich gezwungen, sich derartige Zudringlichkeiten zu verbitten. Seine Königliche Hoheit der Großherzog von Sachsen ließ mitteilen, daß er es sich infolge der außerordentlich gesteigerten Ansprüche an seine Mildtätigkeit versagen müsse, der Beitragsbitte zu entsprechen, und seine Königliche Hoheit der Landgraf von Hessen ließ mit dem Hinweis entschieden ablehnen, daß für die Lösung eines derart wichtigen Verkehrsproblems, wie der Lenkbarkeit des Luftschiffs, in erster Linie der Staat einzutreten und mitzuwirken haben dürfte.

Nicht weniger gewählt fielen manche Antworten vom Geldadel und der Intelligenz aus: Auch Frau Geheime Rat Krupp ließ ergebenst bedauern, »sich eine Beteiligung an Euerer Hochgeboren Unternehmen zum Bau eines lenkbaren Luftfahrzeuges versagen zu müssen« (›habe solche Antwort erwartet‹, war Zeppelins handschriftlicher Randkommentar), und Siemens & Halske teilte ergebenst mit, daß man als Firma nicht wohl auf den erneuten Aufruf des Herrn Grafen von Zeppelin eingehen könne. Auch Ullstein & Co waren zu ihrem Bedauern nicht in der Lage, der Sache des Herrn Grafen Zeppelin in der angedeuteten Weise zu dienen, wie ebenfalls zum Beispiel auch dem Prof. Dr. Carl von Linde seine Überzeugungen nicht erlaubten, jemand zu neuen Opfern für ein Graf Zeppelinsches Luftfahrzeug zu veranlassen. Andere Antworten nannten die Gründe klarer beim Namen: Ein unleserlicher Freiherr etwa war zu seinem Bedauern nicht in der Lage, sich zu beteiligen, durch Umstände, die – seiner Ansicht nach – das Wort am besten bezeichnete: ›Mir ist das Hemd näher wie der Rock.‹ Und die *Gummiwaren-Fabrik Metzeler & Co* gestand im ablehnenden Bescheid ihre Verwunderung darüber, »daß Sie nochmals mit der Aufforderung einer Zeichnung für die fragliche Sache an uns herantreten, nachdem doch, wie wir bestimmt wissen, der fragliche Auftrag (für Ballonhüllen) bereits an die Concurrenz vergeben ist.« Die Konkurrenz aber – *Continental Caoutschuk & Guttapercha Co, Hannover* – war sich just in dem Moment ihres selbstlosen Opferwillens innegeworden, als der fragliche Auftrag bei ihr eingegangen war.

Zurückhaltung, Skepsis wenn nicht noch negativere Reaktionen zeigte also das deutsche Volk im repräsentativen Querschnitt der 60000 durch Besitz und Stellung ausgezeichneten Persönlichkeiten, die mit jenem Aufruf nebst frankierter Postanweisung angesprochen worden waren. Und auch der Verleger August Scherl – dessen ›Propaganda-Abteilung‹ den Zeppelinschen Werbefeldzug gegen Rechnung vorbereiten half und, unter gewissen Bedingungen, eine vermutlich wirksamere Kampagne in ihren Blättern DER TAG und DIE WOCHE vorgeschlagen hatte – vermied es damals noch sorgfältig, sich mit der Sache des Grafen zu identifizieren. Nach dem Fehlschlag des Aufrufs und »im Anschluß an Ihre Unterredung mit Herrn Dr. Kyllmann von unserem Verlage bedauern wir Ew. Excellenz mitteilen zu müssen, dass wir unsererseits eine Aktion zur Beschaffung von Beiträgen für ein neues von Ihnen zu konstruierendes Luftschiff unter unserem Namen nicht durchführen koennen. Hingegen sind wir gern bereit, Ew. Excellenz dadurch zu unterstützen, dass wir einen Artikel aus Ihrer Feder etc. pp ... Wir glauben, dass sich nach diesen Ausführungen eine nochmalige mündliche Besprechung der Angelegenheit erübrigen wird. Sollten Ew. Excellenz indessen bezüglich des oben erwähnten Artikels noch irgendwelche Wünsche zu äussern haben, so bitten wir um Ihren Besuch für Montag, den 17. August, um 11.30 Uhr.« Deutlicher ließ sich professionelles Interesse und Abstandhalten kaum formulieren, von der hochnäsigen Bestellung-ins-Büro zu vorgegebener Zeit ganz abgesehen.

Am 3. Oktober 1903 erschien in der Scherlschen WOCHE dann ein ›Notruf zur Rettung der Flugschiffahrt‹ aus der Feder Zeppelins, in dem noch einmal die Vorzüge des *starren Systems* und die bereits geleisteten Vorarbeiten erläutert wurden – auch er »verhallte ungehört«, wie Eckener 1938 schrieb. »Mit Bewegung liest man heute einige Sätze dieses aus tiefster seelischer Not geborenen Aufrufs: ›Eine kurze Spanne Zeit – und Witterung, Sturm und Wellen werden mein lagerndes Material unverwendbar gemacht haben, meine letzten geschulten Gehilfen werden mir nicht mehr zur Verfügung stehen – die letzten Mittel, die ich selbst zu diesem Zweck zu opfern vermag, werden erschöpft sein – und die Gebrechen des Alters oder der Tod werden meinem Schaffen ein Ziel gesetzt haben.‹ Die Zeppeline schienen dazu verdammt, ruhmlos unterzugehen. Denn wer konnte sie noch retten? Nichts als der unbeugsame Wille eines Mannes, der im unerschütterlichen Gefühle, doch recht zu haben, nicht ruhte und nicht rastete, bis er endlich doch zu seinem Ziele kam.«

Vor 1904 schien dieses Ziel noch weit; einstweilen war Schmalhans Werkmeister, und es galt Hauszuhalten mit den unzureichenden Mitteln und sie nach Möglichkeit durch Nebeneinnahmen zu strecken und wieder aufzustocken: Ein Teil der metallenen Gasbehälter wurde zum Drittel des Neuwertes an das Preußische Luftschifferbataillon verscheuert und gleich wieder zurückgeliehen, das Abbruchmaterial des ersten Luftschiffs dem Aluminiumfabrikanten Berg in Lüdenscheid zu günstigem Schrottpreis zurückverkauft etc. Die finanzielle Not machte sogar den Generalbevollmächtigten und Geschäftsführer – Zeppelin selbst nannte ihn meist ›seinen kaufmännischen Beamten‹ – Ernst Uhland, der vermutlich keinen Nagel gerade in die Wand schlagen konnte, erfinderisch: er ließ sich einen ›Klosettsitz, aufzuklappen durch Betätigung der Spülvorrichtung‹ im In- und Ausland patentieren (Deutsches Reichspatent No. 143379), welcher »bei der Verwertung eine Hilfsquelle für die Unternehmung Sr. Exc. bilden soll(te)«, wie aus einem Schreiben der ausführenden ›Mechanischen Werkstatt und Apparate-Bau-Anstalt Richard Gradenwitz in Berlin‹, die auch sonst für Zeppelin arbeitete, hervorging. – Hätte die Finanzierung des Luftschiffs an diesem Patent gehangen, wäre es mit Sicherheit aus gewesen: Die einzige aktenkundige Bestellung kam im Jahre 1904 vom Direktor M. Brunner des Insel-Hotels in Konstanz.

Doch Dank der schier unglaublichen Zähigkeit des Grafen – und einer Erbschaft seiner Gattin – waren am Ende des Jahres 1904 die Aussichten auf finanzielle Grundlegung des Neubaus wieder in den Bereich des Möglichen gerückt: Als Eugen Wolf, journalistischer Freund der Familie Zeppelin, Teilnehmer der ersten Flüge und Berichterstatter in den Scherlschen Papieren, dem Grafen in einem vertraulichen Brief mitteilte, er habe Lust, zur Luftschiff-Finanzierung »an den reichen Dollar-Millionär Andrew Carnegie in Schottland zu schreiben«, konnte Zeppelin bereits abwinken:

»Glücklicherweise bin ich so weit, daß ich unter nochmaligem Opfer von vielleicht 50–70 000 M aus eigenem Vermögen den Bau des Luftschiffs werde durchführen können, ohne eine Beihilfe von einem Ausländer annehmen zu müssen.« Inzwischen hatten der König von Württemberg in seinem Lande eine Lotterie zugunsten der Zeppelinschen Sache genehmigt, die Material- und Motorenlieferanten auf ihre Gewinnspannen oder noch mehr verzichtet, wie Zeppelin in einem Schreiben an den Kriegsminister von Einem mitteilen konnte: »Nachdem mir, wie früher schon, die Motore und teilweise die Gashülle nun auch der ganze Bedarf an Aluminiumwerkstücken von den betreffenden Fabriken kostenlos zur Verfügung gestellt worden ist, habe ich auf Eurer Excellenz Zusage hoffend, mich entschlossen, die zum Bau des Flugschiffes und für die Versuche damit dann noch fehlenden ungefähr 70 000 M wiederum aus eigenen Mitteln zu verbürgen.«

»Es schien damit das Letzte und Äußerste, was« – laut Eckener – »einem Mann von der ungeheuren Tatkraft und Zähigkeit und von den weitverzweigten hohen Beziehungen eines Zeppelin nur irgend möglich war, herausgeholt zu sein, und jedermann mußte annehmen, daß nun der letzte, entscheidende Triumph ausgespielt werden würde. Mißlang er diesmal, so müßte das Spiel endgültig verloren erscheinen!« Der Neubau wurde im Jahre 1905 in Angriff genommen und im Spätherbst vollendet. Er war in konstruktiver Hinsicht bedeutend verstärkt. Der erfinderisch-scharfsinnige Ingenieur Dürr, der den Bau jetzt leitete, wählte an Stelle der bisher verwendeten flachen Gitterträger nun Dreiecksträger; hierdurch sowie durch die Anbringung eines unteren Laufganges wurde die Festigkeit des Gerippes ganz erheblich erhöht. Verbesserungen an der Steuerung kamen hinzu und stärkere Motoren von geringerem Gewicht, so daß man Propeller von fast dreifachem Durchmesser einsetzen konnte.

»Wer begreift es nicht, daß angesichts dieser gewaltigen Verbesserungen der Graf Zeppelin mit höchster Zuversicht den Probefahrten entgegensah? Wer konnte annehmen, daß seiner an Stelle des erwarteten durchschlagenden Erfolges eine katastrophale Niederlage harrte, die sein Werk mit einem Schlage so vernichtend niederschmetterte, daß eine Wiedererhebung jedem ausgeschlossen erscheinen mußte!«

Mit solch unheilschwangeren Worten leitete Eckener 1938 seinen Bericht über das Schicksal des zweiten Zeppelinschen Luftschiffes ein. »Gleich der erste Versuch im November 1905 verlief unglücklich: Durch ein Ungeschick beim Herausbringen kam das Schiff nicht hoch und wurde auf dem Wasserspiegel weit in den See hinausgetrieben. Mit Not fing man es wieder ein und brachte es leidlich unversehrt in die Halle zurück. Im Januar 1906 erfolgte dann der zweite Aufstieg. Er wurde zur Katastrophe: Das Schiff kam in einer Höhe von einigen hundert Metern, in die es infolge reichlich starken Auftriebs schnell emporgeführt wurde, in einen starken Westwind, dem es nicht gewachsen war, weil der eine der Motoren aussetzte. Schnell wurde es ins Land hineingetrieben und mußte bei Kißlegg im Allgäu notlanden. Der Wind wuchs über Nacht zum Sturm und zerstörte das überraschend gut gelandete verankerte Schiff in wenig Stunden. Äußerlich gelassen und resigniert gab der Graf Befehl, es vollends auseinanderzuschlagen.«

Kapitel IV

Prosaische ZWISCHENSPIELE hinter den Kulissen – Kommissionen und Konsortien: Das Reich und das Kapital im Interessenkonflikt

»Wenn ein Dampfer nur wegen mangelnder Übung und Erfahrung seines Führers auf Grund gerät und später vom Sturm da zerstört wird, so wird kein denkender Mensch daraus den Schluß ziehen, daß der Dampfer ein untaugliches Schiff gewesen sei«; so sah Zeppelin schon wenige Tage nach dem Unglück von Kißlegg ›Die Wahrheit über sein Luftschiff‹: Ein aus der ›Frankfurter Zeitung‹ in die meisten bedeutenderen Blätter übergegangener Bericht über den Flug am 17. Januar komme zu dem Urteil, daß irgendwelche durch den Luftdruck hervorgerufene Verwerfungen des Schiffskörpers ein Funktionieren der Übertragungen von den Gondeln bis zu den Schrauben unmöglich machten. »Damit ist gesagt, daß das Modell ungeeignet ist.« Den Verfasser dieses Berichts, Herrn Dr. Eckener, hatte der Graf inzwischen kurzerhand zur Rede gestellt, von der Unrichtigkeit seines Berichtes überzeugt und – wie man es später nannte – von einem Saulus zum Paulus seiner Sache gemacht.

Zunächst aber war der alte Herr nahe daran gewesen, aufzugeben: Zwei Tage nach dem Unfall bot er dem Königlich Preußischen Kriegsministerium in einem Geheimbericht praktisch die Friedrichshafener Werftanlagen samt Personal zur Übernahme an, um so sein Unternehmen vor der Auflösung zu bewahren. »Leider nöthigt mich meine Vermögenslage, um eine sehr baldige Entscheidung zu bitten, weil ich im Falle des Nichtverkaufs gezwungen wäre, so schnell als möglich zu liquidieren. Ich würde es mit grossem Dank aufnehmen, wenn ich, bevor eine Entscheidung getroffen wird, zu mündlicher Aussprache nach Berlin berufen würde, und im Falle es sich um Besprechung mit einer Kommission von Sachverständigen handeln sollte, meinen Ingenieur Dürr und meinen Verwaltungsbeamten Uhland mitbringen dürfte.« Für sich und die beiden müsse er allerdings einen Reisekostenersatz verlangen, weil ihm der durch die Zustände in Livland entstehende Einkommensausfall die Bestreitung aus eigenen Mitteln nicht mehr erlaube – in Livland war die Familie der Gräfin begütert, und dort gab es revolutionäre Unruhen.

Die abschlägige Antwort des Kriegsministers von Einem, ›das Ministerium müsse aufgrund der Vorschläge einer sofort eingesetzten Sachverständigenkommission zu seinem lebhaften Bedauern überhaupt, also auch für eine spätere Zeit, vom Ankauf absehen‹, stachelte sofort wieder Zeppelins unverwüstliche Streitlust an; Mitte Februar erschien ›Die Wahrheit über mein Luftschiff‹, eine dreiseitige, nun auch von Eckener als unverfänglichem Gewährsmann unterzeichnete Informationsschrift. »Was ich hier über mein Flugschiff gesagt habe«, lautete der Schlußsatz, »das *ist* die Wahrheit gegenüber von allen abweichenden Berichten und Meinungen; davon vermag ich jeden unabhängig und vorurteilslos denkenden, auf den einschlägigen Wissensgebieten einigermaßen vertrauten Mann zu überzeugen; wie ich auch die von dem Königl. Preußischen Kriegsministerium zur Urteilsabgabe berufene Kommision überzeugt haben würde, wenn mir die zweimal erbetene Gegenüberstellung nicht versagt worden wäre.«

Das konnte das Kriegsministerium natürlich nicht auf sich sitzen lassen: Jene neue ›Kommission zur Berathung der Frage des Baues von Luftschiffen‹, die als Institution schon seit mehr wie einem

Jahrzehnt mit den Eingaben und Plänen des schwäbischen Quälgeistes beschäftigt war, trat prompt am 13. Februar 1906 in rein militärischer Besetzung zusammen, um die ›Wahrheit über Zeppelins Luftschiff‹ im Beisein des Autors unter die Lupe zu nehmen; sie kam natürlich zu der einstimmigen Ansicht, ›die vom Grafen behaupteten Vorzüge des starren Systems könnten von der Kommission in ihrem ganzen Umfang nicht als unanfechtbar angesehen werden‹ und ähnliches mehr.

Zeppelin gab sich mitnichten geschlagen; er setzte eine weitere Sitzung am 24. desselben Monats mit erweitertem Teilnehmerkreis durch. Der Vorsitzende, Generalleutnant von Werneburg, eröffnete mit einer Erklärung über Zweck und Tätigkeit: »Graf von Zeppelin sei nochmals mit Seiner Excellenz dem Herrn Kriegsminister in Verbindung getreten. Letzterer habe auf Wunsch des Grafen von Zeppelin die heutige Versammlung einberufen, um diesem nochmals Gelegenheit zu geben, vor Fachleuten und Vertretern beteiligter Ministerien die Vorzüge seines Systems und die Möglichkeit ihrer Durchführung auseinanderzusetzen.« Neben Zeppelins ›altem Freund‹ Müller-Breslau und Regierungsrat Prof. Busley war als dritter Experte der international renomierte Meteorologe Prof. Hergesell eigens für diese Sitzung berufen worden.

Die drei Professoren ergriffen mehr oder minder eindeutig für Zeppelin Partei; vor allem Hergesell, seit jeher überzeugt von der Konzeption des Grafen, benutzte offensichtlich die Gelegenheit, um dem Hauptkonkurrenten Zeppelins und Kommissionsmitglied Hauptmann Groß – dem Verfechter des unstarren Systems – etwas von seiner Luft abzulassen: Laut Protokoll ›ging Herr Dr. Professor Hergesell auf die von Hauptmann Groß angeregte Frage der stets gleichen Volumenverdrängung ein. Einen Vorteil könnte er in dieser Beziehung dem schlaffen Ballon nicht einräumen.‹ Nach weiteren wechselseitigen Ausführungen ›folgte eine Kontroverse zwischen Prof. Dr. Hergesell und Hauptmann Groß über Ballonentwicklung‹, hier wohl die Effektivität jener inneren Druckluftsäcke betreffend, die bei unstarren Luftschiffen die äußere Prallform in allen Lebenslagen zu gewährleisten hatten. – Derart direkt mochte Müller-Breslau nicht vorgehen; er zog sich mit einer halbstarren Kompromißformel halb aus der Affäre: »Lange Fahrten seien nur mit grossen Ballons zu leisten, grosse Ballons seien aber schwer mittels Ballonets formfest zu erhalten. Halbstarres Ballonsystem scheine das zweckmäßigste zu sein. Wolle man schnell vorwärts kommen, so empfehle es sich, mit kleineren Luftschiffen zu beginnen (die Größe war ein Punkt der militärischen Kritik am Zeppelinschen Schiff). Im Interesse der Wissenschaft jedoch sei es sehr geboten, gleichzeitig nebenher das System des Grafen von Zeppelin weiter zu verfolgen etc.« Alles in allem mußte der Vorsitzende schließlich feststellen, »daß Graf von Zeppelin mit dem Ergebnis der Verhandlungen wohl zufrieden sein könne, da die anwesenden Vertreter der Wissenschaft die Unterstützung weiterer Versuche mit dem Zeppelinschen Luftschiff auf das Wärmste empfohlen hätten.«

Zeppelin war bereits mit einem neuen Finanzierungsplan zur zweiten Kommissionssitzung gekommen: Mit dem früheren Lotterieerfolg von Württemberg im Sinn erklärte er sofort, »der einzige Weg, ihm Möglichkeit zu geben, sein Ziel weiter zu verfolgen, scheine ihm die Erlangung der Genehmigung einer Lotterie in Preussen.« Die beiden Vertreter des Innen- und Kultusministeriums versuchten sich zunächst herauszureden: sie seien ohne Instruktion, die Sache bedürfe eingehender Prüfung, und im übrigen müsse die Lotterie zunächst in Württemberg genehmigt sein, um dann auf die übrigen Staaten Deutschlands ausgedehnt werden zu können. Da Preußen schon einmal, bei der ersten Lotterie, die Genehmigung verweigert hatte, parierte Zeppelin sofort: »Die Aussicht, dass eine Lotterie von Württemberg ausgehen wird, ist nicht vorhanden. Das Zustandebringen einer Lotterie wäre nur aussichtsvoll, wenn die Genehmigung von Preussen ausginge. Eine Bitte aber um Genehmigung der Lotterie wäre ganz aussichtslos, wenn erstere nicht durch einen Kommissionsbeschluß befürwortet werde.« – In Anbetracht der Expertenurteile war die Stellungnahme der Militärs zwiespältig; es kam keine eindeutige Ablehnung zustande, und damit waren langfristig die Weichen gestellt.

Mit Schreiben vom 6. 12. 1906 gab der Königlich

Preußische Minister des Inneren endlich Nachricht, »Seine Majestät der Kaiser und König haben durch Allerhöchste Order vom 24. November des Jahres zu genehmigen geruht, dass zur Fortsetzung der Luftschiffahrten Eurer Excellenz eine Geldlotterie mit einem Reinertrage von 250000 M veranstaltet wird und die Lose dieser Lotterie im ganzen Bereiche der Monarchie vertrieben werden.« Zeppelin aber hatte diese Bewilligung gar nicht erst abgewartet, sondern den Bau des dritten Schiffes in ›unversiegbarem Optimismus‹ zunächst auf eigene Rechnung unternommen, noch bevor ihm die aus der Lotterie zu erwartenden Mittel gewiß, geschweige denn wirklich zugeflossen waren. Allerdings hatte ihm eine neugegründete ›Motorluftschiff-Studiengesellschaft mbH‹ in Berlin angesichts der Lotterie-Aussichten am 28. Oktober 1906 ein zinsloses Darlehen von 100000 M gewährt; zu diesem Zeitpunkt aber war das dritte Schiff längst fertiggestellt und hatte seine ersten beiden Flüge sehr erfolgreich hinter sich.

Der Erfolg ging vor allem auf das Konto der Steuerungseinrichtungen, die beim Unglücksflug des zweiten Schiffes nicht wirksam genug gewesen waren. Im offiziellen Bericht über die Aufstiege des Luftschiffes am 9. und 10. Oktober 1906 von Prof. Hergesell und dem Geschäftsführer der Motorluftschiff-Studiengesellschaft, Hauptmann von Kehler, wurde die Entwicklung der neuen Steuerorgane geschildert: »Der Körper des Schiffes hat dieses Mal zur Verbesserung der Stabilität, welche bei den früheren Aufstiegen sich nicht als genügend erwiesen hatte, feste Steuerflächen an seinem hinteren Ende erhalten. Die Größe und Lage dieser sogenannten Schwanzflossen wurde vorher nach einem Vorschlag von Professor Dr. Hergesell durch Versuche mit einem Modell, welches in einen Luftstrom von etwa 12 m pro Sekunde gestellt wurde, genau bestimmt.« Zu dieser sorgfältigen Untersuchung hatten »die auf der Unglücksfahrt gemachten Erfahrungen des Stampfens und Gierens in der unruhigen Luft Anlaß gegeben. Man hatte schon in Frankreich erkannt, daß ein langer Schiffskörper die Tendenz hat, sich quer zur Fortbewegungsrichtung einzustellen, eine Tendenz, der durch stetes Ruderlegen entgegengearbeitet werden mußte und welche so die Erzielung einer größeren Geschwindigkeit unmöglich machte«; so stellte sich Eckener die Schwierigkeit nach langer Flugerfahrung dar. »Die Abhilfe lag in der Anbringung von ›Stabilisierungsflächen‹ am Heck des Luftschiffes, entsprechend der Befiederung des Pfeils.«

»In Berlin begann man jetzt unter dem Eindruck der Oktoberfahrten, die wieder einmal aus Mangel an Geldmitteln abgebrochen werden mußten, Verständnis zu zeigen«; aber es war nicht allein interesseloses Wohlgefallen an den Erfolgen Zeppelins, das diese positive Wendung veranlaßte. Es kam eine Räson anderer Ordnung hinzu, die Kriegsminister von Einem in einem Schreiben an Zeppelin im September 1907 klar aussprach: »Mit dem Chef des Generalstabes der Armee bin ich vollständig einig in dem Entschluss, für unser Heer die beschleunigte Beschaffung mehrerer lenkbarer Luftschiffe herbeizuführen. Es ist dabei gleichgültig, welchem Typ sie angehören. Bedingung ist nur ihre Kriegsbrauchbarkeit und die Schnelligkeit der Herstellung in einer möglichst grossen Anzahl, um den Vorsprung Frankreichs rasch einzuholen und mit allen Mitteln uns eine Überlegenheit in der nächsten Zukunft zu sichern. Für mich besteht kein Gegensatz zwischen den Bestrebungen des Grafen von Zeppelin, des Major Groß, des Major Parseval und Anderer.«

Das militärtechnische Argusauge des Deutschen Kaiserreiches glaubte also eine gefährliche ›Luftschifflücke‹ in seiner Wehr gegenüber dem Erbfeind entdeckt zu haben und öffnete nun die Budgetschleusen, um diesem Übelstand schleunigst abzuhelfen. In erster Linie wurden natürlich die hauseigenen Luftschiffer bedacht, weil man sich gemäß einer von Major Groß aufgestellten Maxime, ›Dem nichtstarren System gehöre die Gegenwart, dem starren System vielleicht die Zukunft‹, hier die schnellsten Erfolge versprach. Die gesetzgebenden Körperschaften bewilligten 1906 550000 Mark für die Entwicklung eines Motor-Kriegsluftschiffes nach dem halbstarren System, die Major Groß und Ingenieur Basenach vom Luftschifferbataillon mit dem Bau eines kleineren Versuchsluftschiffes in Angriff nahmen. Die Konstruktion des Schiffes zeigte Ähnlichkeit mit der des französischen Luftschiffes *Lebaudy I,* dessen genaue Kenntnis die Arbeiten des Luftschifferbataillons erleichterte, wie *ein alter Zeppeliner* boshaft anmerkte. Neben dem Groß-Basenachschen wurde das Parseval-Projekt finanziell gefördert, und schließlich erhielt auch Zeppelin über einen Nachtragsetat 500000 M zur Verfügung gestellt, die zur Errichtung einer neuen schwimmenden Halle anstelle der halbzerstörten alten sowie zur Fortführung der Versuchsflüge dienen sollten. In weiteren Verhandlungen wurde vertraglich die Ausführung einer Dauerfahrt als Abnahmebedingung des Reiches für das Zeppelinschiff festgelegt; und das Reich fühlte sich nun auch bemüßigt, ein sachverständiges ›Auge‹ nach Friedrichshafen zu entsenden: niemand anderen als Major Groß, den schärfsten Konkurrenten des Grafen.

»Er (Major Groß) hat nichts eiligeres zu tun,« beginnt Hans Rosenkranz' sehr parteiische Schilderung dieser Episode, »als in dem Augenblick, wo er erkennt, daß es hier in Friedrichshafen doch etwas zu lernen gäbe, telegraphisch Herrn Basenach, seinen Sozius, nach Friedrichshafen zu zitieren, damit er so viel wie möglich herumschnüffele und sich Einzelheiten der Zeppelinschen Konstruktion einpräge. Da kommt es zum Eklat! Zeppelin verbietet kurzerhand und nicht gerade höflich dem Diplom-Ingenieur Basenach das Betreten der Werft und der Halle. Er weist seine Wächter an, Herrn Basenach nicht einzulassen, und ihn, wenn er auf dem Gelände der Werft angetroffen wird, notfalls mit Gewalt zu entfernen. Major Groß protestiert erregt, aber Zeppelin erklärt ..., daß ihm, dem Major Groß, der Zutritt als Kommissar der Regierung selbstverständlich freistehe, daß er ihn sogar darum bäte, die ihm übertragene Aufgabe ... durch genaue Kenntnisnahme zu erfüllen, daß er aber den Zweck der Besuche Basenachs wohl durchschaut habe.« Uns so weiter. – Die schlichte literarische Rollenverteilung nach Bösewichten und Gerechten war hier offenbar ganz gut geeignet, das Konkurrenzverhalten der Kampfhähne Groß und Zeppelin wiederzugeben.

»Die schwimmende Halle wurde im September 1907 fertig, und die Probefahrten begannen Ende des Monats und fanden mit einer achtstündigen Fahrt, die wie alle anderen gut verlief, ihren vorläufigen Abschluß. Der Erfolg war damit sehr wesentlich verstärkt«, schrieb Eckener 1938 im Rückblick. »Die Vierundzwanzigstundenfahrt bat der Graf, wegen vorgerückter Jahreszeit, auf das nächste Jahr verschieben zu dürfen. War es wirklich Unfreundlichkeit und Bosheit, wenn das Kriegsministerium sich mit dieser Begründung zunächst nicht zufrieden geben wollte, und ein offenes Eingeständnis vom Grafen Zeppelin verlangte, daß sein Schiff nicht leistungsfähig genug sei, die Vierundzwanzigstundenfahrt auszuführen? Wir müssen heute offen zugeben, daß der Z III kaum geeignet gewesen wäre, beim Aufsteigen vom 400 Meter hoch gelegenen Bodensee aus genügend Betriebsmittel und Ballast für eine vierundzwanzigstündige Fahrt mitzunehmen, und wir vermuten, daß dem Grafen die Herbstnebel recht gelegen kamen, das Unterlassen der Fahrt damit zu motivieren, denn er erstattete um diese Zeit einen Bericht an den Reichskanzler, in dem er unter anderem die Notwendigkeit der schleunigen Erbauung eines größeren, leistungsfähigeren Schiffs begründete.«

In Anbetracht der militärischen Rüstungsziele brachten nun die erreichten Flugerfolge von 1906 und 1907 endlich den Durchbruch in Berlin: im Oktober 1907 trat eine große Kommission zusammen, um über eine angemessene Unterstützung des Zeppelinschen Werks zu beraten; sie empfahl, dem Grafen als Zuschuß für den Neubau eines größeren Schiffes und Flugversuche 400000 Mark zu gewähren, und einen Betrag von 2150000 Mark für den Ankauf beider Schiffe bereitzustellen, worin eine Entschädigung von 500000 Mark an den Grafen Zeppelin als Entgelt für seine seit fünfzehn Jahren geleisteten Arbeiten und Aufwendungen eingeschlossen sein sollte. Diese Empfehlung wurde dann im nächsten Jahr vom Reichstag – jener ›Halle der Wiederholungen‹, wie Friedrich Naumann ihn ironisch nannte – gutgeheißen; allerdings nach wie vor unter der Auflage, daß eine vierundzwanzigstündige Dauerfahrt zur vollen Zufriedenheit ausgeführt würde.

Die Kaufabsichten des Reiches waren für die langjährigen Förderer des Grafen, vor allem die Aluminiumlieferanten Berg in Lüdenscheid, Anlaß, nach dem Investieren nun auch das Profitieren ins Auge zu fassen. Anläßlich eines Besuches in Friedrichshafen, an dem auch der Schwiegersohn des Kommerzienrats Berg, Alfred Colsman, teilnahm, hatte man offenbar die Möglichkeiten einer rentablen Luftschiffproduktion in den Werftanlagen am Bodensee erörtert, denn ›ohne Profit raucht bekanntlich kein Schornstein‹, wie Colsman es ausdrückte. Zugleich hatte Zeppelin offenbar einen gewissen Oswald Joppich in Pirna beauftragen lassen, den Projektentwurf einer ›Ersten Internationalen Luftschiffahrt Verkehrs-Aktien-Gesellschaft‹ auszuarbeiten. Das reichlich romantische Projekt sah nicht nur ›Bau und Herstellung der verschiedensten Luftfahrzeuge‹, sondern auch ›Einrichtung und Betrieb eines regelmäßigen Luftschiffahrt-Verkehrs im In- und Auslande‹, sowie ›Gründung, Anlage und Betrieb von deutschen Handels- und Kolonialstationen‹ vor, die ›in der Hauptsache deutsch-nationalen Interessen dienen‹ und deshalb vom Staat mit besonderen Konzessionen bedacht werden sollten.

Von diesen weitreichenden Projektperspektiven machten sich die angehenden Geschäftspartner Zeppelins nur den ersten und letzten Punkt zu eigen, nämlich Luftschiffproduktion und staatliche Privilegierung beim Vertrieb. Zuvor aber sahen sich die Lüdenscheider zur Risikoverteilung nach finanzkräftigen Konsorten um. Im Dezember schrieb Colsman dem Grafen, man sei nach reiflicher Überlegung mit der Firma Krupp in Essen in Verbindung getreten, und Herr Direktor Gillhausen wünsche zu erfahren, »welcher Art die Bedingungen sein würden, durch welche der Rat und die Erfahrung Eurer Excellenz für das Unternehmen zu gewinnen seien«. Hinter dieser orientalischen Redewendung steckte natürlich die Frage nach den Ansprüchen des Grafen an die zukünftige Gesellschaft. Zeppelin antwortete darauf, er sei angesichts des unvollendeten Reifegrads seiner Luftschiffkonstruktion verpflichtet, zunächst noch mit der ganzen ihm verbliebenen Kraft weiterzuarbeiten, und damit seine Arbeit eine ersprießliche sein könne, dafür zu sorgen, daß er in einer für den Bau von Luftschiffen seines Systems zu gründenden Gesellschaft eine in technischer Beziehung maßgebende, möglichst unabhängige Stellung einnehme – das hieß den Posten eines durch die Satzungen mit besonderen Befugnissen ausgestatteten Vorsitzenden des Aufsichtsrats. Ferner seien ihm für die Weiterarbeit seine bisherigen Beamten und Ingenieure unentbehrlich, diese hätten auch wohlerworbene Ansprüche auf Mitarbeit, müßten also in den Dienst der Gesellschaft übernommen werden. Endlich sei in den Satzungen festzustellen, wie er für die Verwendung seiner Patente, seiner persönlichen Arbeit und die Überlassung des Inventars zu entschädigen wäre.

In den folgenden Briefwechseln, in denen auch weitere mögliche Gesellschafter, Daimler-Benz, Körting und Continental-Hannover u.a.m. in Erwägung gezogen wurden, versuchte man anscheinend, den Grafen auf den Posten eines technischen Leiters des Unternehmens festzunageln; ihm sollte ein kaufmännischer Leiter zur Seite stehen, »der mit ihm gewissermaßen zu koordinieren sei in der Weise, daß die beiden Leiter über die ihnen zur Verfügung gestellten Beträge innerhalb der gesetzten Grenzen frei verfügen können, während sie für nicht vorgesehene und besondere Fälle die Genehmigung des Aufsichtsrats einzuholen hätten«. Diese Konstruktion sollte den alten Herrn offenbar von Alleingängen und riskanten finanziellen Husarenstücken abhalten, und er akzeptierte solches an-die-Leine-legen notgedrungen mit der kühlen Erklärung, ›daß ihm die Mitwirkung einer kaufmännischen Kraft bei der Leitung der zu gründenden Gesellschaft nur willkommen sein würde. Wobei er allerdings voraussetze, daß der zu wählende Herr schon Erfahrung in den Bedürfnissen eines derartigen großen technischen Betriebes habe.‹

Am 10. Januar trafen die interessierten Parteien zu einer internen Besprechung in Frankfurt am Main zusammen, um Einzelheiten der geplanten Gesellschaftsgründung zu erörtern. Man folgte einer allgemeinen Tendenz, nämlich Großkapital und Regime – ganz im Sinne Jakob Burckhardts, daß der nationale Militärstaat auch Großfabrikant werden müsse – in der geplanten Luftschiffbaugesellschaft zu einer Interessengemeinschaft zusammenzuführen, die dem alten Erfinder-Unternehmen zugleich die großzügige Verwirklichung seiner Pläne ermöglichen sollte. Auf beiden Seiten waren jedoch Vorbehalte gegenüber einer derart direkten Kooperation vorhanden. Der Direktor im Reichsamt des Inneren, Just, hatte bereits telegraphisch und in einem längeren Schriftsatz Bedenken gegen eine reichsseitige Beteiligung an der Gesellschaft angemeldet, und auch die Vertreter der Firmen Berg und Krupp bemerkten nun einhellig, »daß eine derartige Beteiligung auch keineswegs erwünscht erscheinen könne«. In Kenntnis oder Vorahnung solcher Widerstände und um seine eigene Position zu stärken, hatte Zeppelin allem Anschein nach einen Köder vorbereitet, der beiden Parteien die Sache schmackhafter und verlockender machen sollte:

Zum Bestand seiner Patente etc. befragt, legte er in Frankfurt dar, »daß ihm Patente für den Bau seiner jetzigen Luftschiffe nicht zur Verfügung stünden. Diejenigen, die er genommen habe, seien entweder abgelaufen oder kämen für den Bau der Luftschiffe in der jetzigen Form nicht mehr in Betracht. Dagegen habe er eine neue Erfindung in Angriff genommen, die sich auch auf den Bau der Luftschiffe beziehe und denselben einschneidend verändern werde. Für diese Erfindung habe er zwei Patente genommen, und zwar auf den Namen des Reichs. Dieses Arrangement sei gewählt worden, damit die Erfindung absolut geheim bleiben könne. Bedingung war einerseits auf Seiten des Grafen Zeppelin, daß derselbe ganz allgemein auf die Erwerbung von Patenten im Auslande für diese Erfindung verzichtet. Dafür erklärt sich die Reichsverwaltung bereit, das Patent als Geheimpatent zunächst zu übernehmen und auf Verlangen und auf Kosten des Grafen Zeppelin gegen Verletzung durch Dritte zu schützen. Das Reich ist nicht berechtigt, ohne Genehmigung des Grafen Zeppelin die Patente selber auszuführen, und ist auch verpflichtet, in bestimmten Fällen vorher und jederzeit vom 1. April 1910 ab auf Verlangen des Grafen Zeppelin die Patente auf diesen zurückzuübertragen.«

»Nachdem Einigkeit in allen Vertragsfragen erzielt war«, erinnerte sich Colsman 1933, »wurden wir in ein Geheimnis eingeweiht, welches bereits bei den Vorverhandlungen eine große Rolle gespielt hatte und dessen Bekanntgabe wir mit Spannung entgegensahen: Nach der neuen Erfindung Zeppelins sollte der Auftrieb der Luftschiffe, wie bei der ersten Montgolfiere, durch Heißluft bewirkt werden. Die späteren Versuche ergaben aber, daß kein Material von genügender Leichtigkeit die hohen Temperaturen aushalten konnte, die für diesen Zweck erforderlich waren. Der Gedanke an den Bau eines Heißluftschiffes wurde dann fallen gelassen.« – Als Mittel zur Interessenverbindung von Industrie und Reichsministerien in den Verhandlungen von 1908 war dieses Geheimpatent jedoch ›wie geschaffen‹; doch wenn in diesem Fall die Vernunftehe von Kapital und Regime im allgemeinen Fahrwasser von Hochkonjunktur, Industriekonzentrationen und Syndikatbildungen dennoch nicht zustande kam, so hatte das Gründe, die letzten Endes auf die Person des Grafen zurückzuführen waren.

Die Konsorten hatten zunächst vorgeschlagen, das Reich an einem etwaigen Reingewinn der Gesellschaft prozentual zu beteiligen, und andererseits vom Reich die Verpflichtung verlangt, auf die Dauer von 10 Jahren keine Luftschiffe des starren Systems in eigener Regie zu bauen. Eine Gewinnbeteiligung erschien der Reichsfinanzverwaltung jedoch unannehmbar, denn dann »würde es der Gesellschaft freistehen, dem Reich übertrieben hohe Kosten zu berechnen, und gleichwohl den Reingewinn auf einer so bescheidenen Höhe zu halten, dass eine prozentuale Betheiligung an ihm keinerlei Aequivalent biete, zumal dem Reiche ein Einfluss auf die Berechnung des Reingewinns, die Höhe der Abschreibungen und dergleichen nicht zustehen würde«. Auch den Bauverzicht für zehn Jahre hielt man »nicht für angängig: Die Frage des Luftschiffbaues sei in einer solchen Bewegung, dass es sich nicht empfehle, die Freiheit der Entschliessung der Reichsverwaltung in irgend einer Weise zu binden. Eine solche Bindung würde auch für die Gesellschaft insofern keine besonderen Vorteile bieten, als sich Konkurrenzgesellschaften bilden könnten, mit denen dem Reiche selbstverständlich freistehen würde, in Verbindung zu treten; denn als völlig ausgeschlossen sei die Begründung eines Monopols irgend welcher Art für die vom Grafen Zeppelin geplante Gesellschaft zu betrachten.«

In den nachfolgenden Korrespondenzen und Verhandlungen ging es nun darum, eine Kompromißformel zu finden, welche einerseits die Vorbehalte der Reichsverwaltung ausräumte, und andererseits in Anbetracht der Risiken den Gesellschaftern noch hinreichend hohe Gewinnmöglichkeiten in Aussicht stellte. Am 22. März 1908 fand im Reichsamt des Innern in Berlin eine ›Besprechung, betreffend die Bildung einer Gesellschaft für den Bau von Luftschiffen nach dem System Zeppelin‹ statt, in der die abweichenden Standpunkte der beteiligten Parteien erörtert wurden. »Die Vertreter des Reichs lehnten eine – inzwischen reduzierte – Verpflichtung, während einer Zeit von fünf Jahren Schiffe des starren Systems weder selbst zu bauen, noch an die Concurrenz in Bestellung zu geben, in ihren zweiten Teile unbedingt ab, da damit eine Art Monopol für die zu gründende Gesellschaft geschaffen würde, welches den schwersten Angriffen im Reichstage und in der Öffentlichkeit begegnen würde.« Und auch der mittlerweile überarbeitete Reingewinnbeteiligungsplan stieß nach wie vor auf Ablehnung: »Es sei noch gar nicht zu übersehen, ob überhaupt ein Reingewinn erzielt werden würde, und ob das Reich der Gesellschaft Luftschiffe in Auftrag gebe. Daß seitens des Reichs eine Schädigung der Gesellschaft eintreten könne, sei ausgeschlossen«; es wird auf das langjährige Bestehen der Beziehungen des Reichs zu der Firma Krupp hingewiesen, und ein gleiches Vertrauensverhältnis würde mit der Gesellschaft eingegangen, denn daß eine weitere Gesellschaft mit gleichen Zielen in absehbarer Zeit gegründet werden könne, müsse als ausgeschlossen bezeichnet werden.

Als richtige Basis wurde von Seiten des Reichs die Abgabe der Luftschiffe an dasselbe zu Selbstkosten plus einem Zuschlag als Unternehmergewinn (man sprach von 10%) angesehen. »Die Herren (von der Reichsverwaltung) waren nicht zu überzeugen«, schrieb Krupp-Direktor Gillhausen in einer Aktennotiz, »dass es unmöglich sei für eine neue Gesellschaft, die ihre Unkosten noch gar nicht übersehe und bei der Art der Verkaufsobjekte überhaupt sich auf die Selbstkosten-Basis einzulassen.« »Zwischen den Vertretern des Kriegsministeriums auf der einen, Gillhausen und mir auf der anderen Seite«, erinnerte sich Colsman, »konnte bei dieser Verhandlung keine Einigung über die Voraussetzungen erzielt werden, von welchen wir die Gründung der geplanten Gesellschaft abhängig machten. Das Kriegsministerium schien zwar unter Umständen zur Auftragserteilung von mindestens vier Schiffen geneigt, lehnte aber unseren Anspruch, bei Lieferung dieser Schiffe einen Risikozuschlag in Rechnung stellen zu dürfen, ab, während ein Gewinnzuschlag von 10% auf die nachzuweisenden Selbstkosten als angemessen erachtet wurde. In Rücksicht darauf, daß bisher mit keinem Schiff eine längere Fahrt und eine planmäßige Landung auf festem Boden ausgeführt war, glaubten wir, von der Forderung eines angemessenen Risikozuschlags nicht abgehen zu dürfen. – Heute glaube ich, daß dem Vertreter des Kriegsministeriums die Verschiedenheit unserer Auffassung ein willkommener Vorwand zur Verhinderung der Gründungsabsicht war; ihm mußte die vorherige Leistung einer vierundzwanzigstündigen Fahrt zweckmäßig erscheinen, bevor er seinem Minister die Abnahme mehrerer Luftschiffe eines noch ungenügend erprobten Systems vorschlug, eines Systems, dem die militärischen Sachverständigen keinen militärischen Wert beimaßen, und welches einen solchen in der Tat noch nicht besaß.«

Colsmans veröffentlichte Version vom Scheitern der Gesellschaftsgründung zog allerdings nur sozusagen die unverfängliche Eisbergspitze der Verhandlungen in Betracht; viel delikater als der umstrittene Risikozuschlag waren die geplante Gewinnbeteiligung des Reiches, die den Staat, wenn er eingewilligt hätte, vom selbständigen, nur begrenzt mit Kaufverpflichtungen belasteten Kunden zum Interessenteilhaber gemacht hätte, und die Monopolfrage. Daß die Reichsvertreter sich zunächst als Tugendwächter gegen etwaige Monopolbildungen aufspielten, hatten sie bereits mit der Bemerkung, die Gründung einer Konkurrenzgesellschaft sei ohnehin so gut wie ausgeschlossen, als vordergründige Argumentation durchsichtig werden lassen. Ihr Widerstand richtete sich im Grunde dagegen, daß einer privatkapitalistischen Gesellschaft die Früchte staatlicher Unterstützung in den Schoß fallen sollten: »Durch die Zahlung seitens des Reichs an den Grafen Zeppelin sei der zu gründenden Gesellschaft die Abfindung des Grafen ganz oder doch zum grössten Teil abgenommen worden (gemeint waren die inzwischen bewilligten 2,15 Millionen Mark), dafür müsse dem Reich eine Vorzugsstellung bei dem Bezuge von Luftschiffen eingeräumt werden.«

Letzten Endes wurde also die Person des seit je von der Preußenbürokratie beargwöhnten ›Erfinders des starren Systems‹, trotz intensiver Bemühungen, zum Stolperstein einer konzentrierten Luftschiffproduktion; vielleicht machte man sich von Seiten des Kriegsministeriums auch heimliche Vorwürfe, nicht rechtzeitig auf die Verkaufsangebote des Grafen eingegangen zu sein – Zeppelin hatte auf eine überraschende Frage von Einems 1905 1,5 Millionen, und nach den Unglück von Kißlegg praktisch nur 1 Million verlangt – und versuchte nun Versäumtes nachträglich durch Härte zu erzwingen oder aber sich eine Rechtfertigung zu verschaffen. »So oder so blieb der Graf Zeppelin, dem der Gedanke einer gewissen Abhängigkeit von anderen Gesellschaftern eigentlich nie sympathisch gewesen war«, wie Eckener wohl zutreffend bemerkte, »alleiniger Besitzer seiner Bauwerft.« – Am 20. Juni 1908 war das vierte Schiff aufstiegsbereit, und damit begann das wohl bemerkenswerteste Kapitel der Zeppelin-Geschichte!

Kapitel V

Die EPIPHANIE von *Echterdingen* – Ein öffentliches Schauspiel von tragischer Größe: Die Katastrophe im Augenblick des Triumphes

»Der Tag des Aufstiegs schien endlich gekommen. Man hatte allerseits einsehen gelernt, daß es doch nichts nützen konnte, die Aufstiege geheim halten zu wollen, auch war man seiner Sache inzwischen sicherer geworden, und so sollte diese Jungfernfahrt vor einem geladenen Publikum vor sich gehen. Graf Zeppelin hatte den Dampfer *Württemberg* gechartert, auf dem die ›Prominenten‹, seine Freunde und Verwandten vom See aus den Aufstieg miterleben sollten.« Aber am Morgen des 20. Juni 1908 herrschte angeblich stürmisches Wetter; man mußte warten, bis der Wind nach Mittag abflaute. Lange ließ man die ungeduldigen Zuschauer im Zweifel, ob die Ausfahrt stattfinden würde oder nicht.

»Die Erwartung in Deutschland war riesengroß«, liest man in der Zeppelin-Biographie von Hans Rosenkranz: »Vertreter der höchsten Behörden, darunter auch der Kriegsminister von Einem, waren nach Friedrichshafen geeilt, um dem Aufstieg beizuwohnen. Wieder warteten Tausende rings an den Ufern, wieder hatten sich Tausende auf Extradampfern und Booten rings um die Halle postiert, um dem großen Ereignis entgegenzuharren. Aber kleine Unfälle kamen dazwischen, der Stoffmantel eines Auspuffs erwies sich als undicht, und Zeppelin – safety first! – verschob den Aufstieg. Die Stimmung der wartenden Scharen schlägt in Ungeduld und Ärger um. Die Vertreter der Behörden, die herbeigeeilt sind, um den Start zu sehen, werden ungeduldig, und ganz groß ist schließlich die Enttäuschung, als Zeppelin in seinem Motorboot *Württemberg* zu den einzelnen Dampfern heranfährt, um von dem Defekt Mitteilung zu machen, der den Aufstieg verhindert. Er teilt die Verschiebung des Aufstiegs mit ruhiger Stimme mit, und er bittet die Vertreter der Behörden und die Ehrengäste, zur Halle zu fahren und zunächst einmal das Schiff zu besichtigen. Aber die Verärgerung der Wartenden ist so groß, daß unter allen Versammelten kein einziger dieser Einladung zur Besichtigung Folge leistet. Die Schiffe wenden zurück zum Land, die Menschen an Bord drehen sich unwillig fort von Zeppelin, der aufrecht in seinem Motorboot vor ihnen steht. Dieser ersten peinlichen Szene folgt an Land eine zweite: eine heftige Auseinandersetzung mit dem Kriegsminister, der sich genarrt fühlt und aus Protest darüber, daß man ihn warten ließ, in schroffer Form Friedrichshafen verläßt. Der Eklat wird bald bekannt. Als dann kurz darauf der Start des Luftschiffes glatt erfolgt, schreibt der SIMPLIZISSIMUS: ›Der Aufstieg des Grafen Zeppelin erfolgte in Abwesenheit des Kriegsministers von Einem; infolgedessen ist das Luftschiff als nicht geflogen zu betrachten.‹ Ein anderes Witzblatt meldete zur gleichen Stunde: ›Im Anschluß an den Konflikt zwischen dem Grafen Zeppelin und dem Kriegsminister von Einem spricht man jetzt viel von den beiden. Später wird man nur noch von Einem sprechen, vom Grafen Zeppelin nämlich.‹«

Arbeitsgeräusch scholl aus der Halle – so schilderte *Ein alter Zeppeliner* den Ablauf dieses Tages – da trat an deren offenes Tor der Kommandant der Luftschiffer-Abteilung, Major Groß, der wohnte auch diesmal als offizieller Militärvertreter dem Unternehmen bei, in weißer Hose und blauem Waffenrock sehr gut aussehend mit seinem klugen, energisch geschnittenen Kopf und rief mit heller Stimme ›Na, ich weiß nicht, ob es heut noch was wird‹, und begann die Ursachen der Verzögerung zu nennen. »Doch während er noch sprach, halb bedauernd und doch wieder auch halb befriedigt, schob sich leise und ruhig das helle Heck des Schiffes aus dem Dämmer der Halle hinter ihm ins Freie. Es sah aus, als wolle es Groß sanft beiseite schieben und sagen, jetzt habe ich das Wort!«

Major Groß kam dennoch zu Worte: Die Seitensteuerung funktionierte bei diesem ersten kurzen Flug nicht befriedigend; Groß konnte seiner vorgesetzten Kommandostelle berichten, die Lenkbarkeit sei völlig ungenügend, »und gab überhaupt wieder ein denkbar ungünstiges Urteil über das neue Luftschiff ab«. – Doch die Lenkung wurde schnell gerichtet. »Nachdem ein paar kürzere Probefahrten ausgeführt waren«, schrieb Ekkener, »bei denen das Schiff sehr befriedigende Steuereigenschaften und eine Geschwindigkeit von etwa 13 Metersekunden gezeigt hatte, entschloß sich Graf Zeppelin, eine größere Fahrt als Vorläufer der Vierundzwanzigstundenfahrt zu unternehmen. Ein prachtvolles Wetter, das am 1. Juli über der Bodenseegegend lag, gab ihm den kühnen Gedanken ein, eine Fahrt in die Schweiz zu versuchen.«

»Als langjähriger Mitarbeiter und Freund des Grafen wurde mir das große Glück zuteil«, berichtete Prof. Hergesell (hier in starker Raffung zitiert) am 11. Juli in der Scherlschen WOCHE, »die zwölfstündige Dauerfahrt – die längste, die bisher von einem lenkbaren Luftschiff ausgeführt wurde – durch die Schweizer Berge, also über einem Terrain, das wohl zu den schwierigsten aller bisher überfahrenen Gebiete gehört, mitzumachen ... In sieben Minuten war das Schiff aus der Halle, schwenkte backbord in voller Fahrt auf Konstanz, das wir in kaum zwanzig Minuten erreichten und unter dem Jubel der Bevölkerung überflogen ... Schon lag die breite Fläche des Untersees hinter uns, wir traten in das sich immer mehr verengende Rheintal, und nun begann der schwierige und interessante Teil der Fahrt, die Navigation des Luftschiffes in engen Gebirgstälern ... – Doch das schlängelnde Fliegen in den engen Tälern wird zu langdauernd, wir sehen, wie vor uns die Eisenbahn stracks in einem Tunnel den Berg durchbricht. Was dieser Erdenwurm kann, vermögen wir auch, wenn auch in anderer Weise. Die Höhensteuer werden nach oben gerichtet, langsam und majestätisch klimmt unser Fahrzeug in schiefer Ebene den Bulacher Berg hinauf, wohlgemerkt, ohne jeden Ballastabwurf. Parallel dem Tunnel überfliegen wir das Bergplateau, .. (und) nun geht es stracks nach Baden zu ... Kurz nach Mittag erscheinen vor uns die blauen Flächen des Zuger und Vierwaldstätter Sees, erheben sich vor uns die Bergklötze des Pilatus und des Rigi, dahinter erblicken die entzückten Augen die Schneeflächen der Riesen des Berner Oberlands ... Unter uns durchfurchen die weißen Dampfer den See, bedeckt mit jubelnden und schreienden Menschen. Die Straßen (Luzerns), der Promenadenkai vor dem Schweizerhof, alles ist schwarz wie von wimmelnden Ameisen ... Wir wenden uns südwärts zur Enge von Rothenbach, wo der breite Zuger See sich auf weniger als einen Kilometer verengt ... Im Felsenpaß drängen

The Christian Herald and Signs of Our Times, July 30, 1908.
£750 RAILWAY INSURANCE FOR TRAVELLERS (See page 102).
Bigotry—Its Cause and Cure: Sermon by Dr. Talmage.
THE CHRISTIAN HERALD AND SIGNS OF OUR TIMES
With Which is Now Amalgamated The "CHRISTIAN BANNER."
24 pages. Published weekly, at 6, Tudor Street, London, E.C., whence it may be ordered from any Bookseller or Newsvendor in town or country.
Price 1d. THURSDAY, JULY 30, 1908. 42ND YEAR. No. 31.
COUNT ZEPPELIN AND HIS LATEST AIRSHIP ABOVE THE TOWN OF ZURICH, SWITZERLAND.
(Photo of Count Zeppelin by Brandseph, Stuttgart.)

Zeppelin über Zürich. Titelseite der englischen Zeitung »The Christian Herald«

sich die Stromfäden des Gegenwindes derart zusammen, daß wir kaum mit einem Meter Geschwindigkeit vorwärtskommen ... Wir wollen zum Züricher See hinüber. Das ist nur möglich, wenn wir den hohen Felsrücken von Horgen, durch den die Gotthardbahn im langen Tunnel nach Zürich bricht, überfliegen können ... Im Vertrauen auf unser wackeres Schiff wurden die Höhensteuer emporgerichtet, und sofort flogen wir in schräger Fahrtrichtung nach oben, über Baar der Paßhöhe zu ... In dem engen Tal drängten sich die Luftmassen zu einem neuen, stärkeren Strom zusammen, der noch dazu abwärts floß und das Aufsteigen des Luftschiffs zu hemmen suchte ... Mitunter wurden wir tatsächlich zurückgetrieben. Dann mußten wir andere Teile des Paßüberganges durch unsere Seitensteuerung suchen, wo wir einen gewissen Windschatten vermuten konnten. Bei diesen Drehungen und Abtriften war das Tal mitunter so eng, daß wir fürchteten, das Heck unseres Schiffes berühre bei der Drehung die Talwand oder Berglehne. Aber alles gelang vortrefflich dank der wunderbaren Organe unseres Schiffes. Um ein Uhr fünfzig Minuten befanden wir uns über der Paßhöhe in 840 Meter Seehöhe. Mit einem Schlage tat sich ein anderes herrliches Bild auf. Vor uns lagen der Zürcher See, ... die blühenden Gestade, wo unsere größten Dichter, Goethe und Klopstock sich begeisterten, schwarz und dunkel traten aus der blinkenden Seefläche die Inseln von Ufnau heraus, wo einst Ulrich von Hutten litt und starb ... Überragt vom dunklen Rücken des Uetliberges, lag die bedeutendste Stadt der Schweiz bald zu unseren Füßen. Uns möglichst niedrig haltend, flogen wir über das Häusermeer, das von jubelnden Menschen bedeckt war, dahin. Sofort stockte der Verkehr, in dunklen Haufen standen auf allen Straßen die Menschen mit emporgereckten Köpfen und emporgestreckten Händen. Wir erwiderten nach Möglichkeit den hellstimmigen Gruß der Stadt durch Tücherschwenken und Abwerfen von Postkarten ... Die eigentlich beabsichtigte Fahrt nach dem Walensee und in das Rheintal mußten wir leider aufgeben, denn dort standen dunkle, mächtige Gewitterwolken, die aufzusuchen nicht ratsam schien. Wir wandten uns deswegen nordostwärts Winterthur zu, über die reizenden Waldgebirge des Thurgaus in mannigfachen Wendungen dahinfahrend ... (ging) die Fahrt ... der Bahn entlang; mit einem Zug fuhren wir eine Zeitlang um die Wette, keiner überholte den anderen ... Nach so vielen Schönheiten und Naturwundern brachte die Heimfahrt doch wieder Neues, wenn nicht das Schönste: den Sonnenuntergang über dem Bodensee. Wie eine rote Feuerkugel hing der Sonnenball über der ... schimmernden Wasserschale, während wir direkt in den roten Glanz hineinfuhren. Im stillen Abendfrieden lagen die Ufer des Sees, als hellleuchtende Sterne strahlten die Lichter der Uferstädte, über uns summten die Propeller ihr eintöniges Lied, und ruhig und stetig schoß unser schnelles Schiff der bergenden Halle zu ... In zwölfstündiger Fahrt hatten wir Städte und Berge überflogen, Grenzen verschiedener Staaten gekreuzt, immer Herren unseres Schiffes, immer Meister im flutenden Luftmeer, wahre Eroberer des Luftozeans. – Neben mir aber stand der Mann, der dies alles, man kann wohl sagen, gegen den Widerstand einer ganzen Welt geschaffen, in ruhiger, aber stolzer Bescheidenheit da. Ein mildes Lächeln verklärte seine ruhigen Züge, als er auf seine Arbeitsstätte, den Bodensee, herabblickte. Die Abendsonne beschien das edle Antlitz und küßte es mit dem Hauch der Unsterblichkeit.«

Ein Taumel schien Arbeiterschaft, Vorgesetzte und Zuschauer erfaßt zu haben. Aus allen Dachfenstern nah und fern flatterten Fahnen, württembergische, schwarz-weiß-rote und das Zeppelinsche Weiß-blau. »Von allen Türmen schwang Glockenton in die Luft«, wenn man den *alten Zeppeliner* beim Wort nimmt. »In der Stadt erklangen fröhliche Marschmusik und deutsche Lieder. Alle Menschen eilten hinaus, um auf Straßen und Plätzen Volksgenossen zu sehen, denen die gleiche Begeisterung aus den Augen strahlte. Leuchtende Stunden wie diese vergißt keiner ganz, der sie miterlebt hat! Der Jubel, der den Grafen am ›Deutschen Haus‹ erwartete, kam aus des Volkes tiefster Seele. Der 69jährige Graf war frisch und straff und ohne Spur von Ermüdung von der anstrengenden Fahrt zurückgekommen. Wie fröhlich war die festliche Tafelrunde an diesem Abend des Sieges! M. Zeno Diemer saß darunter, der ›Malermeister des starren Systems‹ – er hat in guten Kartenbildern die Schweizer Fahrt später festgehalten« – und Emil Sandt, der Verfasser von *Cavete,* einem damals Aufsehen erregenden Luftfahrtroman; ihn hatte der Graf eigens zur Schweizer Fahrt eingeladen, damit er erproben konnte, ob die Gebilde seiner Phantasie mit der Wirklichkeit übereinstimmten.

Sandts Bericht ließ mit der triumphalen abendlichen Heimkehr gewissermaßen sogar das Tagesgestirn zur Bühnenbeleuchtung herabsinken angesichts dieser Sternstunde der Menschheit: »Es hatte ... (mit an-)gesehen, wie der Mensch sich eine neue Souveränität errungen hatte. Es hatte die Schwelle zu jenem Zeitalter beleuchten dürfen, in dem für den Menschen der Begriff ›Die Erde sollst du dir untertan machen‹ zur Wahrheit wird ... Das Kriechen auf der Erde war der Beginn; das Kriechen hinein in die Erde war nur eine Erweiterung. Nun sind wir auf dem Wege, das Größte und Letzte zu erringen: das Fliegen in der Luft ... Seit Jahrzehnten zittert die Erwartung in den Nationen. Seit Jahrzehnten haben sich die Mühen und das Quälen verdichtet. Fiebernde Gehirne haben sich in ruhelosen Nächten an dem Problem zermürbt, und manches glanzvolle Denkvermögen hat seine letzten Kräfte daran gesetzt, nur um den Zusammenbruche zu erliegen. Nun endlich ist eine Schöpfung erstanden; und mit ihr eine Sicherheit. Der erste Juli des Jahres 1908, der die Schweizerfahrt des Grafen Zeppelin brachte, wird nicht nur ein historischer Tag sein im Sinne eines geschichtlichen Ergebnisses, sondern er wird ein in die fernsten Zeiten ragender Markstein sein in der Geschichte der Kultur und in der Geschichte einer Menschheit, die das Streben und die Pflicht hat, sich aufwärts zu pflanzen.–«

›Erregte Telegramme liefen in alle Welt hinaus und verkündeten den Sieg des Erfinders. Das deutsche Volk las mit ungeheurem Stolz die Berichte über den Eindruck, den die Triumphfahrt auf die ganze Welt gemacht hatte: Gänzlich überraschend war der Zeppelin kurz vor Mittag über Luzern erschienen – so Eckeners Bericht – wo ein nach Tausenden zählendes internationales Publikum von dem unvermutet vor dem blauen Himmel in majestätischer Ruhe dahinsegelnden silbernen Riesenvogel in Verblüffung und Staunen versetzt wurde, um dann in ungeheurer Begeisterung das Schauspiel wie ein Erfüllungswunder alter Menschheitsträume zu bejubeln.‹

Eckener zufolge hatte »das deutsche Volk ... mit nicht sehr großer Anteilnahme, vielleicht nur mit einer gewissen spöttischen Neugier von den Anstalten zu einem zweiten Versuch am Ende des Jahres 1905 Kenntnis genommen und die Meldung vom Scheitern bei Kißlegg bestenfalls mit bedauerndem Achselzucken, vorwiegend aber mit abfälligen und hämischen Glossen erörtert. Die großartig männliche und charaktervolle Haltung, die der alte General bei der Katastrophe im Allgäu an den Tag legte, hatte aber doch bei vielen etwas wie Bewunderung erregt, und als dann bald die Nachricht kam, daß er unbeirrt weiterbauen wollte, da stand man verblüfft vor etwas schier Unfasslichem ... Man fing an, das sonderbare Phänomen mit wachsender Leidenschaft zu diskutieren; es bildeten sich zwei Parteien, deren eine auf die unheilbare blödsinnige Verbohrtheit des Erfinders, deren andere auf die bewundernswürdige Stärke und Größe seines Charakters schwur. Die erstere war allerdings bei weitem in der Mehrzahl.«

Nach dem Erfolg im Oktober 1906 begannen sich weitere Kreise dem ›zähen Kämpfer‹ zuzuwenden; »und sie taten es um so bereitwilliger, als sich in die Anerkennung und Bewunderung öfters eine gewisse Freude darüber mischte, daß man ... einem aufrechten schwäbischen Mann gegen die Bosheit und Verständnislosigkeit der ja durchaus nicht beliebten preußischen Militärbehörde beistehen konnte«. Es entwickelte sich, zumindest in Württemberg, eine Stimmung, die den Grafen als Verkörperung antipreußischer Eigenständigkeit zum Volksschützling erhob. Nach dem aufsehenerregenden Flug in die Schweiz wandelte sich die besorgte Anteilnahme zum Hochgefühl des Triumphs, die partikularistischen Sympathien wurden zusehends überlagert von allgemeineren Nationalempfindungen, denen der schwäbische Graf nun als leuchtendes Vorbild deutscher Tugenden vorschwebte. »Ich habe heute ein besonders starkes Bedürfnis, Ihnen meine aufrichtigsten und herzlichsten Glückwünsche zu senden«, telegraphierte der König von Württemberg wenige Tage später zum siebzigsten Geburtstage des Grafen;

und auch das Volk verlieh seinem Empfinden Ausdruck mit ›einer ungeheuren Flut von Glückwünschen‹, die sich nun aus allen Kreisen über den Grafen ergoß. Auch Eckener, mittlerweile als wortgewandter Berichterstatter schon offenkundig auf Zeppelins Seite, stimmte in diesen Jubel mit einer Würdigung des Grafen im Feuilleton der ›Frankfurter Zeitung‹ ein:

»Die Welt vergißt und kann es meistens auch kaum wissen, welch unschätzbaren Gewinn ihr ein wahrhaft großer Mensch im Vorbild seines Lebens und seines sittlichen Strebens bringt. Wie oft, wie leicht schlägt in dieser krausen, brutalen Welt ein genial erdachtes Werk zum Unheil für die Menschen aus, zerstört es hier an Glück, was es dort davon austeilte! Aber ein wirklich großer Wurf gelingt doch stets nur echt sittlichen und gütigen Naturen, und der Einfluß, der von ihrem hohen Streben und ihrer Gesinnung weithin sich still verbreitet, mag oft der Menschheit mehr an echtem Glücke zu schenken als aller Nutzen ihrer Werke und Erfindungen. Ob wohl nicht in den Hunderttausenden und Millionen, die in den letzten Tagen den Namen ZEPPELIN begeistert nannten, eine ähnliche Empfindung, ein ähnliches Gefühl dunkel oder auch bewußter mitklang? ... Kennt ihr den wahren Grafen Zeppelin? Ist er in erster Linie der unbeugsame, energische Kämpfer, der kalte Fanatiker für sein Prinzip, den der jahrzehntelange Krieg um sein System und wider soviel Mißgeschick zu fordern scheint? Nein! Nicht zuerst; vielleicht nebenher. Gewiß ... wer ihn immer neuen Schwierigkeiten, die Geldnot, Neid, Verständnislosigkeit vor ihm auftürmten, unentmutigt begegnen und rührig, unablässig im Lande für sein Dogma Jünger suchen sah, der mußte soviel Energie bewundern. Und wer dabei war, wie er an jenem Wintermorgen im Allgäu, aufrecht wie eine Eiche im Sturm, unter den Trümmern seines zweiten Luftschiffs stand und nicht verzweifelte, in Tagen, die auch sonst noch schwere Prüfungen ihm brachten, der verneigte sich ehrfurchtsvoll vor so viel Größe und Kraft eines Menschenherzens. Und doch! Man muß lächeln bei der Vorstellung, als ob Graf Zeppelin in erster Linie ein harter Willensmensch sei. Es gibt noch andere Qualitäten der menschlichen Natur, die zu seltenen Leistungen unablässig spornen: das sind Liebe und Güte. – ›Ja, er ist der letzte Ritter‹, meinte nachdenklich jüngst ein Herr im Friedrichshafener Kreise. Das Wort wurde aufgenommen wie eine klare erschöpfende Formel. Denn in der Tat: alles, was wir mit dem Begriff *Ritterlichkeit* verbinden und was romantische Ideale einst von alten Rittern forderten, leuchtet uns als seine innerste Wesenheit sofort entgegen ... – Und wenn dann doch hin und wieder Stunden kamen – und sie waren da! – in denen er seine Sache aufgeben und dem allgemeinen Vorurteil weichen wollte, so war es sein glühender Patriotismus, in dem alle seine altruistischen Empfindungen kulminierten, der ihn dann doch auszuharren zwang. Denn so sehr auch ein schöpferischer und intellektueller Trieb ihn innerlich nötigen mochte, sein Werk zu Ende zu führen, er wollte doch letzten Endes nicht dieses Werk selbst, sondern ganz bewußt seines Volkes Glück und Wohlfahrt ...«

Den Zeitgenossen begann es wie Schuppen von den Augen zu fallen: Dieser närrische Erfinder, den man so lange belächelt und verspottet hatte, war ein Held, der nun über alle Hemmnisse hinweg endlich den wohlverdienten Erfolg zu erringen im Begriffe war. »So war die Stimmung und entsprechend die Erwartung im deutschen Volk«, begann Eckener den Bericht über die bevorstehenden Ereignisse in seiner Zeppelin-Biographie, »als das Schiff dann zu Anfang August zu der Vierundzwanzigstundenfahrt aufstieg. Zweimal hatte es schon den Ansatz dazu gemacht, war aber infolge kleiner Störungen an Motoren und Steuerung nach kurzem Flug wieder umgekehrt. Der Graf wußte, was auf dem Spiele stand, und wollte sicher gehen. Endlich am 4. August machte er sich endgültig auf die Reise. Der Weg ging rheinabwärts bis Basel, dann über Straßburg auf Mainz zu, wo planmäßig umgekehrt werden sollte, um so eine Fahrtlänge von 700 Kilometern zu erreichen. Auf dem ganzen Wege wurde das Schiff von begeisterten Menschenmengen, von Glockenläuten und wehenden Fahnen begrüßt. Ganz Deutschland richtete im Geiste die Blicke nach Süden, wo im Rheintal das Schiff dahinzog, und wurde durch laufende Meldungen über das stetige Fortschreiten der Fahrt unterrichtet. Alles ging gut bis zum Abend. Da wurde das Schiff zu einer Zwischenlandung auf dem Rhein bei Oppenheim genötigt. Man war infolge vorübergehender Störungen an einem Motor etwas hoch gekommen und hatte zu reichlich Gas abgeblasen, und als dann die Abendabkühlung eintrat, war das Schiff durch Abkühlung des Gases so schwer geworden, daß es sich dynamisch oder durch Ballastabgabe nicht halten ließ, zumal wiederum ein Motor aussetzte. Es fiel durch und konnte nur durch ein sehr geschicktes Manöver so gesteuert werden, daß es glücklich zwischen zwei Buhnen auf dem Rhein landete. Dem Volke stockte der Atem. Was bedeutete das? Aber das Schiff lag sicher im stillen Wasser zwischen den Dämmen, man konnte in Ruhe reparieren, um dann nach Ausbesserung des Schadens wieder aufzusteigen, allerdings nach Entlastung von viel Material und einigen Mitfahrern. Um Mitternacht erreichte es seinen Wendepunkt und begann die Rückreise. In der Nähe von Mannheim aber fiel wieder ein Motor aus, diesmal dauernd infolge Auslaufens eines Lagers, und das Schiff kam nur langsam und immer langsamer mit dem verbliebenen einen Motor vorwärts, weil in der Höhe ein zunehmender Gegenwind aufkam. So steuerte man nach Stuttgart hinüber, um in der Nähe von Obertürkheim zu landen und die Daimler-Werke mit der Ausbesserung des Motorschadens zu betrauen. In der Morgenfrühe landete das Schiff wiederum glatt und ohne Schaden zu nehmen auf freiem Felde und wurde dort verankert. Im leichten Südwind lag es ruhig vor Anker, gehalten vom Militär, das aus Stuttgart herbeigerufen wurde. Man hoffte, am Nachmittage nach Beendigung der Reparatur wieder aufsteigen zu können, und der Graf hatte sich beruhigt zu einer kurzen Rast und zur Erledigung von Post in einen Gasthof des nahe gelegenen Städtchens Echterdingen begeben ..«

»Von ungeheurem Jubel begrüßt erschien Graf Zeppelin im Gasthof zum Hirsch in Echterdingen« – lautete einer der telephonischen Presseberichte – »und ergriff das Wort zu einer eindrucksvollen Ansprache. Es erfülle ihn mit Stolz, durch die diesmalige Fahrt bewiesen zu haben, daß er imstande sei, überall zu landen. Wenn an der Maschinerie etwas vorkomme, so sei dies ja wohl begreiflich. Er habe es aus diesem Grunde von vornherein als unbedingt notwendig erachtet, sein Luftschiff mit zwei von einander unabhängigen Motoren auszustatten. Das, was er mit dieser Fahrt habe erreichen wollen, habe es bereits jetzt erreicht. Er hoffe und sei sicher, daß diese Hoffnung nicht trüge, daß bald die Zeit gekommen sei, wo das Luftschiff ein allgemeines Verkehrsmittel geworden ist. Mit freudiger Genugtuung habe er die herzliche Begrüßung in seiner alten Heimat Stuttgart und dessen Umgebung empfunden. Die weiteren Worte des zu Tränen gerührten Redners gingen unter dem Jubel der die Räumlichkeiten des Hirsch in beängstigender Weise füllenden Anwesenden verloren. Die Versammlung stimmte wie ein Mann in den Gesang: ›Deutschland, Deutschland über alles‹ und ›Die Wacht am Rhein‹ ein.«

»Mittlerweile waren viele Hunderte von Menschen, namentlich die Dorfbewohner, die ihrer Feldarbeit nachgingen, um das Schiff versammelt«, wie aus anderen Berichten zu entnehmen ist; ... »dutzende von Automobilen führten auch immer mehr städtisches Publikum herbei« ... »Man brauchte nicht zu fragen, wo das Luftschiff liegt, der Menschenstrom zeigte deutlich den Weg. Es war schwer vorwärts zu kommen in diesem unsagbaren Durcheinander von Menschen, Fuhrwerken und Kraftfahrzeugen« ... »Es mögen nicht viel weniger als hunderttausend Menschen gewesen sein, die trotz der Hundstagshitze und eines atembeklemmenden Staubes sich aufgemacht hatten, um den Grafen und sein schönes Werk, nachdem sie ihm am frühen Morgen zugejubelt, noch einmal aus nächster Nähe zu sehen ... Staunend umstanden dann die schon früh Aufgebrochenen das Luftschiff, fortwährend verstärkt durch die nicht endenwollenden, von allen Seiten sich wie ein brausendes, wogendes Meer ergießenden gewaltigen Ströme neuer Schaulustiger.«

»Riesenhaft und schön – das waren die ersten Eindrücke, die wir von dem Luftschiff bekamen, das im Glanz der Sonne sich sanft über der weiten Wiese bei Echterdingen wiegte« ... »Man könnte im Zweifel darüber sein, was grandioser sich ausnimmt, die majestätische Ruhe, mit der diese Riesenzigarre die Luft durchschneidet, oder die imponierende Größe, mit der das Luftschiff hier auf Echterdingens Fluren, das Vorderteil mit Seilen an rasch in die Erde geschlagenen Pfosten befestigt, sich mit dem schlanken Leib und der hinteren Gondel leicht im Wind hin und herbewegte« ... »Die Monteure waren inzwischen ruhig und emsig an der Arbeit ... Zwanzig oder dreißig Soldaten halten die Gondel, ebensoviele hängen sich an die Seile, mit denen der Ballon verankert ist, offenbar, um ihn ganz ruhig zu halten.«

»Während so das Luftschiff ruhig auf dem freien Felde lag«, war am nächsten Tage im Feuilleton der ›Münchener Neuesten Nachrichten‹ zu lesen, »trat ein Ereignis ein, so furchtbar, daß einem die Rückerinnerung die Haare sträuben macht« ... »Ein unruhiger Wind kommt auf«, schrieb der zuvor zitierte Augenzeuge, »bewegt aber den Ballon nur mäßig; wir sehen uns um, weil es heißt, es werde regnen. Im weiten Umkreis ringsherum und hinter Echterdingen steigt eine graue mächtige Mauer auf, eine Regenwolke scheinbar, die die ganze Rückseite des Horizonts, soweit man sehen kann, bedeckt, und die sich Echterdingen und dem Ballon rasch zu nähern scheint ... Eben wollen wir uns hinter einen Wagen retten – die Wolkenwand scheint noch mehrere hundert Meter entfernt – da ein Klirren. Ich sehe mich um: die hintere Gondel des Ballons geht mit dem Winde weg und treibt die Zuschauer in wilder Flucht vor sich her. Ein Blick zur Spitze des Ballons – mich lähmt ein Schrecken wie Tausende um mich – der Ballon ist frei!«

»Das Unglück geschah folgendermaßen«, schrieb der ›Schwäbische Merkur‹: »Während all die tausend Leute guter und fröhlicher Dinge waren und sich an der graziösen Schönheit des Luftschiffes ... erfreuten, wurden mit einemmal Stimmen laut, die auf einen Regenschauer hinter Echterdingen und Möhringen her aufmerksam machten. Doch gleich darauf hieß es: Das ist Sturm und aufgewirbelter Staub. Und schon brauste der Windstoß heran. Da hebt sich das Luftschiff leicht und elegant, ohne besondere Erschütterungen und – folgt der Richtung des Windes. Einen Augenblick herrscht Totenstille, der Atem stockt, man weiß nicht, was werden wird« ... »Da hüllt eine mächtige Staubwolke« – so ein anderer Bericht derselben Zeitung – »bereits die Zuschauer auf der westlichen Breitseite ein, der Ballon hebt sich hinten ein wenig und macht eine energische Schwenkung nach Osten, alle, die am hinteren Ende hielten, hatten den Koloss, als er anfing, energisch zu werden, erschreckt losgelassen. Da krächzten auch schon die vorderen Halteseile laut, um gleich darauf mit einem lauten Krach zu reißen. Jetzt ist er frei und fängt sofort, noch ziemlich breitseit stehend, an, nach Osten davonzufliegen.

Einige Soldaten, die in unerschütterlicher Pflichttreue die vordere Gondel noch festhielten, wurden rasch mit in die Höhe getragen und mußten endlich in mehreren Metern Höhe abspringen. Da, ein Anblick, der einem das Blut erstarren macht: der Anker des Luftschiffs, der nachgeschleift wird, nimmt gerade seine Richtung über die zum Teil auf dem Boden liegende Menge!.. Der Ballon fliegt immer schneller ab und stellt sich mit seiner Längsachse mehr und mehr in die Windrichtung ein« ... Einem weiteren Bericht war zu entnehmen, daß unterhalb einer der Gondeln sich ein schwarzes Pünktchen gezeigt hätte, das bei näherem Hinschauen sich als ein Mensch entpuppte, offenbar einer der Soldaten, welche zum Festhalten des Luftschiffs bestimmt waren. Man habe gesehen, wie derselbe schon in beträchtlicher Höhe das Tau, das er in der Hand hatte, fahren ließ und zu Boden fiel.

»Erst starres Entsetzen auf allen Gesichtern, lautlos und regungslos steht die Masse. Dann geht ein Stöhnen durch die Reihen wie im Schmerze und alles eilt dem Ballon nach. Soldaten, Zuschauer, die erst lahm vor Schrecken der Katastrophe zusahen, nehmen jetzt mehr und mehr die Verfolgung des Ballons auf. Jetzt setzt sich die Menge in Bewegung und verfolgt zu Hunderten und Hunderten das davoneilende Schiff. Man sieht den einzigen Mann der Besatzung über die Brükken durch den Gang nach vorn eilen« ... »Der Ballon geht mit der Spitze tiefer, stellt sich aufrechter und aufrechter, berührt mit der Spitze fast die Erde – da, ein Knall« ... »Eine schwache Detonation, Flammen schießen aus der Hülle empor, eine zweite, eine dritte Detonation. Der Eindruck auf die Menge ist unbeschreiblich. Ein Schrei, wie wilde Verzweiflung, Schluchzen! ...« »Eine Feuersäule loht zum Himmel, riesig, gräßlich, als wäre die Erde geborsten und die Höllenflammen schlügen empor. Kurz noch fressen die Riesenflammen weiter, am Ballon in die Höhe Stück für Stück – und dann bezeichnet eine ungeheure Wolke schwarzen Rauches die Stelle, wo Menschenwerk den Elementen zum Opfer gefallen war. In drei Minuten war alles geschehen ...

Entsetzen und Grauen lagert auf jedem Gesicht. Frauen und Mädchen schluchzen und weinen laut, ein Orkan, der uns den Atem nimmt, ist aufgekommen, die Augen sehen nichts, ringsum ein Meer von Staub, ungeheure Erregung hat alle erfaßt. Da liegt unter einem Baum der Monteur, verbrannt und ohne Besinnung« ... »Es herrschte eine unbeschreibliche Aufregung«, schrieb die ›Frankfurter Zeitung‹. »Patrouillen sprengten über das Feld. Offiziere und Mannschaften eilten sofort zur Hilfeleistung herbei. Einem Monteur wurde durch den sich losreißenden Koloss der Schenkel aufgerissen; ein anderer Monteur, sowie ein Soldat wurden erheblich verletzt ...«

»Alles war so plötzlich und verwirrend gekommen« – so Eckener – »daß keiner daran gedacht hatte, den Grafen zu benachrichtigen, als das Unwetter heranjagte. Nun ward er geholt. Stumm und scheu machte ihm die Menge Platz, als er gesenkten Hauptes hindurchschritt. Wer kann ermessen, was in ihm vorging, als er vor dem schwelenden Wrack stand, das das Ende aller Hoffnungen für ihn bedeuten zu müssen schien ... Stumm, ein plötzlich alt gewordener Mann verließ er die Stätte des Entsetzens, um nach Friedrichshafen zurückzukehren. Ungläubig und betäubt hörte er es mit an, als am Bahnhof Männer aus dem Volke ihm Mut zusprachen und die Hilfe der Nation ankündigten ... Natürlich würde jetzt die zum Ankauf der beiden Schiffe bewilligte Summe nicht an ihn zur Auszahlung kommen, und wie konnte er hoffen, die Regierung durch Vertrösten auf spätere bessere Schiffe zur Hergabe weiterer Unterstützungen zu bewegen? Grau und hoffnungslos lag vor ihm die Zukunft, und im Herzen den Tod erreichte er den Ort seiner Arbeitsstätte, von einer bedrückten, mit ihm fühlenden und trauernden Menschenmenge empfangen. Man hatte in Friedrichshafen große Vorbereitungen getroffen gehabt, ihm einen feierlichen triumphalen Siegerempfang zu bereiten. Die ganze Stadt war mit Flaggen geschmückt worden, und Tausende hatten sich von nah und fern eingefunden, das heimkehrende Schiff und seinen Meister mit Festesjubel zu begrüßen. Still waren die Fahnen am Abend nach Eintreffen der Hiobsbotschaft wieder eingezogen worden, und Trauer und Schweigen lastete über der Stadt.«

Trauer und Schweigen befiel die gesamte Nation, und wohl auch ein wenig die Besserwisser, welche immer schon geahnt hatten, daß es nicht gut gehen könne; aber es war eine schmerzliche Betroffenheit besonderer Art, anders als etwa bei ordinären Katastrophen zu Lande oder zu Wasser, deren Schockwirkung auch mit reichlich Toten und Verletzten schnell abklingt und verpufft. Das Echterdinger Unglück löste spontan etwas in der Psyche der deutschen Menschen aus, das sich zu einer der bemerkenswertesten Massenreaktionen in der jüngsten Geschichte aufschaukelte und ebenso bemerkenswerten Niederschlag fand – in verschiedener Hinsicht. »Die Nation stellte sich in ihrer Gesamtheit wie ein Mann hinter den Erfinder«, schrieb die ›Frankfurter Zeitung‹, »jeder Einzelne empfand den Drang, dem Erfinder zu versichern, daß er für sein Werk fortan nicht mehr zu bangen brauche, da die Nation es als ihr Werk betrachte. Wir erinnern uns keiner Gelegenheit, bei der durch einen privaten Vorgang eine ähnlich starke und einheitliche Volksstimmung ausgelöst worden ist.«

»Große Männer haben große Schicksale, in Glück wie Unglück. Die Geschichte hat es uns gelehrt.« Mit solchen und ähnlichen Sentenzen bemühte sich die Presse, das Ereignis von Echterdingen mundgerecht zu erfassen und zu deuten: »Graf Zeppelin teilt dieses Schicksal großer Männer. Die Tragödie dieses Mannes, die Tragödie des Erfinders, vollzieht sich vor der Welt. Wir erleben mit tiefstem Erschauern in Wahrheit, was ähnlich uns sonst nur die Bühne zu geben sucht. Auf der Höhe des Erfolges, vielleicht im größten Momente seines Lebens ereilt den Helden das Geschick, und auf die begeisterten Herzen der Tausende Zeitgenossen legt es sich mit eiskalter Hand. Die Katastrophe ist da.« – Die eigenartige Erlebnisqualität des Vorfalls traf nicht nur das schlichte Volksgemüt und seine alltäglichen Artikulationsorgane, sondern faszinierte auch größere, bühnenbewanderte

Geister, wie einer entsprechenden ›dramaturgischen Analyse‹ aus der Feder Hugo von Hofmannsthals zu entnehmen ist:

»Nichts an dieser Katastrophe mutet ›zufällig‹ an; der Augenblick, in dem sie hereinbricht, ihr ganzer Aufbau muß auch dem stumpfsten Sinn etwas von dem Weltgefühl vermitteln, dessen tiefes und unerschöpfliches Reservoir für jeden, der sie zu lesen versteht, die Tragödien Shakespeares sind. Es ist gefährlich, den trügerischen und schillernden Begriff des Schicksals hereinzuziehen; aber man wird ohne Zweideutigkeit von einem Kampf des Individuums mit den chaotischen oder zumindest namenlosen und verschleierten Mächten reden können, die uns umlagern. Es gibt einen Weg der Betrachtung, der völlig frei ist von Unklarheit und Exaltation, und der doch zu dem Resultat führt, diese Katastrophe eher mit einem Schauer der Gehobenheit aufzunehmen als mit Trauer oder Mitleid. Nie konnte irgend eine Art von ungetrübtem Erfolg das Genie dieses Mannes in solcher Weise krönen wie diese von keiner Phantasie zu überbietende Verbindung von Triumph und Katastrophe. Auf keine Art konnte das Heroische an der Figur des tapferen alten Menschen und das ganze Pathos seines Daseins so blitzartig in die Gemüter von Millionen von Menschen geschleudert werden als durch diese während einer halben Minute aufschlagende Riesenflamme. Die Materie, über die er triumphierte, hat ihm in ihrer Weise zu huldigen verstanden, man kann es nicht anders sagen.

Die Essenz dieses Mannes ist Mut, ... die unendlich gesteigerte, geläuterte Form des Mutes: die Geduld. Nur der sehr mutige Mensch kann Außerordentliches an Geduld und Ausdauer leisten. Aber es ist nichts an einem Mann von keuscherer und verborgenerer Natur als sein Mut ... Sein Mut ist eine stumme Angelegenheit zwischen ihm und dem Leben ... Aber durch die Tat und das Leiden fließt der individuelle Gehalt ins Bewußtsein der Allgemeinheit. Nie hätten uns Gedichte und Gedanken den Mut Zeppelins so nahegebracht, als da wir jetzt, Mitlebende, ihn tun und leiden sehen. Dieses Pathos ist ungeheuer, weil es stumm ist ... Anklingend ans Tragische, genießen wir hier das Glück, Mitlebende und Gegenwärtige zu sein. In einem augenblicklichen pathetischen Anempfinden, dessen Rhythmus beseligend ist, vollziehen wir eine Synthese zwischen sittlicher Kraft und Materie. Ein Mensch wie dieser macht für einen Augenblick Mutige aus uns ... Ein Mensch dieser Art tut mehr für das Sittliche der Generation, die ihn erlebt, als sich abmessen läßt. Die paar hundert Männer und Frauen, die vor Schmerz und Bewunderung aufschrien, als der alte Mann im Automobil sich den Weg durch ihre Menge bahnte, um sein verkohltes Werkzeug wiederzusehen und darüber zu weinen, haben, als Stellvertreter für ein ganzes Volk, aus einem Becher getrunken, der nicht alle Tage kredenzt wird.«

Nicht allein der vornehmeren Dichterphantasie war es vorbehalten, im Wortgebilde zu beschwören, was stramme Rationalisten schon in mythischer Vorzeit abgelegt glaubten: »Lebten wir noch in den Zeiten plastischer Volksphantasie, so wäre über Nacht wohl ein neuer Mythos entstanden von dem Dämon der Lüfte, der seinen menschlichen Rivalen noch einmal zu Boden geschmettert habe, mit Hilfe des Feuers, das schon vor viel tausend Jahren dem kühnen Ikarus das Wachs der Flügel gelöst.« »Vernichtet – und doch Sieger!« Das war sehr bald die vorherrschende Tonart auch technischer Pressekommentare und Berichte: »Ist es nicht, als hätte der vielfach allzu laute Jubel die Macht der Elemente herausgefordert zu einem letzten fürchterlichen Zweikampf auf Sieg oder Vernichtung! Und der tückische Sturm siegte, denn er hatte seinen Gegner im Zustand der Ohnmacht, mit defekten Maschinen, überrascht. Er zerstörte in einer Viertelstunde das Werk, an dem ein genialer Erfinder mit einem ganzen Stab von tüchtigen Mitarbeitern jahrelang gearbeitet hatte. Doch er zerstörte nur die Materie, die noch nicht ganz vollkommen geformte; der Gedanke, der sie beseelte, lebt und hat doch gesiegt! Gesiegt über tausend Widerstände und sich die Sympathie und die Anerkennung seiner Mitwelt erkämpft, die ihm wahrlich lange genug versagt blieb.«

»Dem Stolz und der Freude ist rasch eine tiefe, schmerzliche Trauer gefolgt, eine Trauer, die« – laut Prophetie des ›Schwäbischen Merkur‹ – »unser Volk und Land durchwühlen wird, wie der Sturmwind das Meer. Aus der Brandung der

Trauer aber, die unser Volk ob des erschütternden Ereignisses vom 5. August 1908 in die tiefsten Tiefen aufrührt, möge sich stolz das Nationalbewußtsein erheben, das mit rascher Tat den kühnen, jugendfrischen Greis, unseren Grafen, in den Stand setzt, neu erstehen zu lassen, was Sturm und Feuer in verhängnisvoller Stunde vernichtet haben« ... »In diesem schweren Augenblick« – so die ›Strassburger Post‹ vom Unglückstage – »gilt es vor allem, den Grafen Zeppelin wissen und erfahren zu lassen, daß Millionen von Menschen seinen Schmerz mitempfinden, daß das ganze deutsche Volk ihm tröstend und ermutigend die Hand reichen will – und nicht nur die leere Hand, sondern auch eine Beisteuer darin, die, von Tausenden und Abertausenden gegeben, anwachsen soll zu einer Nationalspende für den Grafen Zeppelin und sein Werk.«

Ein Sturm der Anteilnahme des ganzen Volkes war tatsächlich entfesselt: »Die Volksseele war« – nach Ansicht des *alten Zeppeliners* – »ins Schwingen geraten. Da ging sie auf, die Saat so vieler Jahre, ausgestreut durch's weite Reich in so vielen Herzen. Der edle Mensch, als den sein Volk den alten tapferen Mann erkannt hatte, siegte aus sich allein – er hatte die Welt, seine deutsche Welt überwunden und sein Volk stand zu ihm. – Mit jeder Post flogen ihm Briefe entgegen, die Trost und Hilfe versprachen oder gleich brachten. Das Volk spendete, gern, freudig, aus vollem Herzen, ohne Aufruf und Zureden. Nicht von einem Ort ist die Bewegung ausgegangen, nicht ein Einzelner hat das Verdienst; auf allen Seiten zugleich, elementar wie der Blitzschlag, der die stolze Hoffnung vernichtet hatte, war der Gedanke da, dies Schiff neu aufzubauen, von Volkes wegen als ein Zeichen und Symbol.«

»Ein erstaunliches Geschehen, ein Wunder fast war es, was in den deutschen Landen vor sich ging! Von allen Seiten wurden ihm Mittel dargebracht, sein Werk zu vollenden, Mittel in so reichem Maße und aus so warmen Herzen gegeben, wie er es nie in kühnsten Träumen für möglich gehalten hätte ... Wie prachtvoll in seiner spontanen Regung und Handlung war doch dieses Volk, wie instinktsicher in seinem Bekenntnis zu einem großen Charakter, den es zu bewundern und zu verehren immer ein unstillbares Verlangen trägt, oft enttäuscht, aber immer wieder bereit und gläubig.« Mit diesen Worten versuchte Eckener in seiner Zeppelin-Biographie die Empfindungen des Grafen am Abend des Unglückstages, als die Spendenflut sich abzuzeichnen begann, zu beschreiben. »(Aber) war es wirklich eine klare Einsicht in die Bedeutsamkeit der Zeppelinschen Gedanken, die sich so kundgab, oder war es mehr die Huldigung vor dem Geiste des Mannes, der als ein Genie in der Größe und der Lauterkeit seines unbezwinglichen vaterländischen Wollens und Strebens erschien? Dem Grafen Zeppelin konnte es gleichgültig sein, aus welchen Wurzeln die Tat des Volkes kam, er empfand in dieser Nacht nur die Wucht und Größe der ihm zuteil werdenden Anerkennung seines Strebens und das befreiende Gefühl, endlich aus seinen Nöten und Sorgen erlöst zu sein.«

Kapitel VI

Ein Blick voraus auf die FIRMENGESCHICHTE – Das Zeppelin-Unternehmen am Wendepunkt: Von der *Volksspende* zur *Stiftung* und zum *Konzern*

Schon vierundzwanzig Stunden nach dem Unglück von Echterdingen konnte die Presse berichten, daß die Gesamtsumme, die dem Grafen zur Verfügung gestellt sei, bereits dreihunderttausend Mark betrage, und die in Aussicht stehenden Sammlungsergebnisse noch erheblich größer sein dürften: »Es laufen noch fortgesetzt Depeschen ein aus den Palästen, aus den Hütten, aus allen Kreisen und Ständen. Neben zwanzigtausend Mark, die der König von Württemberg aus seiner Privatschatulle spendete, stehen fünfzig Pfennig aus der Sparbüchse von Kindern. Zusammen sind bis heute (zwei Tage später) sechshunderttausend Mark dem Grafen direkt angewiesen. Die Popularität des Unternehmens ist ohne Beispiel und ohne Gleichen. Es ist wahrscheinlich, daß statt des *einen* vernichteten Luftschiffes *mehrere* neue auferstehen werden.«

Was Zeppelin noch wenige Jahre zuvor trotz aller Bemühungen und dringenden Appelle nicht zu erreichen vermocht hatte, das wurde ihm jetzt ohne sein Zutun in den Schoß gelegt: Nach den ersten spontanen Hilfsaufrufen und Aktionen begann sich die Volksspende buchstäblich innerhalb von Stunden wie ein Lauffeuer zu verbreiten und selbst zu organisieren: Zu dutzenden meldeten Telegramme die Einleitung von Sammlungen nach Friedrichshafen. »Boersenvorstand beschloss an Berliner Boerse zur Herstellung neuen Luftschiffes Listen auszulegen, die sich sofort mit namhaften Zeichnungen bedeckten«, lautete eine der ersten Drahtnachrichten, die schon wenige Stunden nach dem Unglück eintraf. »Betrag wird Eurer Excellenz zur Verfuegung gestellt werden.« Einen Tag später, am 7. August, erschien der Aufruf des *Reichskomitees zur Aufbringung einer Ehrengabe des gesamten deutschen Volkes für den Grafen Zeppelin zum Bau eines neuen Luftschiffes,* unterzeichnet vom Kronprinzen Wilhelm als Ehrenpräsidenten. »Jetzt, da ein großes Unglück das Lebenswerk des unermüdlichen Vorkämpfers der deutschen Luftschiffahrt zu zerstören droht, ist es Pflicht jedes vaterlandsliebenden Mannes, durch rasches Handeln helfend einzutreten. Wir müssen den einmal gewonnenen Vorsprung im Kampfe um die Beherrschung der Luftmeere unter allen Umständen behaupten.«

Privat hatte der Kronprinz schon am Vortage telegraphiert: »Tief betrübt durch den schrecklichen Unfall nach so guter Fahrt eile ich, Ihnen meine innige Anteilnahme auszusprechen. Ich bin überzeugt, Sie werden nicht verzagen und der Sieg wird am Ende alle ihre dornenvollen Bemühungen krönen.« – Das Telegramm des kaiserlichen Vaters war zurückhaltender, was den Endsieg betraf, aber nicht unfreundlich, gemessen an seiner früheren Reserve: »Ich höre zu meinem aufrichtigen Bedauern, daß ihr Ballon vom Gewitter zerstört wurde und spreche Ihnen bei diesem überaus unglücklichen Mißgeschick meine herzlichste Teilnahme umsomehr aus, als ich und ganz Deutschland allen Anlaß zu haben glaubte, Sie zum ruhmvollen Abschluß ihrer epochemachenden großartigen Leistung beglückwünschen zu können. Immerhin bleibt der erzielte Erfolg im höchsten Grade anzuerkennen und muß Sie über das erfahrene Unglück trösten.« »Ew. Majestät allergnädigster Trostspruch wendet Trauer in Freude«, telegraphierte Zeppelin zurück. »Alleruntertänigsten, bewegten Dank dafür. Mit Begeisterung werde ich mich Ew. Majestät und des deutschen Volkes Auftrag zum Weiterbau unterziehen.«

»Angesichts der Begeisterung und Opferwilligkeit, die das deutsche Volk zeigt, kann die Reichsregierung nicht wohl zurückstehen«, meldete die Presse am selben Tage aus Friedrichshafen. »So wurde in der Konferenz, die Graf Zeppelin mit dem Vertreter des Reichsamts des Inneren heute (6. Aug.) Mittag hatte, denn auch ausgemacht, daß der Graf weiterbauen solle auf Kosten des Reichs und zwar in möglichst schnellem Tempo.« – Bereits am Tage des Unglücks hatte der Staatssekretär des Innern, v. Bethmann-Hollweg, im Einvernehmen mit allen beteiligten Ressortchefs den Betrag von fünfhunderttausend Mark, der im Reichshaushaltetat für 1908 als Entschädigung Zeppelins für sein langjähriges, opferreiches und schöpferisches Wirken im Bau lenkbarer Luftschiffe vorgesehen war, an den Grafen auszahlen lassen. »Mit Genugtuung wird man überall im Reiche vernehmen, daß die Bewilligung der Abschlagssumme außerordentlich glatt erfolgt ist«, lautete ein Pressekommentar; das Regime, soweit es nicht ohnehin von den gleichen Empfindungen hingerissen war wie das Volk, reagierte empfindlich auf das politische Gebot der Stunde.

Am dritten Tage nach der Katastrophe sah sich Zeppelin bereits veranlaßt, öffentlich seinen Dank zu bekunden: »Motorschäden und Mangel an Erfahrung in der Führung haben mich zwei Mal zum Landen auf dem begonnenen Dauerflug meines Luftschiffes genötigt. Auch die Landung auf festem Boden vollzog sich vollkommen glatt. Unerwartet aufgetretene elementare Gewalten haben dann das schöne Fahrzeug zerstört. Mittel und Wege sind bekannt, um solche Vorkommnisse immer seltener werden zu lassen, sodaß die Luftschiffe bald zu den betriebssichersten Fahrzeugen zählen werden; das ist auch der begeisterte Wunsch des deutschen Volkes. Ein Wille beherrscht alle, Hoch und Nieder, Alt und Jung: Alle verlangen, daß ich, ungebeugt durch den harten Schicksalsschlag, dem Vaterlande ein neues Luftschiff bauen soll, und alle spenden an Mitteln, was in ihren Kräften steht. Diese einmütige nationale Bewegung, die ihren Eindruck in der Welt nicht verfehlen wird, ergriff mich mit unwiderstehlicher Macht. Meine Wehmut ist in vollstes Glücksgefühl verwandelt, und in gerührtem Dank und in freudigster Begeisterung übernehme ich den mir von der Nation gewordenen Auftrag zum Wiederbau. Zur Sammlung der für einen Luftschiffneubau einkommenden Spenden habe ich die ›Allgemeine Rentenanstalt‹ in Stuttgart bestimmt, bei der eine besondere Rechnung unter dem Titel: *Nationaler Luftschiff-Baufonds für den Grafen Zeppelin* geführt werden wird. Dahin bitte ich die Spenden richten zu wollen, und werde ich die unmittelbar an mich gelangten leiten. Ich beabsichtige, den Herrn Reichskanzler um Bestimmung einer Kontrolle über die Verwendung des Fonds im Sinne der Spender zu bitten.« – Diese Kontrolle wurde ihm zugedacht, aber in etwas anderer Form, als er sie verlangt und erwartet hatte.

»Als die aus dem ganzen Reiche kommende, von kleinsten Sparbüchsenbeträgen bis zu Einzelspenden von 50000 und 100000 Mark sich steigernde ›Volksspende‹ den Betrag von einigen Millionen schon in wenig Tagen erreicht hatte,« schrieb Eckener, »wurde in Berlin der Gedanke geboren, und vom Kaiser gutgeheißen, ein ›Kuratorium‹ zu bestellen, welches eine geordnete und namentlich in technischer Beziehung richtige und gute Verwendung der Spende überwachen sollte, ›um einen neuen Fehlschlag zu vermeiden‹.« »Mit großem Tamtam war in der einschlägigen Presse« – so die Version des *alten Zeppeliners* – »von einer Begegnung des Kaisers mit dem Geheimen Baurat Emil Rathenau von der AEG berichtet worden. Auf seinem Spazierritt durch den Tiergarten war Kaiser Wilhelm II. Rathenau begegnet. Er ließ ihn heranrufen und unterhielt sich mit ihm über Echterdingen. Rathenau, der irgendwie wohl auch mit dem Erfolg des Grafen etwas zu tun haben wollte, machte dem Kaiser gegenüber den Vorschlag, es solle ein Kuratorium dem Grafen für die Verwaltung der Nationalspende zur Seite gestellt werden. Rathenau begnügte sich nicht mit seinem Vorschlag vor dem Kaiser, sondern erzählte sofort alles seinen Presseberichterstattern.« Der Kaiser habe seinen – Rathenaus – Ideen, die er über die Fortführung des Zeppelinschen Werkes zu entwikkeln sich gestattete, Gehör geschenkt.

Dieser Versuch, den Millionenregen der Zeppelinspende unter offiziöse Kontrolle zu bringen, löste in der Öffentlichkeit Kontroversen und heftige

Empörung aus. Vormundschaft über Zeppelin? Mit dieser Frage eröffnete unter anderen auch die Frankfurter Halbmonatsschrift ›*Das freie Wort* für Fortschritt auf allen Gebieten des geistigen Lebens‹ ihr erstes Septemberheft. »Wiewohl bei Schluß der Redaktion aus den Kreisen um Zeppelin die Nachricht kommt, daß man unter dem Drucke der öffentlichen Meinung die Idee eines Kuratoriums fallen gelassen habe, so sehen wir uns doch nicht veranlaßt, unseren Entrüstungsschrei über diese Anmaßung auch nur um ein Jota zu dämpfen: Seit dem deutsch-französischen Kriege war Deutschland nicht von so einmütiger, alles mit sich fortreißender Begeisterung durchtost worden, wie in diesen Tagen, wo es galt, alles zu opfern, nur damit der unerschrockene Eroberer der Lüfte wieder ein Luftschiff bauen könne. Einsichtige und wahrhaft patriotische Männer hätten bescheiden beiseite gestanden und sich innig an dieser beredten Demonstration der unauflöslichen Zusammengehörigkeit aller deutschen Stämme gefreut, die auch auf das Ausland einen gewaltigen Eindruck machen mußte. Aber es fiel ein Reif in die Frühlingsnacht, wie es im heutigen Deutschland immer zu gehen pflegt: in Berlin sitzen immer ein paar Leute, die meinen, eine Sache wäre nichts wert, könne nichts wert sein, wenn sie nicht ihren Senf dazu geben. Die maßlose Wut und Erbitterung, die dieses für den edlen Erfinder geradezu *beleidigende* Vorgehen in Deutschland erzeugt hat, beweist, daß man sich nun doch nicht alle preußischen Unverfrorenheiten gefallen lassen will. Der Fall Zeppelin ist ein Schulfall; an dem können die jenseits der Mainlinie lebenden Norddeutschen, die lernen wollen, genau lernen, was jene Erbitterung erzeugt, die ein furchtbar gefährlicher Moment der Schwäche für Deutschland ist – um so gefährlicher, als unsere lieben ausländischen Freunde im Westen und Osten diese Erbitterung als Aktivum in ihr Kalkul einstellen!«

Jahrzehntelang habe man sich in Berlin weder um den Grafen Zeppelin, noch um sein Flugschiff gekümmert. Man habe den ›Narren‹ gewähren, habe ihn sich finanziell verbluten lassen, und wenn er zu den großen ›Patrioten‹ gekommen wäre, die jetzt das Reichskomitee bilden wollten – lauter schwer reiche Leute – und hätte um den hundertsten Teil von dem gebeten, was die Herren jetzt ›verwalten‹ wollten, dann sei er hinauskomplimentiert worden. Nun, da Zeppelin erfolgreich sei, und das deutsche Volk *ihm persönlich, seinem Helden,* Millionen gebe, kämen auf einmal die ›Patrioten‹ zum Vorschein und drängten sich dem am Ziele Angelangten auf, der sie jetzt nicht mehr brauche. Gott sei Dank, das deutsche Volk habe noch ein Gefühl für das Niedrige und Erniedrigende, das darin läge, daß man einem aufrechten Manne, der bewiesen habe, was er ist und was er kann, als Vormund aufdränge. »Wie ein Schrei der Zornes und der Entrüstung schallt es nach Berlin: die Hände weg. Es geht in Deutschland auch ohne Luftschiffe, aber wenn den borussischen Unverfrorenheiten nicht gesteuert wird, dann ist Deutschland mit und ohne Luftschiffe verloren. Süddeutschland läßt sich denn doch nicht alles bieten – das Maß ist voll.«

Einmal mehr mußte die preußische Vormacht süddeutschen Empfindlichkeiten Rechnung tragen, und so gelang es Zeppelin, sich mit viel Geschick und Zähigkeit der besorgten Umarmung durch die staatliche Administration, die ›auf seine Tollkühnheit gelegentlich einen mildernden Einfluß ausüben‹ wollte, zu entziehen, so jedenfalls sah die Sache in den Augen mancher Zeppeliner unter ironischem Blickwinkel etwa aus. – Mit den Gaben des Volkes in Händen, die Spende erreichte schließlich eine Höhe von mehr als sechs Millionen, fand sich Zeppelin vor die Aufgabe gestellt, sein privatpatriarchalisches Unternehmen mit der neuen Rolle als nationale Institution rechtlich in Einklang zu bringen und ihm in Anbetracht des über Nacht vervielfachten finanziellen Vermögens auch eine angemessenere Struktur zu geben: Als erstes trug Zeppelin dem Schwiegersohn des Aluminiumfabrikanten Kommerzienrat C. Berg, Alfred Colsman, die Stelle eines Direktors an; Colsman sagte sofort zu und gab der großen Aufgabe wegen – ›die Übernahme der Direktorenstellung bei Zeppelin war damals eine bedeutungsvolle nationale Angelegenheit‹, wie er später schrieb – seine ›Selbständigkeit als Industrieller‹ auf. »Zuvor war freilich noch ein unerwartetes Hindernis zu überwinden«, erinnerte sich Colsman: »Der langjährige ... Generalbevollmächtigte des Grafen, der alte Uhland, fühlte sich übergangen und machte dem alten Herrn Vorwürfe. Vorwürfe, die an seinen Gerechtigkeitssinn oder an gegebene Zusagen appellierten, konnte der Graf nie ertragen, und so erklärte er in größter Erregung, daß er in Rücksicht auf seinen bisherigen Mitarbeiter mir seine Zusage nicht halten könne.« – Die unangenehme Entscheidung zwischen ›seinem kaufmännischen Beamten‹ und dem Industrie-Manager Colsman, zwischen Loyalität und Unternehmerräson fiel schließlich doch zu Ungunsten des ›oldtimers‹ Uhland aus – er wurde Privatsekretär des Grafen.

Am 8. September 1908 wurde die Gründung der Firma *Luftschiffbau Zeppelin, Gesellschaft mit beschränkter Haftung* mit Sitz in Friedrichshafen und einem Stammkapital von drei Millionen Mark vertraglich beurkundet. Wörtlich genommen änderte sich zunächst nur formell etwas am Charakter des früheren Privatunternehmens: Neben dem Grafen zeichneten zwei Ebenbürtige, Zeppelins Neffe Freiherr Max von Gemmingen-Guttenberg und Freiherr Konrad von Bassus mit je tausend Mark ›symbolisch‹ als Gesellschafter, während er selbst mit zwei Millionen und neunhundertachtundneunzigtausend Mark den Löwenanteil beisteuerte; von dieser Gesamteinlage war laut Vertrag aus der Spende des deutschen Volkes zum Wiederaufbau des zerstörten Luftschiffes der Betrag von zwei Millionen und sechshundertachtundneunzigtausend Mark entnommen, zweihundertzehntausend Mark waren als Geldwert des Betriebsinventars, der Grundstücke und Gebäude, die der Gesellschaft überlassen wurden, veranschlagt. – Diesen Geschäftsanteil, soweit er aus der Spende geleistet war, sowie den ganzen, noch verbleibenden Betrag der Spende, samt aufgelaufener Zinsen, übertrug der Graf laut Urkunde vom 30. Dezember desselben Jahres an die von ihm errichtete *ZEPPELIN-STIFTUNG,* zu deren Vorstand er sich gleichzeitig selbst ernannte. Für den Fall seines Todes oder Amtsniederlegung sollten Gemmingen und Bassus beide miteinander den Vorstand bilden und ihrerseits für den Erstwegfallenden von ihnen einen Nachfolger ernennen usw. Die Bestellung des Vorstands, soweit es sich um andere Personen als Gemmingen und Bassus handelte, sollte von einem fünfköpfigen Aufsichtsrat jederzeit widerrufen werden können. Als ehrenamtliche Aufsichtsratmitglieder waren urkundlich genannt die jeweiligen Vorsitzenden des Aufsichtsrats der Württembergischen Vereinsbank in Stuttgart, des Vereins für die Geschichte des Bodensees und des Deutschen Luftflottenvereins sowie Ernst Uhland und Zeppelins Neffe Ferdinand.

Gegenstand der *Luftschiffbau-Zeppelin, GmbH,* als deren Geschäftsführer Colsman bestellt wurde, war natürlich der Bau, Verkauf und Betrieb von Luftfahrzeugen und der Betrieb aller hierfür in Betracht kommenden Geschäfte. Der Hauptgesellschafter der Firma, die Stiftung, bezweckte laut Urkundentext aus ihren Mitteln a) ein Luftschiff an Stelle des bei Echterdingen zerstörten zu beschaffen und Zeppelin, und sofern er gestorben sei, seinen Erben unentgeltlich auszuliefern, b) Bestrebungen zur Förderung der Luftschiff-Fahrt, sowie deren Verwertung für die Wissenschaft zu unterstützen und c) Unternehmungen, welche den Bau, Betrieb oder Verkauf von Luftfahrzeugen zum Gegenstand haben oder mit den ebenbenannten Bestrebungen und Unternehmungen irgendwie in Beziehung stehen oder solchen ganz oder teilweise ihre Entstehung verdanken oder solche in irgendeiner Weise zu fördern geeignet sind, zu unterstützen oder sich hieran zu beteiligen.

Bezüglich der Verwendung des Stiftungsvermögens bestimmte Zeppelin, daß die Summe von anderthalb Millionen für alle Zeiten erhalten bleiben sollte, aus der nur die Zinsen für die Zwecke der Stiftung verwendet werden dürften. Die Verwendung des ganzen übrigen Vermögens sei für die Zwecke der Stiftung unbeschränkt gestattet. Für die Dauer seiner Vorstandsführung sollten alle Erträgnisse des Stiftungsvermögens ihm zur freien Verfügung für die Zwecke der Stiftung zufallen, und im übrigen behielt er sich die Berechtigung vor, Verfügungen über das Stiftungsvermögen auch zu seinen eigenen Gunsten vorzunehmen; für den Fall einer unumgänglichen Zweckentfremdung gab schließlich ein Schlußparagraph der Urkunde Auskunft. »Wenn der Stiftungszweck aus irgend einem Grunde unmöglich und deshalb die Stiftung aufgelöst werden sollte, fällt das Stiftungsvermögen an die Stadtgemeinde Friedrichshafen, die es unter der Bezeichnung ›Zeppelin-Stiftung‹

abgesondert zu verwalten und die Erträgnisse zu wohltätigen Zwecken zu verwenden hat.« Mit diesen und weiteren Bestimmungen hoffte der Graf, die Verwendung der Millionen im Sinne der Spender und seinem Sinne auch für die Zukunft gesichert zu haben. Zweifel an der Effektivität dieser Sicherungen blieben nicht aus; kein geringerer als Direktor Colsman notierte sie 1933 in seinen Erinnerungen:

»Unter den ersten Gästen, die nach den Tagen von Echterdingen in Friedrichshafen erschienen, war als alter Freund und Förderer Zeppelinischer Pläne auch Geheimrat Lewald, der diesmal selbst Wünsche vortragen wollte. Der Kaiser hatte Zeppelin telegraphisch zur Bildung eines Kuratoriums aufgefordert, in welchem der Graf sich Männer der Wissenschaft und Wirtschaft beim Bau seiner Schiffe und bei der Verwaltung der Spende beratend zur Seite stellen sollte. Im Sinne dieses kaiserlichen Befehls suchte nun Lewald, im Auftrage des Reichsamtes des Innern, Einfluß auf die Verwaltung der Spende zu gewinnen. – Graf Zeppelin war selbstverständlich bestrebt, dem kaiserlichen Befehl nachzukommen, wußte das aber in eine Form zu kleiden, die ihm in jeder Beziehung freie Hand sicherte; er benannte dem Kaiser Fachleute, die er von Fall zu Fall zur Beratung heranziehen würde. Dem Vorschlag zur Ernennung eines Kuratoriums, welches übrigens nie tagte, hat sich der Graf mit Geschick zu entziehen gewußt. – Man kann verschiedener Meinung sein, ob die Einschaltung einer halbamtlichen Stelle zur Überwachung der Spendenmittel in technischer und finanzieller Hinsicht nicht doch zweckmäßig gewesen wäre. Die in der Stiftungsurkunde für die Zukunft in finanzieller Beziehung vorgesehenen Kontrollmaßnahmen befriedigten Zeppelin selbst nicht; er hatte ihre Änderung beabsichtigt, und ich habe ihn mehrfach an diese Absicht erinnert. Weder Graf Zeppelin, Gemmingen noch Eckener bedurften eines Kontrollorgans, aber meines Erachtens könnte ein solches, um die Absicht des Stifters auch in Zukunft zu wahren, doch zweckmäßig sein und auch heute noch geschaffen werden. Das deutsche Volk hat ein Interesse daran, dieses Denkmal seiner Einigkeit für alle Zeiten in vollkommener Reinheit zu erhalten.« – Ob ein Kuratorium besser befähigt gewesen wäre, dem denkbaren Zugriff des Dritten Reichs auf das Zeppelinunternehmen zu begegnen, denn das war doch wohl der aktuelle Anlaß solcher Bemerkungen, muß dahingestellt bleiben; oder gab es für Colsman ältere Gründe für derartige Anspielungen?

»Als Graf Zeppelin in den ersten Wochen nach dem Unglück von Echterdingen sich in die so plötzlich über ihn gekommene neue Rolle noch nicht genügend eingelebt hatte«, schrieb Colsman wenige Seiten später in seinen Erinnerungen, »mochten Ratgeber auf ihn Einfluß gewinnen, denen die Sicherung zweifelhafter Gewinne wichtiger als die pflegliche Behandlung eines Ansehens scheinen mochte, welches für Zeppelin und das deutsche Volk mit Geldwert nicht vergleichbar war. Das Ansehen Zeppelins als Nationalheld hätte leiden müssen, wenn er selbst aus der Volksspende größere Gewinne zog. Dies Empfinden steigerte sich beim Grafen, je mehr er mit wachsender Popularität die ihm durch sein Ansehen auferlegte Verpflichtung empfand.« Daß zunächst, nach jahrelangem Einsatz des privaten Vermögens, ein gewisses finanzielles Nachholbedürfnis zum Zuge kam, ist eigentlich kaum verwunderlich: »Am 28. Dezember 1908 wurde zwischen Zeppelin und mir, als dem Geschäftsführer des Luftschiffbaues« – so Colsman – »ein Lizenzvertrag geschlossen, nach welchem 75% aller Gewinne, die nach Verteilung von 4% Dividende und ausreichenden Rückstellungen jährlich verbleiben würden, dem Grafen zufließen sollten. Dieser Vertrag war dem Grafen selbst wenig sympatisch und entsprach auch keineswegs dem Idealismus, mit dem ich in diese Sache gestiegen war.« Wer war gemeint, und was waren Colsmans Motive, solche Angelegenheiten nachträglich zur Sprache zu bringen? – Colsmans enges Verbundenheitsgefühl gegenüber dem Grafen wurde, wie er an anderer Stelle bemerkte, später durch Konflikte beeinträchtigt, und »seit Kriegsausbruch brachte die Politik eine für ihn schmerzliche Entfremdung«, ohne jedoch die Rückendeckung von Seiten Zeppelins in Frage zu stellen. Konfliktstoffe, die teils schon in der rechtlichen Konstitution des entstehenden Konzerns begründet waren, vor allem aber in Rivalitäten und Reibereien jener erlesenen Tafelrunde von Gesellschaftern, Vertrauten und Experten, die Zeppelin in Gutsherrnmanier um sich zu versammeln pflegte, müssen sich frühzeitig eingestellt haben. Für's Auge der Öffentlichkeit traten sie nicht in Erscheinung; nach außen hin hatte der Zeppelinclan alle Ursache, Einmütigkeit zu demonstrieren, denn mit dem Millionensegen der Volksspende waren die Sorgen des Unternehmens keineswegs vorüber, wie sich schnell zeigen sollte.

Zunächst einmal schien das Werk des Grafen gesichert. »Dieses mußte um so mehr der Fall sein«, wie Eckener bemerkte, »als das Kriegsministerium trotz des unglücklichen Verlaufes der Vierundzwanzigstundenfahrt an dem Beschlusse festhielt, nach Ausführung einer solchen Fahrt die beiden Luftschiffe, das dritte und das neuzuerbauende fünfte Schiff, zu übernehmen, womit der in den Etat eingesetzte Betrag von 2150000 Mark der Bauwerft zufallen würde. – Der hierdurch mit den Autoritäten der Regierung und der Technik geschlossene Friede, wenn man so sagen soll, wurde dann noch dadurch in feierlicher und augenfälliger Weise bestätigt, daß der Kaiser im November nach Friedrichshafen kam und dem Grafen den hohen Orden vom schwarzen Adler verlieh. In der Ansprache dazu nannte er ihn ›den größten Deutschen des Jahrhunderts‹ und stellte ihn als leuchtendes Vorbild vaterländischer Pflichterfüllung hin. Und in diesem Zusammenhange darf dann weiter erwähnt werden, daß der ›Verein deutscher Ingeneure‹ bereits einige Tage vor der Schweizerfahrt den wagemutigen Konstrukteur mit der höchsten Auszeichnung, die er zu vergeben hatte, bedachte, nämlich mit der Grashoff-Medaille. Im frohen Bewußtsein der hohen Anerkennung, die ihm die Techniker und die Kreise der Fachleute zollten, und der Verehrung und Bewunderung, die ihm das deutsche Volk darbrachte, durfte Graf Zeppelin sich am Ende des Jahres 1908 anscheinend als Sieger und am Ziele seines Hoffens und Strebens fühlen.« Doch dieser Anschein bestand nur nach außen hin und täuschte Experten wie Colsman nicht, wenn man ihn beim Wort nimmt:

»Schon bei der Gründung des Luftschiffbaus war zu erkennen, daß für den LZ (Zeppelin-Luftschiffbau GmbH) die zum Bau und Betrieb der neuen Werft zur Verfügung gestellten Mittel von drei Millionen Mark kaum ausreichen konnten, und daß er darum mit Geländeerwerbskosten nicht belastet werden durfte. Um aber den Sitz der neuen Gesellschaft sofort sicherzustellen, fand bald nach meiner Ankunft auf dem Rathaus in Friedrichshafen eine Sitzung mit dem Gemeinderat statt, in welcher Graf Zeppelin ausführte, daß er sein Werk der Stadt, der er eine glänzende Zukunft versprach, zu erhalten hoffe; er stellte mich dem Gemeinderat als zukünftigen Geschäftsführer des LZ mit der Bitte vor, die Verhandlungen zum Erwerb geeigneter Grundstücke alsbald mit mir aufzunehmen. Bei der sofort beginnenden Verhandlung war meine Position günstig, weil der Großindustrielle Carl Lanz in Mannheim dem Grafen ein Grundstück kostenlos zur Verfügung gestellt hatte, ein Angebot, welches ich bei den folgenden Verhandlungen nutzen konnte, obgleich bekannt war, daß Zeppelin am See zu bleiben wünschte. – Den Erwerb der bereits erwähnten Grundstücke übernahm die Stadt, die dem LZ dann das Gelände pachtweise zur Verfügung stellte, wobei ich dem Luftschiffbau das Recht vorbehielt, die Grundstücke jederzeit zu zwei Dritteln des städtischen Kaufpreises erwerben zu können, ein Recht, von dem der LZ in der Kriegszeit Gebrauch machte.« – Was Colsman nicht erwähnte, war der Umstand, daß die Gemeinde Friedrichshafen die zum Grundstückerwerb nötigen Mittel von der Zeppelin-Stiftung erhielt. In der Gründungsurkunde hatte der Graf ausdrücklich die Gewährung eines mit vier Prozent verzinslichen Darlehens an die Stadt in Höhe von einer halben Million Mark für die Geländebeschaffung vorgesehen, und mit Vertrag vom 11. Nov. 1909 waren effektiv 355500 Mark als ausbezahlt vermerkt und die fünfzigjährige Rückzahlungszeit angelaufen. In der Öffentlichkeit wurden Vorwürfe laut, die Stadt habe sich übervorteilen lassen, aber nach Colsmans Meinung war dieser Vertrag »ein guter Vertrag, weil er beiden Parteien Vorteile brachte«.

Handelte es sich bei diesem Darlehen von 1909 gewissermaßen um einen indirekten Bodenerwerb des Zeppelinunternehmens, der außerdem noch Zinsüberschüsse vom kommunalen Mittler einbrachte, so wurde die Stadtgemeinde Friedrichshafen echter Nutznießer der Zeppelinstiftung durch zwei weitere Darlehen: Im April 1911 erhielt sie für einen Schulhausneubau 278000 Mark zu vier Prozent bei unkündbarer Laufzeit von 75 Jahren, und im Februar 1914 125000 Mark für den Uferstraßenbau zu 4,5% auf 70 Jahre. – Die großzügige Bemessung der Laufzeiten, Nachkriegsinflation und die nachfolgende Umstellung von Papier- auf Goldmarkwerte führte 1926/27 zu einer Kontroverse zwischen Stiftung und Stadt um die angemessene Aufwertung der noch offenen Darlehensschulden, die – wie ein Schriftsatz des Stiftungsvorstandes es formulierte – weit mehr als die Hälfte des für die Stiftungszwecke verfügbaren Vermögens der Stiftung ausmachten. In Colsmans Erinnerung lösten sich solche Widersprüche stets in wechselseitigem Wohlgefallen: »Wohl gab es zwischen der Stadt und dem LZ dann und wann bei scheinbarem Gegensatz der Interessen ein Ringen, aber dieses fand stets unter der Devise statt: ›Ich lasse Dich nicht, Du segnest mich denn.‹« Insgeheim aber mögen ihm solch wohltätige Zuwendungen wie die beiden späteren Kredite nachträglich doch als unnötige Zersplitterung des Stiftungsvermögens erschienen sein.

In der Stiftungs-Urkunde nannte Zeppelin noch eine weitere Darlehenszuwendung: »Der zum Bau eines Hotels in Friedrichshafen zu errichtenden Gesellschaft werde ich aus Mitteln der Stiftung ein Darlehen« – bis zum Betrag von 50% des amtlichen Schätzpreises – »gewähren. Diese Darlehenshingabe entspricht den Zwecken der Stiftung, denn die Erstellung eines den Anforderungen der Neuzeit entsprechenden Hotels in Friedrichshafen ist für die Entwicklung meiner Luftschiffbau-Unternehmungen von der größten Wichtigkeit.« – Im Gemeinderat hatte – laut Presseberichten – bereits seit Wochen »der Antrag eines Stuttgarter Konsortiums, das Kurhaus mit Garten anzukaufen, um daselbst ein Hotel ersten Ranges zu errichten«, zur Debatte gestanden. Die Stadtväter nahmen jedoch zunächst aus rechtlichen Gründen eine ablehnende Haltung ein: Der Kurgarten war nämlich im Jahre 1864 von König Karl der Stadt geschenkt worden mit der Bestimmung, darin nach einem zu genehmigenden Plan und mit Staatszuschuß ein Kurhaus zur öffentlichen Wohlfahrt zu errichten und zu erhalten und ohne Zustimmung der Staatsbehörden seinem Zweck nicht zu entfremden. Erst als Graf Zeppelin sich diesen Plan ausdrücklich zu eigen machte, »erfüllten die fortschrittlich gesinnten Stadtväter auch diesen Wunsch – so ein späterer Pressekommentar – und verkauften den schönen Kurgarten um den niederen Preis von 50000 Mark an die Gesellschaft in der Weise, daß die Stadt diese Kaufsumme unverzinslich als Aktienanteil einlegte.« Das Stiftungsdarlehen, welches diesen Repräsentationsbau der neuen Aera im wesentlichen zustandezubringen half, wurde laut Aktennotiz bereits im Jahre 1910 wieder zurückgezahlt – und das war gut so: die Kurgarten-Hotel-Gesellschaft begann erst während des ersten Weltkriegs, als Friedrichshafen zum vielbesuchten Rüstungszentrum wurde, mit Gewinn zu wirtschaften.

Auch die Luftschiffbaugesellschaft selbst war vorläufig auf weitere Zuwendungen aus der Stiftung angewiesen: »Bis zum Jahre 1912 war das Unternehmen nur schwer durchzuhalten und verfügte manchmal nur noch für wenige Monate über die notwendigen Betriebsmittel«, so Colsman. Doch gerade in dieser Zeit war die wichtigste Arbeit zu leisten, nämlich jene Unzulänglichkeiten zu beseitigen, die zum Echterdinger Unglück geführt hatten; Eckener: »Die Motoren mußten nicht allein zuverlässiger, sie mußten vor allen Dingen auch stärker werden. Jetzt galt es, die Schiffe schrittweise zu verbessern, sie immer leistungsfähiger zu machen, bis sie, den Ideen des Schöpfers entsprechend, wirklich auch bei ungünstigem Wetter ihr Ziel erreichen und bis sie sich nötigenfalls tagelang in der Luft halten und große Strecken durchmessen konnten.«

»In Friedrichshafen wurde im Herbst 1908 und im Winter 1908/09 mit Hochdruck gebaut. Im Frühjahr 1909 war der LZ 5 fertig, eine getreue Nachbildung des bei Echterdingen verbrannten Schiffs. Der LZ 3 war von der Militärverwaltung abgenommen worden, aber für die Abnahme eines zweiten Schiffes fehlte noch die Durchführung der Vierundzwanzigstundenfahrt. Der Graf Zeppelin faßte den Entschluß, eine Dauerfahrt für sich auszuführen. In der Nacht des 29. Mai verließ das neue Schiff seine Halle und steuerte in die Nacht hinaus. Wohin? Keiner wußte es. Aber es ging weit und weiter nach Norden, und bald spielten überall in den deutschen Landen die Telegraphen und mit Spannung verfolgte das Volk die Reise. Ein Gerücht tauchte in Berlin auf, daß der Graf dort landen wolle. Die Luftschiffabteilung erhielt Befehl, die Landung vorzubereiten, und Zehntausende, Hunderttausende strömten auf dem Tempelhofer Feld zusammen, um das Schiff ankommen zu sehen, darunter das Kaiserpaar mit den Prinzen und Prinzessinnen. Nach Stunden des Wartens kommt die Nachricht, das Schiff sei bei Bitterfeld umgekehrt und befinde sich wieder auf der Rückfahrt. Enttäuschung und Zorn macht sich bei der Menge und besonders auch beim Kaiser Luft. Aber der Graf hatte gar nicht an eine Landung in Berlin gedacht, viel weniger eine solche angekündigt und segelte ahnungslos schon nach Hause, als auf dem Tempelhofer Feld sich noch die Massen in fieberhafter Erwartung drängten.«

Die Nachrichtenmedien hatten, wenn man Ekkeners Version folgt, das falsche Gerücht verbreitet, »und die Reichshauptstadt hatte es – der Wunsch ist des Gedankens Vater – nur zu willig geglaubt. In die Enttäuschung mußte nun aber dazu eine Nachricht hineinplatzen, die wenig förderlich war, die Begeisterung für den Grafen und sein Werk zu erhöhen: Das Schiff war bei Göppingen, bei einer Landung zwecks Ergänzung der Betriebsmittel, in einen Birnbaum hineingefahren und schwer beschädigt! Es war eine erste Belastungsprobe der Zeppelinbegeisterung. Aber sie hielt stand, als dann weiter bekannt wurde, daß das Schiff notdürftig ausgebessert werden konnte, um am nächsten Tage seine Halle in Friedrichshafen zu erreichen. Die Verstimmung verflog vollends, als der Kaiser dem Grafen das Versprechen abnahm, noch im gleichen Jahre ›den Berlinern eine eklatante Genugtuung zu geben‹. – Das schuldbeladene Schiff wurde nach schneller Wiederinstandsetzung von der Militärverwaltung als Z II abgenommen und nach Köln überführt. Auch die Überführungsfahrt war insofern eine zu zwiespältiger Beurteilung stimmende Unternehmung, als das Schiff beim ersten Versuch wegen zu starken Gegenwindes Köln nicht zu erreichen vermochte, sondern umkehren mußte. Immerhin aber hatte es sich im schlechten Wetter gut gehalten und als lufttüchtig erwiesen. Die Begeisterung aber der Kölner bei Ankunft des Schiffes ließ etwa aufgekommene Zweifel rasch vergessen.«

Der Kaiser begrüßt den Grafen Zeppelin nach der Landung des LZ 6 in Berlin

»Im August wurde nun der inzwischen schnell fertiggebaute LZ 6 zur versprochenen Fahrt nach Berlin angesetzt«, so Eckeners weiterer Bericht. »Das Schiff war eigentlich noch nicht in allen Teilen genügend ausprobiert, insbesondere war der neue ›Stahlbandantrieb‹ ein Sorgenkind, das leicht zu einem völligen Mißerfolg hätte führen können. Aber es ging, obgleich unterwegs ein Propeller abflog, noch gnädig ab, und das Schiff erreichte nach einer Zwischenlandung in Bitterfeld, wo der Graf selbst an Bord kam, glücklich Berlin. Der Empfang hier war über alle Maßen enthusiastisch und herzlich, und der vom Kaiser ins Schloß geführte alte Herr durfte hier vom Balkon aus die lebhaftesten Ovationen der Reichshauptstädter entgegennehmen. – Leider verlief die Rückfahrt nicht so glatt und brachte sorgenvolle Stunden für das Schiff. In der Nähe von Bülzig flog wieder ein Propeller ab und durchschlug eine Gaszelle, die leerlief. Wieder wurde eine größere Reperatur auf freiem Felde nötig, was um so kritischer wurde, als ein Gewittersturm über das vor Anker liegende Schiff hereinbrach. Aber alles lief gut ab, hauptsächlich wohl deshalb, weil das infolge Gasverlustes schwer auf dem Boden aufliegende Schiff in der Bö nicht hochgerissen wurde. Hunderte von Soldaten hatten zu halten und zu sorgen gehabt, daß nichts Schlimmes sich ereignet, Hunderttausende fieberten vor Spannung und atmeten erlöst auf, als das Schiff wieder in der Luft war. Es war ein bitterer Kelch an dem alten Grafen vorübergegangen. –

Nach der glücklichen Heimkehr konnte das Schiff zahlreiche Mitglieder des Bundesrats und Reichstags über den Bodensee tragen, und die Freude und Begeisterung stieg auf einen neuen Höhepunkt. Das Jahr 1909 ging so trotz mancher bedrohlichen und nachdenklich machenden Situation glücklich zu Ende, und die hochgespannte Feststimmung blieb erhalten. Diese Stimmung nützte der Geschäftsführer des *Luftschiffbau-Zeppelin,* Alfred Colsman, mit Energie und Geschick aus, eine Gründung durchzubringen, die sich ungeachtet mancher gerade durch sie herbeigeführter kritischer Lagen letzten Endes doch als lebensrettend für das Zeppelinwerk erweisen sollte: die Gründung der *Deutschen Luftschiffahrts-A. G.,* der DELAG.«

»Nachdem im Frühjahr 1909 die Luftschiffe Z 1 und Z 2 an die Militärluftschiffer in Metz und Köln abgeliefert waren und der Bau der Friedrichshafener Werft der Vollendung entgegenging, war für ein weiteres in Manzell noch gebautes Luftschiff kein Abnehmer zu finden. Als für die neue Werft keine Aufträge in Aussicht standen«, so Colsman zur damaligen Lage der Firma, »wurde mir bald klar, daß die Lebensmöglichkeit unseres Unternehmens nur im Ausbau eines Verkehrs mit Luftschiffen zu suchen sein würde. Von dieser Erkenntnis hatte ich eines Tages einem Vertreter der ›Berliner Morgenpost‹ Mitteilung gemacht und dabei von der Absicht des Ausbaus eines Luftschiffverkehrs zwischen deutschen Großstädten gesprochen. Die gesamte Presse hatte meine Mitteilung sofort aufgenommen. Graf Zeppelin war darüber entrüstet und forderte von mir den Widerruf dieser Nachricht, weil er meinte, daß wir in Gefahr kommen würden, nicht ernst genommen zu werden«, obwohl er selbst in zurückliegenden Vorträgen dem Gedanken einer Verkehrsluftschiffahrt auch unter Rentabilitätsaspekten immer wieder das Wort geredet hatte. »Als wenige Wochen nach meinem Widerruf auch beim alten Herrn kein Zweifel mehr bestehen konnte, daß für die neu erstehende Werft andere Lebensmöglichkeiten als der von mir geplante Ausbau eines Verkehrsunternehmens nicht zu finden sein würden, und ich an meinem Plane festhielt, ließ Zeppelin mir freie Hand.«

Von unbedingtem Glauben an die Möglichkeiten eines solchen Verkehrs zwischen deutschen Großstädten beseelt und mit einer großen Dosis eines durch keinerlei Sachkenntnis getrübten Optimismus im Koffer, sei er auf Vortragsreisen in deutsche Großstädte gegangen. Sein Bemühen sei von der Sorge der Oberbürgermeister gefördert worden, die für ihre Städte den Anschluß an den nun bald zu erwartenden Luftschiffverkehr zu versäumen fürchteten. Obgleich in dieser Zeit die Volksbegeisterung für Zeppelin noch durch keinen Schiffsverlust gehemmt gewesen sei, sei sein Ziel, von dem die Zukunft des Luftschiffbaus nun allein abgehangen habe, doch manchmal wieder in weite Ferne gerückt erschienen, und er habe fast verzweifelt, bis ihm treue Freunde der Sache, die Oberbürgermeister Adickes von Frankfurt am Main und Marx von Düsseldorf die Wege ebneten. Mit ihrer Hilfe sei es ihm dann in verhältnismäßig kurzer Zeit gelungen, zur Gründung des ersten Luftverkehrsunternehmens der Welt, der Deutschen Luftschiffahrts-Aktiengesellschaft, DELAG genannt, eine ausreichende Summe zusammenzubringen.

Colsman wurde auch Geschäftsführer der DELAG und vereinigte so die beiden wichtigsten organisatorischen Kompetenzen in einer Hand. Die Haltung des alten Herrn gegenüber diesem Ableger seines Unternehmens blieb reserviert: »Graf Zeppelin war dem Fahrtunternehmen keineswegs freundlich gesonnen«, bemerkte Colsman; »in der Verwendung seiner Schiffe zum Gelderwerb durch die DELAG sah er eine Profanierung seiner Idee, darum blieb das Unternehmen für ihn, den Feudalherrn und alten Soldaten, eine Krämergesellschaft, zu deren Aufsichtsratsmitgliedern er Abstand zu halten wußte.« Allem Anschein nach schlug also hier jene Art von Generationenkonflikt, der für den Strukturwandel von Industrie und Forschung in der wilhelminischen Aera charakteristisch war, persönlich zu Buche: dem alten Individualisten und Außenseiter Zeppelin mußte die nüchternkalkulierende, profitorientierte Vereinnahmung seiner Schöpfung durch jenen neuen Typ von Manager und Technokraten, den Colsman repräsentierte, unsympathisch sein. Hinzu kam noch ein Standesbewußtsein, dem Colsman mit bemerkenswerter Offenheit gerecht zu werden versuchte: »Man muß diese Auffassung (Zeppelins) aus dem Geist einer Zeit verstehen, in der beim Militär ein Einjähriger meist von der Liste der Reserveoffiziersaspiranten gestrichen wurde, wenn sein Vater von Beruf Kaufmann war. Nach ostelbischer Auffassung war der Kaufmann nicht qualifiziert.«

Zeppelin hatte zu dieser Zeit Pläne von anderer Größenordnung im Sinn: Angeregt durch den Polarreisenden Theodor Lerner – der später wegen der Priorität der Idee mit dem Grafen prozessierte und gewann –, war Zeppelin, unterstützt durch seinen alten Freund Prof. Hergesell, damit beschäftigt, von Hamburg aus eine Arktis-Expedition im Luftschiff zu organisieren; ein Vorhaben, das den nüchterneren Praktiker Colsman offensichtlich wenig begeisterte, zumal es seine eigenen Pläne gefährdete: »Die Stadt Hamburg, die bereits eine halbe Million Mark mit der Absicht, sich an der DELAG zu beteiligen, aufgebracht hatte, zog diese Zusage zurück, als bei Zeppelin der Gedanke einer Polarexpedition in den Vordergrund rückte, für die Hamburg als Ausgangspunkt gewählt wurde. Für mich war die Zersplitterung der Kräfte, welche eine Zeitlang die Möglichkeit der DELAG-Gründung zu bedrohen schien, zunächst nicht angenehm, sie führte auch zu mancherlei Konflikten. – Das geplante Polarunternehmen blieb glücklicherweise auf eine Studienreise (für die der Norddeutsche Lloyd einen Dampfer zur Verfügung stellte) beschränkt, an der Prinz Heinrich von Preußen, Graf Zeppelin, Hergesell und andere Gelehrte teilnahmen.«

»Die Gründung der DELAG, an der Städte, Banken und Privatleute sich beteiligten, erfolgte noch im Spätherbst 1909 mit einem Kapital von drei Millionen Mark. Es wurde sofort ein von der Werft angebotenes Schiff mit drei Motoren in Auftrag gegeben, das Mitte Juni 1910 mit dem Namen DEUTSCHLAND seine erste Probefahrt machte. Es erhielt seinen Heimathafen in der Stadt Düsseldorf. Die Größe des Schiffs und seine Ausstattung mit drei Motoren schien seine Leistungsfähigkeit und Betriebssicherheit nach menschlichem Ermessen zu verbürgen. – So begann das Jahr 1910 anscheinend mit günstigen Aussichten. Aber es trug« – laut Eckeners Erinnerungen – »Unheil für die Zeppelinsache im Schoße. Im April kam die Nachricht, daß der Z 2 auf einer Übungsfahrt in der Nähe von Siegen gelandet und gleich darauf zerstört sei. Das Schiff hatte sich in stürmischem Wetter nicht halten lassen und eine Notlandung gemacht, bei der es durch ein Bö mehrfach hochgerissen und zerschlagen war. Man wollte der Führung des Schiffs die Schuld geben, doch die Militärverwaltung gab dem System die Schuld. – Die DEUTSCHLAND sollte den schlechten Eindruck durch ihre Fahrten verwischen, aber schon auf einer der ersten Fahrten von Düsseldorf aus strandete sie im Teutoburger Walde, Ende Juni 1910. Auch hier wurde das Stranden durch unterwegs aufkommendes schlechtes Wetter in Verbindung mit dem Versagen von Motoren verursacht. Es war ein großes Glück, daß es in die Bäume des Teutoburger Waldes fiel, sonst wäre die Strandung wahrscheinlich nicht ohne Menschenverluste abgelaufen. Sofort wurde LZ 6, der die Fahrt nach Berlin ausgeführt hatte, der DELAG zur Verfügung gestellt. Das Schiff war inzwischen um eine Abteilung verlängert worden und hatte einen dritten Motor bekommen, so daß es Tragkraft und Kraftreserven genügend zur Verfügung zu haben schien, um sichere Passagierfahrten bei Beobachtung der gebotenen Vorsicht auszuführen. In der Tat machte es eine ganze Reihe solcher Fahrten von Baden-Oos aus und fing an, das schwer erschütterte Vertrauen wieder herzustellen, als es Mitte Oktober 1910 in der Halle durch grobe Fahrlässigkeit eines Monteurs in Flammen aufging. Aber damit war die Serie der Unglücksfälle noch nicht erschöpft. Die DELAG hatte nach dem Scheitern ihres ersten Schiffs ohne Zaudern alsbald ein zweites bestellt. Auch dieses wurde DEUTSCHLAND genannt, als es im Frühjahr 1911 fertig geworden war. Es war ein Schwesterschiff der gescheiterten ersten DEUTSCHLAND und sollte den unverminderten Stolz und die Hoffnung Deutschlands auf seine Zeppeline gleichsam schon durch die Namensgebung symbolisieren. Das Schiff machte auch erfreulicherweise (nun unter Eckeners Leitung) mehr als dreißig gelungene Fahrten von Düsseldorf aus, wurde dann aber Mitte Mai beim Herausbringen aus der Halle gegen eine ›Schutzwand‹ gedrückt und so stark beschädigt, daß es abmontiert werden mußte. Hiermit war nun die durch die vorhergehenden Unfälle schon recht gespannte Lage vollends kritisch geworden. Selbst der großzügige, von vornherein mit Rückschlägen und ›Lehrgeld‹ rechnende Aufsichtsrat der DELAG zauderte lange, ob er noch einmal den Mut zur Bestellung eines weiteren Schiffs fassen sollte.«

»So schwer es ist, eine widerstrebende Volksmeinung zu gewinnen, wie viel schwerer ist es, eine so gewonnene Volksmeinung festzuhalten, wenn diese sich erst einmal enttäuscht abzuwenden beginnt! Wie schnell und wie gehässig folgt auf das HOSIANNA der Masse das KREUZIGET IHN, wenn die – ach so wandelbare! – Volksgunst umzuschlagen anfängt!« Aus solch pathetischen Worten Eckeners spricht noch nachträglich die bange Aufmerksamkeit des Grafen und seiner Getreuen für die zunehmend verstörte deutsche Kollektivseele, aus deren Wallungen die Zeppeliner ihr Startkapital und Selbstbewußtsein bezogen hatten. »Immer wieder kamen Rückschläge und Unfälle vor, die allmählich das Vertrauen mehr und mehr wieder erschütterten und schließlich so viel Wermut in den Kelch der Echterdinger Begeisterung gossen, daß man in einigen Jahren fast vor der gleichen allgemeinen Einstellung zum Starrluftschiff stand wie etwa zur Zeit der Kißlegger Katastrophe 1906.«

Man hatte einen augenfälligen Erfolg nötig, und dieser stellte sich schließlich doch ein – vorübergehend: »Es gibt in Deutschland kaum mehr Freunde des Zeppelinschiffs, es gibt nur noch Freunde des Grafen Zeppelin selbst«, hatte, wie Eckener berichtet, ein französischer Luftschiffkonstrukteur treffend beobachtet, und es war letztlich wohl die ›Rücksicht auf die verehrte Person des alten Grafen‹, welche den Ausschlag gab für einen letzten Versuch der DELAG mit dem Luftschiff SCHWABEN. Es sei wie die bedachtsame Fügung einer höheren Macht gewesen, orakelte Eckener später: »der ›Partikularist‹ Zeppelin, der mit der DEUTSCHLAND Schiffbruch erlitt, sollte mit seiner SCHWABEN das Spiel gewinnen! – Mit der SCHWABEN wurde schon im Jahre 1911 ein so guter Typ geschaffen, daß das Schiff die schon fast verloren erscheinende Sache zu retten vermochte. – Doch wir möchten annehmen, daß es der SCHWABEN vielleicht nicht gelungen wäre, dieses Ziel zu erreichen, wenn nicht eine ›höhere Gewalt‹ ihr zur Hilfe gekommen wäre: das wunderbare Sommerwetter des Jahres 1911.«

Mit der SCHWABEN kam nach dem symbolischen Durchbruch des *starren Systems* bei Echterdingen nun endlich auch der technische: Das Schiff hatte, wie Eckener unterstrich, eine einfache, aber wirksame Steueranlage am Heck und war etwas kürzer als die DEUTSCHLAND, »so daß sie recht wendig war. Vor allem aber hatte sie drei Motoren von je hundertfünfzig Pferdestärken. Damit kam sie auf zwanzig Metersekunden Geschwindigkeit. Das war das Entscheidende, war damals eine Sensation.« Endlich hatte man ein Luftfahrzeug, das auch ungünstigeren Wetterbedingungen gewachsen war: »Es machte in den Jahren 1911 und 1912 im ganzen etwa 250 Fahrten, die ohne Unfall verliefen. Es bekam in den Jahren 1912 und 1913 Unterstützung durch die weiteren DELAG-Schiffe VICTORIA-LUISE, HANSA und SACHSEN, die zum Teil noch etwas größer und maschinenstärker waren und den Glauben an die Luftschiffe wieder aufbauten. Die Heeresverwaltung erhielt schon im Herbst 1911 ein neues Schiff als Ersatz des bei Siegen zerstörten Z 2 und im Frühjahr 1912 einen Z 3, im wesentlichen Schwesterschiffe der SCHWABEN. Auch die Marineverwaltung zeigte nach langem Zaudern endlich Interesse und bekam im Herbst 1912 den L 1, ein Schiff von etwas größeren Ausmaßen als die Heeresluftschiffe. So erhielten die Zeppeline endlich diejenige militärische Verwendung, die ihrer Art und ihrem Leistungsvermögen, wie sich bald zeigen sollte, am besten entsprach.«

»Wenn der Versuch der DELAG in bezug auf Wirtschaftlichkeit auch restlos scheiterte«, so Colsmans Resümee, »war er doch fruchtbar«, weil er unter Eckeners Leitung die Fahrtechnik entwikkelte – und im übrigen jene Schrittmacherdienste leistete, welche die Militärs nicht hatten übernehmen wollen. »Denn die Militärverwaltung lehnte es« – anfänglich – »ab, weitere Schiffe zu bestellen«, so Eckeners Kommentar, »und die Marine stand noch abwartend beiseite, weil die Leistungen der Schiffe ihr nicht genügten und weil der Staatssekretär des Marineamtes, Herr von Tirpitz, überhaupt nichts von Luftschiffen hielt.« – Doch auch der Sinneswandel des Flottenstrategen brachte kein Ende der Unfallserie mit Starrluftschiffen, im Gegenteil, sie strebte – im Rückblick betrachtet – sozusagen einem grausigen Vorkriegshöhepunkt zu: Ende Juni 1912 wurde die SCHWABEN, das bislang erfolgreichste Schiff, vom Sturm vor der Düsseldorfer Halle zerbrochen und verbrannte; im März 1913 wurde LZ 15, das erst Anfang des Jahres als Ersatz für Z I an das Militär ausgeliefert worden war, nach einer zwanzigstündigen Dauerfahrt auf dem Karlsruher Exerzierplatz vom Sturm überrascht und zerstört, und im Herbst des gleichen Jahres verlor die Marine innerhalb weniger Wochen ihre ersten beiden Zeppelin-Luftschiffe: L 1 ging bei Flottenübungen am 9. September vor Helgoland im Sturm unter; von der zwanzigköpfigen Besatzung wurden nur sechs Mann von herbeieilenden Schiffen gerettet. Und am 17. Oktober explodierte L 2, der neueste und größte militärische Luftkreuzer, kurz nach dem Aufstieg über dem Flugfeld von Johannisthal in einer Höhe von dreihundert Metern und riß die gesamte Besatzung sowie die Marineabnahmekommission und Vertreter der Zeppelinwerft mit sich in den Tod.

Mochte das Entsetzen über diesen Betriebsunfall das Für und Wider zum starren System auch in neuen heftigen Kontroversen anfachen, den Siegeszug der Zeppeline konnte es nicht mehr aufhalten – der Rüstungswettlauf der europäischen Mächte erklärte und rechtfertigte solche Opfer unter dem Zwang historischer Notwendigkeiten, die nun schon ihrer heißen Phase zustrebten. »Zwar gab es gelegentlich noch Rückschläge, Schwierigkeiten und Konflikte, aber deren Überwindung war nunmehr im wesentlichen Aufgabe der Techniker und Geschäftsführer«, um es mit Eckeners Worten zu sagen. »Eine ernstliche Bedrohung des Werkes war vorerst davon nicht zu besorgen, denn die Brauchbarkeit der Schiffe war erwiesen und die erstaunlich rasch vor sich gehende Motorenentwicklung ließ eine schnelle weitere Steigerung der Leistungsfähigkeit der Luftschiffe erwarten. Die wirklich ernst zu nehmende Bedrohung kam dann später von den Flugzeugen her.«

»Wenn man zu Beginn des Krieges mehr und leistungsfähigere Luftschiffe gehabt hätte, eine

Die Reste des LZ 18 nach der Katastrophe bei Berlin-Johannisthal

Voraussetzung, die leider infolge der den Luftschiffen wenig günstigen Flottenpolitik des Admirals von Tirpitz nicht gegeben war, so wäre diesen sehr wahrscheinlich eine für England sehr verhängnisvolle Rolle beschieden gewesen.« Mit dieser Einschätzung stand Eckener, der im Kriege als Instrukteur der Marineluftschiffer wirkte, nicht allein. In der Tat besaß die Marine bei Kriegsausbruch nur ein einziges Schiff, doch die Administration hatte längst auf volle Mobilmachung umgeschaltet, wie aus internen Akten oder auch dem Nachkriegsbericht Hans von Schillers über ›Das Zeppelin-Luftschiff im Dienste der Marine‹ hervorgeht: »In Friedrichshafen wurde mit Hochbetrieb ein Luftschiff nach dem anderen fertiggestellt, so daß am Ende des Jahres 1914 die Marine schon über acht Zeppelinluftschiffe und ein Schulschiff verfügen konnte.«

Wenn den Marine-Zeppelinen auch kein durchschlagender Anfangserfolg beschieden war, ebensowenig wie ein späterer Endsieg, denn die Wirksamkeit der Abwehrwaffen wuchs mit den Leistungen der Luftschiffe, so brachten sie jedenfalls dem Zeppelin-Unternehmen endlich jenen wirtschaftlichen Erfolg, den man zuvor nur mit den Verlusten der DELAG hatte erkaufen können. Der Leistungsdruck der Rüstungsproduktion beschleunigte nicht nur den technologischen Reifeprozeß der Luftschiffe, sondern führte auch zu einem raschen Wachstum der Produktionsstätten, der Umsätze, Einnahmen und Investitionen, so daß man sich bald schon wegen einer späteren Rückstellung auf Friedenswirtschaft Sorgen machen mußte. Allein die Zeppelin-Luftschiffbau GmbH erreichte z.B. im Jahre 1916, einschließlich des noch im Aufbau begriffenen Zweigwerks in Berlin-Staaken, bei rund fünfundvierzig Millionen Umsatz und außergewöhnlich hohen Abschreibungen noch über vier Millionen Mark Gewinn; und im nächsten Jahre hatte der Berliner Ableger für sich schon einen Umsatz von mehr als dreißig Millionen, aus dem etwa ein Zehntel allein an Lizenz- und Pachtgebühren – letztere über eine Bodengesellschaft ›Hansa‹, deren Anteile die Friedrichshafener besaßen – an das Stammhaus abgeführt wurden. Die angesichts des relativ geringen Gesellschaftskapitals großen Aufwendungen für Grunderwerb und Neuanlagen aber finanzierten vor allem die Reichsämter mit Dauervorschüssen auf noch zu liefernde Schiffe – 1916 waren es rund zwölf Millionen Mark.

Die Keime dieses nun im Fahrwasser der Kriegswirtschaft sich rapide entfaltenden Konzerngewächses mit seinen vielen, mehr oder minder eigenständigen Produktionszweigen hatten Zeppelin und Colsman in der Zeit der Echterdinger Euphorie gelegt: der Graf mit seinem technischen Einfallsreichtum und seiner Fähigkeit, kompetente Leute an sich zu ziehen und zu fördern; Colsman mit seinem organisatorischen Talent, die unternehmerischen Risiken in geordneten juristischen Bahnen zu kanalisieren. »Die Entwicklung des Konzerns wurde notwendig«, lautete Colsmans lapidare Erklärung 1925, »denn in der Zeit alsbald nach der Gründung des Unternehmens war die Industrie nicht bereit, den für die Entwicklung des Luftschiffbaues erforderlichen Spezialaufgaben genügende Aufmerksamkeit zu widmen. So war es in jener Zeit nicht möglich, für die Zwecke des Luftschiffs besonders geeignete Motoren zu bekommen.« Auf Anregung des Grafen gründete Colsman mit Carl Maybach, dem Sohn des alten Daimler-Benz-Konstrukteurs, eine Studiengesellschaft, die sich nach anfänglichen Schwierigkeiten schon bald aus eigenen Einnahmen aus Motor- und Lizenzverkäufen an die in- und ausländische Konkurrenz zu einem der führenden Unternehmen auf dem Gebiet des Flugzeugmotorenbaus entwickelte und dann auch als Produzent von Luxuslimousinen auftrat.

Aus Colsmans Bestreben, die Spezialaufgaben des Luftschiffbaus von der eigentlichen Luftschiffproduktion abzuzweigen, entstanden bereits vor dem Kriege – und gegen den Widerstand des virtuos-eigensinnigen Chefingenieurs Dürr, der keines der Sondergebiete aus der Hand geben wollte (Colsman verglich ihn liebevoll mit einem vagabundierenden Ein-Mann-Orchester), außer der DELAG und dem *Maybach-Motorenbau* die *Ballonhüllenfabrik,* der *Hallenbau,* die *Zeppelin-Wohlfahrt,* »kurz: der Zeppelinkonzern; eine Aufteilung, die dem Konzern bei Kriegsausbruch eine rasche Leistungssteigerung ermöglichte. Im Kriege kam als Tochtergesellschaft noch der Flugzeugbau Dorniers und die Zahnradfabrik und nach dem Kriege die Zeppelin-Wasserstoff- und Sauerstoff-AG in Staaken, ZEWAS genannt, hinzu.« – Colsman verfolgte dabei erklärtermaßen die Absicht, »die Tochtergesellschaften zu ihrer Sicherheit auf mehrere Beine zu stellen, d.h. nicht nur für die Belieferung der Luftschiffahrt allein einzurichten«, was sich als weise Maßnahme erweisen sollte.

Gemäß den unterschiedlichen technischen und organisatorischen Erfordernissen durchliefen die Tochterfirmen ihre Wachstums- und Blütezeiten teils schon vor oder zu Beginn des Krieges, teils erst später. Die Hallenbau GmbH etwa hatte schon in den Jahren der DELAG und mit Beginn des systematischen Aufbaus der Luftschiffwaffe ab 1913 ›die führende Stellung im deutschen Luftschiffhafenbau‹ und ›recht gute Aussichten‹ – sie arbeitete mit rund 10% Gewinn; mit fortschreitender Kriegsdauer und Verknappung der Baumaterialien, vor allem Eisen und Zement, aber auch in Folge des Arbeitskräftemangels und durch die schlechten Transportverhältnisse konnte sie sich nach 1916 nur noch mit Konzern-internen Aufträgen über Wasser halten. – Ganz im Gegensatz dazu die *Zahnradfabrik GmbH,* welche erst 1915 gegründet wurde; während man schon vor dem Kriege erwogen hatte, einen ›Getriebebau Friedrichshafen‹ einzurichten, der sich in erster Linie mit Getriebekonstruktionen für den Flugzeugbau befassen sollte, dann aber wieder davon absah, weil sich der Bedarf für Flugzeuggetriebe nicht in der erwarteten Weise entwickelt hatte, wurde dieser Zeppelinableger durch einen technischen Durchbruch der Kriegsgegner im Flugzeugbau »mit einem Schlage eine von der Heeresverwaltung besonders bevorzugte Fabrik«, der alle produktionshemmenden Engpässe hinsichtlich Material und Arbeitskräften nun aus dem Wege geräumt wurden: »Durch die Erfolge gewisser englischer und französischer Flugzeuge« – so der Geschäftsbericht von 1916 – »hat sich die Erkenntnis Bahn gebrochen, daß der langsamer als der Motor laufende Propeller einen so erheblich größeren Wirkungsgrad aufweist, daß die mit einer Untersetzung ausgerüsteten Flugzeuge bei gleicher Motorenstärke solche ohne Übersetzung an Flugleistung erheblich übertreffen.« Dank einer überlegenen Fertigungstechnik – durch die Maschinen des Schweizer Ingenieurs Max Maag – war die Fabrik in der Lage, Getriebe zu konstruieren und zu liefern, »die alles bisher Vorhandene an Vollkommenheit überragten«. Profitieren konnte die Fabrik von den Kriegsaufträgen nicht mehr, dazu kam ihre Gründung zu spät; dafür war ihr später eine einträgliche Spitzenstellung in zivilen Anwendungsbereichen beschieden. – Neben der Rüstungsproduktion hatte man sich auch schon zu Kriegszeiten bemüht, den Automobilherstellern geschliffene Präzisionsgetriebe schmackhaft zu machen – auch das zunächst ohne großen Erfolg: »Die meisten Fabriken wollen während des Krieges sich mit Neuerungen nicht abgeben, zumal es keine Rolle spielt, ob die Getriebe jetzt etwas besser oder schlechter laufen.« Lediglich die ›Benz-Werke‹ wußten auch damals schon den kleinen Unterschied zu würdigen – sie gaben bereits 1916 große Probeaufträge nach Friedrichshafen.

Als Exotin unter den technischen Töchtern des Zeppelin-Luftschiffbaus muß heutigentags – im Zeitalter der Plastikkunststoffe mit beliebigen Eigenschaften – die *Ballonhüllen-Gesellschaft* erscheinen, die als Zubehörlieferantin für die Luftschiffernwaffe ebenfalls bevorzugte Behandlung durch die staatlichen Stellen erfuhr – vor allem hinsichtlich der Beschaffung ihres Rohstoffs: Eine Ironie der Technikgeschichte wollte es, daß für den möglichst gasverlustfreien Auftrieb der damals hubkräftigsten Militärorgane kein geeigneteres Material zur Verfügung stand als Teile von natürlichen Blähorganen, nämlich vor allem die sogenannten ›Goldschlägerhäutchen‹ aus den Verdauungstrakten der Rinder. Aber um einen einzigen Zeppelin fliegen zu lassen, mußten rund eine halbe Million von ihnen dran glauben. Schlachtvieh-Innereien erhielten nun – angesichts drohender Auslandsembargos – strategische Bedeutung, ihre ausreichende Beschaffung wurde durch Beschlagnahmeverfügung des Reichskanzlers zur wichtigen Versorgungsangelegenheit für das Kriegsministerium: »Wie die durch Vermittlung des Proviantamts Berlin-Tempelhof der Ballonhüllengesellschaft zugehenden Darmsendungen erkennen lassen«, begann ein Rundschreiben dieses Amtes aus dem Jahre 1916, »bestehen bei vielen Absendestellen Unklarheiten darüber, welche Teile des Eingeweides der geschlachteten Tiere bei der genannten Gesellschaft Verwendung finden können.« Und eine beigefügte ›Behandlungsvorschrift zur Gewinnung und Versendung‹ erklärte dann zunächst einmal, wo die erwünschten Stücke zu finden waren: »Das Goldschlägerhäutchen ist die Oberhaut vom Blinddarm des Rindes« und so weiter. Mit diesen Häutchen beschichtete Stoffe hatten sich allen bekannten Gummierungsverfahren gegenüber hinsichtlich Gewicht, Gasdichte und Reibungselektrizität als überlegen erwiesen. Nach dem Brande der SCHWABEN hatte man die Gefahr elektrostatischer Entladungen an Gummistoffzellen, die bis dahin verwendet wurden, erkannt und sofort mit dem Bau einer Fabrik für Goldschlägerhautzellen begonnen. »Die finanzielle Belastung war außerordentlich«, bemerkte Colsman im Rückblick, »die letzten Mittel des Luftschiffbaues wurden auf diese Karte gesetzt.« – Doch es lohnte sich: Allein 1916 erzielte die Firma über eine halbe Million, 1917 fast eine Million Reingewinn.

»Das aus einer Volksspende entstandene Werk Zeppelins durfte auf dem Gebiete sozialer Fürsorge nicht zurückstehen«; mit diesen Worten erläuterte Colsman im ZEPPELIN-DENKMAL FÜR DAS DEUTSCHE VOLK last but not least in seinem Bericht über den Zeppelin-Konzern die Entstehung der Zeppelin-Wohlfahrt GmbH im Jahre 1913. »Angeregt wurde dieses Unternehmen durch die soziale Gesinnung des Grafen Zeppelin, verwirklicht durch den praktischen Geschäftssinn von Generaldirektor Dr. ing. hc. Alfred Colsman«, begann kurz und bündig eine Würdigung dieser Einrichtung anläßlich des fünfzigjährigen Bestehens in der ›Bodensee-Zeitung‹. – Tatsächlich gab es konkretere Anstöße, um das Zeppelinunternehmen – über das seinerzeit übliche Maß sozialer Betriebseinrichtungen hinaus – zur Gründung dieser eigenständigen Versorgungs- und Dienstleistungsfirma zu bewegen. Bereits am 1. Juli 1909 hatte die LZ-Direktion ein Satzungspapier über ›Wohlfahrts-Einrichtungen für die Arbeiter‹ in Kraft gesetzt, mit denen die Firma eine Invaliden-, Alters- und Hinterbliebenen-Fürsorge über eine entsprechende werkseigene Kasse und ein Kontroll-Organ, den wählbaren ›Wohlfahrtsausschuß‹, bereitstellte. Doch weder Zeppelin noch Colsman hatten sozialrevolutionäre Ideale im Sinn, als sie diese Einrichtungen schufen: Der Graf – Mitglied des ›Reichsverbandes gegen Sozialdemokratie‹ – hatte seinen alten Manzeller Betrieb in durchaus liebenswürdig-patriarchalischer Manier geführt; zwar ließ der ›alte Uhland‹ gelegentlich Arbeiter kurzerhand hinauswerfen, wenn diese ihm gegenüber nicht den richtigen Ton fanden, aber solche Einzelvorkommnisse konnten Zeppelins Lieblingsvorstellung von der ›großen Familie‹ nicht trüben. Und Colsman – Manager, aber ebensowenig Sozial-Revolutionär – war in der erklärten Absicht nach Friedrichshafen gekommen, aus der ›Luftschiffbau‹ in jeder Hinsicht ein vorbildliches Unternehmen zu machen. – Beide, der Graf und sein Direktor, fanden sich 1911 plötzlich in einer Lage, die ihr subjektives Verständnis von sozialer Gerechtigkeit und dementsprechender Betriebsführung auf eine harte Probe stellen mußte.

Einem internen ›Bericht über die Lohnbewegung der Arbeiterschaft des L. Z. in den Monaten Februar/März 1911‹ zufolge hatte sich der Arbeiter-Ausschuß am 17. 2. mit einem Schreiben ›an seine verehrliche Direktion‹ gewandt und ›sich höflich gestattet‹, einige ›Wünsche der Arbeiter zu unterbreiten und um geneigte Gewährung derselben zu ersuchen‹. Die Wünsche der Arbeiter umfaßten 1) eine zehnprozentige Lohnerhöhung, 2) eine Neuregelung der Überstunden- und Nachtarbeitsbezahlung, und 3) den Beginn der neuneinhalbstündigen normalen Arbeitszeit von fünf auf sechs Uhr zu verschieben. Im übrigen ersuchte man höflichst, ›zur mündlichen Begründung und Aussprache baldigst Gelegenheit zu geben‹ etc. Eine Woche später ließ Oberingenieur Dürr den Arbeiter-Ausschuß zu sich rufen und gab ihm folgenden Bescheid: Eine allgemeine zehnprozentige Lohnerhöhung könne nicht bewilligt werden, dagegen würden die Arbeiter, die es durch ihren Fleiß und ihre Leistungen verdienten, eine entsprechende Lohnerhöhung erhalten. Die zweite Forderung könne nicht bewilligt werden im Hinblick auf die besonderen Verhältnisse, die eine Scheidung der tatsächlichen *Nachtarbeit* von der *Anwesenheit* bei Nacht sehr schwierig machten. Die dritte Forderung würde im Prinzip zugestanden. – Da sich die Arbeiter, die keine Zulage erhielten, benachteiligt fühlten, wurde der Arbeiterausschuß am 16. März bei Oberingenieur Dürr nochmals vorstellig. Auch in dieser Unterredung wurde kein Einverständnis erreicht, im Gegenteil, und so kam es zu weiteren Treffen und Betriebsversammlungen, an denen schließlich auch Colsman und der Graf Zeppelin teilnahmen, ›da verlautete, daß die Arbeiter beabsichtigten, eine Abordnung zu Sr. Excellenz zu senden‹.

Dem auslösenden Moment dieser Auseinandersetzungen, die in Streikbeschlüssen und einer Massenkündigung ihren Höhepunkt fanden, stand das ›leistungsorientierte Sozialdenken‹ der Direktion zunächst verständnis- und hilflos gegenüber: Die Arbeiter hatten für ihren Lohnerhöhungswunsch ›die stets steigenden Preise für alle Bedarfsartikel‹ und die Tatsache, ›daß man in Friedrichshafen teurer lebe, wie in mancher Großstadt‹, verantwortlich gemacht, die gerade zugewanderte Arbeitskräfte sowie die einkommensschwächsten am härtesten traf. Als nun die Direktion für solche Sorgen kein Verständnis erkennen ließ, kam es zur Vertrauenskrise; es fielen harte Worte, und auch das idyllische Wunschbild der großen Firmenfamilie drohte auseinanderzufallen: Aufgefordert, anstelle verbindlicher Regelungen in punkto Leistungsprämien sowie Überstunden- und Nachtarbeitsbemessung doch Vertrauen in die Firmenleitung zu setzen, erwiderten die Arbeiter, »sie wollten sich auf das Vertrauen nicht verlassen; die allgemeine

Lohnerhöhung wollten sie hauptsächlich, damit alle etwas bekämen und damit keine Ausnahme gemacht werde. Die Arbeiterschaft, die den Arbeiterausschuß beauftragt habe, sei aufs Äußerste entschlossen.« – Ein Großteil der Arbeiter war offensichtlich nicht nur zum Streik entschlossen: 95, fast die Hälfte der Beschäftigten, »verpflichtete sich unterschriftlich, die Kündigung einzureichen«, wenn man ihren Forderungen nicht entgegenkomme.

Auf der Gegenseite reagierte man gekränkt und indigniert: Die Wohlfahrtseinrichtungen des Betriebes stünden weit und breit unerreicht da – so Colsman; wenn man aber versuche, ›eine Firma zu zwingen, so sei das eine Prinzipienfrage‹. »Knechten und vergewaltigen lassen wir uns nicht.« Und auch S. Excellenz stimmte in diesen Tenor ein: »Das wäre eine ganz andere Sache, wenn Sie ohne Drohung solch eine Sache vorgebracht hätten, aber so zu kommen, gleich einen Beschluß zu fassen und direkt zu fordern.« Im übrigen versuchte er die Streitpunkte beschwichtigend herunterzuspielen: »Wenn ja eine Ungerechtigkeit vorliegen würde, wenn man uns vorwerfen könnte, daß wir Sie nicht gut stellen – aber wir haben das gute Gewissen, daß wir so gut als möglich für unsere Arbeiter sorgen wollen.« Von der selektiven Leistungszulage aber wollte auch er nicht abgehen. – Laut Bericht durch eine entstellende Gesprächswiedergabe ihrer Vertreter aufgebracht, fiel die Antwort der Arbeiterschaft einmütig aus: »Auf die Frage hin, ob die beschlossene Kündigung eingereicht werden solle, flogen dann auch tatsächlich wie auf Kommando beinahe alle Hände in die Höhe.«

Ihren unrühmlichen Abschluß fanden diese Auseinandersetzungen, in die auch noch der Stadtschultheiß Mayer verwickelt wurde, mit einer Art Kompromiß: Der Wohlfahrtsausschuß wurde von der Direktion informiert, daß »bei Aufrechterhaltung der Kündigung der Zuschuß des LZ zur Lebensversicherung aufhöre, und daß Arbeiter, welche die Lebensversicherung auf eigene Rechnung nicht fortsetzten, später ... nicht wieder aufgenommen würden.« Daraufhin »wurde seitens der Arbeiterschaft beschlossen, die Kündigung zurückzuziehen« und zwar »nicht auf Rücksicht der Direktion, sondern (um) aus tiefster Hochachtung und gänzliche(m) Vertrauen an Sr. Excellenz den Ausstand zu vermeiden, wenn es im Interesse der Direktion steht, dieselbe rückgängig zu machen.« – »Trotz der gegen die Direktion gerichteten Spitze wurde die Zurücknahme der Kündigung angenommen.«

Dieser für ihn wenig schmeichelhafte Ausgang der Episode muß für Colsman später ein Grund mehr gewesen sein, den tieferen Ursachen solcher Arbeiteraufstände organisatorisch zu Leibe zu rücken, nämlich den hohen Lebenshaltungskosten und dem Wohnungsmangel in der durch die rasche Industrialisierung aus den Nähten platzenden Kleinstadt Friedrichshafen. In den Tagen der Echterdinger Spende hatte man bereits mit einer Bodenbeschaffung auf Vorrat begonnen, um der aufblühenden Spekulation zuvorzukommen; in der Lokalpresse war von Preisausschreiben und Architektenwettbewerben für Arbeiter-Kolonien und Beamtenhäuser die Rede gewesen. Als sich nach 1912 ein wirtschaftlicher Erfolg des Zeppelin-Unternehmens auch in der Zunahme der Werksangehörigen deutlicher abzeichnete, war der Augenblick für eine systematische Lösung der Wohnungs- und Versorgungsprobleme gekommen: Im September 1913 wurde unter dem Vorsitz Colsmans die *Zeppelin-Wohlfahrt GmbH* gegründet; noch im gleichen Jahre erwarb die Gesellschaft größeres Baugelände und beauftragte den renomierten Stuttgarter Architekten Prof. Paul Bonatz mit der Planung des *Zeppelin-Dorfes;* 1914 wurde mit dem Bau des Dorfes, 1915 mit der Errichtung eines Saalbaus, der gleichermaßen Speiseanstalt und kulturelles Zentrum sein sollte, begonnen. Gleichzeitig entstanden eine Reihe von industriellen und landwirtschaftlichen Produktionsstätten, eine Ziegelei, Schlachthausanlagen, Molkerei und Bäckereien, Konsumgeschäfte usw.

Erklärtes Doppelziel dieser Versorgungs- und Dienstleistungsbetriebe war es, einerseits marktregulierend zu wirken, andererseits rentabel zu arbeiten, mit anderen Worten, den Konzern von den Kosten oder Bewußtseinsfolgen unzureichender Lebensverhältnisse seiner Arbeitskräfte zu entlasten. Die *Zeppelin-Wohlfahrt* wuchs mit ihren Aufgaben: Während des ersten Weltkrieges waren bis 8000 Industriearbeiter, darunter rund 5000 auswärtige, zu versorgen. ›Die Revolution 1918/19 in Friedrichshafen‹ – so die Überschrift des vorletzten Kapitels der Colsman-Memoiren – konnte sie allerdings auch nicht ganz unterbinden. »Mit der wachsenden Menge der Beschäftigten nahm gegen Kriegsende auch die Zahl der zweifelhaften Elemente zu, so daß bereits lange vor dem Zusammenbruch Friedrichshafen von der württembergischen Regierung als der bedenklichste Gefahrenherd politischer Unruhen angesehen wurde.« Und Unruhen blieben beim Verlust der Arbeitsplätze am Ende des Krieges nicht aus.

Diese wilden Zeiten, in denen sich Colsman mit corps-studentischer Courage bewährte, blieben dem alten Grafen erspart; er starb am 8. März 1917, ›umdüstert von schweren Sorgen und Ahnungen‹. »Er durfte es« – so Eckener – »noch erleben, daß sein Werk gerade zur Vollendung herangereift war, als die deutsche Not sie forderte, aber nicht mehr, wie seine weiterwachsenden Schiffe die Ozeane überbrückten und zu Boten deutschen Auferstehungswillens wurden.«

Kapitel VII

Beschwörungen und Überwältigungen: Vom *Wilhelminischen Mann der Tat und des Glaubens* zum MESSIAS im Fluge – Biographik, Bildkult und multimediale Verehrung

»... Mögen unsere Feinde aufatmen, daß unser Volk einen seiner größten Heroen verloren hat«, sagte in Berlin Oberhofprediger Dr. Hoffmann am Sarge Sr. Excellenz; »auch sie werden von Gefühlen der Ehrfurcht und der Ritterlichkeit erfüllt sein gegenüber diesem Helden, an dessen Bahre auch der Genius der Menschheit trauernd seine Fackel neigt.« Und dann faßte er noch einmal in pastorale Worte, was an Vor- und Darstellungsformeln für dieses Heldenleben längst geläufig war: »Von jenem kühnen Ritt durch Feindesland, der seinen Namen zuerst mit unvergänglicher Schrift in die ehernen Tafeln der Geschichte eingrub, bis zum ersten gelungenen Flug in das eroberte Luftgebiet, von dem Schicksalstag bei Echterdingen, der durch Gottes wunderbares Walten seine Sache zur Sache Deutschlands machte, bis zum ersten Flug über die jubelnde Reichshauptstadt, bis zum ersten Flug über die zitternde Hauptstadt jenseits des Kanals – welch ein Aufstieg! Welch eine Wendung durch Gottes Fügung!« Wie ein Galilei einer ganzen Welt gegenüber an seiner Überzeugung festgehalten, wie ein Columbus alles aufs Spiel gesetzt hätte, um eine neue Welt zu entdecken, so habe der Entschlafene mit einer Energie ohnegleichen sein Ziel erreicht; dennoch sei er ein schlichter Held, ein demütiges Gotteskind geblieben, der alle Palmen am Throne Gottes niederlegte, als dessen Werkzeug er sich wußte. »Das hat diesen Mann zum Nationalhelden, zum erklärten Liebling unseres Volkes gemacht, dem jedes deutsche Herz zuschlug, dessen Bild in der Hütte jedes Arbeiters, dessen Name in dem Munde jedes Kindes war.«

Doch es war bereits eine verblassende Legende, die hier noch einmal beschworen wurde – die Schrecken des ersten technischen Verschleißkrieges forderten neue, unbesiegbare Idole, die nun aus den Reihen der jungen Jagdflieger aufstiegen (und fielen); die Luftschiffe, schon in Friedenszeiten unfallüberschattet, hatten den Nimbus der Überlegenheit zu schnell verloren; was sie im Namen ihres greisen Erfinders noch an Wunderglauben mobilisieren konnten, war mehr eine Erinnerung: jenes »stärkste Erleben nationaler Begeisterung vor dem Ausbruch des Weltkrieges«, das auch der Prediger zu erwähnen nicht versäumte. So bläßlich wie die herbeizitierte Euphorie aus Echterdinger Tagen war auch das kanonische Bild des christlichen Nationalhelden, das hier im Rückblick der Trauerrede entworfen wurde. Die Zeppelin-Begeisterung hatte zwar in den offiziell-vorgeschriebenen und adressierten Glaubensinhalten einen Anhaltspunkt gefunden, aber es blieb nicht dabei: Zeppelin mochte ein schlichter Held, ein demütiges Gotteskind gewesen sein – der Volksglaube machte mehr aus ihm.

Das Fundament für spätere Legenden-Gebäude hatte Zeppelin als gerade Dreiunddreißigjähriger bei Beginn des deutsch-französischen Krieges 1870/71 gelegt. »Ganz Deutschland lauschte voll Spannung auf die Nachrichten, die in jenen ersten siebzehn Tagen von der deutschen Grenze herkamen«, schrieb Gymnasial-Professor Dr. Hermann Fechner in seiner bis 1890 mehrfach aufgelegten volkstümlichen Kriegs-Darstellung zum ›Andenken der großen Zeit, die unser Deutsches Reich geschaffen hat‹, »gleich als ob die Verwundung einiger Franzosen oder der Tod eines Ulans ein weltgeschichtliches Ereignis wäre.« Er meinte die Zeit der Vorpostengefechte, in der sich die Grenzwachen ein nicht geringes Verdienst erwarben, »indem sie mit einer an die Heldensage erinnernden Kühnheit in das feindliche Gebiet eindrangen«, um ›sichere Kenntnis‹ vom feindlichen Aufmarsch zu verschaffen. Am südlichsten Grenzabschnitt standen die Württemberger, und hier »wurde eine der kühnsten Thaten des ganzen Postenkrieges vollbracht«. Sie erhob ihren Haupttäter, den Grafen – wie sein Namensvetter, Generalmajor a. D. C. von Zepelin 1907 schrieb – ›zu einer der volkstümlichsten Gestalten dieser Zeit‹. »Das Glück wollte es«, laut Eckeners Version, »daß er gleich zu Beginn des Krieges eine heroische persönliche Leistung vollbringen, ja, man kann fast sagen, den Krieg mit einer solchen eröffnen sollte: mit seinem berühmten Patrouillenritt zum Schirlenhof, der seinen Namen in weiten Kreisen und später im ganzen deutschen Volke bekannt machte.«

Zeppelin hatte also von vornherein die psychologische Vorgabe auf seiner Seite, einer der allerersten zu sein, die zu den erwarteten Heldentaten schritten und ritten; und er hatte vor allem das Glück, ungeschoren davonzukommen, während seine Untergebenen, mit Ausnahme dreier Leute, die er mit Nachrichten zurücksandte, sämtlich gefangen wurden, teils verwundet, einer von ihnen tödlich – der erste Tote, ein Engländer, auf deutscher Seite. – Es gab brenzlige Situationen, die auch dem Sprachvermögen der heldischen Nacherzählungen sichtlich Schwierigkeiten bereiteten.

»Die zögernde Haltung der Franzosen bei Beginn des Krieges störte zwar den Aufmarsch der deutschen Heere ganz und gar nicht, hüllte aber auch ihre eigenen Truppenbewegungen in völliges Dunkel«, begann forsch einer der zeitgenössischen Illustriertenberichte. »Die Frage: ›Wo steckt der Feind?‹ wurde auf deutscher Seite brennender von Tag zu Tag und Alles brannte vor Begierde, den Franzmann endlich an die Klinge zu bekommen. Der blieb aber aus nach wie vor und so mußte er denn gesucht werden. Dazu wurde ein Reiterpiket ausersehen unter Befehl des Württembergischen Hauptmanns im Generalstabe, Grafen Zeppelin. Vier badische Dragoneroffiziere, darunter Winsloe, ein Engländer von Geburt – er hatte früher längere Zeit in dieser Gegend des Elsaß gelebt und als eifriger Jäger Feld und Wald genau kennengelernt – sowie sieben wohlberittene Leibdragoner: das war die ganze kühne Reiterschar. – Im hellen Sonnenglanz lag das kleine pfälzische Städtchen Hagenbach, als das Heldenhäuflein, von den Segenswünschen der Kameraden begleitet, in früher Morgenstunde des 24. Juli zum Thore hinausritt, um den Feind in der Flanke zu kitzeln.«

Das Rekognoszieren ging zunächst leicht und ohne Verluste vonstatten: Mit gezogenen Säbeln und Hurra galoppierte man an der verblüfften Torwache vorbei durchs Städtchen Lauterburg, schlug eine feindliche Patrouille in die Flucht, nahm einen Gendarmen zeitweilig gefangen, zerschnitt Telephondrähte und sammelte militärische Informationen; übernachtet wurde in einem Gehölz ohne Feuer und Stroh, ›um die Faust den Zügel der Pferde geschlungen‹. Beim Morgengrauen ging's weiter. Man durchritt Wörth, das vom Feinde nicht besetzt war. Dort erblickten zwei französische Gendarmen die deutschen Reiter und warfen sich daher sofort aufs Pferd, um schleunigst beim Militär Meldung zu machen. Ein ganzes Chasseur-Regiment rückte zur Jagd aus. Währenddessen hatten die Deutschen eine Ruhepause für ihre Pferde im besagten ›Schirlenhof‹ eingelegt, und dort wurden sie von einer französischen Schwadron überrascht – und damit stand nachträglich auch die heroische Berichterstattung vor einem Dilemma: Zeppelin mußte zum höheren Nutzen der Geschichte der französischen Übermacht entkommen, aber gleichzeitig seine Kameraden zurücklassen.

Kurzfassungen der Heldentat wie im genannten Kriegsbuch übergingen diesen heiklen Punkt: »Nur Graf Zeppelin, ein erbeutetes Offizierspferd am Zügel mit sich reißend, schlug sich durch und jagte, von den französischen Reitern verfolgt, in rasendem Reiten der Grenze zu, wo er von den jubelnden Deutschen empfangen wurde.« Tatsächlich gelangte Zeppelin erst am nächsten Tage – zuletzt zu Fuß – zurück zu den deutschen Truppen, nachdem er sich zunächst fünf Stunden in einem Gehölz verborgen hatte; »drei Stunden in der Krone eines hohen Baumes, den er mit letzter Kraft erkletterte«, wie die erwähnte Illustrierte zu berichten wußte. Seinen Abgang schilderte das Blatt so: »Graf Zeppelin eilte, nachdem er für die

Verteidigung des vorderen Eingangs gesorgt hatte, nach der Hintertür. Dort hielt eine Bäuerin ein französisches Chasseurpferd. Mit ein paar Sprüngen war der Hauptmann im Sattel und versuchte durch Zuruf und Winken den kämpfenden Kameraden die Richtung anzugeben, die er einzuschlagen gedachte, usw.« Späteren Bemerkungen des Grafen zufolge waren ihm noch drei seiner Leute zur Hintertür gefolgt, als er von den Franzosen entdeckt und ›angehetzt‹ wurde. Nach Stunden im Versteck und in der Hoffnung, mit dem einen oder anderen seiner Gefährten in Verbindung zu kommen, habe er sich dann entschließen müssen, den Weg zur Grenze anzutreten, um seine Nachrichten zur Meldung zu bringen.

»Es mag heute verwunderlich erscheinen«, schrieb Eckener in seiner Zeppelin-Biographie, »daß dieser Ritt zu seiner Zeit in Militärkreisen sehr verschiedenartiger Beurteilung unterlag. Merkwürdig erscheint es auch, daß die württembergischen Vorgesetzten des Grafen diesen zu keinerlei Berichterstattung, weder zu einer mündlichen noch zu einer schriftlichen, aufforderten und er im Gegensatz zu seinen Begleitern, die das Eiserne Kreuz bekamen, damals keine Auszeichnung erhielt.« – Doch eines schien Eckener im Jahre 1938 sicher: »Diese bravouröse Soldatentat gleich zu Beginn des Krieges stellte ein Beispiel und Vorbild vor aller Augen auf, das in seiner hohen moralischen Wirkung nicht leicht zu überbieten war«; es wog seiner Meinung nach »unter Umständen den Wert einer gewonnenen Schlacht auf« – jedenfalls in den Augen einer Öffentlichkeit, die – auch im Rückblick – schnellstens Siege sehen wollte; für sie kam der Rekognoszierungsritt Zeppelins gerade recht, auch wenn er kleine Schönheitsfehler hatte.

Während Zeppelin so als jugendlicher Held der ersten Kriegstage ins vaterländische Geschichtsbild einrückte und dort ein imaginäres Fortleben begann, vollzog sich real jene Metamorphose, die ihn schließlich kaum noch wiedererkennen ließ: zum kahlköpfig-rundlichen ›närrischen Erfinder‹ in Zivil – Vorbild und Nachbild fielen erst einmal auseinander.

Gelegenheit, das lächerliche Bild des flugwahnbesessenen Pensionärs zum Besseren zu wenden, ergab sich erst mit den Probeflügen im Jahre 1900; doch die publizistischen Vorstöße seiner wenigen Getreuen müssen damals für die breitere Öffentlichkeit noch den Beigeschmack sektiererischer Überspanntheit gehabt haben. So etwa die Berichte Eugen Wolfs, des Journalistenfreundes der Familie und Teilnehmers an diesen Aufstiegen, die in der Scherlschen WOCHE erschienen: »Christoph Kolumbus kann, als aus dem Mastkorb der Ruf ›Land‹ an sein Ohr drang, von keinem erlösenderen, beseligenderen, höheren Gefühl durchdrungen gewesen sein«, begann einer seiner Artikel, »als (es) die Empfindungen waren, deren sich das Gemüt des schneidigen Reitergenerals Grafen Zeppelin bemächtigte, als nun endlich das majestätische, schlanke, in allen seinen Teilen das Gefühl der Sicherheit verleihende Fahrzeug der Lüfte, einem leisen Hebeldruck seines Führers gehorchend, sich ruhig, geräuschlos von seinem Lagerplatz erhob und gleich einer überirdischen Erscheinung widerstandslos seinen Kurs durch die Lüfte nahm.« – Der allgemeineren, zwischen Sensationslust und Bereitschaft zur Schadenfreude schwankenden Aufmerksamkeit dürfte eher der schnoddrig-ironische Tonfall der ersten Eckener-Berichte entsprochen haben.

Doch mit dem generellen Meinungsumschwung und seiner individuellen ›Bekehrung‹ wurde nun gerade aus dem eher spöttisch-distanzierten Eckener ein hymnisch-humorloser Vorsänger der Nation zum Thema Zeppelin: »Wie ein Roman in unserer nüchternen Zeit mutet die Kette seiner Geschicke an, die er wie ein Held trug und bezwang, die ihn durch dunkelste Tiefen bis zu den sonnigsten Glückshöhen menschlichen Erlebens führten«, schrieb er in seinem Beitrag zum Buch ›Wir Luftschiffer‹ 1909. »Welch ein Wechsel des Geschickes von jenen trüben Stunden, wo er hoffnungslos als ein gedemütigter ›Narr‹ den Ingenieurtag in Kiel verließ, wo er sich von seinem obersten Kriegsherrn geflissentlich übersehen fand, bis zu den triumphierenden Momenten, wo eine deutsche Hochschule nach der anderen ihm das Ehrendoktorat verlieh, wo sein Kaiser ihn mit dem höchsten deutschen Orden und mit brüderlicher Umarmung auszeichnete!« ›Die bittere Kampf- und Leidensgeschichte des kühnen Konstrukteurs‹ reicherte sich im Munde des frischgebackenen Propheten zusehends an mit dramatischen Momenten: »Graf Zeppelin und seine Getreuen, darunter der inzwischen verstorbene Hauptmann von Sigsfeld, weinten vor Freude über das günstige Resultat« der ersten Versuchsfahrten. Der Graf, welcher – in Eckeners Laudatio zum siebzigsten Geburtstag 1908 – noch wie eine Eiche im Sturm unter den Trümmern seines zweiten Luftschiffs bei Kißlegg stand und nicht verzweifelte, ›brach dann aber – 1909 – zusammen‹: »Wer ihn in den nächsten Wochen sah, kannte ihn kaum wieder. Um zwanzig Jahre schien er plötzlich gealtert. Denn mit dem Traum seines Lebens schien ihm gleichzeitig auch die materielle Grundlage seiner Existenz zu entschwinden, da in Livland, wo seine Besitzungen lagen, die Revolution ihm Hab und Gut vernichtete.« – Aber natürlich verzagte er nicht, und »mit ungeheurer Erwartung sah die Welt den (neuen) Fahrten entgegen. Zu Tausenden kam das Publikum per Bahn und Schiff und Wagen nach Friedrichshafen, als die Kunde vom Beginn der Aufstiege sich verbreitete. Der Name Zeppelin war von einem seltsamen Zauber ... Das ganze Deutschland, vorab das engere Heimatland des Grafen, erhob sich entschiedener als je zu seinem Helden ... Der MESSIAS der Lufteroberung, auf den man seit des sagenhaften Dädalus Zeiten geharrt hatte, war für alle da.«

Solch messianische Obertöne, die keineswegs ironisch gemeint waren, entsprachen einer zeitweise überbordenden Heilserwartung, die Zeppelin – anläßlich der Pfingstfahrt 1909 zum Beispiel – in mehr oder minder verblümte Tuchfühlung zum Heiligen Geist und Gottvater selbst brachte, so daß es sogar seinen Lobsängern im christlichen Glauben etwas zu viel wurde: »Man ist in der Zeppelinbegeisterung nach der Zwölfstundenfahrt da und dort zu weit gegangen«, schrieb 1909 A. Vömel in seiner ›kleinen Lebensskizze‹, die Zeppelin unter anderem ›als Mensch, als Christ und als Erzieher‹ in Betracht zog. »Für die Menschen, die ihn so übermäßig feierten, mußte eine Demütigung kommen.« Darin schien Vömel, »abgesehen von dem herrlichen Idealismus, der durch das traurige Ereignis erst entlockt wurde, gewissermaßen die Lösung des Problems vom Echterdinger Brand zu liegen. Gerade weil dieses so ganz ohne menschliche Schuld, so ganz durch elementare Gewalt geschah, so unerwartet, wie ein Blitz aus heiterem Himmel hereinbrach, ist es Gott im Himmel, der dadurch eine ernste Sprache gesprochen hat. Nicht den Mann wollte er vernichten oder schädigen – der Graf wurde ja auch hier, wie schon so oft in seinem Leben, wunderbar bewahrt – auch nicht sein Werk wollte er zerstören, denn das geschah ja durch den Brand eines einzelnen Luftschiffs nicht; aber der Menschheit wollte er zeigen: ›Ich bin's und keiner mehr!‹«

Der Mann an sich erschien auch dem Klerus durchaus als höchste Verkörperung christlicher Tugenden. ›Einen Mann des Glaubens und der Tat‹ nannte ihn Julius Werner, Pfarrer an der Frankfurter Paulskirche, in seinem kirchlichen Monatsblatt GLAUBE UND TAT im September 1908 ... »Wie alle wahrhaft großen Erfinder und Forscher ist auch Zeppelin ein gottgläubiger Mann, der selbst bekennt, daß er sich als ›Werkzeug der Vorsehung‹ fühlt. Wie erhebend ist diese Tatsache, besonders in unserer Zeit, wo der aufgeklärte Bildungspöbel und die Kulturphilister meinen, daß jeder technische Fortschritt eine Erschütterung des religiösen Glaubens bedeute. So ein Aberglaube! Nein, jeder wahre Fortschritt in der Naturwissenschaft und Technik entspricht dem Willen Gottes, der dem Menschen geboten hat, sich die Kräfte der Natur dienstbar zu machen.«

»Gerade weil er so fest in der Ewigkeit gewurzelt ist und seine Seele mit Gott im Frieden steht«, meinte A. Vömel, der Zeppelin mit dem Untertitel gleichfalls zum ›Mann der Tat‹ machte, »konnte er ein so großes Werk für diese Zeit schaffen ... Wir hätten heute noch kein lenkbares Luftschiff, wenn der Graf nicht kraft seines Glaubens« und so weiter. Jener sei sich dabei wohl bewußt, daß er kein eigentliches Reichsgotteswerk tue, sondern für die irdischen Zeitverhältnisse arbeite. Er tue seine Pflicht als Soldat und Patriot, indem er zuerst an den Kriegsfall denke. Er tue seine Pflicht als Mensch und Bürger, indem er sich der großen Tragweite seiner Erfindung auch für den Handel und Verkehr bewußt sei. Er wisse die Diener am Wort zu schätzen, die hinauszögen in die fremden Länder, um den göttlichen Samen hinauszustreuen ins große Völkermeer, aber das schlösse ja nicht aus, daß er auch *seine* besondere Aufgabe als einen Auftrag Gottes annehmen dürfe. Und so gewönne sein Werk eine höhere, sittliche Bedeutung.

In solch gläubiger Fortschrittsperspektive brachten rechte Taten doppelten Gewinn, wenn man Paulskirchenpfarrer Werner nochmals beim Wort nimmt: »Ja, was liegt doch für eine fortreißende Macht in der Tat! Besonders in unserer wortreichen und tatenarmen Gegenwart ... Die Menschen, die nichts glauben und nichts tun, altern vor der Zeit; sind oft so matt und fade, wie abgestandenes Selterswasser ohne Kohlensäure. Aber der Glaube, eine getroste Zuversicht auch unter Schwierigkeiten und Sorgen, ein tapferes Handeln – das konserviert, das erhält frisch.« Graf Zeppelin führte auch diesen medizinischen Tatbestand mit seinen siebzig Jahren mustergültig vor Augen; und ein charaktervoller Mensch war Werners Ansicht nach »schließlich überall und immer *derselbe*« – »beim Rekognoszierungsritt in Feindesland wie auf der Ballonfahrt im Wolkenmeer«: Unter den Kriegsbildern von 1870/71, die er als Knabe in der Gartenlaube gesehen habe, hätten sich ihm neben dem Sturm der Garde auf St. Privat kein anderes so tief und lebendig eingeprägt, als das Bild vom Rekognoszierungsritt des Grafen Zeppelin mit einem kleinen Dragonertrupp: »Wie da diese kleine Schaar mit geschwungenem Säbel durch ein Dorf stürmt und Menschen und Tiere entsetzt auseinander fliehen!«

»Jener denkwürdige Ritt endete bekanntlich« – das mußte auch Werner zugeben – »mit einem bedauerlichen Mißgeschick. Aber was eine Tat zur Tat macht, die unsterbliche Seele der kühnen Tat, das konnte nicht, – und das kann nie – durch äußeres Mißgeschick getötet werden.« Auf diesem Wege ließ sich also auch das Echterdinger Unglück als exakte Parallele zum Patrouillenritt ausweisen und historisch in Ordnung befinden.

Historisch gesehen hatte der Patrouillenritt – das war den Patrioten schon vor dem Tage von Echterdingen aufgegangen – im übertragenen Sinne etwas angekündigt und heimlich vorweggenommen, das nun, wie eine biblische Präfiguration, seine offene Erfüllung erlebte:

Im Wortbild vom Ritt durchs Feindesland war, so schien es, der Ritt durch das feindselige Luftgebiet bereits vorgesehen gewesen – und noch dazu für einunddieselbe Person, die nun gewissermaßen ihr eigenes Vorbild überflügelte und so erst dessen wahre, vorläufige Bedeutung enthüllte. Für eine Generation, die schon von der Schule an gewohnt war, in Gedenktagen zu denken, allenthalben mehr oder minder schlagende Parallelen zu finden, mußte die Zeppelinfigur geradezu eine Herausforderung sein, ihre Geschichtsvorstellungen wieder an den Mann zu bringen. Mit dem beständig zitierten Bismarck-Wort, ›daß wir Deutschen Gott fürchten und sonst nichts auf der Welt‹, bot sich der figuralen Phantasie weit mehr als nur eine aktuelle Bestätigung dieses Ausspruchs; es war fast schon eine Reinkarnation des eisernen Kanzlers, die in der Gestalt des Grafen mit der eisernen Energie wieder zum Vorschein kam und jene Lücke füllte, die Wilhelm der Zweite trotz oder gerade wegen seiner zu hochtrabenden Reden im Unterbewußtsein der Bürger hinterließ. – So gesehen war Zeppelin wie kein anderer seiner Luftfahrt-Konkurrenten prädestiniert, das Geschichtsbewußtsein der wilhelminischen Zeitgenossen zu beflügeln.

»Zeppelin kommt! Wie ein elektrischer Funke schlägt das Wort heute in alle Herzen«, schrieb der GENERAL-ANZEIGER der Stadt Frankfurt am 31. Juli 1909 anläßlich der ILA-Veranstaltungen, »wenn der greise Graf eines seiner gewaltigen Luftschiffe auf lange Fahrt aussendet. Zeppelin – ein Name, der im deutschen Lande zur Stunde wohl den trautesten und volkstümlichsten Klang besitzt. Verkörpern sich in ihm doch in glücklichster Verbindung zwei sonst ganz von einander getrennte Heldenqualitäten, die das deutsche Volk an seinen Heroen vornehmlich bewundert: der unbezähmbare Mut des Kriegsmannes und der zäh arbeitende Scharfsinn des genialen geistigen Pfadfinders. Hätte doch der schwäbische ›General der Kavallerie‹ selbst ohne die große Tat seines Alters im bewundernden Gedenken des Volkes fortgelebt allein durch die kühnen Kriegstaten seiner Jugend! – Mit lebhaften Stolze fühlen wir alle: er ist einer der Unseren! Ein deutscher Mann von echtem Schrot und Korn, mit all den nationalen Eigenschaften, die wir gern als die Vorzüge unseres Volkscharakters in Anspruch nehmen.«

Um aber Formen regelrecht religiöser Verzückung auszulösen, mußten noch andere Erscheinungsmerkmale hinzukommen, die nicht allein in der Gestalt des Grafen begründet waren, sondern in der Gestalt seines Werks, das ihn in himmlischer Höhe den Menschen vor Augen führte; die Presseberichte – etwa zum Flug nach Echterdingen – sprechen in dieser Hinsicht eine deutliche Sprache: »Es war ein einzigartig Gefühl«, war im ›Baseler Anzeiger‹ vom 4.8.1908 zu lesen, »mit dem man diesen Boten einer neuen Epoche sich nähern und über unsern Häuptern hinweg passieren sah. Instinktiv empfand man eine Beklemmung, wie sie uns Menschlein zu überkommen pflegt, wenn es uns vergönnt ist, großen geschichtlichen Ereignissen beizuwohnen. Da fühlt man so recht, wie klein wir eigentlich alle trotz unserer Wichtigtuerei sind, wie wenig unser ganzes Sein und Schaffen bedeutet, wenn man es an wirklich großen welthistorischen Maßstäben mißt.« – »Es war ein unbeschreiblicher Augenblick, den niemand wieder vergessen wird, der ihn miterlebte«, schrieb die ›Freiburger Zeitung‹ vom selben Tage. »Eine Hingerissenheit, eine mächtige Ergriffenheit zeigte sich auf allen Gesichtern, ›Deutschland, Deutschland über alles!‹ hörte ich einen französischen Schweizer neben mir entzückt ausrufen.« »Es war ein Augenblick von überwältigender Größe«, stand in der ›Strassburger Bürgerzeitung‹; »Einen Augenblick will einem das Herz still stehen in Anbetung des einzigen wunderbaren Anblicks.« »Ein Brausen und Schwirren in der Luft und mit majestätischer Ruhe schwebte der weiße Beherrscher der Lüfte einher«, so die ›Neue Badische Landeszeitung‹. »Brausende Hurrah-Rufe erhoben sich aus den Kehlen der an den Boden gebannten Menschenkinder. Sie hatten *das Wunderbare* gesehen, sie hatten geschaut, was man durch tausende von Jahren nur im Märchen träumte. Langsam, wie es einem Herrscher wohl ansteht, der sich seinem Volke zeigt, schwebte der Riesenballon über unseren Häuptern hinweg. Einen Moment lang legte es sich beinahe wie eine leise Beklemmung auf die Brust, dann aber brach es hervor mit nicht zurückzudämmender Begeisterung ›Zeppelin hoch! Zeppelin hurrah!‹«

»Der Augenblick, als das Riesenluftschiff sich uns näherte und immer mächtiger wurde und der Erde immer näher kam, war unbeschreiblich«, schrieb ein anderer Berichterstatter der ›Neuen Badischen Landeszeitung‹ zur Zwischenlandung auf dem Rhein; »meine Umgebung und ich waren von diesem seltenen, einzigen und großartigen Schauspiel ganz ergriffen. Diese Stunde meines Lebens wird mir unvergeßlich bleiben.« »Alle fühlten, daß es der Genius des Fortschritts selber war, der über ihren Häuptern seine metallenen Schwingen regte«, war im ›Mainzer Tageblatt‹ zu lesen. »Ein heißes Gefühl des Stolzes schwellt unsere Brust bei dem Gedanken, daß es wiederum ein Deutscher ist, der der vorwärtsschreitenden Menschheit neue, in bisher ungeahnte Weiten führende Bahnen eröffnet hat.« – Und auch das bereits havarierte Luftschiff war in seiner Wirkung auf die Zuschauer nicht im geringsten beeinträchtigt: »Auf Dächern und freien Plätzen, auf den Höhen rings hatten sich große Menschenmengen gesammelt, die mit einer Mischung von Jubel und stummer Ergriffenheit das wunderbare Gebilde über sich weg ziehen sahen«, notierte der ›Schwäbische Merkur‹ zur Erscheinung des Luftschiffs am Morgen des Echterdinger Tages über Stuttgart. Wie eine Fata Morgana, wie ein Geisterschiff habe es sich ausgenommen. »Allen Zuschauern bot die majestätische Ruhe und Sicherheit, mit der sich das Luftschiff bewegte, einen grandiosen Anblick.«

Nach allem, was diese beredte Sprachlosigkeit der Augenzeugen vermittelt, war es eine ›unheimliche Begegnung besonderer Art‹, eine Mischung von majestätischem ›adventus Domini‹ und außerweltlicher Niederkunft, die sich der Zeitgenossen bemächtigte. »Die Straßen füllen sich, die Menge steigt auf die Dächer. Und man wartet, wartet mit Geduld!«, so faßte es ein emphatischer Stuttgarter Erzähler im ›Schwäbischen Merkur‹ in Worte. »Und dann ein Aufschrei der Menge, dem *tiefe Stille* folgte! Oben über den Höhen, rechts vom Bismarckturm, taucht langsam im Morgenlicht ein silbern schimmerndes, wunderbares Wesen empor. Es scheint zuerst still zu stehen, dann schiebt es sich langsam aber unaufhaltsam der frischen Morgenbrise direkt entgegen. Man fühlt seine Kraft, ein Zittern innerster Erregung befällt uns, die wir den Flug des Schiffs in den Lüften verfolgen. Wie nur bei großen künstlerischen Eindrücken hebt sich unsere Brust, und während die einen jauchzen, füllten sich die Augen der anderen mit Tränen. Und man möchte seinen Nächsten bei den Schultern fassen und ausrufen: Freund, *Bruder,* weißt Du auch wirklich, *was* Du heute erlebt hast! Begreiffst Du's ganz – – die Sehnsucht von Jahrtausenden! – –«

Für diesen Stuttgarter Berichterstatter war das Erlebnis Anlaß zu einem prometheischen Glaubensbekenntnis: »Unser Zeitalter ist bekanntlich in den Augen der Leute, die nur die alten Ideale anerkennen, das Zeitalter der ›Technik‹. Ein amusisches, idealarmes, im Grunde genommen trotz allem unfruchtbares Zeitalter, die Epoche der Dekadenz. Nun denn, Herr Graf Zeppelin, wir ›Modernen‹ fordern Sie für uns! Niemand wird, wenn er die Schönheit und die Kraft des Luftschiffs erlebt hat, mehr von bloßer Technik zu reden wagen, als ob so etwas nichts weiter als Energie, Scharfsinn und unermüdliche Arbeitskraft erforderte. Diese Tat ist von einem *Künstler* erschaut, von einem mit intuitiver Macht Begabtem, sie reiht sich an die herrlichsten Offenbarungen menschlichen Geistes und menschlicher Seele. Und nun soll uns noch einmal einer kommen und ein Zeitalter arm nennen, das die Zeppeline zur Tat werden ließ.«

Auch jene Personen, die ständigen professionellen Umgang mit dem faszinierenden Himmelskörper hatten, konnten sich seiner Wirkungsaura nicht ganz entziehen, wie z.B. den gefühlvoll-beklommenen Überlegungen des ansonsten prosaischen Colsman zum Thema der Zeppelin-Erscheinung zu entnehmen ist: »Die Wirkung dieses in sich geschlossenen durchscheinenden Luftschiffkörpers auf die Menschen ist rätselhaft, sie ist keine Folge der Größe, für die es im Luftraum keinen Maßstab gibt. Do X (das Riesenflugboot von Dornier) könnte das Vielfache seiner jetzigen Größe haben und würde doch nicht diesen Eindruck hervorrufen. Die Wirkung liegt auch nicht an der vollendeten Form, sie war vorhanden, als die Form keineswegs vollkommen gewesen ist. Der Anblick eines Luftschiffs wirkt aufs Gemüt und nicht nur aufs deutsche Gemüt, wirkt aufs Unbewußte, Unergründliche, nicht zu Verstehende, aufs Unterbewußtsein. Ich selbst vermöchte nicht zu sagen, wodurch auch mich der Anblick eines Luftschiffs heute noch ergreift«, schrieb er in seinen 1933 publizierten Erinnerungen.

Als ausgebildeter Psychologe war Eckener eher geneigt, auch Erklärungen für dieses Phänomen zu suchen: »Ich habe immer das Gefühl gehabt, daß solche Wirkungen, die vom Zeppelin-Luftschiff ausgingen, zu einem großen Teil auf ästhetischen Empfindungen beruhten. Die Wucht des gewaltigen Luftschiffkörpers, die mit Leichtigkeit und Eleganz gepaart und von Schönheit der Form in zartfarbiger Tönung gebändigt erschien, verfehlte nie ihren starken Eindruck auf das Gemüt. Es war nicht, wie so gern gesagt wurde, ein ›silberner Vogel‹, der in majestätischem Flug heraufgezogen kam, sondern ein fabelhafter silberner Fisch, der da ruhig im Ozean der Luft schwamm. Und diese Märchenerscheinung, die mit der silbrigen Himmelsbläue in eins zu verschmelzen schien, wenn sie in der Ferne, von der Sonne bestrahlt, auftauchte, schien wie aus einer besseren Welt zu kommen. Solche unklaren Empfindungen mögen mehr oder weniger stark die Millionen Menschen bewegt haben, wenn der ›Graf Zeppelin‹ über ihre Köpfe dahinzog und sie zu Ausbrüchen der Begeisterung hinriß. Wer mag leugnen, daß der Zeppelin in jener verworrenen Zeit (der 20/30er Jahre) eine Art innerer Mission erfüllte?«

Noch deutlicher stellte er für den Beginn der Zeppelin-Faszination quasi-religiöse Momente in Rechnung – im Erinnerungsrückblick von 1949 nun allerdings gewissermaßen aus religionsgeschichtlicher Distanz mit kritischem Einschlag: »... Von solchen begeisterten Ideen und Stimmungen (wie anläßlich der Echterdinger Katastrophe und Spendenbewegung) werden die Völker immer nur dann fortgerissen, wenn die Zustände unhaltbar und unerträglich geworden sind. Die Lehre des Christentums, die Wiedertäuferbewegung, die große Französische Revolution ergriffen die Massen, als das Leben und die sozialen Zustände nach neuen Formen schrien. So war auch die Lage in Deutschland, als die ... Zeppelin-Begeisterung im Jahre 1906 in Erscheinung trat. Die sehr ernste Marokkokrise wurde zwar durch die Konferenz von Algeciras beigelegt, aber die politische Spannung blieb bestehen, und das deutsche Volk fühlte sich sehr unbehaglich und in seinen gerechten Ansprüchen, ja in seiner Existenz bedroht. Da wurde ihm das Zeppelin-Schiff, das ja eine spezifisch deutsche, von den Fachtechnikern auch des Auslandes bespöttelte Erfindung war, zu einer Art Symbol der nationalen Einheit und der deutschen Leistungsfähigkeit ... Der ungeheure Eindruck, den das gewaltige Schiff in seinem majestätischen Fluge auf den Beschauer ausübte, trug natürlich auch dazu bei, Stolz und Begeisterung zu wecken. Dazu kam, daß auch die innerpolitischen Verhältnisse eine starke Kritik erfuhren. Die impulsiven, sprunghaften und öfters unbesonnenen Einfälle und Willkürlichkeiten des Kaisers gingen dem deutschen Volk in diesen Tagen der außenpolitischen Hochspannung auf die Nerven ... Demgegenüber erschien die zielbewußte, ruhige und feste Persönlichkeit des alten Luftschiffkonstrukteurs, des ehemaligen Kavalleriegenerals, als das Ideal eines verehrungswürdigen Führers ... Und es begannen die Huldigungsfahrten nach Friedrichshafen etwa in dem gleichen Stile wie ein dutzend Jahre vorher die Fahrten nach Friedrichsruh zum alten Kanzler. So konnte ich schon damals erleben, was ich zwanzig Jahre später beim Aufleben einer neuen Zeppelin-Begeisterung feststellen mußte, daß, im Gegensatz zu der anfangs durchaus technischen und sportlichen Stellungnahme der Amerikaner zum Erfolg des Zeppelin-Schiffes, das deutsche Volk in starkem Maße mit politischen und nationalen Gefühlen auf die Leistungen dieses Schiffes reagierte. Es war darin etwas von den nervösen Reaktionen eines Inferioritätskomplexes.«

Was immer die Beweggründe gewesen sein mochten, die ›verspätete Nation‹ war spätestens seit Echterdingen mit Leib, Seele und Feder bei der Sache des Grafen; das geht nicht nur aus Eckeners Bemerkungen, sondern auch aus der Fülle der persönlichen Zuschriften und gedruckten Erörterungen und Anteilnahmen hervor: »Wählen Sie Mannschaften, Reisebegleiter, die im Glauben zu Gott dem Allmächtigen stehen und Ihre Dauerfahrt gelingt«, schrieb der Elektrotechniker und Temperenzler Rudolf Siemsen aus Hannover am 17. Juli 1908 an Zeppelin, den er einen ›Gottbegnadeten‹ nannte, und stellte sich zur freien Verfügung. – »Wir alle wollen Helfer sein!« war im November 1908 der bezeichnende Titel einer rührseligen Geschichte über Kinderspenden in der christlichen Zeitschrift ›Deutscher Kinderfreund‹, von der auch ein Exemplar in Friedrichshafen landete; gläubige Bildhauer, Gelegenheitsdichter, Stadtmissionare sandten unter Ergebenheitsadressen ihre Entwürfe und Werke zur Begutachtung, ihre Hirtenworte schwarz auf weiß als Beleg ihres ›Dabeiseins‹ ein; religiös-erbauliche Betrachtungen mischten sich mit literarisch-gebildeten und technisch-sachverständigen: »Wie lange schon singt der Deutsche ›Wenn ich ein Vöglein wär/Und auch zwei Flüglein hätt‹, begann Pfarrer J. Wahl eine besinnliche Betrachtung über AVIATIK im ›Nassauer Boten‹ vom 1. Juli 1909, die er in ›aufrichtiger Bewunderung Ihres Könnens und Erreichens‹ handschriftlich überreichte. Und noch 1913, als angesichts der Unfälle die Gefahren der Luftschifffahrt wieder in den Vordergrund gerückt waren, meldeten sich zum Beispiel die ›Stimmen aus Maria Laach‹ mit einem zünftigen ›Glück ab‹ zum Problem der Schlechtwetterlandungen – und möglichen Kriegseinsätze – zu Wort, nicht ohne einen Sonderdruck dem Grafen persönlich zuzustellen.

Mit dem Tag von Echterdingen hatte das deutsche Volk nicht nur seine Herzen und Geldbörsen geöffnet, sondern auch begonnen, sich den Kopf des Grafen zu zerbrechen, wie solche Unglücksfälle in Zukunft verhindert werden könnten; bergeweise traf Erfinderpost in Friedrichshafen ein und füllte die Aktenablagen mit banalen oder abstrusen Ideen, die nicht nur mit der Bergung und Sicherung der zerbrechlichen Luftschiffe zu tun hatten: ein unmögliches Vakuum-Luftschiff aus Stahl – vom Professor einer Technischen Hochschule erdacht – war ebenso darunter wie der Wahnsinnsplan eines tauchfähigen Untersee-Zeppelins.

Doch in erster Linie brachte die Post persönliche Schreiben der Begeisterung und Anteilnahme aus allen Schichten der Bevölkerung, vom Dienstmädchen bis zum Reichstagsabgeordneten, aus dem In- und Ausland. Schon anläßlich des Schweizfluges hatten die Eidgenossen den deutschen Grafen in ihr Herz geschlossen und zur Feder gegriffen, unter ihnen ›Hundert Basler Jünglinge‹, die Excellenz baten, »sich mit der Riesenzigarre auch einmal über unseren Hütten zu zeigen«. In der Mehrzahl waren die deutschsprachigen Grußadressen jedoch von vaterländischem Ernst getragen, so das Schreiben des ›Alldeutschen Verbandes, Ortsgruppe Neuyork‹, oder das des ›Deutschen Veteranen-Vereins‹ Brüssel; der ›Deutsche Schulverein‹ in Wien grüßte mit dem Ruf »Heil Alldeutschland«, und der ›Deutsche Schutzverein für Schlesien ›Nordmark‹ ließ dem Grafen sein Mitgefühl sogar auf einem Drahtnachrichten-Formular mit den »zehn Gebote(n) des deutschen Volkes« zukommen.

In der Briefablage des vom Exgeschäftsführer Uhland geleiteten Privatbüros seiner Excellenz landeten auch Briefe zukünftiger Größen, so zum Beispiel ein langes Schreiben Ernst Heinkels aus dem Krankenhaus – nach seinem ersten Absturz 1911, und ein gefühlvoller Brief Thea von Harbous, der späteren Autorin von ›Metropolis‹ und Lebensgefährtin des Film-Regisseurs Fritz Lang, anläßlich der Echterdinger Katastrophe. Auch namhafte Kunsthistoriker griffen bei dieser Gelegenheit bewegt zur Feder: Heinrich und Hans Fiedler aus Regensburg, die mit feierlicher Schönschrift und ›als Deutsche tiefergriffen Deutschlands grösstem Erfinder in höchster Bewunderung ihre tiefst empfundene Teilnahme aussprachen‹.

Faszination und Aneignung hinterließen mannigfaltigste metaphorische Blüten und Kuriositäten: »Ich glaube schon den Tag zu sehen«, schrieb Valerian Dugan-Opaitz aus Suczawa/Bukowina Ende Juni 1908, kurz vor den großen Fahrten, dem Grafen, »an dem ich an der Quelle Euerer hervorragender wissenschaftlicher Erfahrungen mich erquicken kann.« – »Euer Excellenz gestatte ich mir«, schrieb Paul Knaak am 6. August aus Berlin, »meinen *Glückwunsch* zu dem *scheinbaren* Unglück auszusprechen.« – »Dein Werkzeug ist zerstört, Du lebst, Deine Idee ist unsterblich«, lautete die Vorhersage einer anonymen Russin aus Bad Reichenhall (Bayern) mit der Anmerkung: »Es wird wie ein Phönix aus der Asche auferstehen und in tausendfacher Vervielfältigung die Lüfte beherrschen.« – Das Wortbild des auferstehungsfreudigen Vogels beherrschte jedenfalls den Sprachgebrauch in auffälliger Vervielfältigung.

Optimisten und Weltverbesserer vieler Couleurs – nicht nur die Heilsarmee – hefteten sich Zeppelin an die Fahnen – oder ihm brieflich an die Fersen: »Dem Freimaurerbunde, dessen Ziele dahin gehen, freiem Gedankenfluge und jeglichem menschlichen Kulturfortschritt von seinem Teile die Wege zu ebnen und überall, wo es noch finster ist, Licht zu verbreiten«, schrieb Oberlehrer Moetsch 1911 namens der St. Johannis-Loge Karl zu den 3 Ulmen zu Ulm, »dürfte es wohl anstehen Ew. Excellenz, dessen Name mit ehernen Lettern in die Tafeln der Geschichte eingegraben ist, ihre tiefgefühlteste und wärmste Huldigung darzubringen.« – »Auch wir wollen den Menschen lehren zu fliegen, sich zu einem Ideal zu erheben«, hieß es noch im Kriegsjahr 1914 in einer Rede vor dem ›Verband deutscher Tierschutzvereine‹, »und deshalb ist das Zeppelinsche Luftschiff ein Symbol unserer Bestrebungen. Dazu hat uns leuchtendes Vorbild gegeben unser verehrter Mitkämpfer Zeppelin, der kühne Luftschiffer« – denn der war seit Jahren Mitglied der württemberger Filiale.

Zeppelin war nicht nur zum Adressaten von Gratulationen und Kondolationen, von Bittgesuchen und Anerbieten geworden, sondern stieg nun auch auf zum Range einer maßgebenden Persönlichkeit, deren Ansichten von allgemeinem öffentlichen Interesse erachtet wurden. Das BERLINER TAGEBLATT wünschte zum Beispiel im November 1908 zu wissen, ob er 1) vollkommen vom Aberglauben frei sei, es 2) etwa vermiede, an einem Freitag oder an einem 13. aufzufahren, und 3) an die schützende Kraft von Amuletten u. dergl. glaube. Zeppelin antwortete handschriftlich daneben mit »Ja! Nein! Nein!« und fügte hinzu, er glaube an Gott, den allmächtigen Schöpfer und Erhalter der Welt. – Ein Rundschreiben des LEIPZIGER TAGEBLATTES ›an hervorragende Persönlichkeiten der Politik, Wissenschaften und Kunst, an Gelehrte und Dichter, Staatsmänner und Politiker‹, das im Mai 1912 sein ›Urteil‹ über »Berechtigung, Ausgestaltung und Zukunft des Frauenstimmrechts« erbat, blieb ohne Randkommentare; desgl. ein Brief vom SALONBLATT, ›Wochenblatt für Gesellschaft, Theater, Kunst und Sport‹, das im gleichen Jahre seiner ›Rückäußerung über den Wert der Ernährung des Menschen‹

für eine diesem Thema gewidmete Sondernummer entgegensah. – Schon drei Jahre zuvor hatte Dr. A. v. Studnitz, Herausgeber der ›DEUTSCHEN WARTE, Berliner Tageszeitung für Politik u. Gesellschaft, geistiges und wirtschaftliches Leben/ *Mit Ratgeber für Kapitalisten*‹, »angesichts der bevorstehenden Erschöpfung der Steinkohle« die Fundamental-Frage: »Vor welchen Aufgaben steht die moderne Menschheit?« an Zeppelin gerichtet und seine Meinung zur »Erfindung eines Sonnenmotors als eine(r) der wichtigsten Aufgaben der Zukunft« für die Neujahrsausgabe 1910 höflichst angefordert. Eine mögliche Antwort Zeppelins ging allerdings schon in der Weihnachtspost unter – das Schreiben wurde laut Büronotiz erst Ende Januar bemerkt und wanderte mit einem ärgerlichen Sichtvermerk »Z!« in die Ablage.

Abgelegt und aufgehoben wurde im Zeppelinschen Büro offenbar alle Post vom deutschen Volke, das so lange mit seiner Gunst gezögert hatte – so, als habe man diese überwältigende Zuwendung in ihren Zeugnissen buchstäblich festhalten wollen: Zeugnisse von Zeppelin-Erlebnissen, die auch die Zungen und Hemmungen der skrupulösesten Amtspersonen zu lösen vermochten: »Unter diesen Eindrücken habe ich die Bedenken überwunden, die mich bisher abgehalten haben, Euer Excellenz die Arbeit meiner Mußestunden zu unterbreiten«, gestand Oberzollrevisor Gallus aus Geestemünde mit Schreiben vom 7. Juni 1912. »Bei der Lektüre von Schillers Gedichten und Dramen (Übersetzungen) fiel es mir auf, daß sich viele Stellen zweifellos auf die Luftschiffahrt beziehen oder doch auf sie bezüglich gedeutet werden können. Ich sammelte diese Stellen, und so entstand vor einigen Jahren diese kleine Arbeit« – ein ›dramatisches Gedicht in 5 Aufzügen aus Schillers Werken‹, das Zeppelin eingangs mit den Worten »Kühn durchs Weltall steuern die Gedanken« den Entschluß zur großen Fahrt fassen ließ.

Nicht nur in privaten Bildungsgut-Montagen von so offenkundig kleinkariert-lächerlichem Zuschnitt, sondern auch an repräsentativen Bühnen fand das Zeppelin-Thema schnellstens Eingang: Bereits am 3. Dezember 1908 konnte Max Samst, Direktor des Stuttgarter Residenztheaters, zur Aufführung eines Seiner Excellenz gewidmeten Stückes mit persönlichem Schreiben einladen. Es handelte sich um die ›Neuschöpfung des zur Zeit einzigen ernsten schwäbischen Dramatikers‹ Emil Klein, dessen Schauspiele ›Nach Bethlehem‹ und ›Nach Golgatha‹ bereits durch königliche Anwesenheit gewürdigt worden waren. Titelheld dieses ›vaterländischen Festspiels in sieben Bildern‹ war ›Graf Ferdinand von Zeppelin‹, und der »tiefe Gehalt, den die Klein'schen Stücke alle haben«, war – wie Samst versicherte – getragen »von der Innigkeit und Schönheit der Sprache, von der hohen reinen Begeisterung, wie auch von der reichen dramatischen Gliederung und Ausgestaltung und nicht zum Wenigsten von der Pietät, mit der alles vermieden ist, was auch nur im Geringsten den hohen sittlichen Ernst beeinträchtigen könnte, der das ganze Stück weit emporhebt über alles Gewöhnliche und Tendenziöse.«

Mit dem Gewöhnlichen und Tendenziösen meinte Samst vermutlich volksnähere Stücke und Darbietungen, die bisweilen den hohen sittlichen Ernst des Themas vermissen ließen, wie etwa das Lustspiel ›Der Herrscher der Lüfte‹ von Joh. Friedr. Ernst, Schwänke wie ›Zeppelin als Heiratsvermittler‹ von Rudolf Flottwell oder Weihnachtsmärchen mit dem infantilen Titel ›Zeppelinchens Luftreise zum Christkind‹ von Curt Schulze. Unter die Samstsche Kategorie des Pietätlosen fielen wohl erst recht kombinierte Vergnügungsveranstaltungen, die Zeppelinstücke der erwähnten Art mit Konzerten, Christbaumverlosungen, Bällen und dergleichen umrahmten, von den karnevalistischen Anwendungen des Themas ganz zu schweigen.

Doch gerade solche Kombinationsveranstaltungen waren es, die Zeppelin auch auf lokaler Ebene in mehr oder minder kultisch-theatralischen Formen unters Volk brachten; und vielfach waren es gerade hier die religiösen Amtswalter, welche die Pflege des neuen Idols sich angelegen sein ließen: So organisierte zum Beispiel Stadtpfarrer Lauxmann beim Evangelischen Jünglingsverein Zuffhausen im März 1909 einen Familien-Abend mit Zeppelin-Lichtbildern und Posaunenchor, der in einer ›dramatischen Aufführung‹ *Vorwärts! – Aufwärts!* aus seiner Feder gipfelte; oder so kam zum Beispiel im 80. Heft der ›Jugend- und Volksbühne‹

ein ›Huldigungsspiel für Zeppelin IM REICH DER LÜFTE‹ von Auguste Stamer-Caspari ›nebst einem Vortrag FERDINAND GRAF ZEPPELIN‹ von ihrem Pastorengatten Heinrich Stamer heraus; und ähnlich waren Partiturenhefte zur ›Deklamation und Gesang für Schüleraufführungen, patriotische Feste etc.‹ – so der Untertitel eines Tonstücks GRAF ZEPPELIN vom Dichter Hermann Unbescheid und dem Komponisten Georg Striegler – vielfach im Umlauf.

Dramatisches, Lyrisches und Musikalisches verschränkte sich in Liederabenden, Feierstunden und – wie aus den Photodokumenten ersichtlich ist – Umzügen oder Festdekorationen zu Spektakeln mehr oder minder organisierter Art; in ihnen mündete die wildwüchsige Verehrung des Zeppelin-Idols ein in traditionelle kultische Bahnen, die von den Kulturschaffenden eifrig beschickt wurden: dutzende von Märschen wurden dem Grafen gewidmet, symphonische Werke ihm im Affekt zugeeignet; Max Reger vertonte eine Ode ›an Zeppelin‹ von J. Christ. Glücklich: ›Du, der die Menschheit stolz und kühn emporführt über Grüfte‹. – Partituren, Lieder und dramatische Gedichte ergossen sich aus jenem Staubecken nationaler Sangeslust, die hier in typischen Kostproben die Erfolgsgeschichte umrankt – und bemerkenswert war auch, wie sich die im Entstehen begriffenen neuen Medien in Bild und Ton der Sache Zeppelins bemächtigten: Dem massenhaften Bedürfnis begann bereits eine ›Informationsindustrie‹ zu entsprechen.

»In fast allen Städten des Deutschen Reiches sind Projektionsvorträge an der Tagesordnung«, schrieb die ›Photographische Gesellschaft (E.V.)‹ aus Halle an der Saale am 16. September 1908; »Wir möchten Euer Excellenz ganz ergebenst vorschlagen, nach den Aufnahmen ihres Ballons und nach Aufnahmen aus dem Ballon Diapositive für Projektionszwecke herstellen zu lassen und diese Lichtbilder, ev. mit einer kurzen Erläuterung, an Vereine zu verleihen.« – Außer zeppelinbegeisterten Kirchenmännern und Amateur-Vereinen waren es vor allem professionelle Rezitatoren und Alleinunterhalter, die sich des neuen Themas annahmen. So wandte sich zum Beispiel ein gewisser Johs. Gloystein, Veteran und Flottenvereinsredner aus Hannover, der laut Briefkopf ›Patriotische Vorträge mit Darstellung von Kolossaltextlichtbildern und Vorführung lebender Photographien in künstlerischer Ausführung‹ übernahm, zwecks Erweiterung seines Repertoires um ›einen zeitgemäßen Vortrag: Graf Ferdinand von Zeppelin und sein Werk mit gleichzeitiger Darstellung von hochfein kolorierten Lichtbildern auf dem Gebiet des Flugwesens‹ an Seine Excellenz; während zum Beispiel der Berliner Zeitungsverleger und Verlagsbuchhändler Gustav Möckel, der ebenfalls als volkstümlicher Vortragsreisender tätig war, sein mehr technisch-fortschrittliches Programm: ›Automobile und Luftschiffe, die Revolutionäre des 20. Jahrhunderts‹ in Friedrichshafen zur Kenntnis brachte. Neben solchen Einzelgängern waren auch größere Bild- und Vorstellungsvermittler im Geschäft: So etwa das ›Internationale Kunst-Institut für Lehrzwecke und Volksbildung‹ KAISER-PANORAMA, das unter seinen ›interessant naturwahr polychromierten Glasstereo-Cyclen für Panoramen mit automatischem Betrieb‹ unter dem Motto: ›Die Anschauung ist das Fundament der Erkenntnis‹ schon lange einen Cyclus I.: ›Die Eroberung der Luft‹, in der Zeppelin einen prominenten Platz einnahm, im Verleih hatte.

Die Zukunft des Mediums gehörte natürlich solchen Firmen, die sich schon ganz den wahrhaft lebenden Bildern, der Kinematographie verschrieben hatten, und die sich mit ihren Ansuchen um Aufnahmeerlaubnis sozusagen die Friedrichshafener Türklinke in die Hand gaben. Schon 1907 hatte die ›Deutsche Tonbild-Theater-Gesellschaft mbH‹ »die überhaupt erste kinematographische Aufnahme eines Zeppelinschen Luftschiffes« gemacht, und – wie sie in einem weiteren Ansuchen ausführte – »an ihrem bescheidenem Teile schon frühzeitig, ehe die allgemeine Begeisterung erwachte, zur Popularisierung der Zeppelin-Fahrten beigetragen«; im Jahre 1908 zog die internationale Konkurrenz mit Bittschreiben nach: die ›Allgemeine Kinematographen-Theater-Gesellschaft‹, die einen amerikanischen Onkel Sam mit einem Riesenfuß auf Mitteleuropa im Briefkopf als Ausrufer einsetzte; die ›Eclipse Kinematographen und Films-Fabrik‹ mit einer globusumrundenden Marianne mit Projektionslinse auf geflügeltem Eisenbahnrad als Galionsfigur; ›Deutsche Kinematographen-Werke/Dresden‹, die den Kronprinzen Wilhelm als kronenflankierte Medaille zwischen Tele-Adresse und Telephon-Nummer im Schilde führten; ›Duskes Kinematographen und Film-Fabriken‹ Berlin; ›Germania-Film-Compagnie‹ Cöln; die ›Internationale Kinematographen- und Licht-Effekt-Gesellschaft‹, welcher ein tiefsinnig-saturnisches Dreiergesicht mit lichten Sehstrahlen als Emblem diente; der ›Welt-Kinematograph‹ Freiburg mit dem halben Sonnensystem im Briefkopf; und ›Minerva, Gesellschaft für unterhaltende und wissenschaftliche kinematographische Vorführungen für Armee, Marine, Behörden, Universitäten, Schulen, Vereine etc.‹, die sich selbstverständlich auch bildlich in ihren Schreiben vorstellte.

Der vordringlichste Wunsch dieser Firmen, die sich mit dem allgemeinen Interesse der Öffentlichkeit oder deren notwendiger Unterrichtung und Erziehung, mit ihren einschlägigen Erfahrungen und beispielhaften Produkten-, Monarchen-, Gefechts- und Kolonialbildern, Ostpreußischer Trakehnerzucht, Turnfesten, Manövern u.a.m. – sowie mit militärischen Rängen, Referenzen oder sonstiger Ansehnlichkeit ihrer leitenden Persönlichkeiten legitimierten, galt Aufnahmen nicht nur vom Boden aus, sondern aus dem Ballon: man maß der Möglichkeit, dem Publikum das erhebende Erlebnis einer Auffahrt aus der Teilnehmerperspektive in bewegten Bildern vorführen zu können, offenbar besonders profitablen Anreiz bei; so oder so gewann Zeppelin jedenfalls als ein probates Mittel, auch den eigenen Interessen Auftrieb zu verleihen, hohes Ansehen.

Gegenüber solch professionellen Unternehmen, die Patriotismus und Profit unter einen marktangemessenen Hut zu bringen wußten, blieben rein vaterländische, aber dilettantische Indienstnahmen des neuen Mediums offenbar hoffnungslos im Hintertreffen; so zum Beispiel ›Die Kinematographie in Wissenschaft und Kunst E.V.‹, die sich mit einer Unterstützungsbitte an den Grafen wandte: »Der oben bezeichnete Verein hat(te) es sich vor allen Dingen zum Ziel gesetzt, Sujets zu schaffen, welche für die so leicht empfängliche Kinderseele erbauend und erhebend wirken und grundsteinlegend für das patriotische Empfinden, gepaart mit Liebe zu Kaiser und Reich sein sollen.« Man habe »öfters Gelegenheit gehabt, zu hören, wie sich Kinder ... in geradezu erschreckender, verrohter Weise über die in den jetzigen Kinematographentheatern zur Vorführung gelangten Stücke aus der Schundliteratur und den Schauerdramen unterhielten, unter kaltblütigster Zergliederung der rohesten Stellen in diesen Schundfilms.« Der Verein dagegen hatte so erbauliche Stücke wie ›Wilhelm Tell‹, ›Wallensteins Lager‹, ›Hie Zollern Allzeit‹, ›Unter der Reichssturmfahne‹ und ›Der Herr der Erde‹ in Planung und Produktion. »Zu unserem masslosem Erstaunen und ebensolchem Bedauern haben wir aber überall, wohin wir uns auch wandten, für unsere hohe und ideale Sache verschlossene Türen und Herzen gefunden und überall wurde uns der Bescheid zuteil, dass solche Films im Handel zu wenig Verdienst abwerfen würden, als dass es sich verlohne, vom Standpunkt der nur nach gewaltigem Verdienst strebenden Kapitalisten, derartige Sujets herzustellen.«

Auch für so idealistische Vereine war Zeppelin eine ideale Vermittlerfigur, sei es als Geldgeber oder als ›Sujet‹ – und auch der Graf selbst machte sich in seinem Sinne zum ›Sujet‹ der neuen Bild- und Tontechniken: »Graf Zeppelin (soll) in den letzten Wochen von vielen in- und ausländischen Schallplattenfabriken ersucht worden sein«, hieß es in der ›Deutschen Tageszeitung‹ vom 29.8.1908, »eine Rede an das deutsche Volk in das Grammophon zu sprechen.« Der Graf habe zunächst abgelehnt, sei dann aber von Geheimrat Lewald, der im Auftrage des Reiches zu ihm entsandt worden war, umgestimmt worden; von manchen Zeitungen würde das – aus sehr naheliegenden Gründen – natürlich heftig bedauert. Am 9. September 1908 jedenfalls beehrte sich die Schallplatten-Fabrik ›Favorite Record‹ in Hannover-Linden ganz ergebenst zu benachrichtigen, daß sie sich heute erlaubten, eine Sprechmaschine mit dazugehörigem Trichter und vor allem der Platte, die die Wiedergabe der eigenen Worte Ew. Exc. enthält, abzusenden. In dieser ›Phonographenrede‹ *Ein Wort an das deutsche Volk* hatte Zeppelin einmal mehr sein Sendungsbewußtsein in bescheidene Worte gefaßt: Nur durch die geordnete Verbindung der verschieden abgestuften Gaben und Kräfte (seiner Inge-

Portraitphotographie des Grafen Zeppelin

Zeppelin-Postkarte

nieure und Arbeiter) sei das hohe Ziel zu erreichen gewesen. So stelle der Erfolg seines Unternehmens ein Bild dessen dar, was sich heute einmal wieder in der herzerhebensten Weise in Deutschland vollzöge: gleiches Handeln habe alle, Fürsten und Volk, alt und jung, reich und arm, zu gleicher Tat vereint, der die wertvolle Frucht nicht versagt bleibe. Am höchsten aber sei Gott dafür zu preisen, daß sein Schaffen nach wechselvollen Schicksalen in der Seele des deutschen Volkes eine allen gemeinsame und darum verbindende begeisternde Teilnahme wachgerufen habe.

Damit war nicht nur ein allgemeines Interesse an Worten und Werken des Grafen wachgerufen, sondern auch der Wunsch nach bildlicher Vergegenwärtigung des Militärhelden. An den Portrait-Darstellungen und Photos ist abzulesen, wie er mit wachsender Popularität auch im Bilde vielfältiges Profil gewann: Boten die ersten Presseberichte um 1900 kaum mehr als die geläufige Charaktermaske eines besseren Herrn mit Schnauzbart und Zylinder, so verliehen ihm gelungene Portaitphotos wenig später auch in den Augen der Öffentlichkeit jene unverwechselbar drollig-forsche Individualität, die dann massenhaft reproduziert sein Charakterbild bestimmte – und wiederum als Unterlage zu einschlägigen Retouchen herhalten konnte: Mit dem Herausstreichen seiner militärischen Wesensmerkmale wurde aus dem listig zwinkernden Rundkopf ein humorloser oder hagerer Aristokrat mit Adlerblick; sollte seine standesgemäß eingekleidete Herrschaftlichkeit betont werden, so streckte man den rundlichen Senior zum virilen dressman; nur in satirischen und karikierenden Darstellungen gewann das Individuelle über das Heldisch-Männliche eindeutig die Oberhand.

Graf Zeppelin als Dressman

Graf Zeppelin Karikatur

Mit dem verschärften Blick für das Besondere an der Gestalt des Grafen wurden auch die professionellen Bildwünsche zusehends präziser: »Es wäre uns lieb, wenn das Photogramm möglichst neueren Datums und möglichst ein solches wäre, welches Sie ohne Kopfbedeckung darstellt«, schrieb DEUTSCHES VERLAGSHAUS BONG & CO 1909 anläßlich einer Photobitte zwecks Veröffentlichung in den Zeitschriften ›Zur Guten Stunde‹ und ›Für Alle Welt‹. Für gediegenere Wiedergaben der photographischen Portraits war auch der Namenszug des Abgebildeten vielfach erwünscht – gewissermaßen als persönliche Garantie für dessen Autentizität: »Auf allgemeinen Wunsch des Publikums«, schrieb die ›Deutsche Photogravur Aktien-Gesellschaft‹, Siegburg, »möchten wir gern unter dem Bilde den Namen Ew. Excellenz im Facsimile anbringen«; und auch die ›Neue Photographische Gesellschaft‹ in Berlin-Steglitz bat, »uns hierzu Ihre Unterschrift zu geben, die Ihrem Bilde für jeden Besitzer ganz besonderen Wert verleihen wird«.

Handsignierte Portraitphotographien waren in der Tat heißbegehrte Artikel des Personenkultes; sogar aus fernen Erdteilen meldete sich die germanische Diaspora: »Wollen Euere Excellenz die Guete haben uns ein Bild mit Unterschrift zu senden, das in dem Hause der Araucania einen Ehrenplatz erhalten soll«, bat Rodolphe Berger, Import.-Comision-Export in Santiago de Chile namens der Burschenschaft Araucania, einer ›reindeutschen Studentenverbindung an der einzigen Hochschule des Landes‹. – Das einfache deutsche Volk mußte sich daheim meist mit billigeren Vervielfältigungen zufriedengeben; aber auch die fanden, besonders wenn sie anläßlich der Flüge feilgeboten wurden, ›reißenden Absatz‹, wie Presseberichten zu entnehmen ist. Besseren Herrschaften wurde das Bild umsonst geboten – zum Beispiel als Serviette oder auf der Speisekarte: »Als bleibendes Andenken an den Siegeszug Ew. Excellenz nach des Reiches Hauptstadt erlaubte ich mir, Ew. Excellenz Bildnis auf mein Tagesmenü« – so Lorenz Adlon am 31.8.09 – »(in 300 Exemplaren, und durch ein vollständig internationales Publikum in alle Teile der Erde verbreitet) drucken zu lassen, welches unter meinen Gästen ungeteilten Beifall fand.«

Aufgetakelt zu Andachtsbildern deutschen Glaubens erschienen Zeppelin-Photos, -Büsten und -Modelle als Kneipenallerheiligstes und auf Stammtischaltären, als öffentliche und private Denkmäler der ersehnten Beständigkeit; unter den Händen von Erwachsenen, Kindern und Künstlern vervielfältigten sich die Abbilder des greisen Luftbezwingers weiter – schwarz auf weiß und in Farbe, in Bronze, Marmor, Gips und Ton, und gelegentlich auch in Schnee. Bildliche Vergegenwärtigungen dienten mitunter zu regelrecht magischen Beschwörungen bei Hilfsersuchen: »Als ich im vergangenen Winter keine Arbeit hatte«, schrieb 1909 der Maler und Anstreicher Heinrich Woltersdorf aus Homburg, »kam ich auf die Idee, einen Schneemann zu bauen. Da ich mit Begeisterung Ihre Erfolge in der Zeitung verfolgte, stieg meine Verehrung für Sie immer mehr, sodaß sich der Gedanke in mir festsetzte, Sie einmal, da ich ja nichts anderes hatte, in Schnee nachzumachen.« Unter Beifügung einer Photographie des so Vergegenwärtigten trug der Unterzeichnete dann im Weiteren seine Bitte um Unterstützung oder Einstellung in Friedrichshafen vor.

Programmatische Ausgestaltungen des Heldenbildes, zum Beispiel in einem 1909 entworfenen Zeppelin-Kunstblatt des ›Nationalen Kunstverlages‹ Trier, der schon ein Gedenkblatt an Deutsch-Südwestafrika herausgebracht hatte, führten zu schriftlichen Rückfragen und Abstimmungen mit dem ›Vorbild‹, die noch Einblicke in die schöpferische Phantasie des ausführenden Künstlers gestatten; dessen Erläuterungen beschrieben in diesem Fall die *historische Hauptaufgabe,* den »Kampf des Menschen um die Beherrschung der Luft«: Die Darstellung sollte links ›den Erfinder über dem Problem grübelnd, umgeben von seinen Modellen und Entwürfen‹, zeigen; rechts sollten ›die Kraft, die der Erfinder sich dienstbar machte, mit zerbrochenen und verbrannten Flügeln am Boden liegen, und im Rauche des Feuers die hohnlachenden Gestalten der Vernichtung‹ zu sehen sein. Im Hintergrund war an die ›nörgelnde und spottreibende Welt‹ gedacht; im unteren Feld sollte der Opfermut des deutschen Volkes mit ›spendenden Händen aller Klassen‹ verbildlicht sein. – »Auf Ihre freundliche Anregung hin« erhielt die Figur im Motiv ›Echterdingen‹ dann »eine andere Auffassung, die der tatsächlichen Situation wohl mehr entspricht: der herabhängende schlaffe Arm deutet an, wie schwer der harte Schicksalsschlag die Energie und Tatkraft für den Augenblick lähmte; der erhobene linke Arm bekundet schon eine neue Aufraffung und die Erwachung der alten Tatkraft. Der Gesichtsausdruck soll sowohl den tiefen Schmerz als auch schon das Sinnen auf neue Arbeit zum Ausdruck bringen.«

Nicht sinnbildliche Umschreibung, sondern historisch-korrekte Bild-Inszenierung der fliegerischen Höhepunkte des Zeppelinschen Heldenlebens war das Ziel einer anderen, noch repräsentativeren Darstellungsaufgabe, die dem DEUTSCHEN MUSEUM VON MEISTERWERKEN DER NATURWISSENSCHAFT UND TECHNIK mit einer Stiftung Seiner Kgl. Hoheit dem Prinzregenten zugefallen war: Am 26. April 1909 übersandte Oskar von Miller, der Gründer des Münchener Tempels der Technik und Freund Zeppelins, »eine Skizze von Herrn Professor Zeno Diemer, die derselbe nach unseren Vorschlägen ausgeführt hat. Wir dachten uns das etwa sieben Meter lange und zweieinhalb Meter hohe Bild in drei Teile geteilt. Das Mittelbild sollte Ihre erste Fahrt durch die Schweiz zur Darstellung bringen, da diese das Luftschiff, das früher nur zu kleinen Versuchsfahrten diente, zu einem wirklichen Verkehrsmittel gemacht hat. Das zweite Bild sollte den Aufstieg Ihres Luftschiffes am Bodensee zu der kühnen Fahrt nach Mainz, die die nationale Begeisterung wie noch kein anderer technischer Erfolg zu erwecken wusste, darstellen. Das dritte Bild sollte die Landung in München zeigen zur

Erinnerung an die Fahrt, der ein bestimmtes Landungsziel, also die Verbindung zweier weit entfernter Orte vorgeschrieben war.« – Auch hier sollte sich also ein bedeutsamer roter Faden unter dem realistischen Anschein des Riesentriptychons hindurchziehen.

Ob allegorisch verpackt, historisch getreu inszeniert oder nur physiognomisch präsentiert, mit den Lebensbildern des verehrten Lufthelden wurde zugleich auch dessen realer Hintergrund und Werdegang zum Gegenstand professionellen Interesses. Zu Dutzenden wurden Tageszeitungen, Zeitschriften, Verleger, Autoren, Korrespondenzen und Pressedienste mit Anfragen und Anerbieten vorstellig: Die Wiener Tageszeitung DIE ZEIT wünschte ihren besten Feuilletonisten, Herrn Felix Salten, nach Friedrichshafen zu schicken, »damit er dort Gelegenheit hat, mit Ihnen, verehrter Herr Graf, zu sprechen, Ihre Werkstätten, Ihre Tätigkeit zu sehen, um Sie in einem Feuilleton zu schildern, welches unmittelbar vor der geplanten Vorführung des Luftschiffes vor Seiner Majestät dem Kaiser Franz Josef erscheinen soll«. Die ILLUSTRIRTE ZEITUNG Leipzig wollte gern auch ihren Spezialzeichner an Bord haben, »damit er einige interessante Szenen mit seinem gewandten Stift festhält«, die BERLINER ILLUSTRIRTE ZEITUNG einen Pressephotographen, desgleichen MÄRZ, Halbmonatsschrift für deutsche Kultur, herausgegeben von Ludwig Thoma, Hermann Hesse, Albert Langen, Kurt Aram, einen Herrn der Redaktion zur Berichterstattung. – Doch man war meist »leider bereits anderweitig gebunden«, nämlich an die Organe des Verlegers Scherl, der nunmehr das einträgliche Nationalidol mit Sondernummern und sehr viel servileren Korrespondenzen umhegen ließ.

Das öffentliche Bedürfnis nach näheren Einzelheiten über die Persönlichkeit des Grafen wurde zunächst von ihm nahestehenden Verwandten und Mitarbeitern mit kleineren Schriften und Presseplaudereien eher noch weiter angereizt als befriedigt: 1907 hatte Generalmajor a. D. C. von Zepelin persönliche Betrachtungen ›Aus dem Leben‹ seines Namensvetters in der NEUEN REVUE, ›Halbmonatsschrift für das öffentliche Leben‹, veröffentlicht; hinzu kamen Kommentare und Berichte Eckeners und anderer; aber damit waren Wissensdurst und Buchmarkt keineswegs gesättigt. Immer wieder wurde der Graf um Beiträge aus eigener Feder angegangen, und als das Gerücht in Umlauf kam, Zeppelin habe die Absicht, seine Memoiren zu schreiben, begannen sich die Verleger um die Druckrechte zu reißen.

»Im Juli 1908 nahmen wir uns die Freiheit«, schrieb die DEUTSCHE VERLAGS-ANSTALT STUTTGART am 2. November 1909, »an Ew. Exzellenz die Bitte zu richten, zu gelegener Zeit Ew. Exzellenz weitere verlegerische Vorschläge unterbreiten zu können. Wir erhielten damals durch Herrn Ernst Uhland den Bescheid, dass bei der Überhäufung Ew. Exzellenz mit dringenden Geschäften es vorläufig an Zeit fehle, an literarische Veröffentlichungen zu denken. Nachdem nun aber vor kurzem Gerüchte an uns gelangten, Ew. Exzellenz verhandele mit einer Verlagsbuchhandlung wegen Herausgabe Ihrer Lebenserinnerungen, erlauben wir uns erneut« und so weiter. – In diesen Tagen hatte jedenfalls ULLSTEIN & CO schon ein beachtliches Angebot unterbreitet: »Wir zahlen für das Verlagsrecht des Werkes, einschliesslich des etwa auf M 15 000.– zu bemessenden Herausgeber-Honorars für Herrn Dr. Eckener ein Gesamthonorar von M 100 000 (Einhunderttausend Mark). Außerdem bieten wir Ew. Excellenz eine Beteiligung an dem buchhändlerischen Erfolg des Werkes, und zwar die Hälfte des etwaigen Reingewinns« etc. – Bei diesem Projekt hatte offenbar der vorgesehene Herausgeber Hebammendienste geleistet, wie aus dem Angebotsschreiben des Verlages vom 24. September 1909 hervorging: »Aus den wiederholten Verhandlungen mit Herrn Dr. Eckener entnahmen wir, dass Sie nicht abgeneigt sind, der Idee einer Veröffentlichung Ihrer Memoiren näher zu treten.«

Wie immer es mit der Neigung zum Memoirenschreiben bestellt sein mochte, vorläufig war der alte Herr noch viel zu sehr mit seinen Polarflugplänen beschäftigt, um einer so rückwärtsgewandten Selbstbetrachtung nähertreten zu können. Als schließlich im Herbst 1913 vermeintliche Vorabdrucke seiner Lebenserinnerungen in der Presse zu kursieren begannen, war die Angelegenheit offenbar immer noch nicht weiter gediehen. Zwar hatte

Zeppelin einen Artikel »Aus meinen Kinder- und Knabenjahren« für die von der ›Cotta'schen Buchhandlung Nachfolger‹ verlegte Zeitschrift GREIF verfaßt, wie ein Schreiben R. Kröners von 8.8.13 dankend bestätigte, aber mit dem Ausbruch des Weltkrieges traten für ihn noch gewichtigere Umstände ein, die ihn bis zu seinem Tode 1917 davon abhielten, sein Leben ausführlich in eigene Worte zu fassen. So blieb es seinen Mitarbeitern, in erster Linie Eckener und Colsman, und einer Schar von professionellen Biographen überlassen, den Lebenslauf des wilhelminischen Lufteroberers in mehr oder minder legendären Darstellungen zu überliefern.

Auch die Biographen verschiedenster Observanz hatten schnell die Aktualität des Zeppelinthemas bemerkt und wurden umgehend wegen des ihnen noch fehlenden ›biographischen Stoffs‹ vorstellig: So schrieb zum Beispiel ein gewisser Theodor Rehtwisch, Herausgeber einer ›Soldatenbücherei‹ 1909 in dieser Angelegenheit an den Grafen, da er vorhatte, »ein Bild Ihres Lebens und Wirkens in meiner Serie vaterländischer Bücher in besserer Ausgabe illustriert erscheinen« zu lassen; den christlichen Aspekt des vorbildhaften Zeppelin-Lebens hatte der bereits erwähnte Vömel 1908 a tempo in erster Auflage gewürdigt. Auch im Ausland war das Interesse an der gräflichen Vita groß, wie einem Brief des ›Schriftstellers und Civilingenieurs‹ Max A.K. Brünner zu entnehmen ist, der 1911 insbesondere wegen bildlicher Dokumente nachfragte: »Beschreibendes Material kann ich mir aus Büchern etc aus den Bibliotheken beschaffen, doch keine Photographien. Und ohne diese sind Aufsätze fast wertlos, wenigstens sieht man in den genannten Ländern – England, Vereinigte Staaten – immer auf reichhaltige Illustrierung.« Deswegen bat er um »Portrait(s) aus den Jugendjahren, als Officier, Scenen vom Aufenthalt in Nordamerika (sehr wichtig)« und so weiter.

Ihren Höhepunkt erreichte die Zeppelin-Panegyrik erst lange nach dem Tode des Grafen – in den dreißiger Jahren, als die Amerika- und Weltflüge der deutschen Luftschiffahrt und ihrem legendären Erfinder neuen Glanz verliehen hatten. ›Zeppelins Tod und Auferstehung‹ – so etwa lautete 1931 eine vielsagende Kapitelüberschrift des Buches von R. Theuermeister, das ›Ein Stück Menschenarbeit den Kindern erzählt(e)‹ – schien sich nun endgültig als geflügeltes Wort bewahrheitet zu haben. Auch die Kriegsniederlage hatte die phönixgleich sich immer wieder erhebenden Luftschiffe nicht niederzuhalten vermocht; und entsprechend entschwebte auch das Bild ihres Schöpfers zu heroischer Dreifaltigkeit: »... unser alter Graf Zeppelin nun, der gehört zu den Kriegshelden, zu den Helden des Alltags und zu den Helden der Arbeit erst recht.«

›Zeppelins Kampf und Sieg‹, von Ernst Arnold ›Der Jugend und dem deutschen Volk geschildert‹, nahm nun wahrlich romanhafte Formen an, wie die Zeppelin-Romane Helmuth Kaysers und Wolfgang Loeffs als Gattungsprodukte beweisen. ›Der geniale Narr‹, ›Der Mann und die Idee‹ – so der Untertitel eines 1938 erschienenen Buches von Leonhard Adelt – waren guter Grund, ›vom Sieg eines deutschen Gedankens‹ zu schreiben, wie es Rolf Brandt 1936 tat, als es ›Mit Luftschiff Hindenburg über den Atlantik‹ geflogen war. ›Mit dem Grafen Zeppelin wider Menschen und Natur‹ gestritten zu haben, wie es 1930 *von einem alten Zeppeliner erstmals erzählt* wurde, ließ sich auch – zum Beispiel für ›Zeppelins Weltfahrt‹ – leicht ummünzen in ›Ein deutsches Heldenlied der Gegenwart in fünf Gesängen‹, das J.A. Pfister 1936 anstimmte.

Auch für aktuelle politische Vergleiche ließ sich der wiederbelebte Zeppelin leicht einspannen: ›So war die Jugend großer Deutscher‹ für Artur Georg Richter Anlaß, ›Hindenburg, Hitler, Schlageter, Zeppelin, Boelcke‹ biographisch in Kontakt zu bringen; und auch ein kriegerisches Nebeneinander mit einem seiner prominentesten Widersacher mußte sich Zeppelin posthum gefallen lassen: ›Drei deutsche Soldaten, ZEPPELIN, SCHLIEFFEN, TIRPITZ‹ wurden 1943 von Wolfgang Loeff als Vorbilder der Wehrtüchtigkeit gemeinsam beschworen. Erst nach dem Zweiten Weltkrieg wurde Zeppelin dieser erzwungenen Einheitsfront wieder entzogen und entnazifiziert – in Eckeners eigenen Lebenserinnerungen von 1949, die seiner Biographie des Grafen mit einem Abstand von rund zehn Jahren folgten.

Es folgten auch noch andere Schriften mehr oder minder ›alter Zeppeliner‹ wie etwa das zweite

Zeppelinbuch Hans von Schillers, der Zeppelin 1966 nun ebenfalls ausdrücklich als ›Wegbereiter des Weltluftverkehrs‹ gesehen wissen wollte; doch zunächst hatte der Kapitänleutnant zur See ›Das Zeppelin-Luftschiff im Dienste der Marine‹ im Auge gehabt – im wohl gewichtigsten literarischen Denkmal, das die Zeppeliner selbst ›aus Anlaß des fünfundzwanzigjährigen Jubiläums des ersten Luftschiff-Aufstiegs des Grafen Zeppelin‹ ihrem Firmengründer setzten: im ZEPPELIN-DENKMAL FÜR DAS DEUTSCHE VOLK von 1925, das die Gedenkschriften der maßgeblichen Verwandten, Freunde und Experten einschließlich der Trauerrede von Oberhofprediger Dr. Hoffmann unter goldgeprägtem Buchdeckel vereinigte.

Kapitel VIII

Zwischen apokalyptischen FACKELn und ZUKUNFTsvisionen: Ungläubige und Ikonoklasten, Konkurrenten und Imitatoren – Kontroversen, Prozesse und Duelle

»Am 1. April 1909 wird aller menschlichen Voraussicht nach die ›Fackel‹ ihr Erscheinen einstellen. Den Weltuntergang aber datiere ich von der Eröffnung der Luftschiffahrt.« Mit diesen Worten eröffnete Karl Kraus, Wiener enfant terrible und späterer Alleinschreiber seiner Zeitschrift DIE FACKEL, in der ersten Nummer nach Echterdingen – vom 13. Oktober 1908 – unter der Überschrift APOKALYPSE (Offener Brief an das Publikum) eine Untergangsvision nicht nur des Abendlandes. Zur Zielscheibe seiner höhnisch-verzweifelten Kritik hatte er den ›fieberhaften Fortschritt der menschlichen Dummheit‹ erkoren: »Wir waren kompliziert genug, die Maschine zu bauen, und wir sind zu primitiv, uns von ihr bedienen zu lassen. Wir treiben einen Weltverkehr auf schmalspurigen Gehirnbahnen.« – Am Ende einer kulturellen Atemnot sah er »eine tote Menschheit neben ihren Werken (liegen), die zu erfinden (sie) so viel Geist gekostet hat, daß ihr keiner mehr übrig blieb, sie zu nützen«.

»Aber siehe, die Natur hat sich gegen die Versuche, eine weitere Dimension für die Zwecke der zivilisatorischen Niedertracht zu mißbrauchen, aufgelehnt und den Pionieren der Unkultur zu verstehen gegeben, daß es nicht nur Maschinen gibt, sondern auch Stürme! ›Hingeworfen ward der große Drache, der alle Welt verführt, geworfen ward er auf die Erde ... Er war nicht mächtig genug, einen Platz im Himmel zu behaupten.‹ Die Luft wollte sich verpesten, aber nicht ›erobern‹ lassen. Michael stritt mit dem Drachen, und Michel sah zu. Vorläufig hat die Natur gesiegt.« – Es war in der Tat ganz offensichtlich das Ereignis von Echterdingen, das hier zum Anlaß und Gegenstand endzeitlicher Visionen hergenommen wurde – nur um sie einer heillosen Ausweglosigkeit zuzuführen:

»Aber sie (die Natur) wird als die Klügere nachgeben und einer ausgehöhlten Menschheit den Triumph gönnen, an der Erfüllung ihres Lieblingswunsches zugrundezugehen. Bis zum Betrieb der Luftschiffahrt geduldet sich das Chaos, dann kehrt es wieder! Daß Montgolfieren vor hundert Jahren aufstiegen, war durch die dichterische Verklärung, die ein Jean Paul davon gab, gerechtfertigt für alle Zeiten; doch kein Gehirn mehr, das Eindrücke zu Bildern formen könnte, wird in den Tagen leben, da eine höhenstaplerische Gesellschaft zu ihrem Ziel gelangen und der Parvenu ein Maßbegriff sein wird. Es ist ein metaphysisches Bubenspiel: aber der Drache, den sie steigen lassen, wird lebendig. Man wird auf die Gesellschaftsordnung spucken können, und davon würde sie unfehlbar Schaden nehmen, wenn ihr nicht schlimmere Sendung zugedacht wäre ... Einer Welt, die ihren Untergang ertrüge, wenn ihr nur seine kinematographische Vorführung nicht versagt bleibt, kann man mit dem Unbegreiflichen nicht bange machen. Aber unsereins nimmt ein Erdbeben als Protest gegen die Sicherheit dieser Ordnung ohneweiteres hin und zweifelt keinen Augenblick an der Möglichkeit, daß ein Übermaß menschlicher Dummheit die Elemente empören könnte.«

Schon in der zweiten Februarnummer der FAKKEL von 28. 2. 1908 hatte Kraus ein konkretes Erdbeben zum Vorboten künftiger Dinge genommen und mit dem menschlichen Fortschritt in Verbindung gebracht: »Es wäre nicht mehr zu überbieten. Und doch war dieses Erdbeben nur das dumpfe Rollen einer Ahnung von dem, was kommen wird. In diesem Jahr wird sich die Erde auftun und gegen die vermessene Behauptung, daß der Wiener nicht untergeht, demonstrieren. Es ist gar nicht anders möglich. Die Dummheit ist ein Elementarereignis, mit dem es kein Erdbeben aufnehmen kann. Ihre inneren Wirkungen müssen sich einmal zu einer Katastrophe zusammenballen, die das Antlitz dieser Erde entstellt. Nie zuvor kann es eine Kulturperiode gegeben haben, in der die Menschen, durch Rasse und Religion getrennt, sich mit solcher Begeisterung zu dem einigenden Prinzip der Dummheit bekannt hätten. Vielleicht ist der Menschheit noch bis zur Betriebseröffnung des Luftschiffs eine Frist gegeben und erst die geistige Verkehrsstörung, die dann rapid fühlbar werden wird, zur Einleitung des Debakels bestimmt. Ich hege aber die tiefe Überzeugung, daß sich noch in diesem Jubeljahr, wenn etwa der Festzug über die Ringstraße gehen wird, große Dinge begeben werden.«

Mit den Ereignissen vom Beginn der zweiten Jahreshälfte 1908 schien für Kraus nun die Einleitung des Debakels vonstatten zu gehen – nicht nur in der ganz besonders untergangsreifen Hauptstadt der k.u.k. Monarchie: »Durch Deutschland zieht ein apokalyptischer Reiter, der für viere ausgibt. Er ist Volldampf voraus in allen Gassen. Sein Schnurrbart reicht von Aufgang bis Niedergang und von Süden gen Norden. ›Und dem Reiter ward Macht gegeben, den Frieden von der Erde zu nehmen, und daß sie sich einander erwürgten.‹ ... Dann aber sehe ich ihn wieder als das Tier mit den zehn Hörnern und den sieben Köpfen und einem Maul gleich dem Rachen eines Löwen. ›Man betete das Tier an und sprach: Wer ist dem Tiere gleich? Und wer vermag mit ihm zu streiten? Ein Maul ward ihm zugelassen, große Dinge zu reden.‹«

Für die Zeitgenossen bedurfte es keiner Namensnennung mehr, um in der Gestalt des apokalyptischen Reiters mit Schnurrbart, der für viere ausgab, den Deutschen Reiterhelden Zeppelin, im angebeteten, alle Welt verführenden Drachen das verlebendigte Luftschiff, das der Graf drachengleich hatte aufsteigen lassen, zu erkennen; er war zugleich auch zu erkennen als der Vorreiter jener Pioniere der Unkultur, denen die Natur in Echterdingen eine – vorläufige – Lektion erteilt hatte, indem sie das postmeisterliche Fortschrittsbild eines zukünftigen Weltverkehrs in allen Dimensionen zum apokalyptischen Bild einer Katastrophe umschlagen ließ. – Mit der bewußten Auslassung des Namens, dessen Nennung auch gar nicht nötig war, hatte Kraus jedoch an jener feinen ästhetischen Grenze bedeutungsvoll eingehalten, deren Überschreitung aus der symptomatischen Anspielung einen direkten persönlichen Angriff gemacht hätte, so, wie es die bevorzugte Gangart der meisten Zeppelingegner war – unter anderen auch die des Berliner Kraus-Antipoden Maximilian Harden, der sich in seiner Zeitschrift DIE ZUKUNFT zum prominentesten publizistischen Feind des Grafen nach 1908 entwickelte.

Im Gegensatz zu Karl Kraus, der mit geradezu übersinnlicher Empfindsamkeit jene inneren tektonischen Spannungen der spätbürgerlichen Gesellschaft registrierte, die sich im Erdbeben des ersten Weltkrieges entluden, kam Harden erst spät und unter anderem Blickwinkel zu wahrhaft apokalyptischen Zeppelin-Visionen; im Herbst 1913, nach der Explosion des Marine-Luftkreuzers L2: ... »Zweiundvierzig junge Menschen getötet (nicht dem Vaterland: dem Götzenwahn der Instanzherrscher geopfert); die kühnsten Jünglinge, die bewährtesten Fachmänner, die das Reichsmarineamt in Jahren nicht ersetzen kann. Millionen verschleudert. Patriotenbegeisterung ins falsche Faß gepökelt, wo sie ranzig werden mußte ... Uns ekelt, zu lesen, eins seiner (Zeppelins) Luftschiffe habe ›zu Ehren der mit dem L2 Umgekommenen über dem Massengrab auf dem Garnisonkirchhof gekreist‹; ekelt, wie plumpes Theaterspiel im Totenhaus.«

»Doch den Namen des schwäbischen Grafen hat der Südwind der Volksgunst bis in die Falten des Götterthronhimmels gewirbelt; ... und der Andacht gesellt sich die Schreckensdrohung. Kaiser und Prinzen, Kanzler und Ressortchefs, Zeitungleiter selbst sollen jämmerlich geirrt und die Sense gedengelt haben, die kräftige Jugendblüthe in Bündel mähte? Aus allen Winkeln schielt Zweifel, kriecht Mißtrauen; aber kein Wille waffnet sich zu Bekennermuth. Berlin ist die schönste Stadt der Welt, Unter den Linden die beste Oper der Welt, am Kurfürstendamm das prächtigste Lichtspielhaus der Welt, in der Behrenstraße die eleganteste Bar und der leckerste Mädchenmarkt der Welt. In solchen Glanz taugt nur das größte, stärkste, sicherste, schnellste Luftschiff der Welt. Alls ein Symbol furchtsam protzender Unwahrhaftigkeit steigt es mit Schraubengeröchel auf, schwebt rasselnd, platzt über Leichen und Stank. Durch die in Tageshelle gekünstelte Nacht üppigsten Volksrausches läßt es der Gott, der Deutsche redlich will, vor umnebelten Köpfen verlodern.«

Anders als Karl Kraus, der erst in der perfektionierten Inbetriebnahme der Luftschiffahrt deren wahrhaft apokalyptische Bedeutung kommen sah, machte Harden dem *starren System* zum Vorwurf, weder für zivile noch für militärische Zwecke hinreichend betriebssicher zu sein, und zwar im Prinzip: »Den Sachverständigsten war die Echterdinger Katastrophe kein Zufall, kein *accident*, sondern die unvermeidbare, vorausgesehene Folge eines gefährlichen Systems. Ist von den Trunkenen einer gewiß, daß dem nächsten Schiff des Grafen Zeppelin ein minder düsteres Schicksal beschieden ist? Nein? Dann mag Jeder bedenken, daß Zeppelins nun Deutschlands Schlappe wäre. ›Auftrag der Nation‹, ›nationaler Luftschiffbaufonds‹: solche Worte sind Ketten und binden das Reich. Und höher als der Mann, auch der edelste, muß uns, viel höher, des Reiches Wohl gelten. ... Vor fünf Jahren, am fünfzehnten August 1908, waren hier (in der ZUKUNFT) diese Sätze zu lesen. Nur einem Häuflein hatten sie nicht allzu nüchternen Klang. Kam der siebzigjährige Graf Ferdinand Zeppelin in seinem Wunderkahn nicht vom Bodensee bis an den Main, vom Goldenen Mainz nicht nach Stuttgart? Schwebte nicht, wie ein Märchengebild, das schönste Schiff über Erwins Kirche? Daß es auf dem Echterdinger Feld verbrannte, war ein Zufall, dessen Tücke kein Menschenhirn abwenden konnte. Der Deutsche aber nicht hindern darf, auch in der Luftwelt sich voran zu fühlen.« – Das also schien der Vorwurf des ›Altreichsjournalisten‹ Harden von Anfang an zu sein: daß die Identifizierung der Sache Zeppelins mit der von Volk und Reich zu hohe Risiken an Gesichtsverlust mit sich brächte. Daher seine Kassandra-Rufe gegen die für ihn unverantwortliche Zeppelin-Begeisterung.

Auch er charakterisierte die Zeppelin-Begeisterung, so wie Kraus mit metaphorischem Bibelzitat, als falschen Götzendienst, aber er tat es vom Standpunkt des Dienstes am preußischen Kaiserreich: »Dem zeugt der Taumel nie einen Messias. Das kann sich nur selbst erlösen, mit dem ganzen Aufgebot männlicher Kraft.« So hatte er schon 1908 geschrieben, und 1913 hinzugefügt: »Diese herrlichen Luftkreuzer künden der Welt Deutschlands Größe. Der Erdball neidet sie uns und vor ihnen zittert der frechste Feind. So wird, von unermüdlichen Mäulern, geschwatzt. Wer warnend dagegen spricht, von allen Preß(Presse)rüden umbellt. Darf man etwa bekennen, daß der Patriotenjubel, den, in solchem Tongedröhn, nicht Fritz, nicht Blücher, nicht Bismark gehört hat, einen Irrthum bejauchzte und von einer Lebensleistung, die wie eines Heilands angebetet ward, nur die Straffung zähen Willens bewundernswerth bleibt? Daß Kaiserliche Majestät und Hoheit, Minister und Staatssekretäre, Vertreter der Volksseele und Fabrikanten Oeffentlicher Meinung sogar ihre Macht für Unbrauchbares eingesetzt haben? Niemals.«

Mit Worten wie denen zum Unglück des Marineluftschiffes zog Harden sich auch 1913 noch, als die Zeppelin-Euphorie ihren Höhepunkt lange überschritten hatte, eine böse Presse zu. Den ›widerwärtigen Schmutzreden‹ eines Heinrich Heine stellte man seine ›Begeiferung nationalen Unglücks‹ ironischerweise zur Seite: »Harden ist nicht der Mann, der unserem Volke die Begeisterung für den Grafen Zeppelin nehmen könnte«, schrieb zum Beispiel der ›Vogtländische Anzeiger – Plauen‹. »Unser Volk hat Gott sei dank eine feine Witterung und kann noch unterscheiden zwischen Achill und Thersites, zwischen Taten, diktiert von selbstloser Vaterlandsliebe, und undeutschem Gegeifer. Der höchste Dank, den das deutsche Herz seinen großen Männern abstattet, besteht nicht in klingender Münze und Massenhymnen; sondern in glühender Verehrung, siehe Bismarck. Und weil Maximilian Harden das nicht verstehen kann, was sehr begreiflich ist, so hat er keinen Grund, viel weniger ein Recht, sich als Warner berufen zu fühlen. Der Einsiedler im Sachsenwalde durfte warnen, weil er der Deutschen Deutschester war; aber lächerlich wirkt dieses Wort im Munde eines unserem Volksgemüt wesensfremden, größenwahnbehafteten Kritikasters.«

Der Hinweis auf Bismarck und die Rolle als nationalem Warner kam nicht von ungefähr: Harden war als junger Journalist vom gestürzten eisernen Kanzler zeitweilig für publizistische Manöver eingespannt worden, hatte sich seit Gründung seiner Zeitschrift DIE ZUKUNFT 1892 zusehends in die Rolle eines unbequemen Tugendwächters gegen den ›Neuen Kurs‹ Wilhelms II. hineingeschrieben und in einem Festungshaft-Martyrium wegen Majestätsbeleidigung 1900 seine Weihe als unerwünschter Prophet und wilhelminischer Jochanaan empfangen. Seine nachfolgenden Enthüllungen über homosexuelle Verfehlungen in höchsten, dem Kaiser nahestehenden Militärkreisen hatten ihm 1906 unter Intellektuellen und Literaten den Ruf eines unerschrockenen und unerbittlichen Kritikers eingetragen – nur nicht bei Karl Kraus, mit dem ihn zuvor eine enge Freundschaft verbunden hatte.

Für Kraus wurde Hardens ›Sexualschnüffelei‹ und anmaßende ›Normenkontrolle‹ – sein bevorzugtes Ziel waren auch Frauen, die sich den Geboten der bürgerlichen Moral widersetzten, und deren tieferes, psychologisches Verständnis sich gerade der Wiener leidenschaftlich zur Aufgabe gemacht hatte – zum Anlaß einer ›Erledigung‹ Hardens, die er im Oktober 1907 als FACKEL-Doppelheft publizierte. ›Brudermord‹ nannte Kraus ironisch seine Wendung gegen den zehn Jahre älteren Kollegen in Berlin, der ihm bei der Gründung und Konzeption der FACKEL 1899 mit Rat und Wort geholfen hatte, dessen Gast er häufig gewesen war. In der Tat war es wohl eher ein *Vatermord*, und einer der geschliffensten, mit der Feder ausgeführten, dessen Zeuge die literarische Welt geworden ist.

Hatte Kraus zunächst – 1904 – nur von ›sozialkriritischen Verirrungen dieses außerordentlichen Essayisten‹ gesprochen, so erschien ihm dessen Naturell 1907 als kongeniales Pendant des von Harden angefeindeten Wilhelm II.; etwas verband diese »beiden Herrn, die sich gleich verstanden, wenn sie sich im moralischen Reinlichkeitsbedürfnis fanden«. – »In Deutschland, wird es heißen, war es im Anfang des zwanzigsten Jahrhunderts möglich, daß ein Mann, der die Feder führte, nicht nur dem Wüten einer paragraphierten Sittlichkeit Vorschub geleistet, sondern sich auch der Erfolge einer Razzia gerühmt hat, an der er zwischen Polizeihunden teilnahm. In Deutschland war es möglich, daß sich ein Denunziantentum, neben dem die erwiesene Päderastie eine geistige Leistung ist, als eine Tat der Feder ausschrie.« »Wer in dem Ekel dieser Wahrheitsforschung nicht erstickt, wer es nicht fühlt, daß hier die Gemeinheit in dem Maße wächst, in dem sie die Wahrheit sagt, und daß auf geschlechtlichem Gebiete ›Lumpereien‹ und ›Schmutzereien‹ nie der Täter und stets der Enthüller begeht, wer auch jetzt noch den hosenlatzspähenden Nachbarn für einen Feuergeist, den Nachttopfgucker für einen Übermenschen, den Verbündeten der Todfeindin unserer Freiheit, der Sexualmoral, für einen Vorkämpfer deutscher Kultur hält, den verachte ich tiefer als Herrn Maximilian Harden.«

Kraus entsetzte sich nicht nur »über die geistige Minderwertigkeit einer Wahrheitsforschung, die mit Enthüllergebärden die deutsche Moraljustiz antreibt«, er tat ein übriges: »Daß Herrn Harden der Funke fehlt, kann ich aus einem Satz, den er schreibt, viel besser erschließen, als aus einer Meinung, die er ausspricht«, erklärte er in einem ›Nachruf‹, den er der ›Erledigung‹ im Jänner 1908 folgen ließ. »Wenn die Kunst, aus dem Stil eines Schriftstellers auf sein Temperament, seine Wahrhaftigkeit, seine seelische Energie einen Schluß zu ziehen, bei uns mehr geübt würde«, fügte er in einem ›Nachtrag‹ der nächsten FACKEL-Nummer hinzu, »so wäre man sich über den Charakter Hardens nicht erst durch sein Verhalten während des Moltke-Harden-Prozesses klar geworden.«

In solcher Kunst war Karl Kraus ein Meister, und erst in seiner erbarmungslosen Sprachstil-Analyse wurde der Angriff auf Harden zum perfekten Literaten-Mord: Er zeigte, daß die ›Elephantiasis‹ dieses ›Umworters aller Worte‹, dieses ›Ziergärtners einer tropischen Kultur von Stilblüten und Lesefrüchten‹, seine zwanghafte Neigung, ›krebsartige Neubildungen der deutschen Sprache‹ hervorzubringen, direkter Ausdruck und Mittel einer gehässigen und hinterhältigen Manier waren, mit scheinbar nichtssagenden Andeutungen Dinge zu suggerieren, ohne daß sie als juristischer Tatbestand faßbar wurden, und dementsprechend auslegbar zu belassen. – Auch wenn er Harden in seiner Apokalypse nicht eigens aufführte, so wäre der Berliner Sittenwächter doch ohne weiteres als besonderes Schoßkind der großen Presse-Hure hinzuzudenken gewesen, die Kraus dem Luftschiff-Drachen zur Seite stellte. Aber er vermied an dieser Stelle eine Personalisierung – auf der einen wie der anderen Seite.

Stattdessen nahm er sich des einen in einem gesonderten Beitrag des Apokalypsenheftes unter der Überschrift ›Harden-Lexikon‹ an: »In der Reihe der Übersetzungen, durch die man die Meisterwerke der fremdsprachigen Literatur dem deutschen Leserpublikum zugänglich zu machen sucht, hat bis heute eine verständnisvolle Bearbeitung der Prosa Maximilian Hardens gefehlt. Die Schwierigkeiten des sprachlichen Erfassens mußten sich um so schmerzlicher fühlbar machen, je populärer die Gegenstände wurden, die unserem Autor am Herzen liegen, und je weiter sich das Gebiet eines vielseitigen Wissens auszudehnen begann, dem heute, wie man ohne Übertreibung behaupten kann, zwischen der Homosexualität und der Luftschiffahrt nichts Menschliches fremd ist.« Denn Gegenstand solch sarkastischer Übersetzertätigkeit war unter anderem die erste Zeppelin-Tirade des ›Ermordeten‹ vom 15. 8. 1908, die hier samt Krausscher Transskriptionen (in Klammern) anzitiert sei:

»Über der Löwenbucht verglüht der fünfte Augusttag (Marseille, 5. August). Auf dem Cornicheweg ists leerer als sonst beim Dämmern eines Sommerabends (Ich bin zum erstenmal in Marseille, aber so leer war's noch nie); das immer hastige Leben der Phokäerstadt scheint in die Herzkammer zurückgedrängt (Marseille ist wie ausgestorben). Zwischen der Rue Honorat und der Cannebière regt sichs (Meine Lokalkenntnis ist verblüffend). Schänken und Kaffehäuser sind dicht besetzt; die Stimmen schriller, die Gesten heftiger als am Alltag. Der Fremde merkt bald, daß im Sinus Gallicus das Blut heute besonders schnell kreist ((Unverständliche Stelle, aus der nicht hervorgeht, ob das Blut im Meerbusen oder das Wasser im Busen der Marseiller aufgeregt war)). Was erregt die Massilier? Irgendwas liegt in der Luft. Was? Der Horcher erlauschts. ›Le Zeppelin‹, ›la Zeppeline‹: so schwirrts um alle Tische. Das also. Seit gestern fährt der schwäbische Graf durch die Luft;« etc.

»... Solche Nachtstimmung – Paris und London haben sich weiser beherrscht als die mit Bouillabaisse und Südwein Genährten (K. K.: Bewohner von Marseille) – erlebten nur Wenige; ahnten aber viele. Das erklärt, warum die Begeisterung plötzlich in so üppigen Garben aufflackerte, wie der nüchterne Deutsche sie kaum je noch sah; warum Graf Ferdinand von Zeppelin ein paar Tage lang so populär war wie keiner seit Bismarcks Zeit. Nicht als Erfinder. Unter den Lebenden haben Edison, Koch, Van't Hoff, Behring, Röntgen und mancher Andere der Menschheit Nützlicheres geleistet. Für die moderne Kriegführung waren die Erfindungen und Kombinationen der Nordenfelt, Zédé, Romazotti, Laubeuf vielleicht wichtiger als eine Erleichterung der Aeronautik.« – Mit solch stupendem ›Zettelkasten-Wissen‹, das Karl Kraus immer wieder in ironischen Kommentaren aufs Korn nahm, rückte Harden nun auch dem Grafen zu Leibe:

»Die revolutionierende Wirkung der Turbine kann weiter reichen als irgendeines Luftfahrzeugs. Und als Erfinder unbetretener Pfade hat Graf Zeppelin die Welt nicht verblüfft. Ein anderer Graf, der Franzose De la Vaulx, ist von Paris, Berson und Elias sind von Berlin durch die Luft nach Südrussland gefahren. Giffard ersann, um die Widerstandsfläche zu verkleinern, das längliche Format und führte den Dampfmotor ein; Dupuy de Lôme das Ballonet; Wölfert den Daimler-Motor; Schwarz die Aluminiumhülle. Zeppelin hat das Bewährte benutzt, Neues hinzugefügt und mehr geleistet als vor ihm ein Anderer.« – Aber es kam Echterdingen. »Da verbrennt das Schiff: und wie auf einen Zauberschlag öffnen sich dem Grafen die Herzen; sogar die Taschen.

Hat die Persönlichkeit gesiegt? Die vermag Bewunderung zu erzwingen. Ein Mann aus altem Haus, dessen Söhne, weils ihnen zu eng wurde, aus Mecklenburg nach Dänemark und Rußland, Preußen und Österreich, Hannover und Württemberg zogen. Zeppelins haben unter Fritz, unter Melas bei Marengo und im deutschen Befreiungskrieg mitgefochten. Graf Ferdinand (vom württembergischen Zweig) hat 1863 in Amerika, 1866 in Böhmen Pulver gerochen und sich 1870 auf einem Patrouilleritt Lorbeer geholt. Edelmann und Soldat. Einer, der was gelernt, in Stuttgart das Polytechnikum, in Tübingen die Universität besucht und sich in der Welt nicht nur zum Vergnügen umgesehen hat. Das Muster des in alle Sättel gerechten deutschen Kavalleristen. Sein König (der nicht viel Personalauswahl hat) braucht ihn für die Diplomatie: und der Graf vertritt Württemberg anständig im Bundesrath. Als er des Amtes ledig ist, widmet er sich mit Jünglingseifer dem Luftschiffbau. Nimmt als Generallieutenant seinen Abschied und steigt 1900, ein Zweiundsechzigjähriger, von Manzell aus kühn zum ersten Mal himmelan. Seitdem ruht er nicht. Zwei Kanzler und zwei Staatssekretäre weigern ihm die erhoffte Reichssubvention. Der Kaiser dankt ihm nach ersten Versuchen mit einem hohen Orden und einem huldvollen Handschreiben; kommt nachher aber zu der Überzeugung, daß aus dem ›starren System‹ Zeppelins nichts Rechtes werden könne, und wehrt jeden Versuch ab, vor seinem Ohr den Grafen zu rühmen ... Graf Ferdinand wankt nicht. Läßt sich durch keine Enttäuschung den Muth des Gläubigen rauben. Eigenes Vermögen, Aktiengesellschaft, Lotterie: was vorwärts helfen kann, muß versucht werden. Pro patria. Amerika bietet für seine Erfindung eine stattliche Summe; er lehnt ab: denn er will für sein Vaterland arbeiten, nicht für Fremde ... Vier Luftschiffe baut er. Eines Tages, denkt er, müssen Die in Berlin einsehen, was ich ihnen leiste ... Der Kronprinz telegraphiert ihm: ›Halte Ihnen nach wie vor die Stange!‹ Weil unter dem Glückwunsch der Name Wilhelm steht, glaubt der Graf, die Depesche komme vom Kaiser (der ihm noch nie die Stange gehalten, sondern den Sinn für die Nothwendigkeiten der Praxis abgesprochen hat), und dankt der Majestät in den Kurialien tiffster Unterthänigkeit. Aber die Reichsbehörden heischen das Doppelte des am ersten Julitag Geleisteten ... Am vierten Augustmorgen versucht er es wieder; und diesmal scheint Fortuna dem Kühnen zu lächeln. Trotz zweimaligem Zwang zur Landung wird die Fahrt zum Triumphzug. Gleitet ein Wirklichkeit gewordener Kindertraum dem Auge vorüber? In Verzückung folgt der Blick dem schwebenden Wunder, dem selbst die hemmungslose Traumkunst nicht solche Vereinigung von Größe und Grazie erdichtet hat. Dehnen die Grenzen der Menschheit sich bis in den Himmelsbereich? Glokken läuten, Fahnen wehen, Böller krachen; aus tausend Kehlen jubelts zu dem Luftbeherrscher empor. Er hats noch erlebt. Vorgestern ein höhensüchtiger Narr; gestern ein des Lobes würdiger Anreger, dem Brauchbares aber nicht gelingen kann; heute der Messias. Der Bringer des Heils. Daß es vor ihm Luftschiffer gab, neben ihm Parseval und Groß, Lebaudy und Santos-Dumont wirken, ist vergessen. Zeppelin allein ist des Sieges, der Zukunft Bürge ... Ein Taumel rast durchs Land. Jeder möchte den Erlöser sehen. Um ihm näher zu sein, erklettern alternde Männer Baumwipfel, keuchen müde Frauen auf Dächer und Kirchtürme. Von der Maas bis an die Memel dröhnt die Freudenbotschaft von dem deutschen Sieg.

Noch ists nicht Inbrunst. Eine Gluth, die aus Papierballen aufprasselt und rasch wieder verglimmt. Freude an der Neuheit, die das Alte überleuchtet. Wenn gedruckt würde, Graf Zeppelin habe zwar gezeigt, daß er auf harter Erde landen könne, den Abnahmebedingungen aber, da er zweimal zu Reparaturen herunter mußte, wieder nicht genügt, sähen wir die Begeisterung wohl ebben. Die Sachverständigsten haben gewarnt. ›Auch Nr. 4 hält sich nicht vierundzwanzig Stunden oben; und durch die Mißachtung atmosphärischer Launen kann schlimmes Unheil entstehen.‹ Sprach Prophetengeist so? Nach der Landung in Echterdingen wird das Schiff auf dem Feld verankert und zum Anseilen und Halten Militär herangeholt ... Daß es auf dem Ankerplatz an Seilen fehlt, wird bedauert; schadet aber nicht. Da naht die Gewitterbö, wirft das Schiff auf die Breitseite, hebt es vom Boden und zerrt es so wild hin und her, daß die Pfähle brechen, die Seile reißen, die Mannschaft den hundertzwanzig Meter langen Körper nicht zu halten vermag. Tausende sehens entsetzt; recken Arme und möchten das Schiff umfangen. Unmöglich. Wird es entfliegen, wie Andrées Ballon, die ›Patrie‹ und der ›Nulli secundus‹? Nein.

Ein Knall, als sei die Erdkruste geborsten; eine Feuersäule, als wolle der Höllenfürst einem Liebling ein Denkmal setzen; nach drei, vier Minuten rauchen Trümmer, wo vorher das Gebild aus Menschenhand seine Metallglieder in stolzer Lebensfreude zu regen schien. Wer sagts dem Grafen? Schon jagt Einer der Stadt zu. Schon steht der Greis am Grab seiner Arbeit. Nicht seiner Hoffnung. Als sei er ins Hirn gehauen: so hat er nach der Meldung mit den Händen die wunde Schädeldecke betastet. Selten ward einem Menschen so ungeheures Erlebniß; war einer dem Weltgeist so nah. Höchster Triumph und zerschmetternder Sturz ins knappe Maß einer Stunde gezwängt ...

Der selbe Tag gebiert dem Grafen Zeppelin das dritte Heroenerlebniß. Sturz? Nein: Vergottung ... Für die ganze Menschheit steht der Mächtige, um die Frucht genialischen Fleißes Gebrachte nun; leidet für sie; und muß ihres Mitleidens belebenden Hauch drum auch spüren. Wie ein Golfstrom braust es erwärmend durch Aller Herzen, schmilzt die Eisrinde und schält ehrfürchtige Liebe aus dem kalten Wall ... Schon ist, während eine Sonne auf und nieder ging, eine Million gezeichnet worden. Haben Arme ihre Spargroschen aus der Büchse geholt. Hat das Reich den für das Schiff vereinbarten Preis bezahlt. Wer denkt noch an die Abnahmebedingungen? Fürsten und Städte, Körperschaften und Schulkinder, Banken und Handwerkstätten bieten Beiträge an. Der Paktolos strömt in den Bodensee. Aus neugieriger Bewunderung ist nun erst Inbrunst geworden.«

Hatte Harden 1908 noch ganz die besorgt-amüsierte Überlegenheit des Besserwissenden herausgekehrt, gewissermaßen alle pathetisch-messianischen Zungenschläge der Zeppelin-Begeisterung mit ausgekostet und nur in sanften hämisch-ironischen Glanzlichtern gebrochen, so wurde 1909 seine Sprache schärfer. Er, der es liebte, sich – sogar passagenweise – selbst zu zitieren, begann nun in Varianten und kleinen Zusätzen die Giftzähne seiner Formulierungen zu zeigen: »An Goethes Geburtstag soll Graf Zeppelin in seinem neuen Schiff nach Berlin kommen und nach der Landung in den Fürstenzimmern des Alten Schlosses wohnen«, war unter der Überschrift ›Zeppelin-Marsch‹ am 28. 8. 1909 in der ZUKUNFT zu lesen. »Den Schwarzen Adler hat er schon. Wird er jetzt Fürst, Großadmiral, wenigstens Excellenz? Welche Ehren sind ihm noch zu erdenken, dem seit einem Jahr im ganzen Reichsgebiet zugejauchzt wird? Wie noch nie einem Deutschen. Was Bismarck und Moltke an Volksjubel erlebten, war daneben ein Winkellärm ... Was vor ihm war, neben ihm ist, scheint völlig vergessen ... Dem Grafen Ferdinand von Zeppelin ist das Wunder aller Wunder gelungen. Drum hat die Skepsis zu schweigen.«

Für Harden nur der rhetorische Auftakt, deutlicher zu werden: »Euer Zeppelin hat das Bewährte benutzt, Neues hinzugefügt und mehr geleistet als vor ihm ein Anderer. Auch, was nicht unwichtig ist, mehr Geld zur Verfügung gehabt. Millionen sind draufgegangen, ehe er so weit war, wie er heute ist ... (Doch) alle Sachverständigen sind in der Überzeugung einig, daß die Zukunft den Drachenfliegern gehört, den Wright, die dem Problem des Menschenfluges die einfachste Lösung gefunden haben, nicht den starren Ungeheuern, die zwar das Auge entzücken, aber theuer, leicht treffbar, schwer transportabel und für den militärischen Aufklärungsdienst drum ungeeignet sind. So, lautet die Antwort, redet mißgünstiger Neid. Orville Wright mag ein geschickter Techniker, Parseval ein tüchtiger Offizier sein und das Luftschiff, das bei Siemens gebaut wird, manche nützliche Neuerung bringen: unser Heros ist und bleibt Zeppelin. Der deutschen Menschheit Messias ... Lächelt er noch? Dem Himmel so nah? So nah, noch ein Sterblicher, der Vergottung?

Feiert ihn, In des Reiches Hauptstadt so laut noch einmal, wie die Lunge begehrt«, lautete die einsichtsvolle Empfehlung des ZUKUNFTS-Propheten zum Schluß. »Dann aber bedenkt, daß Zeppelins nun Deutschlands Schlappe wäre, und daß auf seine Versuche, die morgen wieder scheitern können, nicht nur das Auge der Freundschaft blickt. Erniedrigt nicht jeden seiner Höhenflüge zum Jahrmarktsvergnügen. Schweigt endlich. Und laßt den Greis in der Werkstatt.«

Man schwieg natürlich nicht, und hatte die verschiedensten Gründe, nicht zu schweigen, seit der Südwind der Volksgunst den Grafen mit seinem Spendenvermögen in den Götterthronhimmel emporgewirbelt hatte. Hardens wiederholte, und scheinbar so arglosneutrale Feststellung, Zeppelin habe das Bewährte benutzt, Neues hinzugefügt und (nur) mehr geleistet als vor ihm ein anderer, war – dem Inhalt nach – seit Ende September 1908 Gegenstand heftiger Kontroversen:

»Wie verlautet, ist Graf Zeppelin mit dem Major Groß vom Luftschifferbataillon in einen schweren persönlichen Konflikt geraten«, war die sensationelle Mitteilung der Berliner Morgenpost vom 26. 9. 1908. »Wie erinnerlich, traten vor einiger Zeit Wiener Blätter mit der Behauptung hervor, der Ruhm für die Konstruktion des starren Luftschiffs gebühre nicht dem Grafen Zeppelin, sondern dem verstorbenen österreichischen Ingenieur Schwarz, der vor Jahren schon das jetzt vom Grafen Zeppelin angewendete System praktisch verwendet habe. Graf Zeppelin erließ daraufhin in den Blättern eine Erklärung, in der er nachwies, daß sein System mit dem Schwarzschen nicht das mindeste zu tun habe. Es heißt nun, daß Major Groß Zweifel an den Darlegungen Zeppelins geäußert habe, durch die sich der Graf schwer verletzt fühlt; Graf Zeppelin gehe mit der Absicht um, von Herrn Groß persönlich Rechenschaft zu fordern. Mit der Angelegenheit sollen auch bereits das württembergische und das preußische Militärkabinett befaßt sein. Im weiteren soll auch bereits der Ehrenrat mit der Angelegenheit sich beschäftigt haben.«

Unkontrollierbare Gerüchte machten in der Folgezeit die Runde; einen Monat später war in der Berliner Wochenschrift ›Die Große Glocke‹ unter dem Frontseiten-Titel ›Moderne Denkmalsschändung‹ ein melodramatischer Kolportage-Artikel zu finden: »Ein Erlebnis aus der letzten Woche verdient mit der Feder festgehalten zu werden, weil es bezeichnend ist für die Stimmung vieler Kreise, und weil es ein helles Licht wirft auf den Charakter unseres Volkes.« Eine x-beliebige Gruppe von Berufstätigen war angeblich ›in ernstester Beratung beisammen‹ - »da plötzlich wurde die Tür aufgerissen und einer aus unserem Kreise, der bis dahin gefehlt hatte, stürzte leichenblaß ins Zimmer mit dem Schreckensruf: Habt Ihr es schon gehört? Soeben verbreitet sich das Gerücht, Zeppelin sei erschossen worden! – Alle sprangen auf! Wie ein elektrischer Schlag hatte es alle getroffen. Es herrschte ernstes, tiefes Schweigen, so ernst wie draußen in der Natur, wenn eben ein Ungewitter schwer sich entladen will, und wirklich, da brach es los, heftig, wild, ungestüm und elementar. Eine wutgeballte Faust schlug dröhnend nieder auf die ächzende Tischplatte und schneidend wie ein Dolch durchfuhr der Ruf die Luft: Wenn der ... der ... Groß das getan hat, dann steigt er nicht mehr auf! Das sage ich euch! Das sage ich euch, und das ist so sicher, wie es sicher ist, daß ich hier vor euch stehe! – Die Feder ist zu schwach, hier wiederzugeben, wie tief die Erregung war, die unserer bei der erhaltenen entsetzlichen Nachricht sich bemächtigt hatte.«

Doch die fiktiven Bluträcher brauchten nicht zur Vergeltung zu schreiten; das Duell fand nicht statt. Ohnehin hatte eine Korrespondenz bald die Meldung verbreitet, daß man im preußischen Kriegsministerium von Differenzen der beiden Luftschiffer nichts wisse. »Wir halten aber die Behauptung aufrecht«, war in einer Berliner Tageszeitung vom 30. September zu lesen, »daß den beiden Aeronauten von maßgebender Stelle bedeutet worden ist, sie dürften unter keinen Umständen der Welt das Schauspiel eines Zweikampfes bieten. Sie befänden sich in der Lage von ›Offizieren vor dem Feind‹ und hätten vor allem ihre ›Pflicht gegen die Nation‹ zu erfüllen.«

Jedenfalls waren mit der gütlichen Beilegung dieses Ehrenhandels dessen tiefere Ursachen nicht beseitigt, wie sich zeigen sollte. In den Augen einer Öffentlichkeit, der Idee und technische Ausführung als zwei Seiten einundderselben Medaille, nämlich einer genial-voraussetzungslosen Leistung erschienen, mußte jeder Hinweis auf Vorläufer oder gar direkte Anleihen den Beigeschmack von Verdächtigungen auf geistigen – und materiellen – Diebstahl annehmen; und erst recht im Munde eines Publizisten wie Harden, dessen skeptische Einstellung zum Zeppelin–Unternehmen offenkundig war: Im September 1909 hatte Harden in Bauchredner-Manier einen ›unbekannten Ingenieur‹ mit kritischen Fragen zur Tätigkeit der ›Zeppelin-Luftschiffbau GmbH‹ zu Worte kommen lassen, die seine eigenen Vorbehalte untermauerten: Anstatt mit dem ihm anvertrauten Pfunde wissenschaftlich zu wuchern, den Gedanken der Lufteroberung im allgemeinen zu fördern, lasse sie sich blenden von ihrem billigen Ruhm, beschränke sich darauf, von Zeit zu Zeit Renommierfahrten zu machen, und arbeite in der Zwischenzeit nur daran, das ramponierte Luftschiff durch Morphiuminjektionen wieder gesellschaftsfähig zu machen, oder baue, wenn es hochkommt, an einem Ersatzrenommierschiff.

»Wenn diese Bahn beschritten ist und bleibt, kommt früher oder später eine nationale Blamage, ein ›Panama‹ der neuen Technik, bei dem man den ehrlichen Grafen Zeppelin nur bedauern kann. Dann ist wieder eine Idee, nicht weil sie schlecht war, diskreditiert, sondern eine vielleicht gute hat sich prostituiert, sie hat den Laien Wissenschaft und Fortschritt vorgetäuscht, wo in Wirklichkeit nur räumliche Größe, Absonderlichkeit, Ungewohntes in Verbindung mit irgendwoher iniziiertem Hurragefühl eine Leistung gezeitigt hat, die sich von einem technischen Zirkuskunststück im Grunde nur durch die aufgewendeten Kosten unterscheidet. Hat nicht das Volk das moralische Recht, von der Zeppelin-Gesellschaft, obwohl sie eine GmbH ist, also legal nicht verpflichtet, die Veröffentlichung einer Bilanz und eines sehr deutlichen Geschäftsberichts zu verlangen?«

Angesichts solcher Fragen, die formell an den Herausgeber der ZUKUNFT gerichtet waren, und die jener ebenso formell an die Betroffenen weiterreichte, konnten die Friedrichshafener nicht schweigen. Colsman antwortete im Oktober auf die ›herabsetzenden Fragen‹ des eingestandenen Laien, das deutsche Volk habe dem Grafen einmütig sein Vertrauen bekundet, als es ›die Männer, die damals die Hand ausstreckten, um nach den Millionen zu greifen, sie ihrem Einfluß zu sichern, auf die Finger geschlagen‹ habe. Vielleicht seien die Absichten des Herrn Geheimrathes Rathenau mißverstanden worden; er glaube es. Aber das Volk habe seine Rathschläge so aufgefaßt etc. – Die Gesellschaft brauche nicht so empfindlich zu sein, wenn aus dem deutschen Volk, das seit den Tagen der Nationalspende die Zeppelinsache ein Bißchen als seine eigene betrachte, endlich auch ein rauhes Wörtchen auf ihre erhabene Höhe schalle, meinte Harden im Begleitkommentar. »Bedarf sie der Kritik nicht? Von allen Institutionen und Unternehmungen sie ganz allein? Sie wendet sich jetzt an die Volksgenossen und heischt finanzielle Betheiligung an einer zu gründenden Luftverkehrsgesellschaft und an einer Polarfahrt. Und den zur Hilfeleistung Aufgeforderten soll verwehrt sein, offen auszusprechen, was ihnen unvollkommen, was der Besserung bedürftig erscheint?«

Und nach solch rhetorischer Rückfrage ließ er – ganz nebenbei – wieder Bemerkungen einfließen, die den zeitgenössischen Leser aufhorchen lassen mußten: »Graf Zeppelin war nicht der Erste, der sich in einem lenkbaren Fahrzeug lange in der Luft hielt. Richtig mag auch sein, daß er viel von Schwarz übernommen und den Weg zur Verbindung der beiden Gondeln in einem amerikanischen Patent gefunden hat. Einerlei ... Der Mann, der, allen Schwierigkeiten zum Trotz, von der Schweizergrenze durch die Luft nach Norddeutschland fuhr, ist weithin hallenden Ruhmes würdig. Bis ers so weit brachte, hat er freilich Summen verbraucht, deren fünfter Theil uns schon in Schwarzens Tagen, nach gescheiter Anwendung, vielleicht ein lenkbares Luftschiff beschert hätte.« – Wer war gemeint als Bescherer? Schwarz oder Zeppelin?

Diese Anspielungen blieben zunächst ohne Resonanz aus Friedrichshafen – bis zum Juni 1911, als er sie schärfer akzentuiert wiederholte: »Ich bin nicht sachverständig. Weiß nicht, ob Graf Zeppelin, wie von ernsten Männern behauptet wird, den wichtigsten Theil seines Systems von dem Oesterreicher Schwarz übernommen und die Möglichkeit zur Verbindung der beiden Gondeln in einem amerikanischen Patent gefunden hat.« – »Wenn man so etwas nicht weiß, sollte man es nicht wiederholen«, schrieb Colsman daraufhin in einer längeren Richtigstellung. »Wer sind die ernsten Männer, die Das behaupten? Sie irren, diese Männer. Ich weiß Das, denn ich habe die Ehre, dem Grafen Zeppelin nah zu stehen, und habe dem verstorbenen Industriellen Karl Berg, der das Luftschiff des David Schwarz baute und aus seiner Tasche bezahlte, sehr nah gestanden. Lediglich einige Konstruktionstheile am Gerippe waren bei dem ersten Z-Schiff die selben wie bei dem des David Schwarz, da die Einzeltheile beider Schiffe in der Fabrik von Karl Berg in Lüdenscheid hergestellt wurden. Schon beim zweiten Schiff war nichts, was irgendwie mit dem Luftschiff Schwarzs gemein gewesen wäre. Und von einem amerikanischen Patent weiß hier in Friedrichshafen kein Mensch Etwas.«

Der Kommentar Hardens, der ansonsten die ›putzigen Rügereden‹ des ›friedrichshafener Hukkebeins‹ weidlich ironisierte, klang an dieser Stelle fast verlegen: »Die Angabe, Graf Zeppelin habe Wesentliches von Schwarz übernommen, kann Herr Colsman in vielen Aufsätzen und Büchern finden. Alls ich die Einwände der Techniker erwähnte, sprach ich auch davon und von dem amerikanischen Patent. Sagte: Ich weiß nicht, ob es wahr ist; und glaube, damit angedeutet zu haben, daß die Antwort auf diese Frage (wahr oder unwahr?) für mein Urtheil nicht bestimmend sein könne. Ists Sünde, auch nur Unrecht, zu sagen, daß man Etwas nicht wisse?« – Als dann aber im Juli der Graf selbst ›Hochwohlgeboren‹ Harden hochachtungsvoll ersuchte, eine ›Aufklärung‹ des Inhalts zu veröffentlichen, daß er bereits im Jahr 1894, ›wo bei uns wenigstens noch Niemand Etwas von einem schwarzischen Luftschiff wußte‹, seine ins Einzelne ausgearbeiteten Entwürfe einer Prüfungskommission vorgelegt habe, sah sich Harden dazu angehalten, etwas zu beweisen, was er vorher doch so sorgfältig vermieden hatte, direkt zu behaupten.

In seiner weitschweifigen Erwiderung, die Harden neben dem Brief Zeppelins publizierte, stellte er, wie das Berliner Tageblatt vom 12. Juli resumierte, folgendes fest: »Der Holzhändler David Schwarz kam als erster auf den Gedanken, ein lenkbares Luftschiff aus starrem Stoff zu bauen. Er studierte, zeitweise als Arbeiter verkleidet, mehrere Aluminiumfabriken und legte sein Projekt 1890 dem österreichischen Kriegsminister vor. Da die österreichische Regierung die notwendigen Geldmittel nicht zur Verfügung stellen konnte, wurde Schwarz russischer Regierungsingenieur und baute 1892 in Petersburg sein erstes Luftschiff, das aber nicht mit Gas gefüllt werden konnte, da schlechtes Material geliefert worden war. Schwarz wandte sich dann nach Berlin, wo sein Projekt eines Aluminiumlenkballons von achtzig Metern Länge und zwölf Metern Breite gutgeheißen wurde. Die Militärbehörde versprach, den Ballon bei erfüllten Erwartungen für 300000 Mark anzukaufen. Am 13. Januar 1897 wurde Schwarz zum Probeflug telegraphisch von Wien nach Berlin gerufen. Er starb kurz nach Empfang der Depesche auf offener Straße am Herzschlag. Seiner Witwe, Frau Melanie Schwarz, wurde auf Befehl des Kaisers die Vorarbeit und Demonstration im Luftschifferpark anvertraut. Das Luftschiff stieg am 3. November 1897 auf dem Tempelhofer Feld auf. Die Führung war den Offizieren (des Luftschifferbataillons) nicht erlaubt und deshalb einem jüngeren Maschinisten überlassen worden. Das Luftschiff wurde bei zu rascher Landung zerstört.

Graf Zeppelin war bei diesem Probeflug zugegen. Sein Patent vom 31. August 1895 spricht weder von Aluminium noch von einer Verbindung der beiden Gondeln, die vier Monate später einem Amerikaner patentiert wurde. Er hat erst nach Schwarzens Tode ein Luftschiff gebaut und Aluminium sowie Propeller von den gleichen Fabriken wie Schwarz bezogen. Am 10. Februar 1898 haben Graf Zeppelin und Kommerzienrat Karl Berg in Stuttgart mit Frau Schwarz *zwei Verträge* geschlossen. Durch den ersten Vertrag erwarb Herr Berg das Recht, über die ›ihm mit den Schwarzschen Erben gemeinschaftlich gehörigen, patentierten und nichtpatentierten Erfindungen‹ in Deutschland frei zu verfügen. Durch den zweiten Vertrag sicherte Graf Zeppelin der ›Gesellschaft zur Förderung der Luftschiffahrt‹ das Vorkaufsrecht für die den Schwarzschen Erben außerhalb des Deutschen Reiches zustehenden Rechte. Nach Hardens Mitteilungen hat die Gesellschaft, die nach den mißglückten Versuchen des Grafen Zeppelin im Sommer und Herbst 1900 aufgelöst wurde, ihre Verpflichtungen gegenüber Frau Schwarz nicht erfüllt.«

Harden hütete sich wohlweislich, gegen den Grafen selbst mit direkten Verdächtigungen loszugehen, sprach nur von einer die Zeppelinsche ›Aufklärung‹ ergänzenden Entschleierung und kühlte im übrigen sein Mütchen an Colsman, der ihm mit seinen einfachen Dementis das Spiel erleichtert hatte; aber die Absicht war nur zu klar: Zwischen relativen Lobsprüchen vermittelte er den Eindruck, daß es schon beim Aufstieg des ›starren Systems‹ nicht ganz mit rechten Dingen zugegangen sei, als sei die Witwe des eigentlichen Erfinders doch ziemlich ungeniert ausgebootet worden, als man sie nicht mehr benötigte – auf legale Weise, versteht sich, aber doch so, daß ein moralischer Schatten auf diese Angelegenheit fallen mußte. – Notwendiger Angelpunkt dieser stillschweigenden moralischen Verurteilung war natürlich seine These, daß Zeppelin ›den wichtigsten Teil seines Systems‹ vom Österreicher übernommen habe. Doch bei dieser Beweisführung enthüllte Harden sein eigenes, eklatantes Unverständnis der Luftschiffkonstruktionsprinzipien und stellte sich selbst bloß, und das um so mehr, als er sich mit seinem Zettelkastenwissen so ausdrücklich zum – nur scheinbar bescheidenen – Besserwisser erklärt hatte: Und damit verpuffte die Sprengwirkung seiner detektivischen Entschleierungen, deren Zündschnüre er so sorgfältig zwischen seinen Zeilen gelegt hatte.

Harden war offenkundig der Meinung, die Zeppelin-Schiffe besäßen eine ›Aluminiumhülle‹, die der Graf dem Österreicher abgeguckt hätte, da sein ursprünglicher Entwurf laut Patentschrift nur eine äußere Hülle aus Seidenstoff oder ähnlichem Material vorgesehen habe. Dabei waren spätestens seit der Groß-Affaire die Unterschiede der beiden Konstruktionen auch in der Presse dargelegt worden: »Sehen Sie sich doch bloß mal David Schwarz' Luftschiff im Bilde an, meine Herren Verfechter der Nachahmungstheorie!«, war z.B. in ›ein(em) Stück Laienpredigt‹ von Ernst Arnold am 1. Oktober 1908 zu lesen gewesen. »Der Tragkörper war 47½ Meter lang, hatte elliptischen Querschnitt, bestand aus einem Trägerrahmen, über den sich die Bekleidung aus Aluminiumblech spannte. Der Ballon hatte also keinerlei Webstoffhülle, sondern war gleichsam eine Blechkanne. Dieser Vergleich ist umsomehr berechtigt, weil man das Gas unmittelbar hineinfüllte; nicht erst in irgentwelche Ballonets oder Beutel aus Webstoff (wie beim Zeppelin-Schiff), denn solche besaß dieses Ballonschiff nicht.« Die Ähnlichkeit lag also allenfalls in der ›starren‹ Trägerkonstruktion, für die in beiden Fällen Aluminiumprofile der Firma Berg verwendet wurden.

Welche Moralbegriffe und Verpflichtungen letzten Endes mit jenen Verträgen verknüpft waren, die Harden in kriminalistischem Eifer zu Tage förderte und zum Stein des Anstoßes aufzubauen versuchte, geht am ehesten wohl aus einer ›köstlichen Szene‹ in Colsmans Memoiren hervor, die im Herbst 1908 spielte: »Eines Tages wurde ich dringend gebeten, ins ›Deutsche Haus‹ (dort wohnte Zeppelin in Friedrichshafen) zu kommen, weil Frau Melanie Schwarz mit ihrer ältesten Tochter bei ihm war. Als ich eintraf, war auch Uhland bereits zugegen ... Frau Melanie Schwarz wünschte einen bescheidenen Teil aus der Millionenspende. Ihre Rechte waren bei der Liquidation der ersten Gesellschaft zur Förderung der Luftschiffahrt, welche Berg aus dem mit David Schwarz geschlossenen Vertrage löste, verlorengegangen ... Aus menschlichen Gründen hätte man vielleicht Frau Melanie aus der Volksspende einen Betrag zubilligen können, wenn sich inzwischen nicht die erwähnte Affaire Groß ereignet hätte. Unter anderen Umständen wäre Graf Zeppelin auch sicherlich zu einem Entgegenkommen bereit gewesen, denn wenn behauptet wurde, daß er etwas schuldig sei, war von ihm selbst dann alles zu haben, wenn Rechtsgründe nicht auf der fordernden Seite standen.

Solche Schwächen eines Mannes, wenn man es so nennen darf«, schrieb Colsman an dieser Stelle, »weiß eine kluge Frau zu nutzen. Ich mußte mich aber den Wünschen der Dame entgegenstellen, denn wenn Graf Zeppelin ihr die kleinste Summe bewilligte, wäre dem Gerücht vom Schweigegeld neue Nahrung gegeben worden. ›Hören Sie nicht auf den kalten Juristen‹, rief Frau Schwarz, als ich meinen Standpunkt entwickelt hatte. ›Lassen Sie Ihr Herz sprechen, Exzellenz, Sie haben mich doch früher geliebt!‹ – Für Uhland und mich war es ein diabolisches Vergnügen, die köstliche Verlegenheit zu beobachten, in welcher der alte Herr den Eindruck dieser Wiener Redewendung in größter Liebenswürdigkeit abzuschwächen suchte. Aber selbst diesem Gefühlsangriff der temperamentvollen Frau gegenüber mußten wir auf unserem Standpunkt beharren, und auch der Graf blieb fest. Es war bedauerlich, daß die Unterredung mit einem Mißklang endete. Dem Grafen war diese Lösung sicherlich nicht sympathisch, denn er hatte nicht nur ein gesundes Herz, sondern auch eines, das bis in seine späten Tage hinein jung blieb und in hoher Ritterlichkeit dem ewig Weiblichen zugetan war.«

Was immer zu den vertraglichen Voraussetzungen dieses geradezu ›klassischen‹ Konfliktes von juristisch kodierter Geschäftsräson, Standesehre und wilhelminischer Ritterlichkeit und seiner ebenso charakteristischen ›Lösung‹ geführt hatte, für Harden und in den Augen der Öffentlichkeit erwies sich dieses Gemisch als nicht zündfähig, denn es fehlte das entscheidende inkriminierende Bindeglied eines eindeutigen konstruktiven Plagiats. So erntete Harden einmal mehr ›Preßrüdengebell‹ oder allenfalls skeptische Zurückhaltung: »Diese mit so ungeheurer Pomphaftigkeit gegebenen Enthüllungen des Herrn Harden haben nur den einen Fehler«, schrieb der Berliner Mitarbeiter der ›Württemberger Zeitung‹ (Dr. E.) am 7. Juli 1911, »daß sie ein logisches Scheinmanöver sind. Herrn Harden war es überlassen, in die Verträge, die sich in keinem Punkte auf die Gesamtleistung Schwarz' oder des Grafen Zeppelin beziehen, hineinzuleuchten und zu versuchen, das Ansehen eines Mannes herabzusetzen, dessen Wort wahrlich genügt, um alle Anwürfe ein für allemal abzutun.«

So durchsichtig Hardens Entschleierungsmethode war, nämlich das geschäftliche Vorleben des von ihm beargwöhnten ›starren Systems‹ – wie ein sexuelles Privatleben – auf Normabweichungen hin zu durchleuchten, und so schwer durchschaubar zunächst seine subjektiven Beweggründe erscheinen (Wen wollte er in diesem Fall und im Prinzip, bewußt oder unbewußt mit seiner rastlosen Enthüllertätigkeit eigentlich treffen?), so symptomatisch ist die zwiespältige Aufmerksamkeit, die er und andere Zeitkritiker dem Zeppelin-Wunder von Echterdingen und seinen Folgen entgegenbrachten. Jenes geradezu phantastische Ereignis einer spontanen, freiwilligen Volksspende in Millionenhöhe hatte nicht nur die direkten Konkurrenten des Grafen, sondern auch die Kapitalisten und die staatliche Administration, vor allem anderen aber die glück- und namenlosen Flugmaschinenerfinder, die oft nicht einmal bis zur Erprobung ihrer Ideen gekommen waren, buchstäblich vor Neid erblassen lassen. Denn wem war jemals der Lohn seiner harten Arbeit derart in den Schoß gefallen? Kein Wunder also, wenn man beteiligt sein wollte, ideell und materiell, oder nach solchem Vorbild sogar neue Sammlungsflüsse in die eigenen Wege zu leiten versuchte.

»Während Graf Zeppelin, der gefeiertste Mann der Gegenwart, von seinen beispiellosen Triumphen ausruht, schmunzelnd die Beträge der fortgesetzt einlaufenden Spenden zu der schon vorhandenen Summe addiert und sich nur mit Mühe der noch immer heftig brandenden Wogen der Zeppelin-Begeisterung zu entziehen vermag, sitzt in dem sächsisch-preußischen Grenzstädtchen Mühlberg an der Elbe ein schlichter Bürgersmann sinnend vor dem Modell eines lenkbaren Ballons und stellt wehmütige Betrachtungen an über die Tragik seines Erfinderschicksals und Fortunas grausame Launen, die einem anderen das Glück, auf das er das erste Anrecht gehabt hätte, in den Schoß warf.« Diese Sätze waren am 12. September unter dem Titel ›Ein sächsischer Vorläufer Zeppelins‹ in der ›Dresdener Rundschau‹ zu finden; sie betrafen den Uhrmacher und Mechaniker Oskar Adalbert Lange, der im folgenden als »der eigentliche Erfinder des sogenannten ›starren Systems‹« bezeichnet wurde. – Ein halbes Jahr später waren in der Presse Berichte über ein Urteil vor der Stuttgarter Strafkammer gegen den besagten Lange zu lesen: er erhielt wegen versuchter Nötigung, Beleidigung und übler Nachrede eine Gesamtstrafe von fünf Monaten Gefängnis.

Der Verurteilte hatte diesen Zeitungsnachrichten zufolge 1898 ein Luftschiff in fünf außerdeutschen Staaten zum Patent angemeldet; die Patente erloschen im Jahre 1900, da die Gebühren nicht bezahlt wurden. Als die Erfolge des Zeppelinschen Luftschiffs begannen, schrieb Lange eine große Anzahl von Briefen an den Grafen Zeppelin, in denen er diesen beschuldigte, seine Erfingung widerrechtlich nachgeahmt zu haben; wenn Zeppelin sich mit ihm nicht einige – Lange bot dem Grafen u.a. sein erloschenes englisches Patent um 10000 Mark zum Kauf an – werde er die Sache an die große Glocke hängen; als der Graf nicht antwortete, schrieb Lange weiter und wurde beleidigend: »Sie haben nicht nur den Kaiser, sondern auch das Volk betrogen, und wer lügt, der stiehlt. Sie haben mir meine Erfindung gestohlen; aus Ihrem Verhalten mir gegenüber geht hervor, daß Sie meine Erfindung nachgeahmt haben und daß Sie der größte Spitzbube des zwanzigsten Jahrhunderts sind.«

Solche und ähnliche Äußerungen des Erfinders Lange gaben den Anlaß zum Strafverfahren, in dem als Sachverständiger Prof. Hergesell aussagte, daß ›zwischen den beiden Systemen nicht die geringste Ähnlichkeit bestehe‹ usw. In der Urteilsbegründung wurde schließlich festgestellt, bei der Strafausmessung seien die scharfen und schwer beleidigenden Ausdrücke straferschwerend, das Alter des Angeklagten (68) mildernd berücksichtigt worden, ebenso wie der Umstand, daß er offenbar von der Güte und sogenannten Priorität seiner Erfindung felsenfest überzeugt sei. – Tragischer Schlußsatz zu einem von vielen Erfinderschicksalen, die gelegentlich den düsteren psycho-sozialen Hintergrund der Zeppelin-Glorie sichtbar werden ließen.

Priorität seiner Ideen hatte auch ein anderer Erfinder, der Berliner Fahrrad-Fabrikant Hermann Ganswindt, geltend gemacht, den Zeppelin im November 1908 verklagte, weil er behauptete, erst nachdem er am 16. Dezember 1897 seine Unterlagen an den Grafen geschickt habe, sei dieser auf den rechten Weg gekommen. Außerdem hatte er im Herbst 1908 ein Rundschreiben an die deutschen Städte gerichtet, in dem eine Nationalspende für sein Luftschiffprojekt beantragt, bzw. sogar eine Zuweisung aus Geldern der Echterdinger Sammlungen erbeten wurde. In der Tat hatte der ›wirkliche Urerfinder des praktisch brauchbaren lenkbaren Luftschiffes‹, wie er sich von einem Schutzkomitee zu seinen Gunsten verschiedentlich nennen ließ, schon in den achtziger Jahren »Lenkballons von 36 bis 600 (!) m Länge, von 15 bis 120 (!) m Durchmesser, von 0,8 bis 15 168 PS Betriebskraft ›berechnet‹«, wie Ingenieur F. M. Feldhaus am 21. Oktober 1908 in der ›Technischen Rundschau‹ (Wochenbeilage zum Berliner Tageblatt) ironisch feststellte. »Ausgeführt hat Ganswindt von diesen Ballons noch nichts, nicht einmal im Modell. Zeppelin und alle die anderen sind geflogen, Ganswindt noch nicht einen Millimeter hoch«, lautete das im nachhinein schlagende Argument. »Von der technischen Welt kann ein Mann, der sogar ein Weltenfahrzeug mit Dynamitkraft über die Milchstraße hinausschicken will, nicht ernst genommen werden.«

Die hochfliegenden – und verzweifelt-großsprecherisch angepriesenen – Pläne und ›Erfindungen‹ Ganswindts hatten, zum Beispiel hinsichtlich der notwendigen Größen von Luftschiffen, im Prinzip durchaus das Richtige getroffen, aber sozusagen im umgekehrt-proportionalen Verhältnis zu seinen finanziellen Möglichkeiten gestanden. Man kann es sehr wohl nachempfinden, daß er sich übergangen fühlen mußte, als nun ein anderer den Erfolg seiner fünfundzwanzig Jahre alten Einsichten davonzutragen schien, und in einem Aufruf ›an den anständigen Teil der Gesellschaft‹ böse Worte dafür fand:

»Die deutsche Nation ist aber jetzt so liebeglühend nach einem Luftschiff-Messias, wie ein reifes, jungfräuliches Weib nach einem Bräutigam, darum wirft auch sie sich mannstoll dem ersten Besten wahllos mit ungeheurer Leidenschaft in die Arme. Und wie aus diesem Grunde so viele Ehen unglücklich werden, indem die Sichvereinigenden den ihnen innewohnenden Naturtrieb mit der echten Liebe für den Einzigen verwechseln und erst hinterher zu spät einsehen, dass der ›Wahn kurz und die Reue lang‹ ist, so wird auch die aus Mitleid eingegangene innige Vereinigung der deutschen Nation mit dem greisen Hiob vom Bodensee nur entartete Sprösslinge zur Welt bringen. Aber ›die Liebe macht blind‹ und so haben wir zu beklagen, dass auch die deutsche Nation zu spät einsehen wird, dass sie den ihr innewohnenden Naturtrieb mit der echten Liebe für den Einzigen verwechselt hat.« – Buchstäblich die Worte eines übergangenen Liebhabers, der – auf Grund seines bescheideneren Herkommens und Vermögens – nie die Chance hatte, dieser Einzige zu werden.

Kapitel IX

Einblicke in die profane WIRKUNGSGESCHICHTE – *Namenszeichen, Fetisch und Idol:* Umstrittene Vereinigungen, Sammlungen und Warenwerbung unter dem Zeppelin-Symbol

Die Zeppelin-Begeisterung zeugte nicht nur religiös-erotische Wahnbilder der Erfinder-Eifersucht, sondern auch höchst profane, nämlich profit-orientierte Zwangsehen des Idols: mit dem Waren-Fetisch aller Gattungen und Klassen. ›Armer Zeppelin!‹, betitelte G.E. Pazaurek, Vorstand des Königlichen Landesgewerbe-Museums in Stuttgart, am 26. September 1908 ›ein(en) Wehruf‹ im ›Neuen Tageblatt‹ der Landeshauptstadt: »... Unter ganzen Bergen von Telegrammen, Briefen und Karten verschüttet, muß er für Orden und Ehrenurkunden danken, Fackelzüge und Deputationen über sich ergehen lassen, Journalisten und Amateurphotographen beständig zur Verfügung stehen, sich bei jeder Ausfahrt, auf jedem Spaziergang die Ohren vollschreien lassen, in Grammophone hineinreden – und was es an dergleichen Annehmlichkeiten sonst gibt ... Die ganze enorme Zudringlichkeit der berüchtigten Schmarotzer des Erfolges muß auch Graf Zeppelin bis zur Neige auskosten ...

Aber all dies war noch gar nichts im Vergleiche zu den Hiobsqualen, die jetzt für Zeppelin beginnen. Die Industrie ist an der Volksspende in besonders hervorragendem Grade beteiligt. Aber die Industrie will aus dem ›Zeppelin-Rummel‹ noch viel mehr herausschlagen. Namentlich ein gewisser Teil der Industrie – gerade auch solche, die gar nichts auf dem Altar der Opferwilligkeit niedergelegt haben – weiß sehr wohl, daß sich aus jeder Aktualität ein positiver Gewinn herausschlagen läßt und daß ein gut Teil der Wogen der allgemeinen Begeisterung auch als Wasser auf die eigene Mühle abgeleitet werden kann, wenn man so rasch als möglich die erforderliche Röhrenleitung anlegt ... Im Rausche der Begeisterung über eine große Tat hat niemand den klaren Blick für ästhetische Qualitäten: wahllos wird jeder Schund gekauft, wenn er nur in irgendeiner Beziehung zum Tagesgespräch steht, oder an die große Aktualität erinnert. Das benützen nun die Hyänen des Schlachtfeldes, um ihre reiche Beute zu machen.«

»Armer Zeppelin, dessen Name beständig eitel genannt wird, um die Taschen ferner Spekulanten füllen zu helfen!« lautete das Schlußtremolo des Pazaurekschen ›Wehrufs‹. »Wie viele Abgeschmacktheiten wird deine stolze Tat noch im Gefolge haben. Man wäre fast versucht, das Wort eines anderen großen Schwaben zu variieren: ›Das eben ist der Fluch der – guten Tat, /Daß sie fortzeugend immer Böses muß gebären‹.« Zuvor hatte Pazaurek das weite Feld dieser Fortpflanzungen beschrieben: »Es wird bald keine kunstgewerbliche Materialgruppe geben, die sich nicht schon des Zeppelinbildes bemächtigt hätte: Auf Flaschenkorken und Brieföffnern sehen wir den Grafen, auf vergoldeten oder versilberten ›Medaillen‹, auf blechernen Anstecknadeln und Anhängseln zu 10–15 Pfennigen, auf Zigarrentaschen, Spiegeln etc. Wie sinnig ist es doch, sich das Luftschiff en miniature an die Bluse zu nesteln, seine Feder in einem Zeppelinkopf abzuwischen« und so weiter.

Doch Pazaureks Zorn wurde nicht im Prinzip durch die gewinnbringende Vermählung des Idols mit der massenhaft produzierten Ware, sondern in erster Linie durch die Unterschreitung ästhetischer Grenzen hervorgerufen: »Wir haben ... keineswegs bessere Plaketten mit dem Brustbilde des Grafen oder etwa Modellierbogen des letzten Luftschiffes im Auge, deren Herstellung leicht begreiflich ist, sondern ausschließlich die zahllosen Geschmacklosigkeiten, für welche Zeppelin – ohne erst gefragt zu werden – als Pate fungieren muß, oft unter der offiziellen Mitwirkung der staatlichen Musterschutzbehörden. Was trägt nicht alles seinen Namen und sein Bild! Zigarren und Bleistifte, Uhren und Schokoladen, Automobile und Feuerwerkskörper, aber auch Waschpulver und Desinfektionsmittel, Stiefel und Stiefelwichse, ja sogar Schnaps und Käse! Und die Liste ist noch keineswegs abgeschlossen; ja die allernächsten Wochen können uns noch die angenehmsten Ueberraschungen bringen, für welche hochpoetischen Dinge der Name, der jetzt so sehr ›zieht‹, sonst noch gewählt wurde.«

Die Liste der ›Geschmacklosigkeiten‹ war in der Tat schier unerschöpflich; 1912 gab Pazaurek in seinem Buch ›Guter und schlechter Geschmack im Kunstgewerbe‹ eine weitere repräsentative Aufzählung samt einer begrifflichen Etikettierung: »Das bekannteste Beispiel für den Aktualitätenkitsch unserer Tage bilden wohl die zahllosen Massenobjekte, die Bild oder Namen des populären Grafen Zeppelin weidlich ausschroten. Münzen und Bonbonnieren, Westen und Hosenträger, Christbaumschmuck, Seifenpulver, Schnurrbartbinden und Hunderte anderer Dinge wurden mit dem genialen Luftschiffer in Verbindung gebracht; aber selbst die offiziellen oder halboffiziellen Erzeugnisse, wie die Verschlußmarken oder die Aluminiumlöffel aus dem Gestänge der vernichteten Fahrzeuge (Hersteller: Firma Berg/Lüdenscheidt) ließen einen künstlerischen Wert vermissen ... Man wurde vor die Wahl gestellt, die Asche einer Zeppelin-Zigarre dem Grafen, dessen Bild die Aschenschale ›zierte‹, um den Mund zu schmieren, oder bei einem Sacktuch in das Luftschiff oder seinem Erfinder in das Antlitz zu schneuzen. Und all das nannte man auch noch eine ›Ehrung‹! Schließlich balgten sich in Gerichtsprozessen verschiedene Industrieritter um das Recht des Namens oder Bildes als Warenzeichen.«

»Da ist doch wohl die Frage erlaubt«, hatte Pazaurek schon in seinem Wehruf geschrieben, »Wie kommt Graf Zeppelin dazu, sein Bild und seinen Namen für Stiefelwichse oder Käse herzugeben?« Das war allerdings eine Frage, die auch die Zeppeliner selbst, Anwälte und juristische Instanzen bis hin zum obersten Reichsgericht jahrelang beschäftigen sollte. »Es mag zutreffen, daß Graf Zeppelin in seinen letzten Jahren dem Beifall der Menge nicht auswich oder ihn sogar suchte«, war Colsmans vorsichtige Einschätzung der Haltung des alten Herrn angesichts seines plötzlichen Ruhms. »Beifall pflegt ja nicht nur für Künstler, Politiker und Sportsleute ein Trank zu sein, der Leistungen wie Begehren steigert.« Hatte also der standhafte Graf solch berauschendem Trank gegenüber, sogar wenn das Elixier nur in verfestigter Form der seinen Namen und sein Bild tragenden Produkte ihm zufloß, nicht gänzliche Enthaltsamkeit zu üben vermocht?

Als sich Pazaurek im Oktober 1908 direkt an Zeppelin wandte und ihm brieflich mitteilte, er habe vor, die »für die Charakteristik der Kultur unserer Zeit bezeichnende Bewegung auch für die Folge fest(zu)halten und wenigstens die traurigsten Beispiele des ›kunstgewerblichen‹ Massenschundes, der den Namen Euerer Exzellenz mißbraucht, in der eben im Entstehen begriffenen neuen Abteilung der Gegenbeispiele in unserem (Landesgewerbe)Museum zusammen(zu)stellen«, und um das Einverständnis des Grafen bat, winkte dieser ab: Er teile (zwar) bezüglich der Qualität vieler mit seinem Namen in den Handel gebrachter Artikel Pazaureks Ansicht vollkommen: »Da aber ein Teil dieser Gegenstände zweifellos in bester Absicht angefertigt ist, so würde eine in dem von Ihnen angeregten Sinne veranstaltete Ausstellung viele der Verfertiger kränken.« Er könne deshalb zu seinem Bedauern sein Einverständnis mit einer derartigen Ausstellung nicht erklären. Und Pazaurek beeilte sich postwendend zu versichern, er werde den Intentionen Seiner Exzellenz gemäß sich bei der geplanten Kollektion nur auf die ›wirklich haarsträubenden Geschmacklosigkeiten‹ beschränken »und dabei die württembergischen Erzeuger tunlichst übergehen«. Außerdem werde man »selbstverständlich nirgends erklären, dass wir diese Kollektion ... unter der besonderen Teilnahme Euerer Exzellenz zusammengestellt hätten«.

Jedenfalls kam die Kollektion zustande und überlebte in einer Stückzahl von zirka sechzig Ob-

Zeppelin-Nippes

Zeppelin-Puppe und -Nußknacker

jekten, unter denen außer den von Pazaurek genannten ein Nußknacker, eine ›Onkel Zeppelin‹ Puppe, diverse Zwergstandbilder, Büsten, Plaketten, eine Mundharmonika, Stehaufmännchen, eine Butterbrottrommel, Bleistiftspitzer, Sparbüchsen, Kalender, Biergläser, Zündholzschachteln, Zierteller und anderes mehr zu finden sind – spärliche Zeugnisse einer seinerzeit massenhaften Ausbeutung des Zeppelin-Symbols, die buchstäblich ebenso weit reichte wie die epidemische Faszination selbst. – Hätte Pazaurek Einblick in die Friedrichshafener Briefablagen und Akten gehabt, wer weiß, ob nicht seine ästhetisch begründete Begutachtungsweise vollends aus den Angeln gehoben worden wäre.

Allein eine Kollektion der Zuschriften an das Büro des Grafen mit Bitten um Erlaubnis zur Namens- oder Bildverwendung stellt die Pazaureksche ›Liste der Geschmacklosigkeiten‹ noch weit in den Schatten (und reizt im übrigen nach Pazaurekschem Vorbild und nach dem Ebenbilde solcher Warenvielfalt zu chaotisch-genußvoller Aufzählung): Zeppelin-Peitschen und -Torten, Cravatten und Sensen, Bisquits, Briketts und Viehfutter, Radiergummi, Zitronen, Fliegenfänger, Feldstecher, Öfen, Präzisions-, Brief- und Kinderwaagen, Fahrrad-, Papier- und Sturmlaternen, Malzkaffee, Taschenuhren und Panzerplattenkoffer, Monteuranzüge, Sprudel, Bier und Rachenputzer, Likör, Sekt und Magenbitter, Teppichkehrer, Feuerzeuge, Kinderroller und Stangenbohnen, Tagebücher, Ölsardinen, Gummibälle, Filzhüte, Lampen, Sandalen, Brötchen- und Bügelkohletüten, Bouillon-Würfel, Briefpapier, Grammophon- und Nähnadeln, Ruß und Rosenzüchtungen, Handtücher, Roulette-, Propeller- und Geduldsspiele, Regenschirme, Würste und Glacé-Handschuhe, Zukunfts-Seifen und Treibriemen-Kleber, Bonbons,

Bratheringe, Höhenluft-Parfum, Zwieback, Karnevals-Mützen, Rasiermesser und -Apparate, Unterwäsche und Buchbinderleinen, Barometer, Fächer, Blitzlichtpulver, Strickwolle, Schülerkalender, Scherztaler, Konserven, Federmesser, Ziersträucher, Manschettenknöpfe und andere z.T. schon genannte Artikel wünschte man in Gestalt oder unter dem Zeichen des Lufthelden sowie seines Gefährts im Konkurrenzkampf nach vorn zu bringen – oder hatte es bereits getan und versuchte nun nachträglich, die gräfliche Einwilligung oder gar sein Lob zu ergattern.

Die Zustimmung versuchte man dem Grafen mit befristeten oder prozentualen Abgaben an den Stiftungsfonds, vollständigen Gewinnabtretungen, kostenlosen Lieferungen oder ganz einfach mit patriotisch-schwärmerischen Redewendungen schmackhaft zu machen: »Als moderner Kaufmann der fortschreitenden Zeit folgend, hat mich Ihr hervorragendes Werk ... angeregt, ...« Eine von vielen typischen Formulierungen, die zugleich beschwörend und entschuldigend anmuten. »Die von Euer Exzellenz errungenen unübertroffenen Erfolge ... haben die ganze zivilisierte Welt in Erstaunen gesetzt und überall, so auch im Handel und Gewerbe macht sich das lebhafte Bestreben geltend, diese Tatsache immer mehr in ehrender Weise populär zu machen. Auch ich zähle mich zu den Tausenden ... und habe ich in der Absicht dieser meiner Verehrung auch in meinem Geschäfte Ausdruck zu geben, eine hochfeine Marke von ›Likör‹ zusammengestellt, ...« – »Ew. Hochgeboren haben durch den unvergleichlichen Erfolg ... die ganze Welt mit Erstaunen und Bewunderung erfüllt ... gleich dem Phänomen eines Blitzes, der in seiner stets die Bewunderung der Menschheit hervorrufenden Wirkung und Kraft die Erde erschüttern macht ... Bescheidener ist die Wirkung eines Blitzes, wie ich ihn mit Hilfe meiner Blitzlichtpräparate ...« und so weiter.

In vielen Fällen waren solche Worte diktiert von – subjektiv – ehrlicher Überzeugung, die Profit und Patriotismus in ein harmonisches Verhältnis zu setzen vermochte, nichtsdestoweniger nahm die profitable Vereinnahmung der Zeppelin-Galionsfigur gelegentlich regelrecht kannibalische Formen an: »Eine sinnige Ehrung des Grafen Zeppelin finden unsere geschätzten Leser und Leserinnen in den Verkaufsräumen der Konditorei von Wilhelm Mehlitz«, meldete der ›Groß-Lichterfelder Lokalanzeiger‹ am 6. Dezember 1908. »Dort ist ein veritables Luftschiff in Form und Gestalt des Zeppelin'schen Lenkbaren in Pfefferkuchen, Chokolade, Waffeln und Zucker genauestens nachgebildet ... Um das Maß der Verehrung für den größten Deutschen des XX. Jahrhunderts voll zu machen, hat Meister Mehlitz einen Sinnspruch anfertigen lassen, der einen Vergleich zieht zwischen der Erfindungskunst des Grafen Zeppelin und seiner Backkunst.« Zeitungsnotiz samt Poem und Lichtbild des ›Eßbaren‹ landeten in den Friedrichshafener Aktenordnern und dürften eher wohlwollende

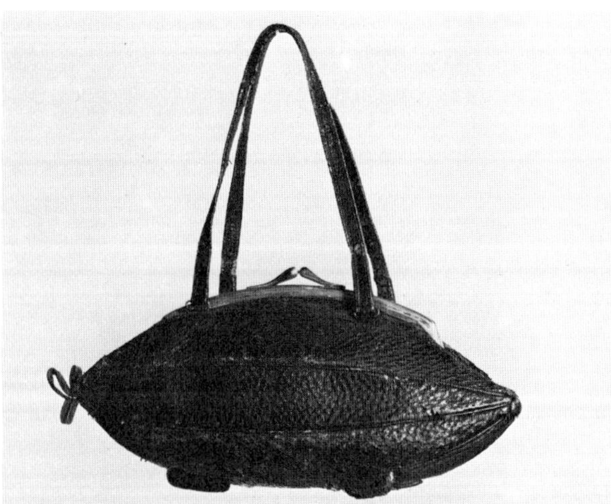

Zeppelin-Taschen

Aufnahme gefunden haben – ganz im Gegensatz zu dem wiederholten Ansinnen des Ochsenmetzgers Max Broich, ›Lieferant der ersten und feinsten Häuser Düsseldorfs‹, der seinen erlauchten Kunden unbedingt ein ›Zeppelin-Stück‹ als besonderen Leckerbissen zu offerieren gedachte.

Anfangs hatte der Graf einem werbewirksamen Fremd-Einsatz seiner Person und seines Werkes eher ablehnend gegenübergestanden: Als die ›Cigaretten-Fabrik Imperial STUTTGART‹ im Januar 1906 zum zweiten Mal um Erlaubnis zur Benennung ihrer Erzeugnisse bat, ließ sich Seine Exzellenz als Nichtraucher weitere Zudringlichkeit verbitten. Und noch im Juli 1908 holte sich BAHLSEN-HANNOVER mit der Anfrage, ob sie ›Zeppelin-Cakes‹ in der Reihe ihrer TET-Packungen herausbringen dürften, eine glatte Abfuhr: »Seine Exzellenz, jeder Reklame abhold, liebt es nicht, seinen Namen noch mehr als es schon geschieht, in der Öffentlichkeit zu sehen, zumal nicht in Gestalt von Waren, die ihm nicht bekannt sind«, schrieb Uhland im Auftrage kurz und bündig. Aber einen Monat später war der Name bereits für sechs Flaschen 1904er Piesporter Goldtroepfchen Fuder N° 141 Crescenz Graf von Kesselstadt zum Faßpreis von 25000 M, wie der Absender Josef Hauth Junior in Berncastel-Cues vorsorglich anmerkte, für dessen Zeppelin-Sekt zu haben.

Vermutlich war es dem Grafen und gewissen seiner Ratgeber, die Colsman später beargwöhnte, bald aufgegangen, daß es gar keinen Zweck hatte, einer längst aufgelaufenen Flut von kommerziellen Namens- und Bildverwertungen durch Abstinenz Einhalt gebieten zu wollen, daß man vielmehr ebensogut auch daraus Nutzen ziehen könne – im Dienste der höheren Sache. Allenfalls konnte es darum gehen, eine gewisse Auswahl unter den Antragstellern zu treffen. Und so kamen denn Stiefelwichse und Käse und andere hochpoetische Dinge, wie Pazaurek es nannte, zum autorisierten Bild oder Namenszug, so etwa die Produkte der Molkerei von Bützow in Mecklenburg, wohl weil der Ort in unmittelbarer Nachbarschaft des Dorfes Zepelin gelegen war.

Der Graf vergab nicht nur passiv sein Einverständnis zur Namensnutzung, wie ein feudaler Fürst Lehen verteilte, sondern ließ sich gelegentlich auch zur – wenigstens indirekten – Kooperation in Werbekampagnen einspannen: »Als Mittel, der ganzen Nation Gelegenheit zu geben, durch kleine Beträge ihrem Drange, das grosse Werk zu unterstützen, nachzukommen, hat man ja schon Marken geschaffen;« hatte Ludwig Stollwerck am 14. August 1908 aus Cöln geschrieben; »wir dachten uns jedoch Folgendes als zweckmässiger, da allgemein beliebt und praktisch: Eine Original-Zeppelin-Postkarte. Wir sind bereit, kraft unserer Organisation und Reputation ... usw. ... und den gesamten entstehenden Nutzen an Ew. Exzellenz abzuführen. Allerdings dürfte niemand anderes ...« usw. – »Obgleich jeder Reklame abhold ...« (s.o.), ließ Zeppelin antworten, »will S. Exz. doch in diesem Falle für Sie als einer Weltfirma, wo ein Mißbrauch ausgeschlossen erscheint, eine Ausnahme machen.« Die in Aussicht gestellten Einnahmen waren immerhin ganz ansehnlich – pro Postkarten-Million 40000 Mark. – Künstlerische Ausführung und Druck der Postkarten verzögerte sich jedoch bis zum Oktober, als die ersten Schaumkronen der verkaufsträchtigen Gemütswallungen der Nation schon abgeschöpft waren. Daher kam Stollwerck auf den Gedanken, mit dem Kartenverkauf und einer begleitenden umfangreichen Propaganda-Inszenierung bis zum Beginn der neuen Flugversuche zu warten, deren Termine jedoch von den Friedrichshafenern aus den verschiedensten Gründen nicht vorher bekanntgegeben wurden. Und so kamen denn die Kölner Schokola-

Eßbarer Zeppelin eines Berliner Konditors

denfabrikanten am 16. Oktober zu einem Privileg, das sie vermutlich sogar den preußischen Behörden voraushatten, zu einer Zeppelinschen Geheimdepesche mit dem verabredeten Kennwort TRIENIA, das den Beginn der neuen Flugversuche für ›Anfang nächster Woche‹ signalisierte.

Die Zugkraft des Werbemagneten Zeppelin war zeitweise offensichtlich nicht zu übertreffen: Als ›Messrs Selfridge & Co‹ am 15. März 1909 ihr neues Gebäude in der Londoner Oxford Street eröffneten (und selbstverständlich nicht versäumten, Seine Exzellenz einzuladen), war ›the first article sold‹, wie THE DAILY CHRONICLE am nächsten Tage berichtete, natürlich ein ›airship‹ Modell Zeppelin. – Komplette Verkaufspaläste wurden dem Patronat des Lufthelden unterstellt; so weihten die Rheinischen Werkstätten für Handwerkskunst in Händen der Gebr. Schürmann, die sich als ›Grösstes Specialhaus für Wohnungseinrichtungen und Innendecoration‹ annoncierten, ihre Kölner Niederlassung – sechs Geschosse, 80 m Front – im Juni 1912 ›mit urkundlicher Genehmigung des Grafen‹ als ZEPPELINHAUS ein (zur persönlichen Teilnahme an den Eröffnungsfeierlichkeiten konnten sie den Namensspender allerdings nicht bewegen). Zeppelin-Bazare spezialisierten sich eigens auf den Vertrieb des gesamten Sortiments von Nippes- und Souvenir-Artikeln, das unter der Flagge des Grafen in die Verkaufsschlacht geworfen wurde. Und auch die diversen Einzelhandelsläden machten sich ›ihre‹ Zeppeline im Schaufenster zurecht, um von deren Auftriebskraft zu profitieren.

Bruno Wenzel, Diplomirter Schaufensterdecorateur der ›Lucerna‹ Anglo-Swiss Milk Chokolate Co, sandte im September 1908 voller Stolz die Photographie einer Schaufensterdekoration an den Grafen, »die Fahrt Euer Hochwohlgeboren über dem Vierwaldstädtersee darstellend«, welche »successiv alle grösseren Städte Deutschlands und Auslands durchwandern« sollte. »Den Hintergrund bilden die am Vierwaldstätter See liegenden großen und kleinen Mythen«, wie eine beigefügte Kölner Zeitungsnotiz ›Aus dem Geschäftsverkehr‹ erläuterte, »nach der Natur gemalt von Kunstmaler Petersen, Zürich; davor schwebt das Miniatur-Luftschiff, aus dem als Ballast die verschiedensten Schokoladen-Tafeln dieser Firma geworfen werden.« Andere Schaufensterdekorationen, deren Photographien ebenfalls in die Friedrichshafener Akten gelangten, ließen Seifen, Reise- und Badeartikel, Parfumerien oder Wollwaren, Handschuhe und Trikotagen als Zeppelinsche Himmelsgaben erscheinen; oder die Produkte selbst – Eimer und Schüsseln – formierten sich annähernd zum Ebenbild des verkaufsfördernden Wundervogels.

Kommerzielles Wohl und Wehe, schicksalhafte Wendungen vollzogen sich bisweilen von heut auf morgen unter dem gräflichen Wahr- und Warenzeichen: Von seinem Teilhaber hintergangen und vor dem Ruin stehend schrieb Albert Eiermann, Inhaber des Badener Kunstverlages ›Deutschlands glückhaft Schiff der Lüfte‹, zu Weihnachten 1909 einen wirr-verzweifelten Brief an Zeppelin: »Darf ich Seine Exzellenz gnädigst bitten, mir eine Abnahme (irgentwelcher, von ihm produzierter Alben) entgegensehen zu lassen, oder um eine milde Gabe«; aber die Antwort war unerbittlich, ›Ablehnung‹ lautete die Randnotiz. – Eine Absage zog sich auch Frau Anna Wanner in München zu, die bereits im Herbst 1908 auf hundertzwanzig Zeppelin-Büsten des Bildhauers Rupert Schmid – nach Uhlands Augenschein waren sie ›unkenntlich‹ – sitzengeblieben war und diese nun dem Vorbild persönlich anzudrehen versuchte, ›zu Geschenkzwecken‹, in drei Größen und auf Wunsch bronziert. – Aber das waren Hinterhaustragödien, die nie die Schwelle des öffentlichen Bewußtseins überschritten, im Gegensatz zu Unternehmungen, deren Aufstieg und Fall sich sozusagen vor aller Augen in den nobleren Front-Etagen der Gesellschaft abspielte, zumal wenn sie professionell ihren publizistischen Weg zwischen Profitinteressen und Weltanschauung zu nehmen hatten.

Am 14. Juli 1909 erschien im Stuttgarter NEUEN TAGEBLATT unter der Rubrik Luftschiffahrt folgende Notiz: »ZEPPELINBUND. Unter diesem Namen hat sich ... in Stuttgart eine freie Vereinigung zusammengeschlossen, die mit Autorisation Sr. Excellenz des Grafen Zeppelin an die Öffentlichkeit tritt.« Zum Ehrenvorstand des Bundes gehörten unter anderem Prof. Hergesell, Dr. Eckener und Dipl. Ing. Zeppelin junior, der Neffe des Grafen. »Würdig des erhabenen Namens unseres berühmten Grafen«, stand wenig später in einem Rundschreiben der Vereinigung zu lesen, »hat sich der Zeppelinbund grosse Ziele gesteckt«; zunächst einmal die Herausgabe eines ›Offiziellen Organs‹ mit dem Titel ›AUGEN AUF! – Blätter für Naturerkenntnis, Verwertung der Naturkräfte, Reisen und Wandern, Heimat und Volkskunde, unter Mitarbeit von über 100 der berühmtesten Gelehrten und Fachschriftsteller Deutschlands, Österreichs und der Schweiz‹ (unter ihnen z.B. die Prof. Johannes Ranke, Generalsekretär der deutschen Gesellschaft für Anthropologie, Eberhard Fraas, der Paläontologe, Karl Th. Ritter von Heigel, Präsident der Kgl. bayr. Akademie der Wissenschaften, Geh. Rat von Holleben, Mitglied des Herrenhauses und Vizepräsident der Deutschen Kolonialgesellschaft, der Siemens & Halske-Direktor Budde und andere namhafte Persönlichkeiten aus Wissenschaft, Wirtschaft und Administration). Des Weiteren war im Prospekt die »Schaffung und Errichtung eines Zeppelin-Museums, Förderung des Luftschiffwesens und Erforschung des Luftmeeres, insbesondere zunächst Förderung des grossen deutsch-nationalen Zeppelin-Hergesell'schen Nordpolunternehmens unter dem Protektorat Sr. Majestät des Kaisers« vorgesehen sowie die »Herausgabe eines regelmäßig erscheinenden Zeppelin-Jahrbuches«. »Als besondere Hauptaufgabe« war gesondert angeführt: »Tatkräftiges Eingreifen zur Förderung der Volksbildung, namentlich zur populären Erschliessung der Naturwissenschaft, Nutzbarmachung der Naturkräfte, zur eingehenden Kenntnis der engeren Heimat, wie des ganzen Vaterlandes und seiner Stammeseigenart, zur geistigen Hebung des Wanderns und Reisens, der Heimat- und Volkskunde.« – Überaus löbliche Ziele, möchte man meinen, die unter dem Banner des erfolgreichen Bezwingers der Lüfte vorangetrieben werden sollten.

Aber Ende Juli/Anfang August erschienen in allen Stuttgarter und auswärtigen Tageszeitungen Inserate des Bundes, in denen der Generalsekretär Frauenstein namens der Leitung eine ›öffentliche Erklärung‹ des Inhalts abgab, man habe den Prospekt mit den Programmpunkten Zeppelin-Museum, Förderung des Luftschiffwesens und insbesondere des Nordpolunternehmens ohne Genehmigung Seiner Exzellenz versandt. »Als wir dann Seiner Exzellenz davon Mitteilung machten, daß uns für die Zwecke des Bundes ein namhafter Geldbetrag zugekommen sei und Zeitungen Subskriptionen veranstalten würden, erhielten wir von Seiner Exzellenz folgende Depesche: ›Nachdem das deutsche Volk in großartigster Weise für mein Unternehmen eingetreten ist, bitte ich, alle weitere Werbung um Geldmittel im Zusammenhang mit meinem Namen zu unterlassen. Graf von Zeppelin.‹« Für jeden, der zwischen den Zeilen lesen konnte, war das so gut wie ein Widerruf der Schirmherrschaft – aber die angegebenen Gründe waren kaum geeignet, diesen Schritt zu erklären.

Etwas mehr von den eigentlichen Gründen hatte man schon eine Woche früher in der ›Allgemeinen Buchhändlerzeitung‹ vom 22. Juli finden können – in einer ›W.H.‹ gezeichneten Zuschrift ›Aus dem Leserkreise‹: »Jeder uneingeweihte Leser wird annehmen, dass der Zeppelinbund gegründet sei, um die breiten Massen über all' das aufzuklären, was mit der Luftschiffahrt im Zusammenhang steht und dass außerdem die eingehenden Gelder zur Förderung des Zeppelin-Luftschiffbaues usw. verwendet werden sollen.« Das Programm des Bundes, so schrieb W.H. weiter, habe ihm jedoch die ›Augen geöffnet‹, »darüber, was denn dieser Zeppelinbund eigentlich ist und will ... Nur damit wenigstens einigermassen Zusammenhang zwischen dem Namen des Bundes und seinem Programm hergestellt sei, hat man wahrscheinlich den letzten Satz (Förderung der Luftschiffahrt etc. betreffend) beigefügt. Dies beweist zur Genüge, mit welcher Gründlichkeit und Ausführlichkeit man sich dem Gebiet der Luftschiffahrt zu widmen gedenkt. Es beweist aber auch, dass der Name unseres allverehrten Grafen Zeppelin nur als Mittel zum Zweck, d.h. als Deckmantel eines rein naturwissenschaftlichen Unternehmens ... dient, das nach dem Vorbilde des ›Kosmos‹ – Gesellschaft für Naturfreunde errichtet werden soll.« – Im Übrigen empörte sich W.H. darüber, daß der Bund jährlich 4–6 illustrierte Gratisbücher den Mitgliedern in Aussicht stellte. »Dadurch muß das Vertrauen zu unserem Stande untergraben und unsere Handelsobjekte, die Bücher, entwertet werden. Der Buchhandel ist doch wahrhaftig nicht auf Rosen gebettet, dass er auch diese Schäden noch mit in den Kauf nehmen könnte!« – Konkurrenzfurcht war es also, die hier mobilisiert werden sollte; aber hatte auch Graf Zeppelin mit dem Buchhandel und der Kosmos-Gesellschaft zu tun?

Er hatte – und zwar als Mitglied des ›Kepler-Bundes‹ zur Förderung der Naturerkenntnis, dem die Kosmos-Gesellschaft nahestand, und der durch die Neugründung höchst alarmiert war: »Lieber Teudt! Du hast mich um mein Urteil in Sachen des neuen ›Zeppelinbundes‹ gebeten«, schrieb Prof. Dr. Dennert am 19. Juli aus Godesberg an einen Kepler-Bundesgenossen. »Nach dem was wir darüber erfahren haben, ist derselbe als Konkurrenz gegen Keplerbund und Kosmos gegründet worden und kann für uns höchst gefährlich werden ... Ich habe von zuverlässiger Seite hier erfahren, dass die Herren, welche sich für den neuen Bund hergegeben haben, in erster Linie unser allverehrter Graf Zeppelin, das Opfer einer Geschäftsmache geworden sind; denn die Erfinder des Bundes sind der Verleger Fritz Lehmann und ein früherer Angestellter des ›Kosmos‹, G. Frauenstein, beide in Stuttgart.« Und dann kam die inkriminierende Information: »Lehmann ist der Verleger der fürchterlichen ›Neuen Weltanschauung‹, jenes Blattes, das unter der Führung des enragierten Haeckelianers W. Breitenbach alles, was mit christlicher Weltanschauung zusammenhängt, derartig mit Gift und Galle übergiesst, wie es bisher nur selten geschehen ist. Die ›Neue Weltanschauung‹ geht offenbar nicht recht. Jetzt will Lehmann die Sache anders machen und versucht es mit dem Rezept vom ›Kosmos‹, macht ihm alles nach und nimmt dabei auch das Programm des Keplerbundes auf. Einem schlauen Gedanken folgend haben diese Herrn den Namen des eben mit Recht populärsten Mannes ergriffen, um ein gutes Geschäft zu machen... Man sollte m.E. den Grafen, der doch unserem ganzen Volk gehört, und uns wahrlich zu gut dafür ist, Aushängeschild eines raffinierten Geschäftsunternehmens zu sein, ... über das orientieren, was offenbar hinter dem Z-B steckt, sowie auch, dass jener Teil des Programms, dem die Zeitschrift ›Augen auf!‹ dienen soll, lediglich eine Konkurrenz des Keplerbundes ist und daher, schon um Zersplitterung zu vermeiden, ausgeschaltet werden sollte.«

Die Umorientierung des Grafen wurde vermutlich von verschiedenen Seiten in die Wege geleitet; jedenfalls erhielt er am 27. Juli per Einschreiben eine vertrauliche Stellungnahme vom ›Kosmos‹: man habe eine ziemliche Anzahl Zuschriften aus den verschiedensten Kreisen erhalten, »die über die merkwürdige Konstellation Zeppelin-Lehmann ihre größte Verwunderung ausdrücken oder ... den Zeppelinbund zum mindesten für überflüssig erachten, weil ja ... der KOSMOS ...« und so weiter. »Wir glaubten uns verpflichtet«, fuhr E. Nehmann namens der Gesellschaft der Naturfreunde fort, »Ew. Exzellenz Mitteilung von obigen Ausführungen machen zu sollen, weil aus allen Kritiken eine leise Misstimmung herausklingt, die sich gegen den Namen Zeppelin richtet, dessen über allen Parteien erhabener Träger keine Ahnung von den sonderbaren Mitteln hat, deren sich die Geschäftsleute des Zeppelinbundes bedienen. Ausserdem möchten wir uns erlauben, bevor Ew. Exzellenz mit der Zeppelinbundsache weiter kompromittiert werden könnte, Ew. Hochwohlgeboren den Rat zu geben, sich über die finanziellen, geschäftlichen und sonstigen Qualitäten der Herrn vom Z–B bei einem guten Auskunftsbureau Bericht einzuholen und die Konsequenzen daraus zu ziehen.« Es folgte eine entsprechende Adressenangabe. Für den ›Sekretär‹ E. Frauenstein lieferte Nehmann das Gutachten gratis gleich selbst: Dieser sei bis vorgestern als Buchhandlungsgehilfe bei ihnen angestellt gewesen und habe das in ihn gesetzte Vertrauen aufs schnödeste mißbraucht.

Die konzertierte Keplerbund-Kosmos-Aktion hatte vollen Erfolg: Hergesell, Eckener und Zeppelin junior verließen schleunigst den Ehrenvorstand, und der Graf benutzte die nächstbesten Vorwände, um sich unauffällig aber eindeutig von dem Bunde zu distanzieren, dessen Haeckelianisch-antichristlicher Einschlag ihm offenbar zunächst nicht aufgegangen war. Bemerkenswert an der Behandlung der Affäre war, wie hierbei geläufige kommerzielle Manöver moralisch auf den weltanschaulichen Rivalen in Anschlag gebracht wurden: Nach außen hin benutzte man als Vorwurf eben jene Geschäftspraktiken zum Überholen oder Kaltstellen der Konkurrenz, die intern als durchaus branchenüblich, d.h. als eigentlich normal vorausgesetzt wurden.

Die Kriminalisierung ließ sich um so leichter bewerkstelligen, da ›verbrecherische Entartungen‹ auch damals im Verlagsgewerbe schon an der Tagesordnung waren: Zeppelin betreffend machte z.B. im März 1913 der Verlagsbuchhändler Alfred Baß von sich reden, indem er als Gründer und Schatzmeister eines Leipziger ›Zeppelinbundes‹ mit zahlreichen Ortsgruppen hervortrat und eine ›Geldsammlung unter dem Deutschen Volk‹ nach bewährtem Vorbild in die Wege zu leiten versuchte, obwohl Zeppelin ihm die Namensverwendung nach polizeiamtlicher Auskunft untersagt hatte. Baß war, wie dem Kommentar einer nachfolgenden Presseerklärung des Grafen gegen diesen Bund zu entnehmen war, Besitzer des Verlages DEUTSCHE ZUKUNFT und Inhaber einer NATIONALEN KANZLEI von angeblich zweifelhaftem Ruf, ihm war die Führung des Schriftstellernamens ›von Salden‹ untersagt worden, er war »schon mehrfach wegen Beleidigung bestraft« und hatte erst jüngst wegen Schmähung eines Rechtsanwalts 300 Mark Geldstrafe oder 30 Tage Haft aufgebrummt bekommen – in diesem Fall war der Fall also völlig klar.

Solch verlegerische Irrlichter bewegten sich über dem Sumpf eines ordinären Warenzeichen-Wildwuchses, der sich juristisch zunächst als bodenlos erwiesen hatte. Es bedurfte erst einiger Reichsgerichtsentscheidungen und Musterprozesse, um so etwas wie eine oberflächliche Ordnung durchzusetzen, und in diese rechtlichen Urbarmachungen war Zeppelin als Musterbeispiel mehr als ihm lieb war, aber nicht ohne eigenes Verschulden von Anfang an verstrickt:

Die Verwicklungen begannen damit, daß eine Reihe von Geschäftsleuten, die glücklich das Einverständnis des Grafen zur Namensführung erlangt hatten, mit ihren Eingaben zur Warenzeichen-Schutzeintragung vom Kaiserlichen Patentamt abgewiesen wurden, weil ihnen schon andere Antragsteller zuvorgekommen waren, die Zeppelin gar nicht erst gefragt oder dessen Weigerung schlichtweg ignoriert hatten und gleich zur Anmeldung geschritten waren – und zwar ganz im Einklang mit den gültigen Gesetzen, wie es schien: »Euer Exzellenz gestatte ich mir ganz ergebenst hiermit mitzuteilen«, schrieb am 10. September 1908 der Berliner Patentanwalt J. Tenenbaum, »dass nach dem Gesetz zum Schutze der Warenbezeichnungen vom 12. Mai 1894 es jedermann möglich ist, Ihr Portrait oder das Wort Zeppelin bzw. Graf Zeppelin allein oder in Verbindung mit anderen Bestandteilen sich als Warenzeichen für die verschiedensten Artikel eintragen zu lassen ... Es bedarf hierzu der Einwilligung der Betreffenden zur Eintragung nicht. Das Kaiserliche Patentamt trägt vielmehr ohne weiteres für jedermann, der einen Geschäftsbetrieb ausübt, der sich auf die betreffenden Waren erstreckt, derartige Namen ein ... Ich habe mir erlaubt, Euer Exzellenz ganz besonders darauf aufmerksam zu machen, weil ich von der Firma Kölling und Schmitt in Zerbst höre, dass Sie in dieser Hinsicht der Meinung sind, Ihr Name könnte nur mit Ihrer Zustimmung als Warenzeichen eingetragen oder benutzt werden.«

Diese juristische Sachlage, deren Voraussetzungen und vor allem deren Konsequenzen waren dem Grafen und seinem Generalbevollmächtigten Uhland offensichtlich nicht nur unbekannt, sondern zunächst auch unbegreiflich, wie aus den Korrespondenzen mit ihrem Rechtsvertreter in Berlin, Patentanwalt und Zivilingenieur Dr. L. Gottscho hervorgeht, und sie war auch für die Juristen selbst eine umstrittene, wenn nicht unbegreifliche Sache, wie sich zeigen sollte – jedenfalls vermittelt die in Schriftsätzen und Prozessen ausgetragene Debatte interessante Einblicke in die Geschäfts- und Rechtswelt der wilhelminischen Ära.

»Ihre Ansicht, dass es für die Eintragung und Benutzung der ... Warenzeichen einer Erlaubnis seitens des Herrn Grafen von Zeppelin bedurft hätte«, führte der Dresdener Patentanwalt Dipl. Ing. Richard Ifferte am 4. November 1908 in einem Schreiben an Uhland aus, »ist unter Berücksichtigung der ständigen Praxis des Patentamtes und der Gerichte als verfehlt zu bezeichnen. Z.B. sagt Finger in seinem Buche ›Das Reichsgesetz zum Schutz der Warenbezeichnungen, Berlin 1906‹ Seite 126: ›Dagegen sind Mohamed, Mahdi, Nansen, Andrea oder andere geschichtliche Figuren, wie Benedek, Prince of Wales, Bismarck, Moltke, Nelson, Goethe, Hohenlohe, Bülow oder hervorragende allgemein bekannte Personen der Jetztzeit wie Zola zulässig, weil das grosse Publikum hier eine bestimmte Person erkennt, welche als Inhaber einer Herkunftsstelle nicht in Betracht kommt, sondern nur als Schutzpatron der Ware. Diese, sei es der Gegenwart oder der Vergangenheit angehörende Namen, sind Fantasiezeichen.‹« Und das konnte ebensogut auch von Zeppelin behauptet werden.

Auch im Ausland war die Lage nicht besser – eher im Gegenteil: Im Juni 1910 wandte sich das BUREAU TECHNIQUE POUR LA PROTECTION DE LA PROPRIÉTÉ INDUSTRIELLE ›Weismann & Marx‹, Pariser Patentanwälte des bekannten Aviatikers Louis BLERIOT, an die Firma des deutschen Leidensgenossen, »ob Ihrerseits vielleicht schon mit Erfolg gegen eine unberechtigte Warenbezeichnung angekämpft wurde und in welchem Falle, und mit welcher Begründung Ihnen rechtgegeben wurde ... Es ist leider eine nur zu häufige Tatsache, dass, sobald es einem Erfinder gelungen ist, als Frucht jahre- ja jahrzehntelanger Bemühungen einige Erfolge zu ernten, die verschiedensten Geschäftszweige in vollkommen unberechtigter Weise ihre Artikel in irgend einer Kombination mit dem Namen des Erfinders belegen. Ja noch mehr; durch Eintragung als Markenzeichen verschaffen sie sich legale Bekräftigung für die Berechtigung ihres Vorgehens. Spätere Beschwerden des Erfinders gegen diese Eintragung sind meist erfolglos, weil die Abteilung für Warenzeichen den bei Eintragungen gemachten Fehler nicht einsehen will, ja sogar noch hartnäckig vertritt.«

Wenn zu diesem Zeitpunkt im Deutschen Reich die schlimmsten Auswüchse des unautorisierten Warenzeichenmißbrauchs schon unterbunden waren, so lag das gewiß nicht in der höheren Einsichtsfähigkeit des preußischen Patentamts begründet, sondern darin, daß die Eintragungswut im Fall Zeppelin zuvor groteske Ausmaße angenommen hatte: »In der Anlage übermittle ich Ihnen (die) Kopie einer (Warenzeichen)Anmeldung«, schrieb Gottscho am 23. Januar 1909 an Uhland, »aus der Sie ersehen, dass auch für Luftfahrzeuge die Eintragung von unbefugter Seite verlangt wird. Ich ... stelle doch ganz ergebenst anheim, die dortige Gesellschaft zu veranlassen, mir Auftrag für diese Warenzeichenanmeldung zu erteilen, damit wenigstens für Luftfahrschiffe der Name ZEPPELIN nicht mehr von unbefugter Seite eingetragen wird.« – Er wäre zu spät gekommen, denn schon am 8. Oktober 1908 war den Friedrichshafenern von der Harmonica-Fabrik MATTH. HOHNER mitgeteilt worden, zwei Firmen, die ihr das Recht zur Bezeichnung ihrer Instrumente mit Bild und Namen des Grafen streitig machten, hätten auch für Luftfahrzeuge den Namen ZEPPELIN angemeldet, »was zur Wirkung haben wird, dass Herr Graf Zeppelin bei der Anbringung seines eigenen Namens auf Luftballons behindert werden wird, bezw. von genannten Anmeldern – Firma M. Mayer, Koblenz und Robert Middeldorf, Solingen – in Abhängigkeit geraten wird.«

»In meiner Eigenschaft als Anwalt der Firma Kölling und Schmitt (die zwar Zeppelins Einverständnis zur Namensbenutzung hatte, aber beim Patentamt zu spät gekommen war) mache ich Sie darauf aufmerksam«, war am 11. September 1908 Gottschos noch unverbindlicher Rat an die Adresse des Grafen gewesen, »dass meines Erachtens nach der Herr Graf Zeppelin infolge des § 12 des Bürgerlichen Gesetzbuches berechtigt ist, die Löschungsklage gegen .. (unerlaubte) Eintragung(en) (und) auch die Klage auf Untersagung der Benutzung zu erheben.« Daraufhin wurde er offenbar mit der Durchführung entsprechender und weiterer Schritte beauftragt. »Bereits heute habe ich einen entsprechenden Schriftsatz nebst Vollmacht dem Kaiserlichen Patentamt überreicht«, schrieb er am 12. Oktober«, »und hoffe in dem noch schwebenden Warenzeichen-Verfahren die Eintragungen des Namens Se. Excellenz, des Grafen von Zeppelin verhindern zu können, auch für die Folge derartigen Warenzeicheneintragungen vorzubeugen.«

Aber darin täuschte er sich: das Kaiserliche Patentamt hielt sich vorerst stur an die gesetzlichen Vorschriften, und die schrieben das Einverständnis des Grafen nicht vor. So schwoll denn die Liste der Eintragungen weiter an: »Die Aufstellung der bereits eingetragenen Zeppelin-Zeichenanmeldungen ist in Angriff genommen«, teilte Gottscho am 5. Februar 1909 mit, »es kommen fortgesetzt neue

Zeichen hinzu. Alle diese Zeichen löschen zu lassen, ist nicht leicht und erfordert umfangreiche Arbeiten, auch trägt ja das Patentamt fortgesetzt neue ein.«

Dieser Lawine beizukommen war für Gottscho ein dringliches Problem in zweierlei Hinsicht – denn er hatte leichtsinnigerweise ›mehrfach erklärt‹, er rechne es sich zur hohen Ehre an, Se. Exc. vertreten zu können »und werde Se. Exc. keinerlei Gebühren berechnen«. Die Lösung, die ihm zunächst vorschwebte, lief gewissermaßen darauf hinaus, den Teufel mit dem Beelzebub gleich doppelt auszutreiben: »Selbstverständlich ist es möglich«, schrieb er am 23. Januar 1909, »sämtliche unerlaubt eingetragenen Warenzeichen löschen zu lassen. Es handelt sich nur um die Kosten (und meinen kostenlosen Arbeitsaufwand). Meines Erachtens ist es das Richtigste, Sie geben einer Grossfirma, z. B. einem Berliner Warenhause oder einem Hamburger Exporteur die Befugnis den Namen ZEPPELIN eintragen zu lassen. Die betreffende Firma wird alsdann wohl auch bereit sein, auf ihre Kosten die erforderlichen Löschungsklagen durch mich (kostenpflichtig) durchführen zu lassen. Ev. bin ich gerne bereit, zu versuchen, Ihnen eine geeignete Firma in Vorschlag zu bringen.« – Als Syndikus mehrerer Industrie-Verbände verfügte Gottscho über die notwendigen Verbindungen.

Jedenfalls wurden im folgenden jene Firmen, die mit Einverständnis des Grafen ihr Warenzeichenrecht durchsetzen wollten, dazu angehalten, auch die Kosten solcher Löschungsverfahren, die formell vom Grafen zu führen waren, zu übernehmen. Damit war die Wurzel des Übels natürlich noch nicht beseitigt, aber es kamen auf diese Weise einige Prozesse in Gang, die zu einer Änderung der Gesetzeshandhabung führten und damit auch zur Revision der Eintragungsformalitäten beim Patentamt. Doch diese Rechtsretusche wäre sicherlich nicht so schnell über die juristische Bühne gegangen, wenn nicht die Grundwerte der Wirtschaftsordnung in den Schmutz einer – nach damaligen Moralbegriffen – fast unaussprechlichen Herabwürdigung des National-Idols Zeppelin gezogen worden wären.

In Andeutungen kamen diese Untiefen zunächst im Verlauf eines der hartnäckigsten Fälle, den Gottscho durchzufechten hatte, zur Sprache: In den irritierten Rückfragen der vom Patentamt abgewiesenen Antragsteller war immer wieder der Name eines gewissen Leipziger Arzneimittelhändlers Emil Reuter aufgetaucht, der sich das Warenzeichen ›Zeppelin‹, wie sich nach und nach herausstellte, nicht nur für einzelne Artikel, sondern für ganze Klassen des Warenregisters hatte eintragen lassen und nun seinerseits einen schwunghaften Handel mit Lizenzen trieb, die er zu Preisen zwischen 500 und 1000 Mark vergab. »Sie erwirkten ein Warenzeichen No. 107923 gemäss der Anmeldung vom 10. Oktober 1907«, rekapitulierte Gottscho in einer Löschungsaufforderung an Reuter am 6. Oktober 1908, »nachdem Sie (nachträglich) am 3. Dezember 1907 bei Seiner Excellenz, dem Herrn Grafen um Genehmigung anfragten und am 9. Dezember Ihnen von Seiten des Bevollmächtigten des Herrn Grafen mitgeteilt wurde, dass Ihnen diese Genehmigung nicht erteilt werden kann. Trotzdem haben Sie das Zeichen No. 107923 sich eintragen lassen, ja auch versucht, Licenzen zu verteilen ...« und so weiter.

Reuter beauftragte daraufhin mit der Wahrnehmung seiner Interessen den Hamburger Handelschemiker und Patentanwalt E. Utescher, der Gottscho »als ein Herr bekannt (war), der stets für gerichtlichen Austrag aller Angelegenheiten eingetreten ist«. Gottschos Ahnung bewahrheitete sich: Utescher zog nicht nur alle Prozeß-Register, sondern legte unter Berufung auf seinen Mandanten erst einmal ein paar hinhaltende Sondernummern ein, die Gottscho auf die Palme brachten: er verlangte zunächst die Vollmacht seines Kollegen und schrieb dann am 4. November 1908 direkt an den Grafen, so als ob er dessen Rechtsvertreter nicht ganz ernst nehmen könnte.

Dem alten Herrn versuchte Utescher die herrschenden Zustände durch salbungsvolle Betrachtungen vertraut zu machen: »Das ist also in Deutschland das Schicksal der Grossen unter uns, dass Ihr Name nicht als Name, sondern als Zeichen für Waren gleichsam als frei für die Industrie angesehen wird. In diesem Sinne spricht das Kaiserliche Patentamt Recht. Ist eine Person berühmt genug geworden, dass der Verkehr annimmt, die Verwendung des Namens der Person werde nicht gedeutet als Angabe einer sachlichen Beziehung der Person zur Ware, so schützt das Kaiserliche Patentamt ohne weiteres auf Antrag der Fabrikanten oder sonstiger Anmelder diesen Namen als Zeichen. So ist auch das Zeichen GRAF ZEPPELIN vielfach eingetragen worden, nachdem der Name Ew. Excellenz durch das verdienstliche Schaffen Ew. Excellenz in aller Munde ist.«

Mit der feinen semantischen Unterscheidung von Name und Zeichen gedachte Utescher seinen Mandanten von Anfang an freizumanövrieren: »Mein Mandant beabsichtigt nicht, den Namen Graf ›Zeppelin‹ zu gebrauchen, sondern das Zeichen ›Graf Zeppelin‹«, hatte er schon am 14. Oktober erklärt. »Bei Gebrauch des Zeichens ›Graf Zeppelin‹ wird ausdrücklich dafür Sorge getragen, dass alles geschehen wird, um Beziehungen der mit dem Zeichen versehenen Waren zu dem Herrn Grafen F. v. Zeppelin oder der gräflichen Familie Zeppelin auszuschließen.« Und als Gottscho diese Erklärungen als nicht genügend zurückwies, wurde Utescher renitent: »Wenn mein Herr Auftraggeber einen oder mehreren anderen gestattet hat, das Warenzeichen ›Graf Zeppelin‹ zu benutzen, so ist das seine Sache, welche lediglich meinen Herrn Auftraggeber angeht. Eine solche Warenzeichenlizenz ist in rechtlicher Beziehung der Verzicht der Geltendmachung des Warenzeichenrechtes. Das Wort ›Graf Zeppelin‹ ist hierbei nicht Name, sondern Zeichen. Wie der deutsche Kaiser, die deutsche Kaiserin etc. gewiss sich nicht darum kümmern würden, wenn der Inhaber des Zeichens ›Kaiser Wilhelm‹ oder ›Kaiserin Augusta Victoria‹ einen anderen gegen Entgelt das Recht der Benutzung des Zeichens überträgt, so hat auch hier Ihr Herr Auftraggeber keinen Anlaß, irgendwelche Beeinträchtigung seiner Rechte anzunehmen.« – Im Gegenteil, Graf Zeppelin durfte sich glücklich schätzen, in diesen erlauchten Personenkreis aufgerückt zu sein, wenn man Utescher beim Wort nimmt: »In Wirklichkeit ist der Umstand, dass das Kaiserliche Patentamt das Zeichen ›Graf Zeppelin‹ in die Reihe der ohne Zustimmung schutzfähigen Zeichen aufnimmt, eine Anerkennung der Grösse des Herrn Grafen F. v. Zeppelin.«

Solch majestätische Entrückungsversuche holte Gottscho mit einer sarkastischen Erwiderung auf den Boden der Tatsachen – sozusagen ins Kellergeschoß – herab: »Nach Ihrer Auffassung finden Sie eine Anerkennung des Herrn Grafen Zeppelin darin, dass sein Name auf allen mehr oder weniger feinen Waren, wie z. B. Porzellanteilen von öffentlichen Waschanstalten und dergleichen ohne seine Genehmigung erscheint. Ueber diese Ihre Auffassung habe ich mich nicht mit Ihnen auseinanderzusetzen.« Aber der angedeutete Sachverhalt war deutlich genug, um die Rechtsfindung der Gerichte wirksam zu unterstützen.

Abgesehen davon, daß der Graf seinerseits in seinen bürgerlichen Freiheiten behindert würde, das anderen Gewerbetreibenden gegenüber abgegebene Recht, seinen Namen als Warenzeichen zu führen, auszuüben, kamen die Richter auch zu Einsichten reiner Wissenschaft, daß nämlich Person, Name und Ware, Bedeutung, Zeichen und Bezeichnetes praktisch nicht voneinander zu trennen seien und folglich Zeppelin eine Entscheidung darüber, welche Waren seinen Namen trügen, zustünde. Reuter wurde am 1. Februar vom Landgericht Leipzig in erster Instanz und in zweiter am 20. Oktober d. J. vom Oberlandesgericht Dresden verurteilt; seine Revision, die ihn vor's Reichsgericht gebracht hätte, zog er zurück, weil mehrere andere Verfahren auch schon zu Gunsten Zeppelins ausgegangen waren, und vermutlich auch deshalb, weil sein Lizenzhandel zurückging: mögliche Interessenten waren mittlerweile durch Pressenachrichten verschreckt.

»Lizenzmanöver mit dem Namen ›Zeppelin‹ werden zurzeit sehr eifrig getrieben«, war am 5. Mai 1909 im ›Berliner Tageblatt‹ zu lesen gewesen, »obwohl die unbefugte Benutzung ... durch den Vertreter des Grafen v. Zeppelin ... unnachsichtig verfolgt wird ... Da man auch bei Warenzeichen das Recht zur Benutzung ... gegen angemessene Barentschädigungen verkaufen kann, so wird die ... Lücke im Warenzeichengesetz dazu benutzt, einen umfangreichen Handel mit Lizenzen auf den Namen ›Zeppelin‹ zu treiben. Insbesondere ein Unternehmer, der sich den Namen ›Graf Zeppelin‹ für eine große Anzahl von Waren hat eintragen lassen, vergibt allem Anschein nach noch zurzeit Lizenzen zur Führung des Namens

›Zeppelin‹ ..., obwohl bereits in erster Instanz von mehreren Landgerichten die Löschung derartiger Warenzeichen ... ausgesprochen wurde. Es empfiehlt sich daher dringend, derartige Lizenzen nicht zu erwerben.«

Die delikateren Glanzlichter dieser abschrekkenden Gerichtsurteile, jene von Gottscho angedeuteten ›sanitären‹ Bereiche der ZEPPELIN-Warenzeichenanwendung, drangen nicht ans Licht der breiteren Öffentlichkeit, denn Zeppelin sträubte sich gegen die Publikation in der juristischen Fachpresse, so wie er überhaupt diese Verfahren und insbesondere die Versuche gegnerischer Anwälte, ihn oder Uhland als Zeugen zu inkommodieren (und dadurch nachgiebiger zu machen) als Belästigung empfand. »Mit aufrichtigem Bedauern ersehen wir aus Ihrer sehr geschätzten Zuschrift, dass Sie sehr ungehalten über uns sind, weil Sie durch Vernehmung vor Gericht ... nun nochmals persönlich belästigt werden«, schrieben METZELER & CO am 3. April 1909 nach Friedrichshafen; METZELER & CO waren mit einer langwierigen Löschungsklage gegen einen gewissen Georg Stadelmann in Radebeul bei Dresden beschäftigt, der sich – wie Reuter – das Zeppelin-Zeichen für alle möglichen Artikel hatte schützen lassen und ihnen das Recht nun nicht ohne weiteres für ihre Pneumatics abtreten wollte. Um den gräflichen Zorn zu entkräften und abzulenken, boten die Gummiwarenfabrikanten ein Ersatzopfer aus ihrer Branche an:

»Heute haben wir einen weiteren Beweis dafür in die Hände bekommen«, schrieben sie am 7. April 1909, »dass das eigene Interesse Sr. Excellenz ein scharfes Vorgehen gegen die missbräuchliche Verwendung seines Namens erheischt. Wie Sie aus dem beiliegenden Muster zu ersehen belieben, ist ein Gummiwaren-Händler schamlos genug gewesen, Präservatifs in einer Blechdose in den Handel zu bringen, die Abbildungen des ›Zeppelin-Luftschiffes‹ bringen. Der Artikel ist im Ganzen bis jetzt mit zwölf verschiedenen Bildern von der vorjährigen Zeppelin-Fahrt in den Handel gekommen. Das Präservatif selbst ist zur Zeit noch ungestempelt; es ist aber keineswegs ausgeschlossen, ja direkt zu befürchten, dass der betreffende Lieferant sich das Wort ZEPPELIN eines Tages für Präservatifs schützen und die Ware mit ›Zeppelin-Präservatif‹ stempeln und in den Handel bringen wird. Wir werden die Dose natürlich auch dem Gericht vorlegen und zweifeln nicht, dass es dann zur Löschung der ... Warenzeichen (Stadelmanns) kommen wird.« – Und so geschah es dann auch.

Am 2. November 1909 wurde Stadelmann vom Königlichen Landgericht zu Dresden verurteilt, und im Resümee der Parteienstandpunkte des Urteilstextes war auch der erwähnte Fall aufgeführt. Der nominelle Kläger Graf Zeppelin habe vorgetragen: »Wie weit der Name des Klägers zu allen möglichen Zwecken ausgebeutet werde, gehe daraus hervor, dass die Firma E. Vier & Co in Dresden bereits Blechdosen mit Präservativs massenhaft in den Handel bringe, deren Ausstattung alle möglichen Bilder über die Fahrten der verschiedenen Zeppelin-Luftschiffe bringe. Diese Blechdosen befänden sich serienweise zu 12 Stück gepackt in einer roten, flachen, rechteckigen Pappschachtel, die mit weissem hervorgehobenem Drucke die Aufschrift trage: ›Marke »Z« – Diskret – E. Vier & Co. Gesetzlich deponiert Dresden A.16.‹ Die genannte Firma habe sich diese Verpackung als Geschmacksmuster schützen lassen, der Schutz sei im Musterregister des Königlichen Amtsgerichts Dresden unter Nr. 5446 eingetragen. Dass die Benennungsweise Marke »Z« sich auf den Kläger beziehe, liege klar auf der Hand«, wurde vom Beklagten aber natürlich bestritten.

Die Firma Vier & Co war schon ein Jahr zuvor mit ihrem hochentwickelten Sinn für Aktualität und bedeutungsvolle Zusammenhänge in Friedrichshafen aktenkundig geworden – mit einem Schreiben vom 11. August 1908: »Hierdurch gestatten wir uns, Ew. Excellenz ganz ergebenst zu bitten, Ihr gütiges Einverständnis dazu zu geben, dass wir eine Toiletten-Seife, Parfum, Kopfwässer und eventuell ein paar andere ähnliche Präparate mit einem Bilde Ew. Excellenz, sowie dem des zerstörten (!) Luftschiffes, in den Handel bringen dürfen.« Und nicht weniger phantasievoll waren ihre Entschuldigungen und Ausflüchte, als Gottscho sie unter Prozeßandrohung aufforderte, alle »Abbildungen, Benennungen oder dergleichen, welche den Gedanken entstehen lassen könnten, dass die

Marke »Z«–diskret irgend etwas mit dem Namen Zeppelin zu tun hat, wegzulassen«.

»Soeben erhalten wir Ihr geehrtes Schreiben vom 21.«, antwortete Vier & Co am 22. Oktober 1909, »in welchem Sie von ganz irrigen Voraussetzungen ausgehen ... Vor ungefähr 3/4 Jahren wurden uns von dem Vertreter einer Blech-Emballagen-Fabrik ein kleiner Posten Blechdosen mit acht verschiedenen Abbildungen des Zeppelin'schen Luftschiffes, die von einer Lieferung für eine Fabrik von Grammophon-Nadeln übrig geblieben waren, angeboten und wurden dieselben von uns, da wiederholt Präservativs in Packungen zu 3 Stück gewünscht werden, für diesen Zweck verwendet. Diese Aufmachung fand wider Erwarten grossen Anklang und verpackten wir schliesslich immer 12 Dosen in einen Karton, der die Aufschrift ›Marke Z. Diskret‹ trägt und unsere Firma. Jedes Kind muß einen Namen haben und wie wir unseren anderen Artikeln Nummern oder Buchstaben geben, so wählten wir hierfür den Buchstaben Z. Die Geschmacklosigkeit und Taktlosigkeit, für erwähnten Artikel den Namen S. Exz. des Herrn Grafen von Zeppelin zu verwenden, sollten Sie uns wirklich nicht zutrauen.«

Gottscho erreichte ohne Gerichtsverfahren, »dass die Firma das ›Z‹ weglässt, sowie auch ... Aufschriften wie ›Zeppelin steigt vom Bodensee auf‹ usw.«, aber von der Abbildung des Luftschiffes auf den Blechschachteln konnte er sie nicht ohne weiteres abbringen. »Ich denke wir wollen die Angelegenheit hiermit als erledigt betrachten«, schrieb er am 12. November 1909 an Uhland, »da schließlich die Darstellung des Aufstieges des Luftschiffes Sr. Exz. auf Blechschachteln vielleicht doch zulässig erscheint. Man könnte nur mit Paragraphen allgemeinerer Natur gegen ein solches Verhalten vorgehen und Kosten wollen Sie sich ja in dieser Angelegenheit nicht machen.« Und dem stimmte Graf Zeppelin mit handschriftlicher Randnotiz erleichtert zu. – Aber die Paragraphen allgemeinerer Natur und die Kosten waren wohl nur ein willkommener Vorwand für alle Beteiligten, einem peinlichen Prozeß aus dem Wege zu gehen, der sie womöglich obendrein noch der Lächerlichkeit preisgegeben hätte, und so blieben denn die Blechdosen mit einem nur unwesentlich beeinträchtigten bildlichen ›Dokumentsinn‹ im Handel.

Kapitel X

Ein anrüchiges Sonderkapitel zur SEXUALITÄT: Erhebung, Befreiung, Vereinigung – aus Privatphantasien *ein Staatsphallus der verspäteten Nation?*

»Immer und überall stößt man auf das odiose Kapitel der Sexualität, die sich jedem rechtschaffenen Menschen von heutzutage als etwas Beschmutztes darstellt«, schrieb Carl Gustav Jung 1912 in seinem Buch über ›Wandlungen und Symbole der Libido‹. »Es sind aber keine 2000 Jahre vergangen, seitdem der religiöse Kult der Sexualität mehr oder weniger offen in hoher Blüte stand. Allerdings waren das ja Heiden und wußten es nicht besser. Aber die Natur der religiösen Kräfte ändert sich nicht von Säkulum zu Säkulum; ... wenn man sich vorstellt, daß das religiöse Erlebnis, nämlich die Vereinigung mit dem Gott, vom Altertum als ein mehr oder weniger konkreter Koitus aufgefaßt wurde, dann kann man sich wahrhaftig nicht mehr einbilden, daß die Triebkräfte der Religion post Christum natum nun plötzlich ganz andere geworden seien; es ist dort genau so gegangen, wie mit der Hysterie, die zuerst irgend eine nicht besonders schöne, kindliche Sexualbetätigung pflegte, und nachher eine hyperästhetische Ablehnung entwikkelt, so daß jedermann sich von ihrer besonderen Reinheit überzeugen läßt.«

Dennoch hatte die christliche Religion in Jungs Augen eine ›große biologische Bestimmung‹ erfüllt: ›Dazu haben offenbar tiefste Notwendigkeiten gedrängt, denn es war der Menschheit im Zustande der Zügellosigkeit nicht wohl. Der Sinn jener neuen Kulte« – Jung sprach vom Christentum und Mithriazismus – »ist klar: er ist moralische Bändigung animalischer Triebe ... In den vergangenen zwei Jahrtausenden hat das Christentum seine Arbeit getan und hat Verdrängungsschranken aufgerichtet, welche uns den Anblick unserer eigenen *Sündhaftigkeit* verwehren. Die elementaren Regungen der Libido sind uns unbekannt geworden, denn sie verlaufen im Unbewußten, daher auch der sie bekämpfende Glaube leer und schal geworden ist. Wer an diese Maskenhaftigkeit unserer Religion nicht glaubt, der hole sich einen Eindruck vom Aussehen unserer modernen Kirchen, aus denen sich Styl und Kunst längst geflüchtet haben.« Für Jung waren das Anhaltspunkte von erheblicher Konsequenz: »Das jedem Psychoanalytiker wohlbekannte Phänomen der unbewußten Umformung eines erotischen Konfliktes in religiöse Betätigung ist etwas *ethisch durchaus Wertloses* und nichts wie hysterische Mache. Wer dagegen seiner bewußten Sünde ebenso bewußt die Religion entgegensetzt, der tut etwas, dem man im Hinblicke auf die Historie das Großartige nicht absprechen kann. Solches ist gesunde Religion.« Und solche Haltung setzte nicht blinden dogmatischen Glauben, sondern Verstehen und Einsicht in die wahre Natur des Menschen voraus; doch die mußte seinerzeit buchstäblich erst freigelegt werden:

»Unsere ganze Erziehung geht schließlich stillschweigend darauf aus, von Erotik möglichst wenig zu wissen und tiefste Unkenntnis darüber zu verbreiten. Es ist daher kein Wunder, daß das Urteil in puncto der Tragweite eines erotischen Eindrukkes sozusagen in der Regel unsicher und unzulänglich ist ... Unsere Kultur unterschätzt einerseits die Wichtigkeit der Sexualität außerordentlich, andererseits drängt sich die Sexualität eben gerade infolge der auf ihr lastenden Verdrängung an allen möglichen ihr nicht zugehörenden Orten heraus und bedient sich einer dermaßen indirekten Ausdrucksweise, daß man sie beinahe überall plötzlich anzutreffen erwarten kann.« Treffende Beobachtungen einer Ambivalenz, die aus historischer Distanz noch schärfer ins Auge fällt.

Das Aufdecken der animalischen Triebnatur unter dem Doppelboden der zeitgenössischen Moral vollzog sich zugleich mit jener anderen elementaren Befreiung – der Erringung des menschlichen Flugvermögens: Im Jahre 1899 schrieb Sigmund Freud seine Studien über DIE TRAUMDEUTUNG nieder, in denen mit provozierender Klarheit zum ersten Mal die individuelle wie kulturelle Allgegenwart gewisser tabuisierter sexueller Kindheitswünsche – vor allem anhand der Sage von Ödipus, der seine eigene Mutter heiratete – aufgezeigt wurde. Diese in Träumen, Mythen und Märchen aufgefundenen Parallelismen, die Freud in den folgenden Jahren zur Konzeption einer umfassenden Sexual-Theorie veranlaßten, fanden in den Arbeiten seines Schülers und späteren Gegners C.G. Jung ihre konsequenteste Auslegung: Aus den Wandlungen und Symbolen eines urtümlichen Geschlechtstriebes, der in zahllosen Verdrängungen, Überhöhungen und Zurückverlagerungen in frühkindliche Äußerungsformen produktiv wurde, las Jung nicht nur eine ›Entwicklungsgeschichte des Denkens‹, sondern auch seiner ersten Instrumentalisierungen in der Sprache, der Erfindung des Feuerbohrers usw. heraus. Zündender Dreh- und Angelpunkt einer solchen sexualzentrierten Kulturgeschichte waren die Funktionsgleichnisse und Symbole vornehmlich des männlichen Geschlechtsorgans.

»Die Symbolik des Instrumentes des Koitus war ein unerschöpflicher Stoff für die antike Phantasie. Es gab weitverbreitete Kulte, die man als phallische bezeichnet, und deren Verehrungsgegenstand eben der Phallus war.« Doch durch das Wirken des Christentums wurden Interesse und Phantasietätigkeit - so Jung – zur Wissenschaft und Technik hin abgedrängt: »Heutzutage sind ja in unserer Zivilisation die phallischen Umzüge, die dionysischen Phallagogien des klassischen Athen, die offenkundig phallischen Embleme von unseren Münzen, Häusern, Tempeln und Straßen verschwunden, ebenso sind die theriomorphen Darstellungen der Gottheit bis auf gewisse Reste, wie die Taube des heiligen Geistes, das Lamm Gottes und den unsere Kirchtürme zierenden Hahn des Petrus reduziert, auch Weiberraub und Vergewaltigung sind bis auf die Verbrechen eingeschränkt, aber dies alles hindert nicht, daß wir in der Kindheit eine Epoche durchlaufen, wo die Ansätze zu diesen archaischen Neigungen wieder hervortreten, und daß wir das ganze Leben hindurch neben dem neuerworbenen, gerichteten und angepaßten Denken ein phantastisches Denken besitzen, das dem Denken der Antike und der barbarischen Zeitalter entspricht.«

›Das Geheimnis der Kulturentwicklung‹ sah Jung in der ›Beweglichkeit und Verlagerungsfähigkeit der Libido‹, und er untermauerte diese These mit einem imponierenden Aufgebot von Wort- und Bilddokumenten, die von den ältesten indogermanischen Überlieferungen bis zu den Aufzeichnungen und Dichtungen einer jungen Amerikanerin um 1900 reichten – Miss Millers Schriften dienten ihm sozusagen als Aufhänger seiner Kulturhistorie der Sexualität. Das ›Bedürfnis der Mythologie‹ glaubte Jung gleich körperlichen Merkmalen im menschlichen Erbgut verankert: »Man kann sagen, wenn es gelänge, alle Traditionen in der Welt mit einem Male abzuschneiden, so würde mit der nächsten Generation die ganze Mythologie und Religionsgeschichte wieder von vorne beginnen. Es gelingt nur wenig Individuen, die Mythologie in der Epoche eines gewissen intellektuellen Übermutes abzustreifen, die Masse befreit sich nie. Es nutzt alle Aufklärung nichts, sie zerstört bloß eine vorübergehende Manifestationsform, nicht aber den schaffenden Trieb.«

Was Jung zu seinen Randbemerkungen über die Mythen-Befangenheit des modernen Massenmenschen veranlaßte, ist aus keiner Silbe seines Buches zu entnehmen. Jedenfalls muß es im nachhinein höchst verwunderlich erscheinen, daß er die enorme, in seinem Sinn mythische Vorstellungsformen mobilisierende Massenhysterie, die sich sozusagen in Sichtweite seines Schweizer Wohnortes Küsnacht–Zürich zu Lande und in der Luft abspielte, nicht erwähnte. – Sein Wiener Lehrer Freud dagegen reagierte in den Neuauflagen seines Traumdeutungsbuches direkt auf die Himmelserscheinung und illustrierte die ›genetische Natur‹ der Symbolbildung am aktuellen Beispiel:

»... Symbolik gehört nicht dem Traume zu eigen an, sondern dem unbewußten Vorstellen, speziell des Volkes, und ist in Folklore, in den Mythen, Sagen, Redensarten, in der Spruchweisheit und in den umlaufenden Witzen eines Volkes vollständiger als im Traume aufzufinden ... Was heute symbolisch verbunden ist, war wahrscheinlich in Urzeiten durch begriffliche und sprachliche Identität vereint. Die Symbolbeziehung scheint ein Rest und Merkzeichen einstiger Identität ... Eine Anzahl von Symbolen ist so alt wie die Sprachbildung überhaupt, andere werden aber in der Gegenwart fortlaufend neugebildet, z.B. das Luftschiff, der Zeppelin.«

War in diesem Fall die spezielle symbolische Beziehung von Person und Objekt gemeint, so fielen dem Produkt der Ingenieurkunst andererseits, wie Freud ohne Namensnennung eine Seite weiter anmerkte, allgemeine Symbolfunktionen zu: »Alle komplizierten Maschinerien und Apparate der Träume sind mit großer Wahrscheinlichkeit Genitalien, in deren Beschreibung sich die Traumsymbolik so unermüdlich wie die Witzarbeit erweist ... Als ein ganz rezentes Traumsymbol des männlichen Genitales ist das Luftschiff zu erwähnen, welches sowohl durch seine Beziehung zum Fliegen wie gelegentlich durch seine Form solche Verwendung rechtfertigt.« Welches Modell hier in erster Linie in Frage kam, bedurfte keines Kommentars mehr.

War Freuds Zurückhaltung gegenüber Zeppelin offensichtlich das Resultat professioneller Diskretion gegenüber einem berühmten Zeitgenossen, so kann man bei Jung im Zweifel sein, ob für sein Schweigen allein diese Gründe maßgeblich waren oder nicht auch sein kulturelles Entwicklungsbild, das mythisches Denken und wissenschaftliche Technik scharf voneinander absetzte. Im Grunde genommen ändert das wenig am wesentlichen Sachverhalt. Die betonte (und einseitige) Hervorhebung verdrängter sexueller Triebkräfte, die beide Forscher der lüsternen Prüderie ihrer Zeit entgegensetzten, fand jedenfalls ihre angemessene Entsprechung in den gewaltigen Ausmaßen der Luftschiffe – wenn man sie als Verkörperungen einer (arche)typischen Sexual-Symbolik zu sehen bereit war.

Der Beweis, daß diese Bereitschaft in Einzelfällen ganz bewußt zum Zuge kam, liegt mit den zitierten Beispielen von Warenwerbung, Erfindereifersucht und schriftstellerischer Metaphorik bereits auf der Hand; fraglich ist nur, ob oder wie weit sie generell für das ungeheure Aufsehen und die tiefempfundene Anteilnahme, welche einige – nicht alle – Luftschiff-Aufstiege und Unfälle auslösten, verantwortlich zu machen ist. Sicherlich kann man annehmen, daß die eindeutige Verarbeitung des Luftschiff-Bildes in Traum, Witz und Pornographie sich in dem Maße verbreitete wie die Beachtung der Flugkörper selbst, aber auch das wäre für sich betrachtet noch kein Grund, eine zwangsläufig archetypische Wahrnehmungsqualität hinter allen aktuellen Anlässen vorauszusetzen. Offensichtlich mußte ja zum Luftschiff-an-sich noch einiges hinzukommen, um eine Faszination epidemischen Ausmaßes hervorzubringen, wie sie dem Zeppelin im Gegensatz zu seinen Konkurrenz-Modellen zuteil wurde – es sei denn, man sah den entscheidenden Unterschied zu den übrigen halb- oder unstarren Schwellkörpern in der permanenten Steife des *starren Systems*, welche die latente Symbolik über die einschlägige Wahrnehmungsschwelle zur manifesten Besetzung und damit zur Epidemie beförderte.

So mag es auf den ersten Blick scheinen, als handele es sich bei den ›eindeutigen‹ Auslegungen des Zeppelins doch nur um die ›fixen Ideen‹ einzelner Leute mit schmutziger Phantasie, welche wie die übrigen, reinen Herzens Begeisterten die Himmelserscheinung im Sinn hatten – nur eben in ihrem Sinn; und damit wäre die libidinöse Herabwürdigung auf beruhigend anormale Ausnahmen reduziert. Aber so leicht ist dieses odiose Kapitel nicht abzuschließen, denn auch die Vorgeschichte der Zeppelinschen Lufteroberung zeigt sich gesättigt mit Libido-trächtiger Symbolik, wenn man die Untersuchungen Freuds und Jungs zu Rate zieht, und besonders Jungs Buch von 1912 liest sich wie ein Entschlüsselungs-Kode auch der persönlichen Erfolgskarriere, nur daß eben ironischerweise Luftschiff und Zeppelin überhaupt nicht erwähnt sind.

»Die nahe Verbindung des Fliegens mit der Vorstellung des Vogels macht es verständlich, daß der Fliegetraum bei Männern meist eine grobsinnliche Bedeutung hat«, schrieb Freud 1899. »Wir werden uns auch nicht verwundern, zu hören, daß dieser oder jener Träumer jedesmal sehr stolz auf sein Fliegenkönnen ist.« Dazu zitierte er einen Wiener Kollegen, Paul Federn, der die ›bestechende Vermutung‹ ausgesprochen habe, »daß ein guter Teil der Fliegeträume Erektionsträume sind, da das merkwürdige und die menschliche Phantasie unausgesetzt beschäftigende Phänomen der Erektion als Aufhebung der Schwerkraft imponieren muß.« Und in Klammern fügte Freud hinzu: »Vgl. hiezu die geflügelten Phallen der Antike.« Wieweit diese traumhafte Wunscherfüllung auch zur technischen Verwirklichung beigetragen hatte, stand natürlich auf einem anderen Blatt; aber immerhin konnten reale Luftfahrtereignisse ja Traumphantasien wiederholen, verstärken und z.B. erotische Gleichnisse wie das von der Errungenschaft Montgolfiers in der Steinmannschen Luftschiffahrtkunde von 1848 hervorlocken.

Vor dem Hintergrund eines solch allgemeinmenschlichen Fliegenwollens hoben sich die besonderen Züge der Zeppelin-Doppelgestalt durch die Häufung und Verschränkung typischer Merkmale heraus – exemplarisch verdichtet in der Eifersuchtsvision des glücklosen Erfinders Ganswindt. Sein Wortbild von der innigen Vereinigung der liebeglühenden deutschen Nation mit dem greisen Hiob vom Bodensee bediente sich offensichtlich einer grobsinnlichen Assoziation, die in einer aus Karikatur und Bildsatire geläufigen Darstellungsart ihre Parallele wenn nicht ihr Vorbild hatte: Den Grafen rittlings auf seinem Luftschiff zu zeigen, stellte ja nicht nur bildangemessenere Proportionen von Person und Werk her, sondern mobilisierte zugleich das Bild des kühnen Reiters von 1870, und das Reiterbild seinerseits erhielt spätestens in dieser Verknüpfung einschlägige Symbolqualitäten – von zwiespältiger Natur, wenn man Jungs kulturhistorischen Vergleichen nachgeht:

Einerseits konnten »der Held und sein Pferd als eine künstlerische Gestaltung der Idee des Menschen mit seiner verdrängten Libido (verstanden werden), wobei dem Pferde die Bedeutung des animalischen Unbewußten zukäme, das gezähmt und dem Willen des ›Menschen‹ unterworfen erscheint«. Als Beispiele nannte Jung unter anderen Agni auf dem Widder, Wotan auf Sleipnir, Ahuramazda auf Angromainyu, Jahwe auf dem monströsen Seraph, Christus und Dionysos auf dem Esel usw. Andererseits konnte sich das Machtverhältnis umkehren wie in Alptraumbildern, wo Nachtmahre ihre Opfer ritten, und schließlich hatte der Leibhaftige selbst nicht nur den geläufigen Pferdefuß, sondern gelegentlich auch ganze Pferdegestalt. Daneben aber waren Herr und unterworfene Kreatur auch in körperlicher und bedeutungsvoller Verschmelzung anzutreffen: Zentauren waren, wie Jung notierte, typische Windgottheiten des Altertums, und auch »die deutsche Sage (kannte) den Wind als den nach Mädchen lüsternen wilden Jäger«. – Das Sinnbild des berittenen Lufteroberers konnte also ganz verschiedenartige Wunschvorstellungen in sich aufnehmen.

Von seiner elementar-symbolischen Seite her aufgezäumt ließ sich die Einheit von Herr und Gescherr nach ehrwürdigem Vorbild auch als Repräsentation des Einen durch das jeweils Andere verstehen: Doppelgestaltigkeit war an Gottheiten des Altertums eine vertraute Erscheinung, so etwa bei Dionysos, der erwachsen und zugleich als Kind oder in Begleitung einer Personifikation seines Phallos – Phales – auftrat. Hinter solch menschlicher Annäherung, die leicht in ein Vater-Sohn-Verhältnis zu überführen war, stand – wie Jung anmerkte – das urtümliche, schon aus der indischen Mythologie bekannte Paradox von groß und klein, von Däumling und Riese, mit anderen Worten: »das phallische (Ur)Symbol der Libido. Der Phallus ist dieser Heldenzwerg, der die großen Taten verrichtet, er, dieser häßliche Gott, von unscheinbarer Gestalt, der aber der große Wundertäter ist, da er der sichtbare Ausdruck der im Menschen inkarnierten Schöpferkraft ist.«

Solch historische Perspektiven brachten Jung zu der Überzeugung, »daß von dieser Erkenntnis (der Doppelgestaltigkeit) aus ganz besondere Schlaglichter auf die ursprüngliche psychologische Bedeutung der religiösen Heroen fallen. Dionysos steht in einem innigen Zusammenhang mit der Psychologie des vorderasiatischen, sterbenden und auferstehenden Gottheilandes, dessen mannigfache Abwandlungen sich in der Figur des Christos zu einem die Jahrtausende überdauernden festen Gebilde verdichtet haben.« Von seinem Standpunkt aus gewann Jung die Einsicht, »daß diese Heroen sowie ihre typischen Schicksale Abbilder der menschlichen Libido und ihrer typischen Schicksale sind. Es sind imagines, wie die Gestalten unserer nächtlichen Träume, die Schauspieler und Interpreten unserer geheimen Gedanken. Und da wir heutzutage die Symbolik der Träume zu enträtseln und dadurch die geheime psychologische Entwicklungsgeschichte des Individuums zu erraten vermögen, so eröffnet sich hier ein Weg zum Verständnis der geheimen Triebfedern der psychologischen Entwicklung der Völker.« – War das nicht auch der Weg zum Verständnis der Zeppelinschen Erfolgsgeschichte?

Kultur- und Heilsbringergeschichten waren auch ohne tiefenpsychologische Interpretation in Mythos und Religion als fortlaufend-wiederkehrende Muster auszumachen: »Die Vorstellung, daß die hilfreichen Wesen, die dem Menschen in seiner Not beistehen, den Wert des Mitleids, das sie üben, in eigenem Leid erprobt haben müssen, erstreckt sich aus der Heldensage in die Göttersage«, schrieb Wilhelm Wundt in seiner zehnbändigen *Völkerpsychologie*, seinem kolossalen Hauptwerk aus den ersten beiden Jahrzehnten dieses Jahrhunderts. »So entsteht (aus dem Heldenvorbild) das Bild eines leidenden und aus seinem Leid sich selbst befreienden Gottes, der nun, da ihm neben einem unbegrenzten menschlichen Mitleid eine ebenso unbegrenzte göttliche Macht zu Gebote steht, zum erlösenden Gott wird.« Die Beförderung sagenhafter Helden aus irdisch-menschlichem Kampf und Leiden zur Götterlaufbahn war meist als Apotheose, als regelrechte Auffahrt in die Lüfte inszeniert; der Heros konnte wie Herakles als rein menschliches Wesen seine Karriere beginnen oder schon von vornherein in göttlicher Mission unterwegs sein wie Jesus Christus. Andererseits kamen unautorisierte Kultur- und Feuerbringer wie Prometheus und Luzifer oft als gefallene Engel oder halbgöttliche Absteiger in den menschlichen Entwicklungsgebieten an. Gegenläufige Himmelfahrtsmotive, deren Verwirklichung ohne weiteres in Zeppelins Aufstiegen, Anflügen und Landungen gesehen werden konnte, nachdem er seinen Leidensweg als närrischer Erfinder so offensichtlich mit schier übermenschlichem Durchhaltevermögen hinter sich gebracht hatte.

In tiefenpsychologischer Durchleuchtung entblößten Aufstieg und Niederfahrt des Heilsbringers in Zeppelin-Gestalt zudem verdrängte Wunschvorstellungen, die wörtlich im Ganswindtschen Eifersuchtsbild angesprochen waren: Die deutsche Nation, welche sich mit ungeheurer Leidenschaft dem ersten Besten (Luftbezwinger) in die Arme warf, war genau genommen ja die völkische Mutter des Erwählten, denn Zeppelin war Deutschlands Sohn, wie man häufig genug lesen konnte. In seiner Doppelerscheinung genommen, war Zeppelin aber zugleich der Erzeuger, der himmlische Vater, der sich im Schoße der Menschentochter GERMANIA reproduzierte, wie es einem göttlichen Luftschiff-Messias zustand. Hier kamen also in irrationaler Verschränkung alle wesentlichen Schlüsselmotive der Libido-Symbolik zusammen.

Mit der Rückkehr in den Mutterleib und Wiedergeburt ließ sich weiterhin eine Sonnen- und Feuersymbolik in Verbindung bringen, welche auch Unfälle und Flammentod der Zeppeline als notwendige Durchgangsphase zu neuerlichen Aufgängen verständlich machen konnte. Das phallische Symbol der Zeugung war, wie Jung antiken Kulttraditionen entnahm, die Fackel, und als bei Echterdingen das neuzeitliche Phallussymbol wie eine Fackel in Flammen stand, war das – so gesehen – der Zeugungsakt, welcher die phönixgleiche Wiederkehr aus der Asche vorbereitete. Dieses Verzehrtwerden ließ sich im übrigen nach Jung auch noch auf eine vorsexuelle Ernährungsstufe zurückverlegen, wie sie im christlichen Abendmahls-Mysterium der Brot- und Weinverwandlung zelebriert wurde – und solche Einverleibung des neuen Heilands war als tieferer Beweggrund des erwähnten Luftschiff-Backwerks und des ›Zeppelin-Stück‹–Fleischangebots etc. dann auch nicht von der Hand zu weisen. – Als Heimkehr in den mütterlichen Schoß war schließlich auch das überwältigend-primitive Schauspiel der Luftschiffeinführung in die Halle, welches eine Generation von Witzemachern in Atem hielt, zu verstehen, zumal die erste Halle Zeppelins auf dem Bodensee, also im Sinne Jungs auf Fruchtwasserfluten schwamm.

»So muß es wohl typische Mythen geben«, schrieb Jung, »die recht eigentlich die Instrumente sind zur völkerpsychologischen Komplexbearbeitung. Jakob Burckhardt scheint dies geahnt zu haben«, fügte er unter Hinweis auf dessen Briefe an Albert Brenner hinzu, »als er einmal sagte, daß jeder Grieche der klassischen Zeit ein Stück Oedipus in sich trug, wie jeder Deutsche ein Stück Faust.« Konnte man das nach 1908 nicht auch von Zeppelin behaupten? War hier nicht ein *Massentraum des Volkes* ›life‹ zu beobachten, wie Freud sie in seinen auch von Jung zitierten kleinen Schriften zur Neurosenlehre rückblickend erwog: »Die Untersuchung ... völkerpsychologischer Bildungen (Mythen usw.) ist nun keineswegs abgeschlossen, aber es ist z.B. von den Mythen durchaus wahrscheinlich, daß sie den entstellten Überresten von Wunschphantasien ganzer Nationen, den Säkularträumen der jungen Menschheit entsprechen.« – War also die aktuelle Zeppelinepidemie als kollektiver Tagtraum der verklemmt-frivolen wilhelminischen Bürger zu verstehen?

Welchen Stellenwert immer man der Freudschen Libido-Lehre und der Archetype-Theorie Jungs einräumt, das Maß der Übereinstimmung der Luftschifferlegende mit diesen zeitgenössischen Interpretationsmodellen ist einigermaßen verblüffend. Eins wie das andere kann man jedenfalls als komplementäre Auswüchse einer mit erotischem Explosivstoff aufgeladenen Gesellschaft ansehen – sie erschöpfte sich nicht nur in der Mobilisierung urtümlicher Symbolik, sondern hatte auch ihre besonderen historisch-bedingten Zielprojektionen.

Neben der historisch-genetischen Herleitung und Erklärung war die scheinbar historische Rückversicherung eines der weniger durchsichtigen Ziele: »Welch echt deutscher Jüngling fühlt sich nicht begeistert, nicht in seiner tiefsten Seele bewegt«, sagte der Günzburger Gymnasialdirektor Steinberger 1909 in seiner Abiturienten-Verabschiedung, »wenn er diesen Mann nennen hört, wenn er gedenkt jener schweren Prüfungen und Gefahren, die dieser Heldengreis trotz Sturm und Feuersnot bestand, die er gleich jenem Siegfried der Sage, welcher sich durch ein Flammenmeer hindurch den Weg zur schlummernden Brunhilde bahnte, mit dem Schwerte deutschen Mutes bezwang, jenem Schwerte, das er schon vor mehr als einem Menschenalter als junger Krieger im Feindesland so tapfer zu schwingen gewußt?« – Eine aggressive sprachliche (Fehl)Leistung, die das Weib Brunhilde unter ein Schwert brachte, das hier zugleich für Penis und Luftschiff stand.

Die dichterische Umschreibung einer schicksalhaften Überwältigung weiblicher Emanzipationsbestrebungen mit dem Bilde des Ballonfluges war sogar in der sanftmütigen ›Kondor-Novelle‹ Adalbert Stifters zu finden: »In frühester Morgendämmerung, um jeder unberufenen Beobachtung zu entgehen, ward die Auffahrt veranstaltet, und mit hochgehobenem Herzen stand die schöne Jungfrau dabei, als der Ballon gefüllt wurde, fast nicht bändigend den klopfenden Busen und die ahnungsreiche Erwartung der Dinge, die da kommen sollten ... Ein schöner, großer Mann – sonst war er sanft, fröhlich und wohlgemut, heute blaß und ernst – ging vielmal um die Maschine herum und prüfte sie stellenweise um ihre Tüchtigkeit. Endlich fragte er die Jungfrau, ob sie auf ihrem Wunsche beharre, und auf das Ja sah er sie mit einem seltsamen Blicke der Bewunderung an und führte sie ehrerbietig in das Schiff ...«

Schon zuvor hatte Stifter vorausgreifend geschildert, wie die junge Frau nach dem Aufstieg zu verzagen begann: »Aber wie sie hier schiffte, war in ihr nicht mehr jene kühne Cornelia zu erkennen, die gleich ihrer römischen Namenschwester erhaben sein wollte über ihr Geschlecht und gleich den heldenmütigen Söhnen derselben den Versuch wagen, ob man nicht die Bande der Unterdrückten sprengen möge, und die an sich wenigstens ein Beispiel aufstellen wollte, daß auch ein Weib sich frei erklären könne von den willkürlichen Grenzen, die der harte Mann seit Jahrtausenden um sie gezogen hatte – frei, ohne doch an Tugend und Weiblichkeit etwas zu verlieren. Sie war nicht mehr, was sie kaum noch vor einer halben Stunde gewesen; denn alles, alles war anders geworden, als sie sich gedacht hatte.« – Der behutsam umschriebene Ausgang der Auffahrt war eindeutig: »Nach langer, langer Zeit der Vergessenheit (der junge, schöne, furchtbare Mann hatte majestätische Blicke in die großartige Finsternis der Himmelshöhen geworfen) neigte der Jüngling doch sein Angesicht gegen die Jungfrau, um nach ihr zu sehen: sie aber schaute mit stillen, wahnsinnigen Augen um sich, und auf ihren Lippen stand ein Tropfen Blut.« Und am Ende des Kapitels – mit dem beginnenden Abstieg – »(hielt) der Lord ... die ohnmächtige Cornelia in den Armen«.

Das Stiftersche Motiv des von den gesellschaftlichen Konventionen befreienden Ballonfluges konnte natürlich auch als feminines Erfolgsmärchen umgedeutet werden wie in der Kurzerzählung ›Über den Wolken‹, die eine verheiratete Frau Magdalene Hackradt im November 1908 an Zeppelin sandte: »Auf einem Felde, unweit der Hauptstadt, hatte sich eine Menge Menschen eingefunden«, begann ihr Ballon-Märchen, »um dem Aufstieg eines lenkbaren Ballons beizuwohnen; auch ein junger Mann, der an der Luftschiffahrt teil zu nehmen wünschte, befand sich unter den Zuschauern. Allmählich füllte sich der Ballon und schwoll zu einer ansehnlichen Stärke an, welches man dem zierlichen Fahrzeug nicht zugetraut hätte. Eine junge, schlanke Dame, die Besitzerin und Lenkerin des Ballons (seit ihr Mann verunglückte), lud zum Einsteigen ein ...; am Steuer nahm die Dame Platz und bald entschwand, unter dem Jubel der Zuschauer, der Ballon in den Wolken.« Der junge Mann, die Jugendliebe der Lenkerin, war natürlich mit dabei, aber ohne sie zu erkennen; erst nach der Landung in New York, als man sich beim Galaempfang näher kam, begann er es zu ahnen, wich nicht mehr von ihrer Seite und trat mit ihr allein die Rückfahrt an:

»... wie freie Vögel schwebten sie dahin, frei und leicht war ihnen zu Mute. Stumm sassen sie sich gegenüber, während die Herzen stürmisch klopften ... Sinnend blickte die junge Frau in die blauen Wolken, und höher und höher stieg der Ballon. Heisse Herzen schlugen ungestüm in der Brust der Insassen; nur der Gehülfe starrte traumverloren in das Wolkenmeer ... Das Paar erwachte aus seinem Sinnen. Er ging zur Lenkerin, die still am Steuer lehnte, nahm ihre Hand in die seine und sah ihr tief in die Augen: ›Darf ich hoffen, willst Du mir gehören, geliebte Martha?‹ ›Richard‹, bebte es von ihren Lippen, und selig umschlang sie sein Arm. ›Über Wolken habe ich mir mein Glück errungen‹, jubelte der junge Mann.«

Die umschriebene Wunscherfüllung, die im eskapistischen Ballonmärchen der Ehefrau mit Hilfe der Lenkbarkeit angebahnt wurde, schlug natürlich besonders beim voll-lenkbaren Zeppelin zu Buche; ästhetische Wahrnehmung und erotische Metaphorik waren kaum voneinander zu trennen, wie zum Beispiel einem Berichte Conrad Haußmanns, der als Mitglied des Reichstages im September 1909 an einer der Zeppelin-Fahrten über dem Bodensee teilnahm, in der Zeitschrift MÄRZ (Heft 18) zu entnehmen ist: »... Und dann schwamm der weiße Riesenfisch aus der Halle und hob sich mit einer majestätischen Selbstverständlichkeit und Ruhe von einem Element in das andere. Das war nichts Gewaltsames und Gezwungenes, alles frei und schwebend. Das ist der eine Grund der ästhetischen Schönheit des Schauspiels, der andere liegt in der möwenhaften Farbe und den glücklichen Proportionen und vor allem auch in der elastischen Zweckmäßigkeit der Form, die man instinktiv und mit Recht als schön genießt. Die Lenkbarkeit empfindet man jeden Augenblick als den entscheidenden Triumph des Geistes und der Technik; und mit vollkommener Ruhe, jeder Bewegung der Flossen gehorsam, schwimmt der fliegende Mammutfisch in der blauen Luft über dem blauen See.«

»So schön und noch viel schöner als von unten ist es von oben, im Luftschiff selbst«, fuhr der privilegierte Augenzeuge fort und griff dann nach poetischen Vorbildern, um die Auffahrt voll zu würdigen: »Unter den deutschen Dichtern hat einer die höchste Sehnsucht in die Worte gelegt: ›O wäre doch ein Zaubermantel mein ...‹ Das Gefühl des freien, dem Willen gehorchenden Schwebens über die Erde und über die Wasser, über die Täler und über die Hügel ist der Erfüllung jener Sehnsucht entzückend nahegerückt; und wenn Li Hung Tschang, der chinesische Dichter und Reichskanzler, sich in ein ›Geisterschiff‹ mit der Geliebten sehnt, um hinzufahren: ›Durchs Lüftemeer mit ihr zusammen, mit ihr in alle Ewigkeit‹, so scheint diese übereinstimmende ›Sehnsucht in die Luft‹ das Geheimnis anzudeuten, das eine Fahrt mit

Zeppelin zu einem jener Genüsse macht, nach welchen es den Menschen mit allen Nüstern verlangt. Die Zeit wird kommen, wo er, auch ohne Zeppelin, nach chinesischem Rezept nur mit der Geliebten fahren wird.«

Metaphorische Zweigleisigkeit war durchgängig ein beliebtes Darstellungsmittel, um Erotik ohne Verletzung der sittlichen Konventionen zu beschreiben. Nicht nur aus eigenem Flugerleben, sondern auch in der reinen Zuschauerperspektive ließen sich solche Ereignisse, gekoppelt mit anderen Erfolgswünschen, die ebenfalls an der Leitfigur Zeppelin ausgerichtet waren, inszenieren; so z.B. in der Erzählung ›Sein Patent‹ von Rosa Gerheusser, die am Samstag dem 15. August 1908 im ›Schwäbischen Merkur‹ zu lesen war: Ein junges Ehepaar hatte Streit. »›Ach!‹ seufzte sie, ›wäre er nur nicht Ingenieur! Zeppelin hat ihm den Kopf verdreht! Er ist sein Abgott! Er hat Max auf die Idee gebracht, es mit seinem Patent zu versuchen!‹ ... Das ganze ansehnliche Vermögen ihres Gatten war in den drei Jahren ihrer Ehe verbraucht und alles für dieses ›verflixte‹ Patent, und ihr Gatte war noch nicht geheilt von seiner fixen Idee, daß sein Patent ihnen noch ein großes Vermögen einbringen werde!« Beide waren zur Versöhnung bereit, aber jeder zu stolz, den ersten Schritt zu tun – das Problem löste Zeppelin mit seiner Ankunft: »Als sie ... aus dem Fenster schaute, da begegnete ihr ein Bild höchster Aufregung: aus jedem Dachfenster schauten zwei oder drei aufgeregte Gesichter, jede Plattform war dicht besetzt von Menschen ... Sollte sie die Einzige sein, die abseits stünde, die nicht mitjubeln konnte ... Eine unbezwingliche Sehnsucht überkam sie mitzujubeln, mitzustaunen! ›Hinauf!‹ rief es in ihrer Seele, ›hinauf zu ihm, ihn um Verzeihung bitten, stolz als sein Weib an seiner Seite stehen!‹ Ein Schluchzen rang sich aus ihrer Brust, als sie die Treppen hinaufeilte: leise öffnete sie die Tür des ›Patentzimmers‹ und schlich hinein; Max hörte nichts, er hing mit dem Oberkörper zum Fenster hinaus und schrie aus Leibeskräften: ›Hurra, hurra, Zeppelin, all Heil!‹ Da fühlte er plötzlich eine kleine Hand auf seiner Schulter und eine tränenerstickte Stimme bat ›Vergib mir; Max!‹ ›Du!‹ rief er. Luftschiff, Zeppelin, alles war vergessen; sein geliebtes Weib verlangte nach ihm, nach seiner Liebe! Jubelnd schloß er sie in die Arme. Dicht aneinander geschmiegt, Wange an Wange sahen sie durch das schmale Dachfenster das Wunder herannahen, und es durchschauerte ihre Herzen, als sie diesen großen, weißen Körper, von der Morgensonne hell beleuchtet, so zielbewußt, so majestätisch sich seinen Weg durch die Luft bahnen sahen ... ›Gott segne ihn‹, hauchte sie leise, ›er hat uns in dieser Stunde wieder zusammengeführt!‹« – Und der Patenterfolg ließ natürlich auch nicht länger auf sich warten.

Sinnliche Assoziationen schwangen auch in technisch-nüchternen Betrachtungen mit, so etwa in einem Artikel W. Pfleiderers über ›Zeppelins Luftschiff als Erfindung‹ im Feuilleton der ›Frankfurter Zeitung‹ vom 22. April 1910: »... Hat der geniale Erfinder einmal das entscheidende Wort gesprochen, so folgt für die Erfindung eine Zeit stillen Wachsens und Reifens: die Grundgedanken werden beibehalten, aber im einzelnen werden allerlei Verbesserungen angebracht, die Leistungsfähigkeit wird gesteigert und in den Formen der Zweck immer reiner und strenger herausgearbeitet, sodaß schließlich ein Gebilde entsteht, das, wie etwa der wunderbar zweckvolle Organismus einer modernen Dampfmaschine, auf den technisch empfindenden Menschen eine beinahe künstlerische Wirkung hervorbringt.« Dazu komme, fügte der Autor an anderer Stelle hinzu, daß alle Luftschiffe älteren Typs »für das Auge des Technikers etwas Unfertiges, Dilettantisches an sich haben, während der ›Zeppelin‹ den Eindruck eines in allen Einzelheiten wohl durchgebildeten lebendigen Organismus macht, der sich ruhig und sicher in seinem Element bewegt. Dieser Eindruck ist es auch – und nicht Chauvinismus oder Snobismus oder sonst ein Nebenmotiv – der immer wieder beim Anblick des ›Zeppelin‹ Tausende und Zehntausende von Herzen in Begeisterung aufflammen läßt: Jeder fühlt, daß hier etwas Neues, Großes, in seiner Art Vollendetes geschaffen ist.«

Und ähnlich formulierte es wenig später auch ein anderer Sachverständiger, Dipl. Ing. N. Stern, unter dem Titel ›Luftschiffahrts-Glossen‹ im Feuilleton der gleichen Zeitung: »... Wenn ... der Parsevalballon nur den schuldigen Respekt genießt und nicht die Herzen so hoch schlagen läßt, wie der

Zeppelin, so liegt das keineswegs allein an der suggestiven Wirkung der Persönlichkeit des populären Grafen, sondern vor allem an der ästhetischen Wirkung der Zeppelinluftschiffe. Sie sind, ich möchte sagen, eine Offenbarung der Ingenieurarchitektur. Dafür hat das Publikum ein feines Gefühl. Das Bezwingende dieser Formvollendung ist immer wieder unabweisbar. Dazu kommt noch die Majestät der Bewegungen, vor allem die spielende Lenkbarkeit in vertikaler Richtung.« – Kein Wunder also, wenn dieses fabelhafte technische Wesen mit seiner tierartigen Beseeltheit schon für sich genommen eindeutigere Assoziationen auf sich zog, falls diese nicht ohnehin schon in der Wahrnehmung archetypisch vorstrukturiert waren.

Naiv humoristisch genommen konnte es folgerichtig den Klapperstorch vertreten und Säuglinge einfliegen oder ganz ernsthaft als Fruchtbarkeits-Idol zu Haupten eines Neugeborenen Aufstellung finden; Fruchtbarkeits-Symbolik beflügelte bisweilen auch kuriosere Assoziationen: so überreichte der Düngemittelfabrikant J. H. J. Peters aus Hamburg wiederholt den von ihm hergestellten HORTI-PANIS-Düngegriffel zur Begutachtung und hatte dabei wohl irgendwie auch eine innere Verwandtschaft seines Produkts mit dem des Grafen im Sinn.

Auch die Person des Grafen selbst wurde natürlich zum Objekt amouröser Verehrung durch schüchterne Mädchen und flotte Witwen, die ihm ihr heißes Mitgefühl in Briefen und Gedichten, bisweilen begleitet von Photographien, zukommen ließen oder sogar darum baten, ihm persönlich ihre Aufwartung machen zu dürfen. Wieweit hier die besondere Charakteristik der Zeppelin-Doppelgestalt zu solcher Anhimmelei – über das Maß hinaus, welches wohl auch anderen bekannten Persönlichkeiten der Zeit zuteil wurde – zu Buche schlug, ist ebensowenig mit Sicherheit auszumachen wie etwa das tiefgründige Motiv der Hardenschen Zeppelin-Tiraden, die man ja ohne weiteres als Fortsetzung seiner sittenpolizeilichen Enthüllungen interpretieren könnte: so gesehen hätte er im öffentlich zur Schau gestellten Zeppelin-Phallus die sexuelle Unmoral in ihrer wahrhaft übermenschlichen Form verfolgt.

Zusammengenommen ein buntscheckiges Mosaik der Luftschifferotik mit eigenartigen Signal- und Sprachgewohnheiten; einerseits wurde sorgfältig drum herum geredet, und dann wieder fiel man nicht nur mit der Tür, sondern mit dem Zeppelin ins Haus. Waren das die sichtbaren oder verbalen Spuren eines allgemeinmenschlichen *kollektiven Unbewußten,* das sich mehr oder minder spontan zu einem neuzeitlichen megalomanen Phallus-Kult organisierte, oder kamen hier nicht vielmehr ganz spezifische historische Dispositionen der National-Psyche zu Worte? Weiberraub und Vergewaltigung seien bis auf die Verbrechen eingeschränkt, hatte Jung geschrieben, aber hatte sich die Form und das Ausmaß der Überwältigung nicht lediglich auf eine andere Ebene verlagert, die in Umrissen schon erkennbar wurde? Zum Beispiel in den Gemälden Zeno Diemers, dessen wolkendurchstoßende Zeppeline zunächst ›der Sonne entgegen‹ flogen und dann – durch einfachen Wechsel des Untertitels – auf England-Fahrt ›dem Sieg entgegen‹ gingen.

Durchbrechung konventioneller Schranken und Angriffslust waren in der Tat die Leitmotive dieser ins Gigantische projizierten Sexualität, die eigentlich auch nur in überindividuellen Maßstäben ihre Befriedigung finden konnte. In idealtypischer Weise ist diese National-Eigenschaft von einem Außenstehenden beschrieben und in seinen zukünftigen Folgen vorausgeahnt worden: von H. G. Wells in seinem Roman ›The War in the Air‹, der 1908 herauskam und bereits im folgenden Jahr in deutscher Übersetzung unter dem Titel DER LUFTKRIEG vorlag. Sein subjektiver Held war – laut deutschem Verlagsprospekt, der auch Zeppelin zuging – »nicht etwa die Idealgestalt eines mit übermenschlichem Scharfblick begabten und erfolgreichen Erfinders, sondern ein gewöhnlicher Alltagsmensch, ein Mechaniker aus einer Vorstadt Londons … Er wird Mitkämpfer in dem Kriege zwischen Deutschland, Amerika, England und Japan und erlebt in mehreren Schlachten all die grauenhaften Verwüstungen und Schrecken, die der Luftkrieg mit sich bringt.« – Aber die eigentliche Schlüsselfigur war auf deutscher Seite zu finden:

»Prinz Karl Albert war überhaupt der Mittelpunkt des Weltdramas. Er war der Liebling des imperialistischen Geistes in Deutschland und das Ideal des neuen aristokratischen Empfindens – des neuen Rittertums, wie man es nannte –, das dem Sturz des Sozialismus ... folgte. Knechtische Schmeichler verglichen ihn mit dem Schwarzen Prinzen, Alcibiades, dem jungen Cäsar. Vielen erschien er als die Offenbarung des Nietzscheschen Übermenschen. Er war groß und stark und blond und männlich, und wundervoll unmoralisch. Seine erste grosse Tat, die Europa in Bestürzung versetzte und fast einen neuen trojanischen Krieg hervorrief, war seine Entführung der Prinzessin Helena von Norwegen und seine glatte Weigerung, sie zu heiraten. Darauf folgte seine Heirat mit Gretchen Krass, einer jungen Schweizerin von unvergleichlicher Schönheit. Dann kam – was ihn selbst beinahe das Leben kostete – die mutige Rettung von drei Schiffern, deren Boot in der Nähe von Helgoland gekentert war. Um dieser Tat und um seines Siegs über die amerikanische Yacht ›Defender‹ willen verzieh ihm der Kaiser und ernannte ihn zum Befehlshaber der neuen aeronautischen Waffe der deutschen Armee. Er entwickelte diese mit staunenswerter Energie und grossartigem Geschick: denn er war – wie er sagte – entschlossen, ›Deutschland Erde, Meer und Himmel zu Füssen zu legen‹. Die nationale Leidenschaft für Aggression fand in ihm ihren höchsten Vertreter und erreichte durch ihn ihre Verkörperung in diesem erstaunlichen Krieg. Aber sein faszinierender Einfluss war mehr als ein bloss nationaler; in der ganzen Welt beherrschte seine erbarmungslose Kraft die Seelen, so wie die napoleonische Legende die Seelen beherrscht hat.«

Kapitel XI

Weisungen der Vogelschau: Der optische Geist der TOTALITÄT – Alldeutsche Großmachtträume, martialische Wunschbilder und militärische Wirklichkeit

Jene neue Weltanschauung, die Wells im amoralisch-gewalttätigen Herrenmenschen Karl Albert verkörpert sah, war buchstäblich eine Sache der Perspektive *von oben herab*. Eine Anschauungsform, die schon zuvor den Bedürfnissen herrschaftlicher oder militärischer Übersicht entgegenkam, erreichte nun – mit ihrer technischen Verselbständigung – sozusagen das Stadium vollkommener Freizügigkeit und Willkür: im nationalen und weltweiten Maßstab.

»In zahlreichen Tagebüchern oder Biographien bedeutender Menschen kehrt die Bemerkung wieder, daß sie auf Reisen, beim Besuch neuer Städte und Ortschaften gerne vor allem einen Turm, eine nahe gelegene Anhöhe bestiegen, um den Ausblick auf den ganzen, sonst nicht übersehbaren Ort zu gewinnen.« Mit diesen Worten leitete Karl H. Brunner 1928 seine WEISUNGEN DER VOGELSCHAU ein, einen Bildband, der ›Flugbilder aus Deutschland und Österreich und ihre Lehren für Kultur, Siedlung und Städtebau‹ präsentierte und in seiner Idee, wie der Autor im Vorwort bemerkte, auf die Kriegsjahre zurückging: »Die Dienstleistung bei den Luftfahrttruppen der alten österreichischen Armee vermochte gleichsam von höherer Warte aus und insbesondere vermittels der Erfolge ihrer photographischen Abteilung auch in den Bestand und die Entwicklung des Städtebaues und Siedlungswesens so aufschlußreiche Einblicke zu vermitteln, daß es der Mühe wert schien, sie in einem Buche festzuhalten.« Für Brunner waren diese Kriegseinsichten auch Anlaß, unter der ersten Kapitelüberschrift DER GEIST DER TOTALITÄT eine geistesgeschichtliche Würdigung der Flugperspektive zu geben:

»Heute ist im Einklang mit dem in den Geisteswissenschaften so klar zutage tretenden Verlangen nach Synthese, nach der Zusammenfassung der einzelnen Kultur- und Wissensgebiete, auch der Allgemeinheit ein Bedürfnis nach dem Gesamtüberblick eigen. Dieses Bedürfnis war mit dem Verebben des deutschen Idealismus, mit dem Schwinden der universellen Einstellung der Romantik verloren gegangen, um erst jetzt, ein Jahrhundert später, wieder zu erwachen.« Die Ursachen für das Schwinden der Universal-Perspektive begriff Brunner in geläufigen Erklärungsmustern: »Man fand in Zeitläuften individuellster Sinnesrichtung, zunehmender Berufsteilung und Spezialisierung keine Muße, neben aller Tüchtigkeit im einzelnen, im besonderen, auch stets die Harmonie des Ganzen und der Gesamtheit aller Menschenwerke im Auge zu behalten ... Es ist kein Wunder, daß ... der Sinn fürs Ganze verloren gehen mußte. Den Niederschlag hievon sehen wir heute in der Trennung der geistigen Einstellung nach Klassen und feindlichen Gruppen innerhalb des Staates, innerhalb der einzelnen Stadt, in der trostlosen Gestalt unserer von tausend kleinen Kräften nebeneinander, aber von keiner einzigen souveränen Kraft gebildeten Städte.«

Den verlorenen Blick fürs Ganze vermochte nun gerade das Luftbild der menschlichen Gesellschaft, d.h. seiner architektürlichen Selbstorganisation zugleich kritisch und versöhnend zu erneuern: »Wenn heute in der Bilderserie einer Ortschaft neben den kunst- oder lokalhistorischen Motiven, neben Straßen- und Platzansichten und Stimmungsbildern mehr und mehr auch das Flugbild des gesamten Ortes Eingang findet, so geschieht es aus der Erkenntnis, daß jene einzelnen, wenn auch in manchen Fällen durchaus befriedigenden Bilder das Stadtwesen als Ganzes, die Wohn- und Werkgemeinschaft ihrer Bewohner nicht darzustellen vermögen ... Ist der Fehler der geistlosen, dem Zufall überlassenen Stadtgestaltung der vergangenen Jahrzehnte, vornehmlich der Industrialisierungsepoche, auch groß, so scheint er doch wesentlich geringer, unauffälliger in der Ansicht des Ortes aus der Vogelperspektive, in der so manche Eigenheit der Lage, das versöhnende Eingebettetsein des Ortes in seiner Umgebung, der Einschlag des in seiner Vollkommenheit noch unangetasteten Reiches der Natur jene Schäden innerhalb der Ortschaft selbst vergessen macht. Dieses Gesamtbild zeigt jedem Ortbewohner die Gegend seiner Wohnstätte und – ohne ihn an manches häßliche Detail zu erinnern – zugleich all die ihm liebgewordenen Stellen seines Heimatortes. Dieses im Bilde gefaßte Heimatbewußtsein konnte bisher nur die Stadt in bergigem Lande darbieten.«

Was Brunner hier als einheitsstiftende Eigenart der Flugperspektive, sozusagen mit den Gesetzen der physiologischen Optik ästhetisch zu fassen und auszuwerten gedachte, hatte sein Vorbild in jenen Perspektiven der kollektiven Gefühlserhebung, die zwanzig Jahre zuvor die deutsche Nation über alle Standesgrenzen hinweg in einer Art *innerer Wesensschau* vereinigte: stellvertretend für das Volksganze in den Augen jener Volksvertreter, die am 4. September 1909 das Privileg hatten, ›Mit Zeppelin in die Lüfte‹ zu fahren, wie der Reichstagsabgeordnete Dr. Stresemann seinen Bericht in der ›Königsberger Allgemeinen Zeitung‹ vom 11. des Monats überschrieb:

»Von Berlin aus geht ein Extrazug für den Reichstag. Bethmann Hollweg, der sich einschmeicheln will, hat Freikarten für die Fahrt nach Friedrichshafen ausgegeben. Die Kampfstimmung der letzten Reichstagsdebatten wirkt noch nach und wird erst allmählich überwunden: Block und Antiblock begrüßen sich etwas frostig. Am nächsten Morgen trifft man sich beim Frühstück. In einer Ecke speisen drei Aristokraten: Fürst Salm vom Zentrum, Graf Mielczynski und der freisinnige Reichsgraf Bothmer aus Mecklenburg, an einer anderen Ecke ringt Pauli-Potsdam mit Dr. Pfeiffer vom Zentrum um die Palme des Sieges beim Skat und wird glänzend abgestochen. Die allgemeine Unterhaltung dreht sich um die Frage: wer wird morgen mit aufsteigen? Denn 240 Abgeordnete sind angemeldet und nur sechzig können mitgenommen werden, jedes vierte Los ein Treffer ...« Und Stresemann gehörte zu den Gewinnern, die am nächsten Tage mitgenommen wurden – in mehrfacher Hinsicht.

»Zwei Dampfer führen die Bundesratsmitglieder, Abgeordneten und Gäste auf den See, der von Hunderten von Booten belebt ist. Bald sind wir bei der Halle angelangt, und plötzlich bewegt sich das Luftschiff aus seiner Behausung heraus ... Die Musik setzt ein, und ›Deutschland, Deutschland über alles‹ klingt es ... Aber kein Mitsingen, kein Hurrarufen, kein Begeisterungstaumel: alles hält den Atem an und blickt mit Ehrfurcht zu dem Luftschiffe, das einem Riesenvogel gleich aus der Halle herauskommt. Nun schwebt es über dem See, nun erhebt es sich, stolz, majestätisch und so sicher, als genüge ein Druck der Hand, um seine Bewegungen zu bestimmen ...« Nach der zweiten Landung war Stresemanns Gruppe an der Reihe. »Der Graf hilft uns beim Einsteigen, während das Luftschiff unbeweglich auf dem See ruht. Ich werde aufgefordert, in der Mitte des Schiffes zwischen den beiden Gondeln Platz zu nehmen ... Wir sitzen auf festgebundenen Stühlen, lehnen uns an die Seite und schauen wie aus der ersten Rangloge einer Oper heraus in kaum zurückgehaltener Erregung (angesichts) dessen, was uns bevorsteht. Ein kurzes elektrisches Klingelzeichen zeigt die Auffahrt an, Kommandorufe ertönen, und plötzlich sehen wir, daß die Boote und Menschen kleiner werden, daß die Hochrufe nur noch wie von fern zu uns dringen und die Dächer der Häuser wie die Türme der Kirchen unter uns liegen. Was wir empfanden in diesem Augenblick? Die Sprache reicht nicht aus, um es auszudrücken. Es war ein hochherrliches Gefühl!..«

»Was darnach kam, war nur ein Epilog .., nur ein Nachklang nach einer großen gewaltigen Symphonie des Erlebens. Wie im Traume fuhr man am Abend nach Konstanz ... Dann dankte man dem prächtigen Menschen, dem Grafen Zeppelin, und er selbst fand vor innerer Erregung kaum Worte der Erwiderung. Nicht nur ein tatkräftiger Erfinder, auch ein Einiger der deutschen Seelen ist Graf Zeppelin geworden: wie klein und armselig schien alles, was uns in Parteien und Fraktionen trennt, neben dem, was uns in diesem Moment einigte! Was selbst den Größten kaum je ganz gelang, das hat er vollbracht: er hat den Block des deutschen Volkes geschaffen, in dem alle Parteien und alle Konfessionen vertreten sind ...«

Jenes nationale Einheitsgefühl, das Stresemann hier aus der Sicht des realen Luftfahrterlebnisses ableitete, war natürlich nichts anderes als eine Erinnerung und Beschwörung der Tage von Echterdingen, welche die gesamte Nation buchstäblich in überirdische Ekstase versetzt hatten. Für die große Masse des Volkes war und blieb das Flugerlebnis eine Angelegenheit der Phantasie, ein Gedankenflug, der nun allerdings einen konkreten Anhaltspunkt am Himmel hatte, sogar wenn man ihn nicht selbst zu Gesicht bekam. Es war gewissermaßen eine imaginäre Gefühlsperspektive, die sich visueller Vorstellungsformen bediente: Indem man sich einerseits an die Stelle des über Allen schwebenden Grafen versetzte, sah man sich andererseits nun erst im ›rechten‹ Größenverhältnis, konnte dann auch über belanglose Unzulänglichkeiten der eigenen, individuellen Existenz hinwegsehen und das höhere Ganze ins Auge fassen. Zeppelin war sozusagen ein Sammelspiegel kollektiver Projektionen, die zurückgeworfen, verstärkt und in Brennpunkten konzentriert wurden – und diese Brennpunkte schienen oft außerhalb der Reichsgrenzen zu liegen. Der Nutzeffekt dieses ›optischen‹ Mechanismus war ein doppelter: die Reibungsenergien politischer und sozialer Konflikte konnten so nach außen abgestrahlt werden, und gleichzeitig erzeugte er einen Rausch der nationalen Selbsterfahrung, der die inneren Widersprüche dieser Gesellschaft verschleierte. – »Man kann sich nur schwer dagegen wehren, daß in uns ein Großmachtkitzel ausgelöst wird«, beschrieb Emil Sand – anläßlich eines Berichts über die ›Schweizer Fahrt‹ des Grafen in H. Hoernes' BUCH DES FLUGES 1911 – diese neuartigen Überlegenheitsgefühle: »Ob hoch oder niedrig, Nord oder Süd, Ost oder West, wir sind, wo wir sein wollen. Dieses Riesengeschöpf, das uns trägt, ist gehorsam. Und das erkennen die da unten ... Es war ein Staunen, ein Atemholen und dann ein jubelndes Grüßen. Politisch sind das da unten keine Deutschen. Die überwiegende Zahl auch nicht einmal Schweizer. Das größte Kontingent stellt das Ausland. Europa ist ebenso beteiligt, wie die anderen Erdteile. Und ich habe gesehen, daß in wirklich großen Momenten die Nationalität ebenso ausgewischt wird, wie die Rassen. Es gibt nur noch Menschen; es gibt nur noch die Kultur. Denn zuletzt ist sich ... niemand im unklaren, daß er (Zeppelin) nur Deutscher, daß er ein Urdeutscher ist, – aber diese Segnung, die er bringt, die ist so groß, daß sie allen nationalen Partikularismus bei den anderen vergessen läßt ...« – Doch ganz so einheitlich war die Auslöschung der Partikularismen nicht, weder auf internationaler Ebene noch im eigenen Reich:

»Die sozialdemokratische Reichstagsfraktion hat bekanntlich für die Unterstützung des Grafen Zeppelin aus Reichsmitteln gestimmt, und sie hat recht daran getan«, zitierte die ›Frankfurter Zeitung‹ in den ersten Tagen nach Echterdingen die ›Leipziger Volkszeitung‹. »Denn so sehr auch durch kriegerische Ausnützung die große Erfindung des lenkbaren Luftschiffs mißbraucht werden mag, so bleibt sie doch eine so gewaltige und überragende Kulturtat, daß ihre Förderung im dringensten Interesse der Allgemeinheit liegt. Aehnlich wie die Leipziger Volkszeitung drücken sich noch einige (andere) Blätter der gleichen Richtung aus und in Ludwigshafen beantragten sozialdemokratische Gemeindevertreter sogar die Beteiligung der Stadt an der Zeppelin-Spende. Jetzt tritt aber das Zentralorgan der Partei, der Berliner VORWÄRTS, dieser proletarischen Begeisterung für ein ›bürgerliches‹ Werk schroff entgegen, indem er schreibt: Das deutsche Proletariat hat alle Ursache, den luftigen Veitstanz gewisser Elemente nicht mitzumachen! Das Proletariat hat wahrhaftig Grund genug, sich um seine Interessen, seine Rechte zu kümmern; der Luftmilitarismus wird schon dafür sorgen, daß Zeppelins Erfindung nicht verloren geht!«

»Der VORWÄRTS ... hat vom Standpunkt seiner Partei aus recht«, meinte die ›Frankfurter‹ ironisch; »was geht dem klassenbewußten Proletariat eine Kulturtat und ein Kulturfortschritt an? Kümmert es sich um solche Dinge, so kann es höchstens von den sozialdemokratischen Zielen abgedrängt werden und es muß dann natürlich mit harten Worten wieder in den Parteipferch zurückgetrieben werden. Der VORWÄRTS ist also konsequenter als die Leipziger Volkszeitung, indem er auch diese Gelegenheit benützt, um den Gegensatz zwischen Volk und Sozialdemokratie zu schüren.«

Für die konservative Presse des deutschsprachigen Auslandes überwogen die einigenden – und abschreckenden – Wirkungen der Zeppelin-Erscheinung: »Wir haben schon oft betont«, war am 10. August 1908 in der NEUEN ZÜRCHER ZEITUNG zu lesen, »daß die Furcht vor der gewaltigen deutschen Heeresmacht hauptsächlich den europäischen Frieden erhält. Nun ist ein neuer Faktor hinzugetreten, der die Friedenszuversicht verstärken muß. Es ist der gewaltige Eindruck, den die Opferfreudigkeit des deutschen Volkes auf das Ausland gemacht hat. Eine Nation, die sich so einmütig für eine große Idee und einen großen Mann erhebt, ist nicht zu besiegen ... Wessen das deutsche Volk schon für Friedenszwecke zu leisten fähig ist, das haben die Sammlungen für Zeppelin gezeigt. Wie erst, wenn es gälte, das Land gegen äußere Feinde zu verteidigen! Man macht sich im Auslande einen falschen Begriff von Deutschland, wenn man es nach dem kleinlichen Parteigezänke und nach dem Finanzelende beurteilt. Das Volk erhebt sich sofort, wenn es einem großen hehren Zwecke gilt und wenn es sich von großen und unbeugsamen Männern geführt weiß. Dann ist es einig, aber auch reich. Und diese Lehre gibt der Welt der Tag von Echterdingen.«

» ... woher (kommt) der ungeheure Jubel, der jung und alt durchtönte, wo sich das Schiff zeigte?« fragte sich R. Freund in der Nr. 38 der ›Wiener Wochenschrift‹ DIE WAAGE vom 18. September 1909 und versuchte die tieferliegenden Gründe dieser Begeisterung aufzuspüren: »In den letzten zwei Jahrzehnten sehen wir eine Entwicklung Deutschlands, wie sie kein Kulturstaat jemals vorher durchmachte. Alle Errungenschaften der Technik macht sich dieses Volk zunutze, und mit einer Emsigkeit ohnegleichen wird an der Industrialisierung des Landes gearbeitet. Das *Made in Germany,* ursprünglich für gar viele Produkte eine Bezeichnung für billige und schlechte Massenfabrikate, wird immer mehr der Ausdruck für eine Qualitätsware. Eine große Industrie entsteht, die immer mehr den Weltmarkt für den Absatz ihrer Produkte braucht. Fremde Fabrikate werden verdrängt, und immer scheeler blickt das stolze, konservative Britannien auf den Emporkömmling, der es wagt, ihm Konkurrenz zu machen. Man sucht, ihm Verlegenheiten zu bereiten, aber an der eisernen Rüstung zerschellen die ränkevollen Listen. – Und doch, es ist bitter, zu arbeiten und dabei einen großen Teil des Kapitals, das besser der noch verhältnismäßig jungen Industrie zustatten käme, in Rüstungen hinein zu stecken. Es gibt Stunden düsterer Wehmut trotz des Gefühls innerer Kraft und Tüchtigkeit ...

In diese Stimmung hinein erscheint groß und glänzend am Horizonte das weißleuchtende Luftschiff, und was jedem einzelnen von der schauenden Menge tief im Herzen ruht, was ihm in Fleisch und Blut übergegangen, der Traum von Deutschlands Macht und Größe, die Erringung der ökonomischen und damit auch kulturellen Freiheit des einzelnen, die Furcht des Widersachers, die Hoffnung auf eine schöne und bessere Zukunft, das alles kündet sich dem Geiste, und überwältigend klingt es hinaus: ›Deutschland, Deutschland über alles, über alles in der Welt.‹«

Die Luftschifferscheinung bot natürlich mehr als nur einen materialisierten Hoffnungsschimmer am subjektiven Erwartungshorizont des deutschen Volkes, denn es war ja konkret als Machtmittel von kaum übersehbarer Tragweite zu verstehen: »Der Concurrenzkampf zwischen den Großmächten wird in den nächsten Jahren mit elementarer Macht den Motor in der Luft vorwärts treiben«, schrieb der Berliner Regierungsrat Rudolf Martin in ›Eine(r) Studie zum Thema Graf Zeppelin‹, welche DIE GEGENWART, ›Wochenschrift für Literatur, Kunst und öffentliches Leben‹, im Mai 1908 veröffentlichte. »Vom Standpunkt der Förderung der Cultur aus wirkt diese Concurrenz der verschiedenen Heeresverwaltungen überaus segensreich. Es gibt kein Verkehrsmittel, welches seine Entstehung und seine Förderung in so hohem Maße dem Kriege verdankt, wie das Motorluftschiff.« Trotzdem, oder vielmehr gerade darum sah Martin das Luftschiff zu einer besonderen Leistung in der ›Culturarbeit‹ berufen:

»Durch alle bisherigen Verkehrsmittel ist die Herrschaft des Menschen über den Raum nur in einem gewissen Umfang erweitert worden. Durch das Aluminiumluftschiff in Verbindung mit der drahtlosen Telegraphie und Telephonie wird diese Herrschaft des Menschen über den Raum zu einer vollkommenen. Die Thätigkeit des Menschen wird ausgedehnt, aber sie wird auch eingeengt. Die Wissenschaft breitet sich aus, und der Aberglaube verschwindet. Der Schutz schlechter Wege mindert sich. Unter dem Schutze schlechter Wege sind Irrlehren und falsche Propheten erstanden, Hexen verbrannt, Unschuldige gefoltert worden. Menschenfresser und andere Canibalen werden alle Zeit die aufrichtigsten Gegner der Motorluftschifffahrt bleiben ... Die Eisenbahn hat bereits zu Gunsten des Menschen die Erde verkleinert. Die Motorluftschifffahrt und die Telephonie ohne Draht sind die bedeutsamsten Mittel zur (weiteren) Verkleinerung der Erde. Je kleiner die Welt, um so größer ist der Mensch.«

Diese revidierte Bedeutungs-Perspektive von Welt und Mensch war natürlich doch zu differenzieren nach Rassen und Nationalitäten sowie hinsichtlich der militärischen und ökonomischen Machtverhältnisse; hier sah sich Martin veranlaßt, ›ein allgemeines Prinzip für die Einwirkung der Motorluftschifffahrt auf die Politik‹ zu formulieren: »Die Motorluftschifffahrt im Dienste des Kriegswesens erhöht die Überlegenheit der großen, industriellen und capitalkräftigen Nationen über die hauptsächlich agrarischen, wenig civilisierten, capitalarmen Länder.« Im besonderen hielt Martin eine Neuverteilung der Einflußsphären für spruchreif: »England befand sich bis jetzt in unbestrittenem Besitz der Herrschaft über den Ozean. Diese monopolartige Seeherrschaft der britischen Inseln hat schon jetzt ein Ende gefunden ... Kein vernünftiger Engländer kann daran zweifeln, daß ein Seekrieg zwischen England und Deutschland die Deutschen schon jetzt zu riesenhaften Anstrengungen auf dem Gebiete der Motorluftschiffahrt zwingen würde.« Denn für einen Bruchteil der in Aussicht stehenden Kriegsverluste könne das Deutsche Reich einige tausend Luftschiffe herstellen, um eben diese Verluste zu unterbinden: »Eine capitalkräftige, industrielle Nation von sechzig Millionen Köpfen läßt sich nicht besiegen, weil der Krieg zu theuer kommt. Die maritime Überlegenheit Groß-Britanniens im Canal und in der Nordsee ließe sich aber schon mit 500 Aluminiumluftschiffen vollkommen niederkämpfen. Es bedarf also solcher Riesenanstrengungen (zum Bau von mehreren tausend Schiffen) gar nicht, um im Seekriege eine Landung in England zu erzwingen.«

Nach Begleichung der alten Rivalitäten-Rechnung mit dem Inselstaat sah Martin eine glanzvolle Zukunft voraus, die er schon zuvor bei der Deutschen Verlagsanstalt unter dem Titel ›BERLIN-BAGDAD, Das Deutsche Weltreich im Zeitalter der Luftschiffahrt 1910–1931‹, veröffentlicht hatte. Wie bei Wells bereiteten Luftschlachten die Zukunft vor, nur daß in diesem Fall die Russen mit einem Angriff auf Berlin den Anstoß lieferten. Nach Abschluß derartiger Feindseligkeiten sollte dann der segensreichen Verkehrserschließung der Kontinente nichts mehr im Wege stehen: »Länder ohne Straßen und Eisenbahnen wie Marokko, Abessynien, Persien oder der westliche Teil von China werden von der Einrichtung solcher Verkehrslinien durch die Luft ganz besonderen Vorteil haben. Die Motorluftschiffahrt wird diesen Ländern Ordnung und Rechtsschutz bringen. Indem sie die Bildung verbreitet, wird sie die Landwirtschaft in diesen Ländern fördern und industrielle Unternehmungen ermöglichen ... Ungeheure Bodenschätze werden in Afrika und anderwärts unter dem Schutze der Motorluftschiffahrt gewonnen werden ...«

Kultursendungsbewußtsein und friedliche Kolonialpolitik, die Regierungsrat Martin aus gehobener Position in einunddieselbe Visierlinie weltweiter deutscher Luftherrschaft brachte, wurden auch von öffentlichen Wunschdenkern geringeren Ranges wie selbstverständlich unter einem Hut gesehen: »Die bis jetzt vorhandenen, und noch im Bau befindlichen Motorluftschiffe werden fast ohne Ausnahme als Kriegsfahrzeuge bezeichnet«, schrieb ein gewisser Friedrich Gräber Ende August 1908 in ›Eine(r) zeitgemäße(n) Betrachtung‹ über ›Die kulturelle Bedeutung der Luftschifffahrt‹. »Im Hinblick auf das Interesse, welches die gesamte Kulturwelt dieser großartigen Errungenschaft menschlichen Strebens entgegenbringt .., dürfte es an der Zeit sein, auch den friedlichen Charakter, die kulturelle Bedeutung dieser Erfindung näher ins Auge zu fassen ... Im ›Militarismus‹, wenn man sich so ausdrücken darf, konnte (wegen der eminenten Vorzüge dieser Fahrgelegenheit) denn auch die Luftschiffahrt energisch Wurzel fassen ... Es darf deshalb keineswegs Wunder nehmen, wenn nunmehr dieser Militarismus (nach seinen Aufwendungen) die ersten und vornehmsten Ansprüche ... erhebt. .. Es wäre jedoch den edlen Männern, welche das große Werk begonnen und vollbracht haben, schlecht gedient, es würde nicht ihre Billigung finden«, meinte Gräber, »wollte man ihre Schöpfung auf die genannte Richtung festlegen. Das spontane Aufflammen der gesamten Volksseele hat im Gegenteil gezeigt, daß man von der großen Errungenschaft noch eine andere wichtige Betätigung, die friedliche Lösung hoher Kulturaufgaben erwartet.«

Was Gräber sich an Kulturaufgaben beispielhaft ausmalte, klingt einigermaßen naiv, dürfte aber durchaus repräsentativ sein für Vorstellungen, die man in weiten Kreisen der Bevölkerung mit der Luftschiffahrt verband: »... wo es sich ... darum handelt, ... einen bislang unzugänglichen Punkt, sei es zu Forschungs- oder sonstigen Zwecken, mit Sicherheit zu erreichen, da leisten die lenkbaren Luftschiffe gute Dienste. Als seiner Zeit in Alaska die reichen Goldfunde gemacht wurden, da mußte der Weg dorthin unter unsäglichen Schwierigkeiten und Gefahren gesucht werden. Der Lenkballon geht über das ganze hinweg und es können die besten Zugangspässe von oben herab kartographisch festgestellt werden. Gleichermaßen verhält es sich mit anderen Gebietsteilen, wie z. B. Thibet, welches die Forscher als ein überaus gesegnetes Land bezeichnen, das sich aber fast hermetisch gegen die Außenwelt abzuschließen wußte. Kein noch so fanatischer Lamapriester wäre aber im Stande, den Einblick vom lenkbaren Luftschiffe aus zu verwehren. Es sei ... auch noch auf den Nutzen hingedeutet, welchen die Lenkballons im Kolonialkriege uns bringen werden, wenn es gilt, die rebellischen Eingeborenen in ihren Schlupfwinkeln aufzusuchen und zu bekämpfen. Dies alles sind nur Beispiele, welche beweisen sollen, welch segensreiche Tätigkeit die neue Errungenschaft auch in kultureller Beziehung entwickeln kann und wird ... von diesem Gesichtspunkte aus (begrüßen wir) die stolzen Fahrzeuge der Zeppelin-Klasse als Kulturträger ersten Ranges, die Schöpfer und Förderer des großen Werkes aber dankbar als Wohltäter der gesamten Menschheit.«

So einhellig war die Begrüßung der Fahrzeuge der Zeppelin-Klasse im Ausland nicht, im Gegenteil. Viel schneller als im deutschen Kaiserreich machte man sich, über sportliche Anerkennung und abwartende Skepsis hinweg, die prinzipielle Reichweite dieser technischen Entwicklung klar: Noch vor dem dritten Flug im Jahre 1900 brachte in den Vereinigten Staaten z. B. das SUNDAY EXAMINER MAGAZINE in doppelseitiger Aufmachung das erste Luftschiff Zeppelins, ornamental umrankt von Wolken, Begleittext, Bodensee-Szenen und einem Porträt des Grafen, mit der Riesen-Aufschrift ›COUNT VON ZEPPELIN, KING OF THE EARTH‹; in flankierenden Überschriften waren die Konsequenzen dramatisch herausgestellt: ›How the Man With the Only Airship That Really Flies Could Easily Control the Destinies of All the Nations‹, und ›He Could Make Rulers, Dictate Their Policies, Put an End to All Wars or Strikes and Terrorize the World‹. Zur bildlichen Demonstration dieser Möglichkeiten ließ das Luftschiff explodierende Dynamitladungen auf das Weiße Haus herabfallen.

Wenn diese Interkontinentalwaffen-Kolportage auch noch weit über das technisch Mögliche hinausschoß, so gab sie jedenfalls jenen Ton an, der sich anläßlich der ersten großen Fernfahrten Zeppelins in den Nachbarländern Deutschlands, vor allem aber in Großbritannien bis zu ansteckenden Sinnestäuschungen steigerte: Im Sommer 1909 waren in der englischen Presse immer wieder Meldungen aus der Küstenregion zu finden, die vom nächtlichen Auftauchen geheimnisvoller Luftfahrzeuge berichteten, welche durchweg als deutsche Luftschiffe bezeichnet wurden; Ingold hat mit Recht darauf hingewiesen, daß hier offensichtlich die ›Zeppelin-Furcht‹ eine der wohl ersten UFO-Hysterien ausgelöst hat. Das englische ›Zeppelin-

How the Man With the Only Airship That Really Flies Could Easily Control the Destinies of All the Nations.

He Could Make Rulers, Dictate Their Policies, Put an End to All Wars or Strikes and Terrorize the World.

Count von Zeppelin, King of the Earth.

Count von Zeppelin.

The Airship at Rest Just Outside Its Shed.

Count Von Zeppelin's Airship Just Emerging From Its Shed on the Lake of Constance.

This Map Shows the Course of the First Flight of Count Von Zeppelin's Airship.

Lake of Constance

Diagram of the Airship.

Count Von Zeppelin's Wonderful Invention, as Large as the Battleship Wisconsin, Which Has Solved the Airship Mystery. In the Trial Trips Just Made the Count Has Demonstrated That He Can Steer His Remarkable Aerial Craft Up or Down, Across or Against the Wind, or Remain Stationary in a Gale, as Suits His Pleasure.

Berichterstattung im »Sunday Examiner Magazine«

Fieber‹ war andererseits für die Deutschen, die sich vom Hochmut der Inselvettern so häufig pikiert fühlten, ein Anlaß des höchsten Vergnügens, das in Satire und Karikatur immer wieder aufgefrischt und ausgekostet wurde. Man glossierte die Luftschiff-Befürchtungen jenseits des Kanals als epidemisches ›Schwarzsehen‹ und ›Influenza Zeppeliniensis‹, ließ im Bilde den Tommy unter einem fliegenden Damokles-Schwert schlottern oder einen britischen Belsazar angesichts des Zeppelin-Menetekels erbleichen und dergleichen mehr.

Nationale Überlegenheitsgefühle und Angriffslust wurden nicht nur in Wort und Bild stimuliert und abreagiert, sondern auch – in zum Teil ganz disparaten Zusammenstellungen: z.B. Luftangriff und Polstermöbel – für die Warenwerbung eingespannt; oder sogar als pyrotechnischer Kleinkrieg im Postkartenformat für den Hausgebrauch eingerichtet: auf einem im Herbst 1908 in den Handel gebrachten papierenen Seestück konnte der Bürger eigenhändig von ZEPPELIN 6 aus - laut Anleitung mit Cigarre oder glühendem Streichholz – einen Feuerstoß zünden und das Flaggschiff einer feindlichen Flotte in Brand schießen. Waren dies gewissermaßen noch harmlos-imaginäre Kampfhandlungen, so suchten sich derart vorgespielte Wunschvorstellungen bald auch ihre konkreteren Fernziele – zunächst mit starken Worten an Zeppelin.

»Hätte Graf Zeppelin den Warnungen und Vorschlägen eines deutschen Mannes, der etwas weiter blickt als unsere Eintagspolitiker, Gehör geschenkt«, schrieb dieser deutsche Mann, der Professor der neueren Sprachen Dr. H. Molenaar, Oberleutnant der Landwehr a. D., Schriftleiter der MENSCHHEITSZIELE und Mitglied der ›Deutschen Positivistischen Vereinigung‹, am 27. Juni 1909 an Seine Exzellenz, »so hätte Deutschland 1910 über eine kleine, 1911 über eine stattliche

Luftflotte verfügt und hätte dem Krieg mit England mit mehr Ruhe entgegensehen können.« Molenaar, der seine Weltsprache UNIVERSAL statt ›Esperanto‹ und ›Ido‹ einzuführen gedachte und auch sonst kühne Pläne, z. B. die Besiedelung Mesopotamiens mit deutschen Kolonisten, im Schilde führte, hatte Zeppelin wenige Tage nach Echterdingen per Einschreiben seine Idee, Nord- und Südpol vom Luftschiff aus zu entdecken, nahegelegt und gewissermaßen als Nebenprodukt einen Rüstungszuwachs einkalkuliert: Es sei eine eminent vaterländische Angelegenheit, denn die Expeditions-Luftschiffe würden »gegebenen Falls – und dieser Fall könnte schon in wenigen Wochen eintreten – in einem Kriege mit England mit den übrigen Luftschiffen ... eingestellt werden ...« Molenaars Ideen waren für die Zeit keineswegs ungewöhnlich, eher typisch; Zeppelin hatte vielleicht selbst schon seine Nordpolpläne im Kopf (oder hatte er sie am Ende von Molenaar?), und Krieg gegen England, diese Vorstellung lag ohnehin in der Luft und wurde eifrig weiter ausgeschmückt.

ALBION – SCHACH! lautete der Titel eines ›Offene(n) Brief(es) an den Grafen Zeppelin‹, den der Schriftsteller Leonar Goldschmied am 15. Januar 1912 an den Adressaten, den Reichskanzler und die Presse sandte. »Es ist keine Ueberhebung, sondern nur klare Erkenntnis, die nach Ausdruck verlangt«, war seine Schlußfolgerung; »die Entwicklung hat uns vor die Aufgabe gestellt: Englands Seemacht, sobald sie schädlich wird – zu brechen, durch unsere Luftkreuzer seine Flotte und, wenn sein Ueberfall heimtückisch ist, London selbst schachmatt zu setzen! Funktelegraphisch verständigt, könnte beim ersten Ueberfall unserer Flotte, eine Macht von zehn Zeppelinkreuzern, zweitausend Meter hoch, mit ihrer Todesfracht über London sein ... Albion! Sei gewarnt!«

Was Goldschmied mit drei Pünktchen der Phantasie des Lesers überließ, formulierten andere Leute mit beängstigender Ausführlichkeit: »Es ist unser aller Wunsch«, unterstrich der Leipziger Universitätsaufseher Leipsky in seinem Brief vom 1. Dezember 1912, »die Bomben der Zeppelinluftschiffe mit solcher Sprengladung zu versehen, dass Eisenbahnbrücken, Bahndämme und selbst ganze Bahnhöfe in einigen Minuten in Schutthaufen und dem Erdboden gleichgemacht werden; ganze Armeen im Felde zu vernichten, die Bomben müssen, was grundsätzlich Bedingung und unsere Pflicht und Schuldigkeit ist, derartige giftige Atmosphäre entwickeln, dass ein jedes Lebewesen verenden muß.« – »Noch letzte Woche habe ich, von einer Reise nach England zurückgekehrt«, schrieb Friedrich Ekert, Inhaber einer Leipziger Kunstgalerie, am 18. Oktober 1913, »dem kaiserlichen Kriegsministerium Berlin einen eingehenden Bericht über den Eindruck gesandt, den ich erhielt, als ich London mit seinen ungeheueren Milliardenwerten an Gebäuden, Waren und Banken etc. mit dem Gedanken durchquerte, was 20 Zeppeline in einem Tage für eine heillose Verwüstung und Zerstörung von Eigenthum und Kriegsmaterial dort anrichten könnten ...«

»Ihre patriotischen Sorgen teile ich vollkommen«, antwortete Graf Zeppelin am 5. November, »und umsomehr bin ich bestrebt, meine Luftschiffe zu tüchtigen Kriegswaffen auszubilden, wobei ich allerdings hoffe, dass sie nur die Kampfmittel unserer Feinde und nicht das unkriegerische Bürgertum werden schädigen müssen.« Luftschiffe zu tüchtigen Kriegswaffen auszubilden, hatte sich in der Realität weit schwieriger erwiesen als in den Zerstörungsphantasien der deutschen Patrioten, und als diese Probleme dann schließlich auch zur Zufriedenheit der ausführenden Militärs gelöst waren, erwies sich Zeppelins Hoffnung, die er wie zur Rechtfertigung immer wieder in Worte faßte, als vollkommen illusorisch: denn psychologisch gesehen waren Luftschiffe von Anfang an Terror-Waffen par excellence, sonst hätte sich die Einbildungskraft der Völker nicht so nachhaltig mit ihnen beschäftigt.

»Glauben Sie, dass das Flugschiff jemals eine Bedeutung für die Kriegsführung gewinnen kann? Diese Frage ist heute nach den neuen Versuchen des Grafen v. Zeppelin mehr denn je auf der Tagesordnung!« So hatte Major Moedebeck schon Ende des Jahres 1900 in der ›Illustrierte(n) Wochenschrift ARMEE UND MARINE‹ die zukünftigen Entwicklungsmöglichkeiten erwogen. »Unsere Phantasie fühlt sich mächtig angeregt durch die Vorstellungen etwaiger Kämpfe von Flugschiffen gegen einander, wie sie der geistreiche französische Zeichner Robida in seinem Buche ›La guerre au vingtième siècle‹ uns meisterhaft und grauenvoll zugleich zur Darstellung gebracht hat. Man ist geneigt, solche Luftkämpfe für möglich zu halten aber – in der Zukunft liegts, wir erleben es nicht mehr; mit diesem Trost gewinnt der Leser vorläufig das Gefühl seiner eigenen Sicherheit wieder...«

Doch solch trügerische Ruhe sah Major Moedebeck durch den ›rastlosen Fortschritt der Technik‹ nur allzu schnell in Frage gestellt. »Weiterhin aber beunruhigt die Thatsache, dass auf der Haager Friedenskonferenz das kommende Flugschiff schon allen Ernstes behandelt wurde und dass ebendort vorläufig auf fünf Jahre (bis 1904 einschließlich) das Herabwerfen von Explosivstoffen von Luftschiffen aus verboten worden ist, ein Verbot, welches alle Signaturmächte angenommen haben. Man war also auch in jenen Kreisen der Ansicht, dass in absehbarer Zeit die Entwickelung der Luftschiffahrt derartige Fortschritte gemacht haben könnte, dass dann die Aufrechterhaltung jenes Verbots für die Kriegführung nicht mehr angebracht sei. Dabei wurde das ideale Flugschiff als ein Kriegsmittel angesehen, welches befähigt sein könnte, die Herbeiführung der Entscheidung zu beschleunigen.«

Die Erwartungen, welche sich in der Öffentlichkeit an diese Wunderwaffe der Zukunft – vor allem nach dem Durchbruch Zeppelins – knüpften, kannten kaum Grenzen, und auch die Konsequenzen, die man sich ausmalte, waren phantastisch: »Vor einer Tragödie stehen wir. Der grossartige Militarismus des neunzehnten Jahrhunderts wird demnächst ›aufgelöst‹ werden«, schrieb Paul Scheerbart 1909 in ›eine(r) Flugschrift‹ über ›Die Entwicklung des Luftmilitarismus und die Auflösung der europäischen Land-Heere, Festungen und Seeflotten‹. »Wer das liest oder hört, lacht natürlich und glaubt nicht daran – nicht im Traum. Es ist auch kaum zu glauben. Diese grandiosen europäischen Volksheere, die kolossalen Festungen und die wundervollen Seeflotten sind mit dem modernen Kulturleben so innig verwachsen, dass man eine Auflösung dieser Kulturherrlichkeit ohne Weiteres für eine Unmöglichkeit hält. Eher würde man an den Untergang der Erde glauben. Und doch – wenn wir nicht alle Logik umbringen wollen, so müssen wir an die Auflösung des bisherigen Militarismus glauben; der Luftmilitarismus ist eben stärker als die Landheere, Festungen und Seeflotten.«

Mit derartigen Überlegungen läutete Scheerbart die Aera der (jeweils vorläufig) letzten Waffen ein – und seiner Meinung nach auch das Ende des Antimilitarismus: »... die lenkbaren Luftvehikel haben mehr für die Friedensideen getan als alle Antimilitaristen zusammen. Der Antimilitarismus hat gar keine Existenz-Berechtigung mehr; sein Ende ist da, das sollten die Friedensfreunde recht bald einsehen. Ihre Bemühungen sind ganz nutzlos. Man kann alles ganz ruhig der Entwicklung des Luftmilitarismus überlassen; der wird uns Dynamitkriege bescheeren, und die werden derart wirken, dass man auf allen Seiten vor den Kriegen Angst bekommen wird.« Beunruhigung äußerte Scheerbart nur in einer Hinsicht: Die Machtlosigkeit der auf der Erde Wandelnden angesichts der schwebenden Riesenvögel lege »den Gedanken nahe, was der Flugapparat einmal den Anarchisten, Nihilisten und anderen Menschen dieser Art bedeuten kann. Die Luchsaugen der Polizei mögen unaufhörlich auf das Treiben dieser Gruppen gerichtet sein, wer aber will sie überwachen, wenn sie ihre tötlichen Geschosse aus den Höhen schleudern, die bald mit Flugmaschinen erreichbar sein werden? Diese Zeilen beleuchten das Verhältnis des Dynamitkrieges zur Revolution in vollkommener Weise. Ich finde nur nichts Belustigendes darin – ganz im Gegenteil! Diese vollständige Wehrlosigkeit frechen Kulturvernichtern gegenüber erscheint mir das Entsetzlichste in der ganzen Menschheitsgeschichte zu sein ... Nach dem soeben Gesagten brauche ich wohl kaum hinzuzufügen, dass wir eigentlich wenig Veranlassung haben, den Lenkbaren in der Luft mit Begeisterung zuzujubeln. Freilich – die Auflösung des veralteten Pulver- und Blei-Militarismus wird den Menschen den grössten Teil der Militärlasten abnehmen – aber dafür kommt ein anderes Leiden: Dynamitkrieg und Revolution von oben! Man sollte vorsichtiger mit dem Festefeiern sein. Dem oberflächlichen

Blick kommt alles so nett vor – und nachher bemerkt man, dass im Kern der Sache ein fürchterliches Gift steckt.«

Doch die ›Lenkbaren in der Luft‹ waren im Jahre 1909 noch allesamt, ob starr oder unstarr, weit davon entfernt, den gewöhnlichen Pulver- und Blei-Militarismus zu überflügeln geschweige denn abzulösen –– zumindest für die eingeweihten Fachleute und Militärs: Im Oktober/November des Jahres war für die in Metz stationierte 4. (provisorische) Kompanie des Luftschiffer-Bataillons eine Übung angesetzt worden, in der ihre drei Schiffe vom Typ Zeppelin, Parseval und Groß-Basenach von ihrem vorläufigen Standort Köln aus relativ bescheidene Flugaufgaben – Rundflüge über Düsseldorf, Krefeld, Jülich, Düren, Bonn u. ä. – ausführen sollten. »... das Ergebnis der kriegsmäßigen Aufgaben am 30./31. Oktober und 2./3. November (hat) klar vor Augen geführt«, war in der Schlußbetrachtung des – u. a. von Ludendorff unterzeichneten – militärischen Geheimberichtes zu lesen, »in welchem hohen Maße die Verwendungsmöglichkeit der Luftschiffe noch abhängig ist von der Witterung und – wenn man die Betriebsfähigkeit des Z II und P I am 30./31. Oktober als vorhanden annimmt – von der Windstärke. An beiden Übungstagen war keins der Schiffe imstande die gestellten Aufträge zu erfüllen (da sie auf ›überlegene‹ Winde trafen). Der äußerlich glatte Verlauf der Übung und die günstige Beurteilung, welche sie im Inlande wie im Auslande erfahren hat, darf keinen Zweifel darüber lassen, daß – wenn Fortschritte auf diesem Gebiete auch zu verzeichnen sind – doch das Luftschiff z. Zt. für die Heeresleitung ein zuverlässiges Kriegswerkzeug noch nicht ist. Die Aufgabe der nächsten Zukunft wird nicht die Neubeschaffung weiterer, nicht genügend leistungsfähiger Luftschiffe, sondern deren Verbesserung und Vervollkommnung sein ...«

An der Vervollkommnung des noch unzuverlässigen Kriegswerkzeuges wurde eifrig gearbeitet, mit Worten und Taten, in der Öffentlichkeit und intern; Luftschiff-Bewaffnung und Bekämpfung war ein heiß diskutiertes Thema – vor und hinter den Kulissen. Seit Bleriots Erfolgen war vor allem die Frage akut, ob die französischen Drachenflieger deutschen Luftschiffen gefährlich werden könnten, aber vorerst konnte man sich, wie Eckener am 9. April 1910 in der ›Frankfurter Zeitung‹ ausführte, mit der Tatsache beruhigen, daß Zeppeline ein rund fünffach höheres Steigvermögen als die Aeroplane aufwiesen und sich so allen Versuchen, Bomben oder Brandpfeile auf sie herabzuwerfen, schnell entziehen konnten. Das Problem des Zielwurfs aus der Höhe war andererseits Anlaß, an der Fähigkeit der Luftschiffe zur Bekämpfung von Punktzielen zu zweifeln und sie nur für Erkundungsaufgaben vorzusehen – aber das war gar nicht nach Zeppelins Geschmack.

»Euer Hochgeboren beehren wir uns mit Bezug auf das geschätzte Schreiben vom 8. d. Mts. ganz ergebenst mitzuteilen«, begann der Antwortbrief des Direktoriums der ›FRIED. KRUPP Aktiengesellschaft‹ vom 12. Februar 1908, »daß auch wir seit einiger Zeit in Erwägungen eingetreten sind, was für Geschützkonstruktionen für den Kampf der Luftschiffe gegen einander und was für Vorrichtungen zum Werfen von Sprengladungen zur Erde in Frage kommen können ...« Neben Krupp war auch die ›Rheinische Metallwaren- und Maschinenfabrik‹ Düsseldorf mit Konstruktionsentwürfen für Ballongeschütze beschäftigt und stand mit dem Grafen in Korrespondenz. Aber die Geschütz-Installation in Luftschiffen warf vielfältige Probleme auf, vom Rückstoß bis zum Mündungsfeuer, und erforderte langwierige Untersuchungen, die schließlich auch von militärischen Prüfungs-Stellen durchgeführt und überwacht wurden: das Ergebnis war offenbar so, daß im Endeffekt eine Bewaffnung der Zeppeline mit Bomben und Maschinengewehren zur Flugzeugbekämpfung übrig blieb.

»Der Krieg brach aus, und eine der ersten Fragen, die dem Grafen Zeppelin gestellt wurden, war: ›Wann fliegen Sie nach England?‹ Gesagt hat der alte Herr nichts. Er wußte sein Teil und wollte nicht prahlerisch dem sicher Kommenden vorgreifen. Derartiges überließ er Churchill mit seinen Hornissen.« So schilderte ein Anonymus im Ullstein Kriegs-Buch Nr. 22 ›Zeppeline über England‹ von 1916 die Verwirklichung des deutschen Wunschtraumes: »Geduldig hat das deutsche Volk des Tags gewartet, an dem die erste Bombe aus einem Luftschiffe auf Englands ›geheiligten‹ Boden fiel. Und selten wohl ist eine solche Freude über einen gegen England ausgeführten Schlag bei uns ausgelöst worden als damals, am 21. Januar 1915, als es hieß, daß Marineluftschiffe sich in der vorhergehenden Nacht erfolgreich über befestigten Plätzen der englischen Ostküste betätigt hätten. Seit Monaten hatten wir darauf gelauert. Jetzt war der Krieg mit all seinen Schrecken in das Land der Lügen und der Verleumdungen hineingetragen worden.«

Gesagt und geschrieben hat der alte Herr allerlei, um das, was dann kam, herbeizuführen, denn zu erwarten war es wohl, aber keineswegs sicher. »Nach dem Ausbruch des Krieges stellte ich mich zur Verwendung als Generalstabsoffizier auf einem meiner Luftschiffe zur Verfügung; unter der Annahme, dass die Luftschiffe häufiger heruntergeschossen würden, wodurch Mangel an geeigneten Offizieren entstehen könnte.« Mit diesen Worten begann Zeppelin am 25. November 1914 ein Bittgesuch an den Kaiser. »Eure Majestät haben mir hierauf Allergnädigst die Genehmigung erteilt, ein Luftschiff nach eigener Wahl als technischer Berater neben dem eigentlichen Führer und Generalstabsoffizier zu begleiten. Meine Aufnahme in ein Luftschiff vermindert dessen Leistungsfähigkeit für seine kriegerische Aufgabe: es kann nur um gegen 100 kg weniger Abwurfmunition mitführen, und vermag nach erfülltem Auftrage nur eine geringere sichernde Höhe zu erreichen. Unter diesen Umständen würde ich die Mitfahrt, ohne damit einem anderen Zweck als meinem Ehrgeiz zu dienen, nicht verantworten können. – In Deutschland erwartet man allgemein, daß ich den ersten Flug über London mitmachen werde. Sollte Eure Majestät es für wünschenswert erachten, dass dem deutschen Volk eine wenn auch noch so unbedeutende Enttäuschung erspart bleibe, so würde ich mich mit stolzer Freude an dem Fluge beteiligen oder dessen Leitung übernehmen.«

Doch Seine Majestät erachtete es vorläufig noch nicht für wünschenswert – mit Rücksicht auf seine Verwandten im Buckingham-Palast, und weil man zunächst hoffte, England mit indirekteren Methoden zum Kompromiß und Friedensschluß bewegen zu können. »In den weitesten Kreisen glaubt man, England sei nicht zu überwinden«, schrieb Zeppelin am 12. Oktober 1915 an einen Vertrauten in Militärkreisen, »sondern nur durch wirtschaftliche Schädigung aller Art, insbesondere durch Verdrängung seiner Vorherrschaft am Suez-Canal und in Aegypten zur Annahme von Friedensbedingungen zu bringen, welche unsere Gewinnung von Häfen am Atlantischen Ocean und im Mittelmeere und damit die Erlangung der Freiheit der Meere ausschlößen. Es wäre ein unsagbares Unglück, wenn auch die maßgebenden Personen aus natürlicher Unkenntnis über das, was mit den jetzigen und den kommenden Luftschiffen geleistet werden kann, die oben angeführte Auffassung teilten.« und so weiter. Zu dieser Zeit waren Luftschiffangriffe auf die Londoner Hafenanlagen sowie auf andere Industriezentren an der Tagesordnung, aber dem Grafen, der rücksichtslosen Waffengebrauch zugleich für den humansten hielt, weil er am schnellsten zum Ziel führe, erschien das noch nicht ausreichend, und darin fand er sich von scharfen Patrioten bestärkt.

»Da die Engländer die ganze Welt auf uns gehetzt haben und kein Mittel unversucht lassen, uns niederzukämpfen, dürften ja auch wohl wir nicht mehr verpflichtet sein, irgendwelche Rücksichten zu nehmen«, schrieb am 22. Oktober 1915 Rittergutsbesitzer Roeder an Zeppelin. »Wie allgemein bekannt, pflegen in den Monaten November, Dezember, Januar sich über London dicke Nebel einzustellen, die oft Tage, ja Wochen lang dauern ... Ich meine nun, wenn man während eines solchen Nebels die auch von den Engländern so beliebten Gasbomben in ergiebigem Masse auf die Stadt herabwerfen würde, so würde das in England zu einer vollständigen Katastrophe führen, die den Frieden unmittelbar zur Folge haben müsste ...« Ein Jahr später, am 7. September 1916, wiederholte Roeder seine Anregung »mit der Bitte, doch alles aufzubieten, damit nicht wieder die wertvollen Monate ... verstreichen, ohne dass wir die für uns günstigen Nebel über London etc. in vollem Masse zur Vernichtung Londons und der Engländer benutzen«. Zur Unterstreichung der Dringlichkeit fügte Roeder hinzu, England habe nicht nur eine wirtschaftliche Schwächung Deutschlands, sondern auch eine Schwächung der monarchischen Gewalt in Deutschland im Sinn, »um dann mit Hilfe des internationalen Kapitals in demokratischer Form uns dauernd zu beherrschen. In welcher Weise die Englandfreunde gegen die Monarchie agitieren, bitte ich daraus zu entnehmen, dass in gewissen Kreisen die Version zirkuliert: ›Der Krieg würde nur deshalb fortgesetzt, damit der Kaiser Kaiser bleibe.‹« Er sei in der Lage hierfür Zeugen zu bringen und würde Seiner Exzellenz zu besonderem Dank verpflichtet sein, wenn er diese Art Agitation an geeigneter Stelle zur Kenntnis brächte.

»Euer Hochwohlgeboren bitte ich überzeugt zu sein«, antwortete Zeppelin am 13. September 1916, »dass ich alles aufbiete damit Ihrer unterm 22. Oktober vor. Js. gegebenen und jetzt erneuten Anregung Folge geleistet wird. Von dem neuen Heeresleiter darf mit Sicherheit angenommen werden, dass das geschieht, wenn es der Zeit nach in seinen Plan passt.« Solche Pläne, die vermutlich auch schon unausgeführt im Ausland viel böses Blut gemacht und auch im Inland Besorgnisse geweckt hätten, waren natürlich nicht für eine öffentliche Diskussion bestimmt, und sofern sie von den Militärs jemals ernstlich erwogen wurden, drang jedenfalls nichts davon nach außen. Zeppelin selbst hatte keine Möglichkeit mehr, solche Erwägungen in Umlauf zu bringen oder gar selbst der Presse mitzuteilen, denn er stand bereits unter politischem Kuratel: er mußte im Jahr 1916 eine Erklärung unterschreiben, daß er sich in der Öffentlichkeit aller politischen Äußerungen enthalten würde, die nicht zuvor die Zensur des Reichskanzlers passiert hätten.

Daß Graf Zeppelin am Ende seines Lebens eine so unmenschliche Form des Vernichtungskrieges glaubte befürworten zu müssen, bedeutete mehr als nur eine persönliche tragische Gedankenverirrung, es signalisierte das Ende jener Fiktion vom ritterlichen Zweikampf der Nationen, welche so lange militärische und christliche Tugenden staatserhaltend auf einen Nenner gebracht hatte. Hier brach, um es mit Colsmans Worten zu sagen, die Welt zusammen, mit der Zeppelin seit früher Jugend und in seinem ganzen Leben mit allen Fasern seines Wesens verwachsen war – und es war eine Ironie der Geschichte, daß er selbst ein Kriegswerkzeug geschaffen hatte, das ihm schließlich diesen Zusammenbruch in Form von unmöglichen Alternativen vor Augen führte.

Er flüchtete sich mehr oder minder in Illusionen: »Wenn die militärische Wirkung der Zeppelin-Luftschiffe zur Folge hat, den Krieg auch nur um einen Tag zu verkürzen und dadurch vielleicht Tausende von Menschenleben zu retten; wenn die Zeppeline, die gegenwärtig erst am Anfang ihrer Entwicklung stehen, so weit fortschreiten, daß es in Zukunft weniger Krieg gibt und wenn so ihre Existenz eine Wohltat für die Menschheit und die Welt wird, ganz abgesehen von dem friedlichen Gebrauch der Luftschiffe; wenn in dieser kritischesten Stunde des deutschen Volkes, zu einer Zeit, da man sich bemüht, uns, unsere Frauen und Kinder auszuhungern und Deutschlands Existenz auf dem Spiel steht, die Zeppeline dem Vaterlande auch nur den geringsten Kraftzuwachs verleihen gegen den Ring seiner Feinde, die unsere völlige Vernichtung herbeiführen wollen – dann ist meine Lebensarbeit nicht vergeblich gewesen.« Das waren im Sommer 1915 Zeppelins Worte in einer Unterredung mit dem Berliner Vertreter des amerikanischen Nachrichten-Bureaus ›United Press‹, Karl H. v. Wiegand, die auch in der deutschen Presse wiedergegeben wurden.

Auf die Tatsache hin angesprochen, daß bei Luftschiffangriffen auch schon Zivilpersonen ums Leben gekommen seien, erwiderte der Graf, niemand bedaure das mehr als er, die Zeppeline als Kriegswaffe richteten sich jedoch nicht gegen Nichtkombattanten, und die Besatzungen der Luftschiffe seien weit größeren Gefahren ausgesetzt aber ebenso human wie Angehörige anderer Truppengattungen. Ein Beweis seien die nicht explodierten Bomben, die man in den englischen Städten gefunden habe. Wenn Zeppeline vom Feinde entdeckt und unter heftiges Feuer genommen würden, so könne es für die Mannschaften von größter Wichtigkeit sein, so schnell wie möglich aufzusteigen und dann würden die Bomben als Ballast abgeworfen; in solchen Fällen würden nach Möglichkeit die Explosionskontakte ausgeschaltet. Wenn vom Standpunkt eines möglichen Luftkrieges aber eine Bombardierung von Städten unumgänglich sei, so solle dies nach einer ähnlichen Regel geschehen, wie sie durch das ungeschriebene

Grundgesetz der Menschlichkeit vorgeschrieben sei. Im übrigen sei es nur vernünftig und folgerichtig, daß jede Stadt oder jeder Ort mit militärischen Streitkräften, die auf Luftschiffe feuern könnten oder die Kanonen zu diesem Zwecke aufstellten, mit einem Luftangriff rechnen müßten.

Wiegands Frage, ob es im Plane der Deutschen liege, London mit einer Zeppelinflotte anzugreifen, verwies der Graf an die Admiralität und den Generalstab, aber zum Schluß des Interviews machte er dem United Press-Vertreter »das überraschende Geständnis, er hoffe, sein Lebenswerk mit einer Luftfahrt über den Atlantischen Ozean auf einem seiner Luftschiffe krönen zu können. ›Ich habe noch einen großen Ehrgeiz,‹ sagte er. ›Ich wünschte, daß ein Zeppelin das erste Luftfahrzeug wäre, das Europa und Amerika auf dem Luftwege verbindet. Ich möchte noch lange genug leben, um einen meiner Kreuzer über den Ozean nach Amerika zu bringen, wo ich vor vielen Jahren meinen ersten Ballonaufstieg machte. Ich fühle es, ich muß solange leben, bis ich dieses Ziel erreicht habe.‹ – ›Um Neuyork, Washington und andere Städte zu bombardieren?‹ – ›Wie, Bomben auf Leute werfen, die so freundlich zu mir waren. Nie!‹ – Er wollte nur in friedlicher Mission nach Amerika fliegen und so der Welt zeigen, daß Zeppeline auch einen anderen Zweck haben als einen kriegerischen.« – Doch 1917 erklärten die Vereinigten Staaten dem Deutschen Kaiserreich den Krieg und Zeppelin starb, ohne die Verwirklichung seines letzten – friedlichen – Wunschtraums erlebt zu haben.

Ebenso illusorisch wie die Hoffnungen des Grafen auf eine kriegsentscheidende Wirkung seiner Luftschiffe blieb auch ihre symbolische Kraft, wie sie zur Verklärung der Kriegsschrecken beschworen wurde; so zum Beispiel von Karl Ettlinger in der Münchener JUGEND: »... Nun lag er auf dem Rücken, bewegungslos. Starrte mit brechenden Augen in die Wolken. Konnte die Arme nicht mehr heben. Wenn wir den Krieg verlören ... Da – ein Sonnenstrahl durch die Wolken – ein Flimmern – sind es Todesphantasien? Groß und mächtig schwebt es daher – in silbernem Glanz – in majestätischer Ruhe – eine himmlische Siegesverheißung. Mit letzter Kraft richtet sich der Sterbende auf – neue Stärke durchrieselt seine Arme – er hebt sie dem Wunder entgegen, das näher und näher schwebt, in unbeirrbarer Größe ... er öffnet mühsam den Mund ... zu einem Dankschrei: Hurra, Zeppelin! Aber nur ein unartikulierter Laut dringt hervor, – Blut rinnt aus seinem Munde – sein Haupt sinkt zurück. – Und ferne, ferne verklingt das Rattern der Propeller.«

Kapitel XII

Eine lyrische SUMME der Erfolgsgeschichte – Die andere Spende vom *Volk der Dichter und Denker:* Geistige Gaben in Versen – en gros und en detail

Am 19. September 1909 erschien in der Berliner satirischen Zeitschrift KLADDERADATSCH eine Greuel-Anekdote: Der Sultan Muley Hafid von Marokko unterwerfe seine gefangenen Feinde so scheußlichen Grausamkeiten, daß die Schrekkenstaten eines Nero dagegen liebevolle Zärtlichkeiten seien. Bisher ließ er ihnen lediglich eine Hand abhacken und den blutenden Armstumpf in siedendes Pech tauchen; eine Nachricht, die das Blut in den Adern des Kulturmenschen zu Eis erstarren lasse. Aber das sei noch nicht alles. Das Untier in Menschengestalt habe diese Qual noch für zu mild gehalten und für zwei gefangene Führer eine gräßlichere ersonnen: Einer mußte dem anderen sämtliche Gedichte an Zeppelin vorlesen, die in den letzten Wochen fabriziert worden seien. Beide Gefangene seien wahnsinnig geworden.

Seit Echterdingen war in der Tat kaum ein Tag vergangen, ohne daß eine der kleineren oder großen Zeitungen oder Wochenblätter ihren Lesern mit einem Zeppelingedicht aus dem Herzen sprach oder sie selbst in Versen zu Worte kommen ließ, und schon gar nicht, wenn Friedrichshafener Luftschiffe auf ›Renomierfahrt‹ waren, wie Harden das ausdrückte. Kaum verwunderlich, daß eine derartige Häufung wildwüchsiger Volkspoesie bald auch satirische Kommentare herausforderte: Solche Gelegenheitslyrik, die schon in Einzelstücken genossen oft genug den genialen Funken vermissen ließ, konnte in chronischer Häufung völlig andere Empfindungen auslösen, als sie die Verfasser hatten zum Ausdruck bringen wollen – so jedenfalls war die Einschätzung des Kladderadatsch. Was der Kladderadatsch nicht wissen konnte, war, daß auch diese gefährliche Häufung nur die im Druck erscheinende Spitze eines Eisberges darstellte – eines Eisbergs, der sich in den Friedrichshafener Akten unauffällig ansammelte, ohne damals das Licht der Welt zu erblicken.

Natürlich blieb dieser Zustrom dort nicht unbemerkt, sondern wurde vielmehr noch verstärkt durch ein Inserat, das am 10. Juli 1909 den Tageszeitungen aller größeren Städte Deutschlands und Wiens zuging: »Zu literarischen Zwecken bittet um gefl. Einsendung von Gedichten, die dem Grafen Zeppelin, seinem Leben und Lebenswerk gewidmet worden sind, Frau Ernst Uhland, Friedrichshafen.« Wie aus verschiedenen Nachfragen und Bemerkungen hervorgeht, hatte das Ehepaar Uhland im Sinn, eine Sammlung der schönsten Gedichte in Buchform herauszubringen, und offenbar eine Vorauswahl schon getroffen; ob diese Auswahl beim Aktenkonvolut des Privatbüros in einem Sonderhefter zurückblieb, ist nicht mehr mit Sicherheit festzustellen, und im übrigen – angesichts der Gesamtzahl der Gedichte – auch unerheblich: schon eine Überschlagsrechnung ergibt eine Größenordnung von mehreren tausend Reimwerken, von denen die meisten nur handschriftlich eingesandt wurden.

Aus dem literarischen Publikationsplan der Uhlands wurde nichts. Als sich 1911 eine der möglichen Kontributorinnen brieflich erkundigte, ob das Sammelbuch etwa gar nicht zustande gekommen oder nur noch nicht fertig sei, schrieb Uhland zurück: »Seine Exc. hat in bekannter Bescheidenheit den Wunsch ausgedrückt, die Gedicht-Sammlung möge unterbleiben!« Aber ob es nur Bescheidenheit war, ist zum mindesten zweifelhaft. Am 11. Juni 1913 erhielt Zeppelin vom Herausgeber der Münchener Zeitschrift ›Die Lese‹, Georg Muschner, folgende Anfrage: »Als Literaturblatt würde es uns interessieren zu erfahren, ob unter den vielen Gedichten, Hymnen, Artikeln und sonstigen Aeusserungen, die Ew. Excellenz sicherlich zu tausenden gewidmet worden sind, wirklich poetisch wertvolle Stücke sind«, und da notierte Zeppelin lakonisch am Rande *einige wenige!*, was weder auf Bescheidenheit noch auf besondere literarische Wertschätzung dieser Werke schließen läßt. Jedenfalls hatten sowohl der Graf als auch die Uhlands in erster Linie die Qualität und nicht die Quantität dieser geistigen Volksspende im Auge, doch gerade das Ausmaß dieser Gaben in Versen machte die Sache bemerkenswert.

Allein die Häufigkeitsverteilung gibt ein genaues Abbild der Popularität des Grafen: dem fast aus dem Nichts aufsteigenden absoluten Höhepunkt in den Jahren 1908/09 folgte ein starkes Abebben in den Jahren 1910 bis 1912, ein kleineres Maximum zum fünfundsiebzigsten Geburtstag 1913, ein neuerlicher, noch stärkerer Rückgang in der Zeit von 1914 bis 1916 und dann ein letztes Aufflackern beim Tode Zeppelins 1917. Entsprechend den Anlässen war natürlich auch die Thematik der eingesandten Gedichte verschieden, aber insgesamt zeigte sich eine Uniformität, die nicht allein auf die wiederkehrenden Motive der Zeppelin-Biographie zurückzuführen ist. Daß man überhaupt ein Bedürfnis hatte, seine Worte in Versmaß zu bringen, ist nicht verwunderlich: hier wurde ein schulmäßig anerzogenes Bildungsgut massenhaft mobilisiert.

Daß in erster Linie das Bildungsbürgertum den poetischen Tribut an den Nationalhelden entrichtete, ist kaum anders zu erwarten, aber erstaunlich bleibt doch die Breite des Einsenderspektrums, soweit sie aus Berufsangaben eindeutig zu erschließen ist: sie reicht vom Fürsten bis zum Arbeitslosen, vom Hochschulprofessor bis zum Hilfsarbeiter, vom Landesgerichtspräsidenten bis zum Dienstmann, von Pastoren und Pfarrern bis zu Schustern, Apothekern und Ärzten, vom Bankdirektor bis zum Ofensetzer, vom Kadetten bis zum Invaliden; kaum eine Berufssparte, die nicht wenigstens mit ein oder zwei Beiträgen in dieser Spende vertreten wäre. Doch aus diesem bunten Fächer gemeinschaftlicher Volksbegeisterung taten sich doch einige Gruppen deutlich hervor: vor allem ist der außerordentlich hohe Anteil der Frauen zu nennen, und unter ihnen wieder die Zahl der verheirateten und verwitweten, während regelrechte Berufsbezeichnungen selten zu finden sind: neben den obligaten Dichterinnen und Schriftstellerinnen und niederen Dienstleistungsrängen – Dienstmädchen etc. – nur noch die Gruppe der Lehrerinnen. Insgesamt also ein durchaus repräsentativer Querschnitt der wilhelminischen Nation, so wie sie sich bei dieser Gelegenheit verstanden wissen wollte: über alle Standesunterschiede hinweg vereint in der Bewunderung und Anteilnahme für ihren Lufthelden.

Etwas genauere Beobachtung der jeweiligen Standesbeteiligungen verrät dann allerdings doch bemerkenswerte Schwerpunkte: Abgesehen von der Tatsache, daß Schüler und Schülerinnen zusammengenommen die stärkste Gruppe ausmachen, waren neben den Lehrern beiderlei Geschlechts vor allem die Konfessionslehrer und Schüler – von Seminarzöglingen bis zu Universitäts-Theologen – in der Besingung des Lüftebezwingers ganz vorn, gefolgt von Angestellten, Beamten, Schriftstellern, Studenten, Juristen, Ärzten und Offizieren, Kaufleuten und so weiter. Daran gemessen blieben die übrigen Gewerbetreibenden und Handwerker – mit Ausnahme der Schuster – weit zurück, von der Arbeiterklasse ganz zu schweigen: sie ist angesichts ihrer Stärke vollkommen unterrepräsentiert, und wohl nicht allein, weil ihr das höhere Ausdrucksvermögen fehlte.

Für die Angehörigen der gebildeten Stände war es offenbar eine Form der Selbstdarstellung, ihre Empfindungen in entsprechende Versmaße zu bringen, und so kam denn das klassische Schulgut anhand dieser Formgelegenheit zu schöpferischer Erneuerung. Der vorbildlichen Versform entsprach oft auch die Thematik: Meist waren es die olympischen Götter, die erzürnt, entsetzt, resigniert oder ganz einfach hocherfreut die Ankunft des menschlichen Rivalen zur Kenntnis nahmen, vergeblich bekämpften, widerwillig dulden mußten oder begrüßten; anstelle der griechischen konnten auch die nordisch-germanischen Götter zum Zeugen des menschlich-deutschen Triumphes gemacht werden, oder sogar der himmlische Vater des christlichen Glaubens wurde berufen, den greisen Helden vom Bodensee zu würdigen und seiner Huld zu versichern. In anderen Fällen waren es nationale Vaterfiguren wie der alte Fritz oder ganz allgemein die Heerführer der deutschen Vergangenheit, die aus dem Schlaf geholt wurden, um das wehrtechnische Wunder zu bestaunen.

Auch für eine Reihe von Handwerkern – vor allem die Schuhmacher – scheinen noch letzte Ausläufer der Meistersangs-Traditionen als Anstoß zum Versemachen mitgewirkt zu haben, denen nun allerdings keine eigene Gedichtform mehr entsprach. Und das gros der Gelegenheitsdichter bezog seine Vorlagen offensichtlich aus dem allgemeinen Liederschatz der Nation ohne Rücksicht auf standesgemäße Affinitäten. Von Weihnachtslied ›O Tannebaum‹ bis zu ›Heil Dir im Siegerkranze‹, von Goethes Erlenkönig bis zum geläufigen Kirchenlieder-Repertoire einschließlich der christlichen Glaubensformel diente so ziemlich alles, was dem Volksmund von Schule, Zeitungslektüre und vaterländischen Festlichkeiten her vertraut war, als Muster zum Reimeschmieden. Und wo solche Muster nicht benutzt wurden, waren es die elementaren Formen der einfachen oder alternierenden Endreimabstimmung und so weiter oder nur noch das Schriftbild allein, welche die lyrischen Absichten der Schreiber verrieten.

Da es für die wichtigsten Stichworte der Heldentat des greisen Aeronauten in der deutschen Sprache nur eine begrenzte Anzahl von Entsprechungen gibt, kann man sich wohl ohne weiteres ausmalen, wie häufig da *Luft, Lüfte, Grüfte, Klüfte,* seltener *Düfte* (und einmal auch die *Hüfte*) zur Folge hatten, diverse *-räume Träume, Ferne* die *Sterne,* wie oft sich *errungen, bezwungen, vorgedrungen* reimten und ähnliches mehr. Im Verein mit der kanonischen Reichssymbolik und christlichen Wortformeln ergab das eine Art von Standart-Repertoire von Wortbildern und gereimten Redewendungen, von dem sich individuellere Varianten abzuheben scheinen. Wenn man es auf die Spitze treiben wollte, könnte man von einer Sondergattung der Zeppelin-Lyrik reden und sich einen Ideal-Typ (synthetisch) ausmalen, aber das hieße im ›Ur-Wald‹ die Bäume zu übersehen.

Die Verbindlichkeit des bedeutungstragenden Wortschatzes war so stark, daß demgegenüber sogar die nächstliegenden Formvergleiche weit zurückfielen: Zigarre und Fisch wurden weniger benutzt als die symbolische Gleichsetzung des Luftschiffes mit dem deutschen Reichsadler, die allerdings gleichermaßen auch die Person seines Schöpfers betraf. Besser abgestimmt waren Form und Bedeutung in den Bezeichnungen des Grafen als König der Lüfte, Beherrscher des Weltalls usw., weil darin das Spektrum der christlich-imperialen Hoheitsformen mit dem persönlichen Augenschein zur Deckung kam: das himmlische Königreich konnte in irrealer Verschränkung sehr wohl jenseitig-paradiesische Züge mit einer konkreten Dimensionserweiterung der irdischen Machtausübung vereinen. Vor dem Hintergrunde eines das Religiöse mit dem Technischen verbindenden Fortschrittsglaubens war allein schon an solch stereotypen Versatzstücken die Lösung der ›menschlichen Hauptaufgabe der Neuzeit‹, die Erringung des göttlichen Flugvermögens ohne weiteres als durchdringender Grundton auch in solchen Gedichten auszumachen, welche die Fortschrittsgeschichte des Menschen nicht eigens zum Thema nahmen. Auch die prometheische Rebellion gegen die alten Götter einschließlich des Christengottes war im Grunde nur eine negative Version ebenderselben Vorstellungsform, die als gemeinsamer Nenner nicht nur der Lyrik, sondern der ganzen Zeppelin-Geschichte ihren historischen Stellenwert verlieh.

Über diesem ›Grundton‹ vom menschlichen Aufstieg und Fortschritt erhoben sich gewissermaßen die besonderen Anliegen, Empfindungen und Motive, so wie sie hier in der Reihenfolge der Kapitelthemen auch in den Lyrik-Einlagen zu Worte kommen. Abgesehen von einigen mehr oder minder sonderbaren Produkten wichen nur zwei Gruppen von Reimwerken deutlich von der Tonart des epidemischen Lobgesanges ab: erstens die kritischen und satirischen Gedichte, die das allgemeine Pro und Contra unter den verschiedensten Gesichtspunkten auf ihre Weise formulierten und, wenn sie gegen den Grafen gerichtet waren, nur über Zeitungsausschnitte in Friedrichshafen aktenkundig wurden. Auch sie bedienten sich meistens des geläufigen Vokabulars des Jubels und der Verherrlichung – nur eben in ironischer Brechung. Und eine zweite Spielart, die sich durch nahezu vollständige Respektlosigkeit und Unbefangenheit auszeichnete: Kinderreime. Die waren genau genommen weder an die Öffentlichkeit noch an den Grafen gerichtet, erregten aber gleichwohl Aufmerksamkeit und wurden in verschiedenen Zeitungen genannt und kommentiert und so für die Nachwelt festgehalten.

»Daß Graf Zeppelin wirklich zur Zeit der populärste Mann in Deutschland ist«, begann eine der Presse-Notizen im Sommer 1909, »beweist wohl am besten, daß sein Name schon in die Kinderlieder Eingang gefunden hat. Als ich in diesem Sommer durch Sachsen fuhr, sangen die allerliebsten semmelblonden Sachsenkinder – ich habe übrigens in keiner Gegend Deutschlands so entzückend lustige und wirklich kindliche Kinder gefunden wie in Sachsen – mit ihren hellen Piepsstimmen, statt der althergebrachten Kinderreime, die ganz neuartigen und zeitgemäßen zu ihrem Ringelreihn:

O, Zeppelin, o, Zeppelin
Wo bleibt denn deine Luftmaschin'?
Sie ist verbrannt im Schwabenland,
Das ist bekannt im ganzen Land!
O, Zeppelin, o, Zeppelin
Wo bleibt denn deine Luftmaschin'?

Und einige Meilen weiter, in einem Städtchen unweit Bitterfeld, das der neue Held der Kinderphantasie wohl damals zu Pfingsten auf seiner Reise überflogen, drehten sich die Mägdlein und Büblein im Takt nach dem Vers:

An Pfingsten kam gefahren
Ein Mann von 70 Jahren;
Er saß in einer Blutwurst drin,
das war der Reichsgraf Zeppelin!«

Aber ebendieselben Verse wurden zur gleichen Zeit auch aus anderen Städten des deutschen Reichs gemeldet, hatten sich also offenbar ohne Hilfe eines Mediums wie ein Lauffeuer verbreitet. Einer der genannten Reime hatte in Frankfurt, wie dem Feuilleton der ›Frankfurter Zeitung‹ vom 2. September 1909 zu entnehmen war, »von den Kindern unter anderen folgende Fassung erhalten:

Ein Mann von siebzig Jahren
Kömmt durch die Luft gefahren
Mit einer alten Dreschmaschin' –
Das war Graf Zeppelin.«

»Die Heranziehung der Dreschmaschine zum Vergleich«, fand der Kommentator K. Wehrhan, »ist jedenfalls nicht übel, da das eigentümliche Geräusch der Propeller mit dem Gebrumme der genannten Maschine große Ähnlichkeit hat; man sieht, die Kleinen ziehen mitunter recht passende Beispiele aus dem Leben zum Vergleiche heran.« Andere Verse der lieben Kleinen waren weniger dazu angetan, das Entzücken der Erwachsenen auszulösen, sondern bedurften der Nachsicht und Entschuldigung: »Weitere Reimchen beschäftigen sich mit der Frage, was denn der Graf mit seinem Luftschiff gemacht habe, weil es – s. Zt. bei Echterdingen – verunglückt sei. Das kann bei Kindern gar nicht weiter überraschen, denn es ist, wenn etwas Außergewöhnliches in ihrem Kreise vorgekommen ist, die Frage, was denn passiert sei, gewohnt. Darum reimen sie lustig:

Zeppelin, was ist mit deinem Luftschiff passiert?
's ist explodiert. –
Da hat er sich blamiert.

Ein anderer Reim meint schadenfroher:

Ei, ei, Zeppelin,
was hast du mit deinem Luftschiff gemacht?
Es ist explodiert,
Da hast du dich blamiert,
Und ich habe gelacht.

Oder:

O Zeppelin, o Zeppelin,
was hast du mit deinem Luftschiff gemacht?
's ist ja gekracht,
da hab' ich gelacht.

Doch wir dürfen den Kindern diese scheinbar ein etwas rohes Gemüt zeigenden Verse nicht so sehr übelnehmen«, erklärte Wehrhan, »sie meinen es gar nicht so schlimm; sie lachen jedenfalls nicht über das Unglück, sondern über das Krachen; lachen vielleicht auch überhaupt nicht über die Sache selbst, sondern über ihren gelungenen Reim ...« Um des Reimes willen kamen offenbar auch andere Kinderverse zustande, zum Beispiel:

Wir fahren, wir fahren
In Zeppelins Ballon
Von Hamburg nach Bonn,
Das kost't 'ne Million.

»... Für die Kinder ist ... der Reim genug, um zu befriedigen. Zugleich (aber) zeigen uns die Reime, wie die Kinder gleich praktisch sind und Leben in sie hineinbringen ...:

O Laura, o Laura
steig ein in Zeppelins Ballon
Von Heibronn bis Bonn,
Da brennt der Ballon.«

›Zeppelin in Frankfurter Kindermund‹ – so der Titel des Wehrhanschen Beitrags – erlaubte natürlich speziellere Reimlösungen:

Ach Zeppelin, ach Zeppelin,
Ach gib mir doch dei Flugmaschin';
Du hast das Geld und die Sachen dazu –
Du kannst mir aach a Gefalle tu'! –

Auch in anderen süddeutschen Städten waren ähnliche oder vergleichbare Vierzeiler im Umlauf, so etwa die beiden folgenden aus Nürnberg:

O Zeppelin, o Zeppelin,
Jezt ist dein ganzes Luftschiff hin!
Hast's wieder einmal nit geschmiert,
D'rum ist es explodiert!

Und: Mit der Zigarre als Modell,
Fand Zeppelin sein Luftschiff schnell.
D'rum Mensch, o ess' ohn' Unterlass,
Vielleicht erfind'st du auch dann was!

In Nürnberg wurde auch der wohl bemerkenswerteste Kindervers, ein regelrechter ›Ohrwurm‹, der auch Erwachsenen – teils wider Willen – einging, zuerst aufgelesen: »Als ich vor einigen Tagen über den Aegydienplatz ging«, schrieb ein Dr. R. Bartsch in der Lokalpresse in einer Notiz, die bald auch in auswärtigen Zeitungen die Runde machte, »bemerkte ich eine Gruppe von Schulmädchen, die unter Absingung folgender Verse einen ›Reigen‹ tanzten:

Zeppelin hin, Zeppelin her,
Zeppelin hat kein Luftschiff mehr.
Zeppelin hoch, Zeppelin nieder,
Zeppelin hat sein Luftschiff wieder.
Zipp – Zapp – Zeppelin
's Luftschiff ist schon wieder hin.

Bei den ersten beiden Zeilen drehen (sich) die Kinder im Kreise einmal nach rechts, einmal nach links; bei der dritten und vierten hocken sie nieder und stehen wieder auf; der Schluß findet die Gesellschaft, dem Sinne der Worte entsprechend, natürlich wieder ›par terre‹. Man wird unserer Jugend gewiß nicht nachtragen können, daß sie sich für den Grafen Zeppelin nicht begeistere; wenn dies in witziger, ja in einer die wechselvollen Schicksale der großen Erfindung fast kritisch beleuchtenden Form geschieht, so ist das eben gerade Kinderart. Kinder sind bekanntlich unbarmherzige Beobachter und halten sich von aller Sentimentalität bis zu einem gewissen Alter völlig frei. Das verschlägt aber der Liebe nichts. Wie ich höre, sollen die Verse auch in Wöhrd gesungen werden, möglicherweise werden sie die Stadt erobern. Daß wir sie als ein eigenstes Produkt der Nürnberger Kinderphantasie ansprechen dürfen, steht jedenfalls außer Zweifel.«

Vor allen andern war es dieser Kinderreim, der sich der Erinnerung einprägte und auch nach Jahren noch als bemerkenswert aus ihr auftauchte, so zum Beispiel in den Memoiren Colsmans – allerdings mit leichter Verkürzung: »Es gab Zeiten, in denen ein Luftschiff nach dem anderen scheiterte und der Glaube an ihre Zukunft für immer verloren schien. Doch dieser Glaube brach stets wieder durch, sobald sich ein neues Luftschiff zeigte. Dieses Auf und Ab von Glaube und Zweifel wird treffend durch ein Lied illustriert, welches die Straßenjugend jener Kampfzeit zu singen pflegte ...« Und dann zitierte Colsman die ersten vier Zeilen des Ringelreihen.

Die zappelig-ehrfurchtslosen Schlußverse wurden auch schon von zeitgenössischen Hymnendichtern, die sich der voraufgehenden Zeilen zur willkommenen Inspirationsauffrischung bedienten, als anstößig ausgeblendet: »Erst vor kurzem hat mir ein eifriger junger Zeppelinverehrer«, schrieb Pfarrer Lauxmann am 21. November 1909 in seinem ›Sonntagsblatt für die Kinderwelt/Jugendfreude‹, »das folgende hübsche ›Zeppelingedicht der Kinder‹ mitgeteilt:

Ach lieber Onkel Zeppelin,
Was war das für ein Klagen,
Als dein Ballon vernichtet schien,

Und durch den Blitz erschlagen!
Doch – Gott sei Dank! – war unser Gram
In kurzem ausgetrauert,
Denn bis das Geld zum neuen kam,
Das hat nicht lang gedauert!
Zeppelin hin, Zeppelin her,
Der Zeppelin hat kein Luftschiff mehr!
Zeppelin auf, Zeppelin nieder,
Der Zeppelin hat sein Luftschiff wieder!«
(und sechs Strophen so weiter mit diesem Refrain)

Durch Abkappen der anstößigen Zeilen und Umbettung des Restes in die übliche süßliche Zeppelin-Suada wurde hier und auch in anderen Fällen eben jene mangelnde Sentimentalität repariert, die der Nürnberger Beobachter als typisch kindliche Unvoreingenommenheit besonders hervorgehoben hatte. – Anleihen und Retuschen an Kinderliedern sind in vielen Fällen auszumachen, so etwa an dem ›Zeppelinlied‹, das Frau Pfarrer Längin aus Karlsruhe im Oktober 1909 einsandte:

Zepplin heißt der deutsche Mann,
Der in Lüften fliegen kann,
Zepplin nah, Zepplin fern –
Fliegen möchten wir so gern! usw.

Oder zum Beispiel an dem folgenden Gedicht, das ein Zeitungsleser »von einem etwa vierjährigen Jungen, der von der Kinderschule kam, ... hörte«

Wir haben einen Wundermann,
Der große Dinge machen kann;
Das ist der Herr von Zeppelin,
Er segelt durch die Lüfte hin.
Bald vor, bald rückwärts, kreuz und quer
Mit seinem Schiffe groß und schwer.
Er flieget fort, er flieget her,
Er flieget über Land und Meer.
Es lebe Zeppelin der Graf,
Er ist ein Held so groß und brav;
Man weiß es noch in 1000 Jahr,
Was Herr von Zeppelin uns war.

Solche Verse waren ganz offensichtlich für Kinder, aber nicht von Kindern gemacht; Kindergedichte, wenn sie spontan und bei besonderer Gelegenheit angefertigt wurden, hatten meistens jenen unmißverständlichen Tonfall, der sie teils erfrischend, teils befremdlich erscheinen ließ, so etwa das folgende, welches zwei Mainzer Schulmädchen am 5. August 1908 anfertigten:

Spät in der Nacht um viertel zwölfe,
Braust ein Ungetüm heran;
Es sauste wie paar dutzend Wölfe
In das goldne Mainz hinan.
Mitten in der Zigarr sitzt
Unser lieber Graf Zeppelitz.
Er ist vergnügt, und munter
Und schaut freudig von oben herunter.
Wir alle jubeln ihm von unten zu
Und er verschwindet flugs im Nu.
...

Derart wildwüchsige kindliche Gelegenheitsdichtung wurde offensichtlich durch Schule, Elternhaus und andere Umstände schnellstens auf jene Klaviatur der vaterländisch-heldischen, gebildeten oder sentimental-besinnlichen Töne umgestimmt, wie sie hier in den Lyrik-Einlagen von Pennälerhand schon zwischen den Kapiteln zu Worte gekommen ist; andererseits lebte der unbekümmert-respektlose Tonfall der Kinderverse in jenen Spruchweisheiten aus dem Volksmunde weiter, welche nicht auf Papier, sondern an der Wand verewigt wurden – und die nur in den seltensten Fällen das Friedrichshafener Archiv erreichten; so zum Beispiel der folgende regime-kritische Vierzeiler, der anonym an den Grafen gesandt und vielleicht nur versehentlich abgelegt wurde:

An Bismarck im Himmel
Großer Meister – steig hernieder
und regier uns Deutsche wieder. –
Lieber Graf von Zeppelin,
Führ ›Willi‹ doch zu Petrus hin!

Andere, noch derbere Spruchdichtung, von der doch vermutlich das eine oder andere Muster auch im gräflichen Büro einging, fiel offensichtlich sofort unter den Tisch. Das, was der Ablage wert schien, war hinreichend konform oder harmlos wie etwa die Anspielungen des Karlsruher Humoristen Gustav Fleischmann zum Thema Obrigkeit:

...
So mancher Fürst sitzt unnütz auf dem Thron –
Dass besser wäre – ein Luftschiff trüge
ihn recht weit davon!

oder jene triviale Spruchweisheit, die der Karlsruher Verleger R. Mack auf Postkarten verbreitete:

Graf Zeppelin ist der berühmte Mann,
Der himmelhoch jetzt fliegen kann. –
Bist Du im Leben einmal hochgekommen
Und hast die höchste Stufe Du erklommen,
Dann Mensch, oh raste nicht, hab' nimmer Ruh'!
Denn sonst! Balde schon, balde schon!
›fliegest‹ auch Du!

Für satirische Travestien der herrschenden politischen Verhältnisse bot das Zeppelin-Thema reichlich Stoff; und dieser Stoff wurde nicht nur in den derzeitigen Witzblättern wie ›Ulk‹, ›Kladderadatsch‹ und so weiter unermüdlich neu drapiert, sondern auch in normalen Tageszeitungen abgespult, wie das folgende Gedicht ›Zeppelin als Reichskanzler‹ aus dem ›Hamburger Fremdenblatt‹ vom 8. November 1908 – stellvertretend für die Gattung – belegen mag:

Bülow bleibt, doch blieb er nicht,
Wär so schlimm nicht die Geschicht'!
Graf Zepp'lin wär' ja der Mann,
Der ihn gut ersetzen kann.
Nicht nur durch die Grafenkron'
Steht er sehr hoch als Person,
Kann durchs Luftschiff auch beweisen
Den Verkehr in höchsten Kreisen.
Energie ist ihm verlieh'n,
Doch auch Schlauheit zieret ihn;
Das Lavieren hin und her,
Fällt ihm sicherlich nicht schwer.
Schwankt der Boden,
rührt's ihn nicht,
Er tut weiter seine Pflicht.
Sind in Schwebe viele Sachen,
Wird das keine Pein ihm machen,
Wird besonders gut versteh'n,
Mantel – nach dem Wind zu dreh'n.
Hauptsach' bleibt, seit langer Zeit
Weiß mit ›Steuern‹ er Bescheid;
Dieser so beliebte Mann
Schafft das Geld in Haufen an;
Opfert man es sonst nur schwer,
Ihm gibt man es willig her,
So daß finanzielle Not
Uns durch ihn nicht mehr bedroht.
Ja, ihm ist die Kraft verlieh'n,
Schwierigkeit ist – Luft für ihn
Darum ist es angebracht,
Es wird an Zepp'lin gedacht,
Der als Kanzler auch würd' siegen
Und nicht murrt, würd' er mal – fliegen.

Ironie und Witz dienten oft auch zur unkonventionellen Einkleidung nicht geringerer Bewunderung und Fortschrittseuphorie als sie in den landläufigen Jubelliedern zum Ausdruck gebracht wurden. Gleichzeitig wurde in solchen geistreich aufgemachten Gedichten auch Kulturpessimismus und Fin-de-Siècle-Stimmung angesprochen; so etwa in Otto Julius Bierbaums ›Hinauf‹ an den Grafen Zeppelin:

Heil uns! Endlich gelang's: Mit gondelbehangenen Würmern
Fliegen wir kraft des Benzins steuergerecht durch die Luft.
Geht auch manches noch schief, was tut's:
Graf Zeppelin macht's schon
Solch ein Kavallerist reitet zuletzt auf den Mond.
Wohl! Wir sind es zufrieden. Zwar stammt die schöne Bescherung
Wieder vom Gotte des Kriegs, der auch im Frieden regiert:
Einerlei! Mag er nur weiter auf solche Manier uns beweisen,
Daß er dem Leben dient, wenn er auf Mordmittel sinnt.
Mag er immer berechnen, wieviel an Bomben ein Luftschiff
Einst zur feurigen Saat aufwärts zu tragen vermag:
Wir verfolgen den Flug der geistgezügelten Würmer
Über die Ziele hinaus, denen Gott Mars sie bestimmt.
Alles was Geist ist dient am letzten Ziele der Freiheit,
Dient sich selber: dem Geist, der uns von Schwere befreit.
Zielvoll schwebender Menschheit gelingt zuletzt auch das Schwerste:
Daß in sich selber den Geist einst sie der Schwere bezwingt.

In der Überwindung und Beherrschung der Natur fühlte man sich aufs Neue mit dieser Natur verbunden, als ihre höchste Verkörperung, die sich zugleich über die Gesetze der Schwerkraft und der Moral vergangener Tage, der geistigen Knechtschaft hinwegsetzen konnte. Eine ›Schöne wilde Welt‹ schien sich dem Menschen zur Selbstverwirklichung zu öffnen, eine Welt des Werdens und Vergehens, des Sieges und der Vernichtung, die in sich selbst ihre Rechtfertigung fand, ein Universum, in dem auch das gequälte, seiner selbst überdrüssige Individuum ein Nirwana finden konnte, eine Welt, die neue Formen der Selbstbesinnung und religiösen Andacht verlangte und ermöglichte: Vorläufer der Weltraumperspektive, wie sie zum Beispiel Richard Dehmel in seinem ›Gebet im Flugschiff‹ in Worte faßte:

Schöpfer Geist, unbegreiflicher,
Der du Wesen ersinnst, die Gestalt annehmen,
Grausig gütiger du,
Denn jedes lebt vom Tod vieler andern,
Götter wie Menschen,
Tiere, Pflanzen,
Kristalle, Gase, Ätherdämonen,
Kann jedes übergehn in jedes,
Ins Meer, ins Luftmeer, in fernste Gestirne,
Bauen einander, zerstören einander,
Begehren auf wider sich und dich,
Lassen sich Krallen wachsen vor Gier,
Flügel,
Und selbst Maschinen, die Vögeln gleichen,
Ächzen aus ihren Nöten zu dir
Um das letzte Quentchen Vollendung:
Jetzt: hier schweb' ich in deinem Licht,
Wie ein Wasserstäubchen im Regenbogen
Mitdurchhaucht von all deinen Farben,
Ohne Bitte,
Nur voller Dank
Deines beseelenden Odems teilhaftig,
Deiner Inbrunst,
Die sich staunend in Menschenmund nennt:
Phantasie! –

Mit diesem namhaften dichterischen Höhenflug läßt sich zwar kein Schlußstrich, aber so etwas wie eine Zwischensumme dieses lyrischen Kapitels ziehen: Die poetische Massen-Reaktion auf die Zeppelin-Erscheinung, von einigen lyrischen Spitzenleistungen bis hin zu den Kinderreimen, macht deutlich, daß – wenigstens teilweise – der Wunsch nach sprachkünstlerischer Fassung der eigenen Empfindungen und Anliegen eine weitverbreitete, offensichtlich anerzogene Verhaltensweise war, die man in diesem Fall Dank glücklicher Umstände noch in voller Breite dokumentiert vorfindet. Damit wäre einmal mehr die Frage fällig, welche Formen und Qualitäten der ästhetischen Einkleidung als repräsentativ anzusehen sind. Aber das betrifft nicht allein die epidemische Reimkunst, sondern generell die Qualität der Anschauungsformen, die sich des Flugthemas annahmen oder aus ihm hervorgingen.

Kapitel XIII

Die Evangelien vom Übermenschen – Zwischen Kometen und UFOs: Glaubenmüssen als Massenwahn, Aufstieg und Unfälle einer deutschen Vaterfigur

»In unserm Jahrhundert ist ein neuer Gott geboren worden«, schrieb im Jahre 1897 Leo Berg zu Beginn seines Buches ›DER ÜBERMENSCH in der modernen Litteratur‹, »ein neuer Gott, und zugleich mit einem neuen Geschlechte von Priestern ein neuer Adel. Als der alte Gott tot war, erschlagen von seinen eigenen Dienern, erstickt von der Liebe seiner Propheten, ... da musste, wer die menschliche Natur kannte, auf die Schöpfung eines neuen Gottes bedacht sein. Und bald genug auch stellt er sich wieder ein.« ... »Viele Spekulationen kamen zusammen«, lauteten Bergs Schlußbetrachtungen, »um den neuen Kultur-Heros zu projizieren: Die Hypothesen der Positivisten, die Darwinsche Deszendenzlehre, die Schopenhauersche Willensphilosophie, die Hoffnungen der Volksparteien, der Taumel der kriegerischen Erfolge, der Sieg der Technik und der unverwüstliche Optimismus, welcher ... am stärksten ist, wenn die Wirklichkeit ihm am wenigsten Recht gibt. Selbst der soziale Pessimismus und die wissenschaftliche Skepsis haben den neuen Gott genährt. Denn der Mensch hat noch keinen Himmel verloren, ohne sich in Gedanken sofort einen höheren und schöneren auszumalen. Der Übermensch oder irgend etwas ihm Ähnliches musste den Christengott ablösen ...«

Wie aber gaben sich dieser gottähnliche Übermensch, seine Propheten und Priester, der neue Adel zu erkennen? Die Theorie, so führte der Autor aus, kannte zwei Wege, die dieses Ideal verwirklichten: durch den Staat als höheren Organismus der Einzelnen, als sittliche Idee der Individuen, der sich in seinen Repräsentanten verkörperte – sozusagen von oben herab; der andere Weg führte über den ›Kultus, der mit der Individualität getrieben wird, zur überragenden Persönlichkeit‹ – von unten nach oben. In bedeutsamen Augenblikken der Geschichte fielen diese Wege zusammen, ›ein Ereignis, das die Welt bisher zweimal schaudernd erlebt hat: Caesar und Napoleon ...‹ Doch in der deutschen Gegenwart der Jahrhundertwende sah der Zentrums-Vertreter Berg offensichtlich keine solche Personalunion von Staatsidee und individueller Selbsterzeugung am Führerstand der Nation: »Von der praktischen Seite gesehen, ist alles Träumerei gegenüber dem grossen Durcheinander der sozialen und geistigen Verhältnisse. Wie macht man ein Ende der Pöbelherrschaft, der Macht der Zahlen, den Massen? Wie kommt wieder der zur Herrschaft geborene Mann zur Gewalt? Wie ein neuer Adel der Besten, der Vornehmsten und Edelsten zustande? Das ist die große Frage, die heute jeden ernsten Mann bewegt... Denn es giebt kein Erkennungszeichen wie für den Übermenschen so für den wahren Adel... Das Nivellement unsrer Gesellschaft ist so gross, dass ein anders und folglich besser gearteter Mensch nicht einmal selbst mehr den Anspruch auch nur auf Gleichberechtigung wagt. Ich glaube, die Besten und Stärksten schickt man heute in die Zuchthäuser ...«

»Ist aber schon mal irgendwo ein grosser Kerl, dann wird er erst angefeindet von den Pygmäen, dann gepriesen von den Parasiten des Ruhms, welche an seinem Glanze irgentwie teilhaben wollen ... Das darf nicht verwundern in einem Zeitalter, in dem die Respektlosigkeit vor dem wirklich Grossen schon Ansprüche giebt auf Individualismus: Es ist die Zeit der grossen Worte und Attitüden, in der Schauspieler- und Rhetoreneitelkeit sich die Grösse von gestern und ehegestern vorschmeichelt, in der Reporter die Litteratur machen und Vereinsredner die Politik bestimmen. – Es wird mit dem neuen Gotte sein wie mit jedem anderen«, lautete Bergs abschließendes Credo der Übermenschlichkeit: »nur in der Tiefe des Gemütes wird er geboren, nur innerlich vollzieht sich jede Art von Erlösung und Entwicklung. Nicht da droben und nicht da drunten ist der Himmel, nicht in der Vergangenheit, am Anfange der Dinge, und nicht in der Zukunft, am Ende, giebt es ein Paradies: sondern nur in uns selbst, in gewissen Augenblicken, wenn wir eine neue Geburt oder eine Auferstehung feiern ... Mit uns selber müssen wir anfangen ... Man kann auch sein eigner Übermensch sein, wie sein eigner Heiland. In jeder guten Ehe ist der Mann seines Weibes Übermensch, ihrer Seele Heiland und Erlöser; und in jeder guten Freundschaft ... ist es der stärkere Teil...«

Waren es nicht solche und ähnliche Erwartungshaltungen der wilhelminischen Staatsbürger, welche den Weg für einen neuen deutschen ›Messias‹ bereiteten? Zwar richteten sich diese Sehnsüchte zunächst halb hoffend, halb resigniert angesichts einer zweifelhaften Größe der Gegenwart, Vergangenheit und auch Zukunft nach innen oder ganz außen, wurden zur Flucht in die Privat-Sphäre der Ehe, Familie, Freundschaft oder in den säbelrasselnden Patriotismus. Aber lebte man nicht bewußt oder unbewußt einer ›neuen Geburt‹, einer ›Auferstehung‹ entgegen, die ein untrügliches Gefühl erkennen und ankündigen würde? Und war es nicht tatsächlich ein anderes, besseres Ich, der Übermensch im Bürger, der insgeheim erwartet wurde, der wie durch ein Pfingstwunder herabkommen sollte? – und dann im Jahre 1908 auch tatsächlich kam! – ›Die andern staunen in die Luft,/ Ich staune in Dich hinein‹, begann eines der zahllosen Gedichte an den Grafen Zeppelin im Jahre 1909; sah man also in ihm die eigene schwache Natur nun endlich zu übermenschlicher Kraft erhoben und noch dazu buchstäblich zum Fluge befähigt; wurde er zum ersehnten Erlöser, der den Menschen deshalb vom Innersten her zusagte, weil sie sich so gut in ihn glaubten hineinversetzen zu können?

Läßt man im Rückblick noch einmal die bemerkenswerten Stationen dieses Heldenlebens, so, wie sie den Zeitgenossen erschienen sein müssen, Revue passieren, so ist klar, warum der zunächst unwahrscheinliche und dann kometengleiche Aufstieg dieses Mannes bis zum Jahre 1909 dazu angetan war, alles andere in den Schatten zu stellen. Keiner der Konkurrenten, keiner der staatlichen Repräsentanten bis hin zum Kaiser hatte von Amts wegen jenes Charisma aufzuweisen, das der Gestalt des greisen Luftbezwingers auf seinem ›Kreuzwege‹, in den Momenten des Triumphs und der Tragik zugewachsen war. Diese Erscheinungsqualitäten eines für die – deutsche – Menschheit leidenden und auferstehenden Messias oder Prometheus waren es, welche das ›Zeppelin-Phänomen‹ vor dem Horizont seiner Zeit – und auch im Rückblick – über alle vergleichbaren ›technischen‹ Leistungen hinauswachsen ließen.

»Für Deutschland war die Fliegerei (mit ›Drachenflugzeugen‹) um 1909 noch weitgehend eine Angelegenheit akademischen Charakters ...«, heißt es in einer der neuesten Publikationen zum kulturhistorischen Aspekt des menschlichen Kunstfluges (Literatur und Aviatik von F.P. Ingold, 1978); »anders als in Frankreich und Italien hatte sie sich noch nicht als Sport oder als Spiel und schon gar nicht als Ausdruck einer neuen Lebensform, eines neuen individuellen Heroismus durchgesetzt: ... In der Fülle der deutschsprachigen aeronautischen Erstpublikationen des Jahres 1909 findet sich denn auch kaum ein Werk von innovatorischer Potenz oder kreativ-utopischer Phantastik ... Es kann daher auch kaum überraschen, daß um 1909 die zeitgenössische Fliegerei und das Motiv des Flugs in der deutschsprachigen Belletristik nur marginal reflektiert wurde, wobei – zudem – weniger vom motorisierten Flugzeug als vielmehr vom Freiluftballon und vom Luftschiff ... des Typs ›Zeppelin‹ die Rede war.« In der Tat, »der Ruhm des Grafen Zeppelin, des ›Alten vom Bodensee‹, überschattete die Bemühungen jüngerer (deutscher und auch ausländischer) Motorflieger ...« vollkommen und Deutschland hatte auch keine zeitgenössische künstlerische Avantgarde, keinen Gabriele d'Annunzio, keinen Futuristen Marinetti, welche die neuen Perspektiven der

Luftfahrt in kongeniale literarische oder malerische Formen brachten, konnte sich allenfalls auf Jean Paul oder den Vater des Übermenschen Zarathustra, auf Nietzsche berufen; doch auch der hatte die ›Luftschiffahrer des Geistes‹ schon ein halbes Menschenalter zuvor dem blinden technischen Fortschrittswahn entgegengestellt. – Und in der Gegenwart von 1909: wenige literarisch-hochstehende Reflexe des Flugthemas – aber auch sie am falschen Objekt gespiegelt, wenn man den ›*Aviatiker*‹ Ingold beim Wort nimmt:

»So konnte Hugo von Hofmannsthal noch 1908, als den Brüdern Wright über amerikanischem und europäischem Boden bereits eine längere Erfolgsserie motorisierter Flüge gelungen war, im Grafen Zeppelin eine moderne Symbolgestalt von existenziellem Pathos erkennen, eine soldatisch-mutige, ausdauernde und aufopfernde ›Figur‹, welche er, ›der Dichter‹, als zutiefst ›beseeligend‹, als ›eine Synthese zwischen sittlicher Kraft und Materie‹ dankbar rühmte ... – Hofmannsthals ... Heldenverehrung wirkt, bezogen auf den alten Zeppelin, eher peinlich«, so die Schlußfolgerung aus dieser Perspektive, »konnte aber wohl nicht anders ausfallen, da im kulturellen und gesellschaftlichen Leben der (k. u. k.) Monarchie sowohl der moderne Herrenflieger ... wie auch der ... Typ eines neuen *homo faber* noch unbekannte Größen waren ...«

Solche Einschätzung läßt die Schwierigkeiten und Probleme einer angemessenen Betrachtungsweise sichtbar werden – in mehrfacher Hinsicht: War das dichterische Engagement Hofmannsthals für Zeppelin in dem Maße deplaciert, wie der deutsche Lufteroberer zum Greisenalter fortgeschritten war und sein System – aus heutiger Sicht – eine Sackgasse der technischen Entwicklung zu repräsentieren scheint? War das kulturelle Leben im deutschen Sprachgebiet ebenso rückständig wie das flugtechnische Prinzip, dem es den Vorzug gab? Waren also die literarisch-künstlerischen ›Strömungen‹ und ›Weltanschauungen‹ eines Landes insofern und in dem Maße avantgardistisch, ›modern‹, als sie Entwicklungstrends der Ingenieurkunst und deren ökonomische, politische und psychologische Auswirkungen vorwegzunehmen oder ästhetisch einzukleiden vermochten? Die zeitweilige Verspätung der deutschen Nation auch daran abzulesen, daß ihre Flugtechnik und Kunst gleichermaßen aufs falsche Pferd gesetzt hatten, entspricht der Vorstellung, durch bestimmte Bewegungen der internationalen Kulturszenerie, vor allem durch den Futurismus, sei das Verhältnis von Mensch und Maschine zu Beginn des zwanzigsten Jahrhunderts in idealtypischer, wenn nicht (für die Industriestaaten) allgemeingültiger Form zum Ausdruck gebracht – eine Ansicht, die, soweit es bei einer vergleichenden, nicht wertenden Gegenüberstellung bleibt, viel für sich hat.

Bewegung, Geschwindigkeit, zeitraffende oder -verschränkende Gleichzeitigkeit *(simultaneité)* waren die Zauberworte einer Verherrlichung der Technik, die Maschinen als Weiterbildung oder Überwindung der mangelhaften natürlichen Organe ausgab, den Menschen der Zukunft als ein bio-technisches Mischwesen mit fabelhaften Fähigkeiten und Schicksalen sich ausmalte, Automobil und Flugzeug zu Symbolen einer neuen Weltanschauung, einer ›dynamischen Ästhetik‹ erhob. Damit wurde im Medium der ästhetischen Reflexion nachvollzogen, was Naturwissenschaft und Technik in Beobachtungen und Konstruktionen zur Bewegungsaufzeichnung und Nachahmung, was Forscher wie Marey, Lilienthal und andere in der zweiten Hälfte des 19. Jahrhunderts durch theoretische und praktische Arbeit nach und nach zu einer – man könnte sagen – ›kinematographischen Anschauungsform‹ aufgebaut hatten.

Am 20. Februar 1909 veröffentlichte Marinetti in Paris sein ›Gründungsmanifest des Futurismus‹, also zu Beginn jenes Jahres, in dem die flugtechnischen Leistungen spektakulären Höhepunkten zustrebten: Zeppelin hatte seine aufsehenerregende Schweiz-Fahrt und Echterdingen hinter sich und mußte nun den Vierundzwanzig-Stunden-Flug in Angriff nehmen; ›Luftschiff-Pfingsten‹ und Berlin-Fahrt standen in Deutschland bevor, im Westen die Ärmelkanalüberquerung Bleriots, Ereignisse, die hier wie dort ungeheure Begeisterung auslösten, weil solche Taten jetzt gewissermaßen in der Luft lagen. In diese Atmosphäre der Vorahnungen und Erwartung hinein proklamierte Marinetti seine neue Ästhetik, die zugleich eine ›vernichtende‹ Absage an die alte überlebte Kultur war; seine Thesen sprachen von der aggressiven Schönheit des Krieges, den er zur ›Menschheits-Hygiene‹ erklärte, von der ›Schönheit der Geschwindigkeit‹; er prägte den provozierenden Vergleich, ein aufheulendes Auto sei schöner als die ›Nike von Samothrake‹ etc. – ästhetisch sanktionierte Vernichtungs-Phantasien, die in den bürgerlich-patriotischen Auswüchsen der deutschen Zeppelin-Begeisterung ihre Entsprechungen hatten (dort jedoch nur dem Feind und nicht der abendländischen Kulturtradition galten).

Rauschhafte Zerstörungswut, aggressive Entfesselung, Erhebung, Überwältigung traditioneller moralischer Konventionen vermischt mit Formen der Todessehnsucht, erotischer Ekstase, Selbstaufgabe, Auflösung der Individualität in Geschwindigkeitserlebnissen, eingebildeten oder realen Flugerfahrungen – das sind einige der wesentlichen, gemeinsamen Züge dieser sonst so unterschiedlichen Spielarten der Kulturüberdrüssigkeit. Sogar die Apotheose des Flugmenschen erscheint als Selbstvernichtung, als katastrophaler Höhepunkt des ›gefährlich Leben‹, als Absturz stilisiert: in d'Annunzios Fliegerroman ›Vielleicht, vielleicht auch nicht‹ (deutsch 1910), dessen Held Giulio im Tode vom ›schauerlichen Strahlenkranz‹ des Motorblocks hinter seinem Haupte verklärt wird. – Die Idee des Kamikatse-Heldentodes liegt hier nicht mehr fern.

Der literarischen Ästhetisierung des Fliegertodes im Roman des italienischen Flugenthusiasten d'Annunzio entsprach vermutlich – trotz der zahlreichen Opfer der Flugpionierzeit – keine Wirklichkeitserfahrung, im Gegenteil: Unfallopfer sind selten schön – aber sie weist deutliche Verwandtschaft zu dem erschütternden Ereignis von Echterdingen, jener alle literarische Fiktion übertreffenden ›Real-Inszenierung‹ auf: Dort wurde der Schöpfer und Flugmaschinenlenker zwar nicht körperlich zum Opfer, dafür aber vor aller Augen zum Zeugen des Todes seines ›zweiten Ichs‹, seines Lebenswerks, das ihn nur in anderer Form darstellte; es kam gewissermaßen noch eine zusätzliche Brechung des Motivs der zerstörerischen Selbsterfahrung hinzu, und gleichzeitig blieb der Öffentlichkeit die Bezugsperson zur mitfühlenden Leidenserfahrung und Hilfeleistung erhalten.

Absturz und Verklärung, Flammentod und Wiederauferstehung waren so gesehen zwei Spielarten einunddderselben Gemüts-Ausrichtung bei fiktiven oder realen Akteuren und Zuschauern – man könnte sie als untergangslüsterne Götterdämmerungs-Stimmung umschreiben – den Gesetzen der jeweiligen Ausbreitungsmedien, hier Literatur, dort Massenhysterie, angemessen, aber von verschiedenem Realitätsgrad und mit unterschiedlichen Akzenten versehen: Hier eine imaginäre Heldenrolle, die kaum einer der Flugpioniere der Aviatik für sich oder in den Augen der Mitwelt damals schon hätte konkret ausleben können; stürzte er zu Tode wie Lilienthal oder Wölfert, so verließ er unwiderruflich die reale Bühne der Tagesereignisse und Sensationen, in welcher sprachlichen Aufmachung diese schließlich auch immer vermittelt und festgehalten sein mochten; blieb er am Leben wie Bleriot, so wurde er den höchsten Anforderungen einer solchen Rolle auch nicht gerecht. – Anders die Zeppelin-Geschichte: ihr psychologischer Mechanismus beruhte nicht auf der schicksalhaften Verschmelzung von Mensch und Maschine, sondern wurde durch die wechselseitige Stellvertretung von Person und Symbol in Gang gebracht.

Das ›happy end‹ von Echterdingen entsprach im übrigen wohl auch besser den sogenannten ›gewöhnlichen‹, trivialeren Vorstellungen und Erwartungen hinsichtlich eines tragischen, aber erfolgreichen Heldentums; anders als die literarischen Umsetzungen des Flugthemas in mehr oder minder abgehobenen Kunstzirkeln, deren symptomatischer Charakter oft erst im historischen Rückblick voll erkennbar wurde, waren die Bleriot-Großtat, das Zeppelin-Drama vor allem Schauspiele für die zeitgenössische Öffentlichkeit, wurden genau genommen von dieser Öffentlichkeit selbst auf der Stelle inszeniert und damit geschaffen – so gesehen also authentische Ausgeburten eines breiten Massenbewußtseins und nicht die esoterischen Reflexe einer literarischen Elite.

Mit der Abgrenzung der Wirkungsbereiche von bewußt ästhetisierender Fiktion und Real-Mythologie erklären sich auch deren unterschiedliche Erscheinungsweisen und Funktionen: Im Gegensatz zu den sich bilderstürmerisch gebärdenden, ›futuristischen‹ Revolutionären war für die Massenpsychose der Flugheldenverherrlichung gerade die Rückbindung an traditionelle Vorstellungsformeln bezeichnend; und insbesondere war es der deutsche Zeppelin, der in seinem Lebenslauf und Werk wie kaum ein anderer das christlich-abendländische Spektrum figurativer und symbolischer Phantasie mobilisierte. Daß gerade in Deutschland eine Dädalus-Vaterfigur, und nicht der leichtsinnige Draufgänger Ikarus das Rennen machte, fügt sich als weiterer typischer Zufall in solche Bedeutungszusammenhänge, denn eine Vaterfigur war es vor allem, welcher die wilhelminischen Staatsbürger bedurften, und da der ordnungsgemäße Regent ihnen diese Eigenschaften nicht hinreichend vorzuspiegeln vermochte, suchten und erzeugten sie sich dieses Idol nach ihren eigenen Wünschen und Vorstellungen selbst – in einer Art Masseninfektion: nach Jahren des Spotts und der skeptischen Gleichgültigkeit kam ihnen der Graf Zeppelin nun auf einmal wie gerufen.

In dieser schöpferischen Einbildungstätigkeit – der kollektiven Ausgestaltung einer Vorstellung vom deutschen Luftmessias – kamen nun auch die besonderen Erscheinungsqualitäten der Zeppelinschen Luftschiffe voll zur Geltung: Obwohl immer wieder deren Schnelligkeit hervorgehoben wurde, war es sicherlich nicht der Bewegungseindruck der Schnelligkeit, der diesen Riesengebilden ihre Wirkung verlieh. Ein Objekt, das in einer Sekunde nur etwa ein Zehntel bis zu einem Fünftel seiner eigenen Körperlänge zurücklegt, wird – im Vergleich zu den wenige Meter messenden Drachenfliegern mit gleicher Geschwindigkeit – wie schwimmend-verlangsamt, bisweilen sogar stillstehend wahrgenommen worden sein, jedenfalls soweit es sich vor einem formlosen Lufthintergrund ohne Anhaltspunkte bewegte. Lediglich die Nick- und Gierbewegungen der aerodynamisch noch unstabilen Flugkörper konnten im Verein mit perspektivischen Verkürzungen und absichtsvoll beibehaltenen Fortbewegungsrichtungen schließlich den Eindruck schwerfällig-imposanter Zielstrebigkeit hervorbringen. Bei direkter Annäherung müssen sich diese schwachen und indirekten Bewegungsmerkmale jedoch atemberaubend gesteigert haben: Allen menschlichen ›Alltagserfahrungen‹ widersprechend dürften die über hundert Meter langen Gebilde den zeitgenössischen Betrachtern wie in der Luft hängende oder schwankende Felsblöcke erschienen sein – in geradezu paradoxem Gegensatz zu ihrem Funktionsprinzip ›Leichter als Luft‹.

Von dieser wahrhaft beklemmenden optischen Erfahrung vermögen auch die besten Photographien wohl nur noch einen unzureichenden Eindruck zu vermitteln; und wie solche Eindrücke auf ein noch ›unerfahrenes‹ Publikum wirken mußten, ist heute, im Zeitalter der tatsächlich tausende von Tonnen schweren Mondraketen, der eher lästigen als staunenerregenden Düsenklipper, die wie Fliegen die Verkehrsmetropolen umschwirren, auch kaum noch recht nachvollziehbar. Aus beiden Perspektiven also so gut wie ein Wunder, daß sich die fliegenden Riesengebilde im Verein mit der Person ihres Schöpfers, seinem legendären Lebenslauf, seinem gottähnlichen Leiden und Triumphieren zeitweise zu einem unvergleichlichen psychologischen Machtmittel der Überwältigung potenzierten, das regelrecht religiöse Verzückungen auszulösen vermochte.

Der Tag der Erkenntnis von Echterdingen, die Pfingstwunder-Atmosphäre waren zwar auf die Dauer nicht festzuhalten, ließen sich auch nicht wiederholen; als vom Jahre 1910 an neue Unglücksfälle eintraten, verblaßte mit der Kritik am starren System, mit aufkommenden Zweifeln und Enttäuschung auch die Aureole des Luftschiff-Messias; doch die Rolle des Grafen und seines Gefährts war zu fest im öffentlichen Bewußtsein eingeprägt, als daß sich dieser Offenbarungsakt hätte ganz zurückdrängen lassen. Eine Krise der Vaterfigur wäre erst im Verlaufe des Weltkrieges möglich gewesen; doch nun war der Einzel-Fall Zeppelins aufgehoben im Sturz des ganzen Kaiserreichs. Kriegseinsatz und Verluste gingen auf das Konto einer höheren geschichtlichen Gewalt, aber kaum zu Lasten des Idols; so bewahrte das Zeppelin-Symbol hinreichend Auftriebsvermögen, um nach dem Amerikaflug – vermittels der ›Zeppelin-Ekkener-Spende‹ – zum friedlichen Repräsentanten des deutschen Nationalbewußtseins aufzuerstehen.

Aufstieg und Unfälle der wilhelminischen Vater-Figur ZEPPELIN, die hier in ihren Voraussetzungen und Folgen beschreibend, vor allem zitierend nachgezeichnet sind, forderten im Grunde genommen immer wieder zu weitergehenden Überlegungen heraus: Im naheliegenden Kapitel zur sexuellen Symbolik war bereits das bemerkenswerte Zusammenfallen mit theoretischen Reflexionen in zeitgenössischen Schriften S. Freuds und C.G. Jungs notiert worden. Der eigentlich historische Stellenwert des psychologischen ›Zeppelin-Phänomens‹ aber schien erst auf dem weitgespannten Bogen von mittelalterlicher Kometenfurcht bis hin zu den UFO-Visionen der jüngsten Zeit ganz sichtbar zu werden. Die rationalisierten Perspektiven des Fortschrittsglaubens oder die institutionalisierten Kultformen der Religion, die von verschiedenen Seiten – wie zitiert – zum Vergleich und auch zur Erklärung der Luftschiff-Begeisterung herangezogen wurden, reichten, als ›Resultate‹ psychischer Vorgänge genommen, Forschern wie Jung zur Erhellung dieser Massenwirkungen nicht aus: Die ›lebendige Psyche‹ als Generator solcher Effekte galt es auszukundschaften.

Zwar hatte C.G. Jung 1912 in seiner kulturhistorischen Studie über ›Wandlungen und Symbole der Libido‹ merkwürdigerweise kein Wort über die Luftschiff-Begeisterung jener Tage verloren, dafür aber stellte er rund fünfzig Jahre später – 1958 – in seiner als ›Warnruf‹ vor drohenden psychischen Veränderungen gedachten Schrift ›EIN MODERNER MYTHUS von Dingen, die am Himmel gesehen werden‹ wenigstens nachträglich formale Beziehungen zu den älteren Objekten kollektiver Gemütsbewegung her: »Was in der Regel gesehen wird, sind anscheinend glühende oder in verschiedenen Farben feurig strahlende Körper von ›runder‹, scheibenförmiger oder kugeliger, seltener auch von zigarrenförmiger, bzw. zylindrischer Gestalt verschiedener Größe.« »Die seltener berichtete Zigarrenform hat vielleicht den Zeppelin zum Vorbild«, bemerkte Jung dazu in einer Anmerkung, und bei dieser Gelegenheit fügte er hinzu, was 1912 noch nicht direkt Eingang in seine Überlegungen gefunden hatte: »Der ... phallische Vergleich, d.h. die Übersetzung in die Sexualsprache, liegt dem Volksmund nahe. Der für seinen derben Humor bekannte Berliner z.B. bezeichnete den Zeppelin als ›Heiligen Geist‹. Hierher gehört auch die weniger bekannte, direktere Benennung des Fesselballons beim schweizerischen Militär.« – Doch die Libido-Symbolik war für Jung, nach seinem Zerwürfnis mit Freud, nur noch von untergeordneter Bedeutung.

Die Zeppelin-Hysterie löste schon 1908/09 in England – wie von Ingold angemerkt – eine Welle von nächtlichen Beobachtungen leuchtender Flugkörper aus, die durchweg als deutsche Luftschiffe identifiziert wurden; auch diese ersten realen Riesengebilde menschlicher Ingenieurkunst bewegten sich also von vornherein, dank ihrer bedrohlichen Flugdauer und Reichweite, im Grenzbereich von konkreter und offensichtlich eingebildeter Wahrnehmung. Damit rücken sie ein in jene größere kulturhistorische Perspektive, die Jung anhand einiger Nachrichten über Himmelserscheinungen aus dem 16. Jahrhundert und Stichproben aus der mittelalterlichen Visionsliteratur in seiner UFO-Abhandlung ins Auge faßte, aber nicht eigens auf die massenpsychologischen Wirkungen der frühen Luftschiffflüge hin durchgesehen hat. – Doch nirgends war die zweideutige Erscheinungsweise ungewöhnlicher Himmelskörper, d.h. in diesem Fall künstlicher Fluggeräte, besser dokumentiert – und einmal mehr lesen sich die Ausführungen Jungs aus dem Jahre 1958 wie Erläuterungen, die z.T. anstelle der UFO-Psychose genau so gut dem Zeppelin-Phänomen hätten gelten können.

Jung ging es wohlweislich nicht um den objektiven physikalischen Tatbestand, sondern um die subjektiven Auswirkungen: »... auch wenn die UFOs physisch wirklich sind«, bemerkte er im vorletzten Abschnitt seiner Schrift über ›Das Ufophänomen in nicht-psychologischer Beleuchtung‹, »(sind) die entsprechenden psychischen Projektionen dadurch nicht eigentlich verursacht, sondern nur veranlaßt ...« »Die Ufoerzählungen mögen also unserer Skepsis zunächst als etwas wie eine weltweit wiederholte Erzählung gelten, welche sich allerdings von den gewöhnlichen gerüchtweisen Meinungen dadurch unterscheidet, daß sie sich sogar in Visionen ausdrückt oder von solchen vielleicht erzeugt und unterhalten wird«, schrieb er im Eingangskapitel, um diese Art von Kollektivvisionen als ›visionäres Gerücht‹ zu charakterisieren und ihren Wirkungsmechanismus zu untersuchen: »Voraussetzung für ein visionäres Gerücht« – erläuterte er wenig später – »ist stets eine ›ungewöhnliche Emotion‹, im Gegensatz zum gewöhnlichen Gerücht, zu dessen Ausbreitung und Entwicklung die überall vorhandene Neugier und Sensationslust genügen. Die Steigerung zur Vision und Sinnestäuschung aber entspringt einer stärkeren Erregung und darum einer tieferen Quelle.«

Daß die englischen Zeppelin-Visionen mögliche tiefere Quellen vermittels einer neuartigen Invasionsfurcht anzapften, steht außer Frage; und sinngemäß ließe sich auch der ungewöhnliche Erregungsgrad des deutschen Volkes angesichts der ersten Zeppelinerscheinungen als gemeinschaftliche ›Real-Vision‹ umschreiben, die gewissermaßen mit umgekehrten Vorzeichen den englischen Emotionen entsprach; in ihr war ganz konkret verkörpert, was in den UFO-Erscheinungen zum imaginären Kern wurde: zu Befürchtungen und Erwartungen hinsichtlich einer außerirdischen Intelligenz mit noch undurchschaubaren Beweggründen und Absichten. Jung zufolge fußte dieser Projektionsvorgang ins Außerirdische zwar auf durchaus historischen Umständen, seine Wirkungsweise aber war letzten Endes doch durch gleichbleibende psychische Veranlagungen verursacht: »Die Grundlage ... ist eine ›affektive Spannung‹, die ihre Ursache in einer kollektiven Notlage, bzw. Gefahr oder einem vitalen seelischen Bedürfnis hat. Diese Bedingung ist heutzutage insofern entschieden gegeben, als die ganze Welt unter dem Druck der russischen Politik und deren noch unabsehbaren Folgen leidet.« Die Rolle des aggressiven deutschen Kaiserreichs fiel nun also den Russen zu – zugleich fiel aber die Einheit von militär-technischem Wesen und vermeintlichem Augenschein vorübergehend auseinander: Die Gefahr kam aus dem Osten, die Erscheinungen kamen von oben – bis auch die östliche Gefahr in Gestalt der Sputniks von oben kam und in den USA die bekannte Raketenlücken-Hysterie auslöste, welche die Amerikaner buchstäblich auf den Mond trieb.

»Wenn man aber ein Massengerücht, das, wie es scheint, sogar von Kollektivvisionen begleitet ist, verstehen will«, war Jungs Schlußfolgerung am Vorabend der Raumfahrtepoche, »so darf man sich allerdings nicht mit allzu rationalen und oberflächlich einleuchtenden Motiven begnügen. Die Ursache muß schon an die Wurzeln unserer Existenz rühren, wenn sie ein so außerordentliches Phänomen wie die UFOs erklären soll.« Für Jung war diese Einsicht einmal mehr Anlaß, kulturhistorische Vergleiche zu ziehen: »Das universelle Massengerücht war unserer aufgeklärten, rationalistischen Gegenwart vorbehalten. Die große und weit verbreitete Weltuntergangsphantasie am Ende des ersten christlichen Jahrtausends, die rein metaphysisch begründet war, bedurfte keiner UFOs, um als rational begründet zu erscheinen. Der Eingriff des Himmels entsprach der damaligen Weltanschauung ... Unsere Weltanschauung erwartet nichts dergleichen ... Wir haben uns in der Tat schon recht weit aus der mittelalterlichen metaphysischen Weltsicherheit herausentwickelt, aber doch nicht so weit, daß unsere historisch-psychologischen Hintergründe sich aller metaphysischen Hoffnung entledigt hätten ...«

Die im Bewußtsein überwiegende rationalistische Aufgeklärtheit, welche alle ›okkulten‹ Neigungen verabscheue, sei – und damit kam Jung zum Kern seiner Darlegungen – die günstigste Grundlage für das Zustandekommen einer Projektion, d.h. für eine Manifestation der unbewußten Hintergründe, die sich trotz rationalistischer Kritik in Form eines symbolischen Gerüchtes, begleitet und unterstützt durch entsprechende Visionen, hervordrängten und sich dabei eines ›Archetypus‹ bemächtigten, der schon immer das Ordnende, Lösende, Heilende und Ganzmachende ausgedrückt habe. Hier wurde also nun für Jung hinter allen historischen Metamorphosen Unwandelbares greifbar: »Es ist wohl für unsere Zeit bezeichnend, daß der Archetypus, im Gegensatz zu seinen früheren Gestaltungen, eine ›sächliche‹, ja sogar technische Form annimmt, um die Anstößigkeit einer mythologischen Personifikation zu umgehen.« In der Auffassungsweise der Antike hätten die UFOs leicht als ›Götter‹ verstanden werden können, meinte Jung; es seien eindrucksvolle Ganzheitserscheinungen, deren archetypische Qualitäten in der einfachen Rundheit zum Ausdruck komme, die gleichwohl immer zu anthropomorpher Ausgestaltung Anlaß geboten hätten: die feurigen Gottesvisionen der alten Religionen, die Himmelfahrten der Propheten und Erwählten seien Zeugnisse eines kollektiven Unbewußten der menschlichen

Natur, die sozusagen auf die zehntausend Jahre ihrer Kulturgeschichte verteilt auch noch im historischen Wandel sich selbst gleich geblieben sei.

Es ist offensichtlich, daß im Sinne Jungs Zeppelin mit seinem Luftschiff eine Mittelstellung zwischen religiöser Personifikation und technischer Verdinglichung einnahm – sozusagen mit verteilten Rollen, die beiden Modi der psychischen Projektion gerecht wurden; so gesehen hätte man hier also ein ›missing link‹ vor sich, das antike Epiphanien, mittelalterliche Visionen und UFOs näher aneinanderrückte. Doch nach Jungs Auffassung war historische Kontinuität der Erscheinungen unwesentlich: »Archetypen sind eben wie Flußbetten, die das Wasser verlassen hat, die es aber nach unbestimmt langer Zeit wieder auffinden kann«, schrieb er 1936. Den geschichtlichen Umständen kam demnach nur auslösende Wirkung auf die Kollektiv-Natur des Menschen zu; die ›Natur‹ war auch in den neu heranwachsenden Generationen immer schon als fertig ›gewordene‹ vorausgesetzt.

Im Jahr 1936, als Jung in einem Artikel zur Zeitgeschichte in der ›Neuen Schweizer Rundschau‹ das Flußbettgleichnis anbrachte, war es an der Zeit, nicht nur nach allgemeinmenschlichen Wesenszügen, sondern insbesondere nach dem ›deutschen Wesen‹ zu fragen, das offenbar im Begriff war, eine eigene ›dorische Welt‹ mit ›mehr Raum‹ einzunehmen. »Hätten jene Deutschen, die 1914 schon erwachsen waren (und schon 1908 dem Grafen Zeppelin zugejubelt hatten), gedacht, was sie 1935 sein würden?« Mit dieser Frage nach dem deutschen Volkscharakter, der nordisch-germanischen Wesensart, stand Jung nicht allein: Die ›Psychologie des deutschen Menschen und seiner Kultur‹ – so der bezeichnende Titel eines ›volkscharakterologischen Versuchs‹ des Psychologen Richard Müller-Freienfels –, ›Deutsches Sehen‹ und ›Deutsches Tatdenken‹ waren seit dem niederschmetternden Ausgang des Weltkrieges zu Angelpunkten besorgter, schmerzhafter oder verbissener Nabelschau geworden.

Für Jung stand die archetypische Prägung des deutschen Wesens fest: »Germanische (vulgo arische) Rasse, germanisches Volkstum, Blut und Boden, Wagalaweiagesänge, Walkyrenritte, ein blonder und blauäugiger Helden-Herr-Jesus, die griechische Mutter des Paulus, der Teufel als internationaler Alberich in jüdischer und freimaurerischer Ausgabe, nordische Kulturpolarlichter, minderwertige mediterrane Rassen – all das ist unerläßliche Szenerie und meint im Grunde dasselbe, nämlich die Gottergriffenheit der Deutschen, deren Haus von einem ›gewaltigen Winde erfüllt‹ ist.« Solche Allgemeinerscheinung der ›Ergriffenheit‹ setzte nicht nur Ergriffene, sondern auch einen Ergreifer voraus: »... Wenn man Hitler nicht geradezu deifizieren will, was ihm zwar auch schon passiert ist, so bleibt nur noch Wotan übrig ...«; Jung sprach hier natürlich von einem »Archetypus ›Wotan‹ .., der als autonomer seelischer Faktor kollektive Wirkungen erzeugt und dadurch ein Bild seiner eigenen Natur entwirft ...«; Jung sah in der Personifikation ›Wotan‹ »eine Grundeigenschaft der deutschen Seele, ein(en) seelischen ›Faktor‹ irrationaler Natur, eine Zyklone, welche den kulturellen Hochdruck abbaut und wegreißt ...«, ein Prinzip, das besser als ökonomische oder politische oder sogar individual-psychologische Erklärungen den Charakter des Nationalsozialismus erhellte.

Es ist nicht Sache dieses Lesebuches, die Argumente einer Psychohistorik auf materialistischer Grundlage gegen Jungs ›Gleichsam-als-ob‹-Interpretationen, wie er es selbst bezeichnete, systematisch ins Feld zu führen; seine ›Astrologie‹ – sie hatte in seiner Überzeugung, daß Levitation und parapsychologische Erscheinungen zu den zweifelsfrei erwiesenen Tatbeständen zählen, ihre Entsprechung – sollte nicht darüber hinwegtäuschen, daß er als zeitgenössischer Kommentator gewissermaßen selbst zu den neueren Erscheinungskomplexen gehört, also möglicherweise zwar keine ›Erklärungen‹ liefert, wohl aber verständnisfördernde Einsichten vermittelt. Jung ist nicht seiner umstrittenen Grundannahmen wegen hier ausführlicher zu Wort gekommen, sondern weil die Reichweite seiner kulturgeschichtlichen Beobachtungen und Überlegungen geeignet ist, auch den historischen Stellenwert des ›Zeppelin-Phänomens‹ besser sichtbar zu machen.

In der Tat ist mit Jungs Schriften zur Sexualsymbolik, über Himmelserscheinungen und nicht zuletzt mit seiner ›Wotan‹-Studie ein historisches Panorama der ›Völkerpsychologie‹, wie man früher das Gebiet der kollektiven Wesenseigenarten nannte, abgesteckt, welches nicht nur Kometen und UFOs, sondern letzten Endes auch Zeppelin mit Hitler in Zusammenhang brachte: Von der ›Ergriffenheit‹ der wilhelminischen Staatsbürger führte der Weg wie gesagt innerhalb einer Generation zur faschistischen Massenpsychose; in der Luftschiff-Führerfigur war – mindestens sprachlich – der FÜHRER-an-sich, von dem man überirdisches Heil erwartete, und ihm deshalb ›Heil‹ zurief, schon vorgebildet.

Doch es waren nicht unbedingt archetypische Eigenarten, die man im seelischen Verhalten des deutschen Volkes sehen mußte. Der Ausgang des ersten Weltkriegs gab konkreten Anlaß genug für heftige psychische Reaktionen der besiegten Nation und für Überlegungen, wie die Mechanismen der internationalen Meinungsbildung in Zukunft besser gehandhabt werden sollten: » ... Verlauf und Folgen des Weltkrieges (weisen) auf die Notwendigkeit der Begründung einer Wissenschaft von der seelischen Leitung der Volksmassen«, lauteten 1923 die einleitenden Überlegungen des Buches ›Der Massenwahn, seine Wirkung und seine Beherrschung‹ von Kurt Baschwitz. Es war eine regelrechte ›Kunstlehre‹, die höchste Begabung als ›Geheimnis des Führenkönnens‹ verlangte: »Massenführung, also das offene oder das eingekleidete Geführtwerden der Massen, läuft im Gebiet des Staatslebens hinaus auf die Lenkung der Volks- und Völkermeinungen. – Es ist eine Kunst ...« Und eine derartige Wissenschaft und Kunst sollte jenen internationalen Liebesverlust, dessen Opfer Deutschland im Laufe des Krieges augenscheinlich geworden war, wettmachen.

Neuralgischer Ausgangspunkt dieser politischen Kunstwissenschaft, die schon die Umrisse einer zukünftigen faschistischen Propaganda-Maschinerie entwarf, war jenes ›Kindermördermärchen‹, das von den Kriegs-Zeppelinen ausgelöst worden war: »In der weitverbreiteten amerikanischen Zeitschrift ›Review of Reviews‹ vom August 1917«, so wußte Baschwitz zu berichten, »findet sich auf Seite 106 die Wiedergabe eines Schmähbildes aus der Amsterdamer Zeitschrift ›De Nieuwe Amsterdamer‹. Kaiser Wilhelm II. begegnet auf diesem Blatt dem Kindesmörder Herodes, der einige durchbohrte, blutige Kinderleichen auf seinem Spieß daherträgt. Im Hintergrund sieht man deutsche Fliegerbomben auf London fallen. Herodes sagt zum Kaiser: ›Bei Gott, du kannst es besser als ich.‹ Unterschrieben ist das Bild ›Der Mörder der Kinder von London‹ ...« Während England unbeschadet seinen erbarmungslosen Hungerkrieg gegen die deutsche Zivilbevölkerung führte, sei gegen die Deutschen eine nur dem mittelalterlichen Hexenwahn vergleichbare Hetze entfacht worden: »Bei jedem der ... auf London ausgeführten Zeppelinangriffe spielte in der feindlichen Berichterstattung die Zahl der angeblich umgekommenen englischen Kinder die allergrößte Rolle. Ja, mitunter schien darnach überhaupt nichts anderes von den deutschen Luftbomben getroffen worden zu sein als Kinder und Frauen. Die Welt hallte wider vom Wehe- und Anklagegeschrei gegen die deutschen Kindermörder ...« Zur Erklärung solcher ›Übertreibungen‹ zog Baschwitz das Register der psycho-pathologischen Verdrängungen und Besessenheiten à la Freud: »Es spielten ... hier auch ausgesprochene Lustmordträumereien hinein. Aber auch über den Nervenkitzel solcher kranker Veranlagung hinaus erwies sich das Glaubenwollen der Massen daran, daß die deutsche Kriegführung darauf gerichtet sei, möglichst viel Kinder – gerade Kinder – ums Leben zu bringen, als ganz unglaublich weit verbreitet. Es muß ein sehr starkes Entlastungsbedürfnis sein, das diesem Wahn zugrunde liegt«, lautete Baschwitz' Diagnose, und die Ursache lag für ihn auf der Hand: Auf französischer Seite z.B. habe man schon im Frieden die Flieger zum Bombenwerfen ausgebildet; und man hätte von Anfang an den Plan gehabt, Luftangriffe gegen deutsche Städte zu richten. Tatsächlich sei denn auch das größte unter Kindern angerichtete Unglück, das im ganzen Kriege irgendwo vorgekommen sei, der französische Fliegerangriff auf die offene Stadt Karlsruhe gewesen, bei dem durch Bombenabwurf auf einen Zirkus hunderte von Kindern verwundet, verstümmelt und getötet wurden. Dennoch hätte die deutsche Reichs- und Kriegsleitung – so Baschwitz – diesen Karlsruher Kindermord am liebsten totgeschwiegen. Warum? Eingekreist und vereinsamt, wie das deutsche Volk war, hätte das beschämende Eingeständnis der mörderischen Erfolge feindlicher Flugzeuge lähmend und verängstigend auf die seelische Widerstandskraft wirken müssen.

»Der Massenwahn ist die Selbsttäuschung des seelisch Unfreien«, lautete die Quintessenz der Baschwitzschen Lehren. »Wer nicht nach eigenem Gewissen handeln darf, wer also fremde Handlungen in der Welt als unabänderliche Tatsachen hinnehmen muß, ohne die Möglichkeit zu besitzen, ihnen entgegenzuwirken, der ist durch die Bindung des massenseelischen Wunschgedankens – der Knecht der fremden Tat, auch in seiner eigenen Verstandestätigkeit ... Vom Massenwahn beherrschte Meinungen sind also nichts anderes als die Begleitgeräusche zu Taten. Für die Entstehung und Beeinflussung der ›allgemeinen Meinung‹ gilt der Satz: ›Im Anfang war die Tat.‹ Angewandt auf die Weltmeinung gegen das deutsche Volk: ... Die Deutschen sind nicht vereinsamt, weil sie unbeliebt waren. Sondern als die Mängel ihrer Staatskunst sie in Vereinsamung hatten geraten und zum Opfer einer Einkreisung hatten werden lassen, da wurden sie unbeliebt. WIR LEIDEN NICHT DESHALB UNRECHT, WEIL MAN UNS VERKENNT. SONDERN WEIL UNS UNRECHT ANGETAN WIRD, DESHALB WILL (und muß) MAN UNS VERKENNEN ... Unrecht tun macht ein Volk weniger unbeliebt, als unrecht leiden.«

Aber von dem ›rat- und tatlosen Zuschauen der breiten, führerlosen Massen‹ war aus dieser Sicht keine Abhilfe zu erwarten. DEUTSCHES TATDENKEN (so der Titel eines Buchs von W. Schlüter aus dem Jahre 1919), ›Wollen-Können‹ wie ›Können-Wollen‹ war jenen wenigen ›Tatmenschen‹ vorbehalten, die schon eh und je die Geschichte gemacht haben; und dies war nach Baschwitz das Geheimnis der Führerpersönlichkeit: »Der Willensriese blickt über die Gegenwart und ihre Hemmungen hinweg in die Zukunft und die kommende Verwirklichung seiner Taten. Seine Taten aber sind es, die neue Tatbestände schaffen und damit den Massenmeinungen des In- und Auslandes die Richtung weisen werden.« – Ein solcher ersehnter Willensriese aber hatte im Jahr 1923 – zunächst etwas unauffälliger als die Friedrichshafener Luftriesen – bereits seinen unaufhaltsamen Aufstieg zur Macht begonnen.

LITERATUR- UND QUELLENHINWEISE

Ein Thema, das in der Luft liegt wie die Zeppelingeschichte, im geduldigen Gang eines wissenschaftlichen Müllertieres nach allen Anmerkungsregeln zu erarbeiten wäre auch bei gutem Willen zur Sisyphos-Arbeit geworden: Noch während der Niederschrift der letzten Kapitel erschien von

> Felix Philipp Ingold
> LITERATUR UND AVIATIK
> Europäische Flugdichtung 1909-1927
> Basel und Stuttgart 1978.

Neben Bestätigung und Anregungen bot dieses Buch auch Anlaß zum direkten Widerspruch, während andere Publikationen, zum Beispiel die kunstwissenschaftliche Doktorarbeit von

> Gudrun Escher
> IM ZEICHEN DER VIERTEN DIMENSION
> Das Flugzeug aus kunsthistorischer Sicht
> Köln 1978,

das Thema Zeppelin nur indirekt berührten, wohl aber das Aktuellwerden der Flug-Thematik auch in der universitären Forschungsperspektive signalisierten. Ende September 1978 wurde im Westfälischen Landesmuseum für Kunst und Kulturgeschichte in Münster eine Ausstellung ›Zur Geschichte der Ballonfahrt‹ unter dem Titel LEICHTER ALS LUFT eröffnet, die zwar sogar Ballonfahren in der Gegenwart‹ zu ihren Katalog-Themen zählte, sich der Episode der ›starren Luftschiffahrt‹ aber nicht mehr annahm; nichtsdestoweniger auch dies ein Signal für die neue Wertschätzung des Flug-Gedankens für die Kulturgeschichte.

Andere, weniger wissenschaftlich als kommerziell inspirierte Neuveröffentlichungen des Jahres 1978 zum Thema Luftschiffahrt bedienten sich der reichhaltigen englischsprachigen Flugliteratur mit eher kolportageartigem Einschlag – so etwa John Tolands THE GREAT DIRIGIBLES von 1957 – und bescherten mit ihren monoton aufgereihten Katastrophen-Berichten bisweilen sogar Rückübersetzungen ins Deutsche; dagegen konnten sorgfältigere, aber weniger spektakuläre Darstellungen wie etwa

> Guy Hartcup's
> THE ACHIEVEMENT OF THE AIRSHIP
> A history of the development of rigid, semirigid and non-rigid Airships
> London 1974

deutsche Verleger bis dato noch nicht zur Lizenzausgabe locken.

Auch von seiten der Quellenermittlung und -angabe war dem wissenschaftlichen Vollständigkeits- und Präzisionsideal nur begrenzt nahezukommen: Geschäftspapiere, Privatbriefe etc. stammen, sofern nicht anders angemerkt, aus dem Zeppelin-Archiv der ZEPPELIN-METALLWERKE/FRIEDRICHSHAFEN, desgleichen eine Reihe von Zeitungsausschnitten, die dort ohne Herkunftsangaben archiviert worden waren. Im übrigen wurden vor allem Schriften und Bücher der Hauptbeteiligten herangezogen, von denen die wichtigsten hier genannt seien:

> Hugo Eckener: Graf Zeppelin
> Sein Leben nach eigenen Aufzeichnungen

und persönlichen Erinnerungen
Stuttgart/Cotta-Nachf. 1938

Dr. Hugo Eckener: Im Zeppelin über Länder und Meere
Erlebnisse und Erinnerungen
Flensburg/Verlag Chr. Wolff 1949

Alfred Colsman: Luftschiff voraus!
Arbeit und Erleben am Werke Zeppelins
Stuttgart/Deutsche Verlags-Anstalt 1933

Die Eroberung der Luft
Ein Handbuch der Luftschiffahrt und Flugtechnik. Nach den neuesten Erfindungen und Erfahrungen gemeinverständlich dargestellt für alt und jung, u.a. mit Beiträgen von Hans Dominik und H. Eckener
Union Deutsche Verlagsgesellschaft 1909 (2)

Dr. Bröckelmann (ed.): Wir Luftschiffer
Die Entwicklung der modernen Luftschifftechnik in Einzeldarstellungen
(u.a. H. Eckener: Mit Graf Zeppelin 1900-1908)
Ullstein & Co/Berlin und Wien 1909

Prof. Dr. Hans Hildebrandt/Schriftleitung:
ZEPPELIN-DENKMAL
FÜR DAS DEUTSCHE VOLK

Aus Anlaß des fünfundzwanzigjährigen Jubiläums des ersten Luftschiff-Aufstiegs des Grafen Zeppelin herausgegeben unter Mitwirkung der Luftschiffbau Zeppelin GmbH Friedrichshafen a.B.
Stuttgart/Germania-Verlag o.J.

Weitere Publikationen und Quellen sind im Text mit Autor, Titel (Kurztitel) und Jahreszahl zitiert; Zitate und Zitat-Raffungen sind in gebräuchlicher Weise kenntlich gemacht.

Februar 1979 K.C.

LEBENSLAUF UND LUFTFAHRT-CHRONIK

Kurzgefaßte Datenübersicht zur Orientierung

8.7.1838	Graf Ferdinand von Zeppelin in Konstanz geboren; Eltern: Graf Friedrich von Zeppelin und Frau Amélie, geb. Macaire d'Hogguer, Kattun-Fabrikanten-Familie, Erziehung durch Hauslehrer
13.4.1844	*Edgar Allan Poe* veröffentlicht in der NEW YORK SUN einen angeblich wahren Bericht von einer Atlantiküberquerung im Ballon
20.4.1846	Erster Aufstieg des Ballons ›Adler von Wien‹ im Prater
2./3.9.1849	*Arbans* erste Alpenüberquerung von Marseille nach Turin
27.7.1850	*Barral* und *Bixio* erreichen 7500 m Höhe
8.9.1850	Der Aeronaut *Gall*, der auf einem am Ballon hängenden Pferde sitzend aufsteigt, erstickt an giftigen Gasen
24.9.1852	*Giffard* erreicht mit seinem dampfmaschinengetriebenen Luftschiff zehn Stundenkilometer
1853	Zeppelin besucht das Polytechnikum in Stuttgart
Juli 1853	*Emma Verdier* stürzt aus der Gondel ihres Ballons zu Tode
1855	Zeppelin geht zur Kriegsschule Ludwigsburg
Sept. 1858	Zeppelin als Leutnant im Württembergischen 8. Infantrie-Regiment Stuttgart
Okt. 1858	Zeppelin wird abkommandiert zur Universität Tübingen; Studium der mechanischen Technologie, anorganischen Chemie, Nationalökonomie und Geschichte

23.10.1858	Der Photograph *Nadar* meldet sein Luftbildverfahren in Frankreich zum Patent an
1.7.1859	*John Wise* startet zum Langstrekkenrekordflug von St. Louis nach Henderson (New York State)
1859-1861	Graf Zeppelin tut Dienst beim Ingenieurkorps Ulm und Ludwigsburg
seit 1862	Reise Zeppelins nach Wien, dort dem Kaiser vorgestellt; Aufenthalt in Triest, Venedig, Genua, Marseille, Gast der kaiserlichen Familie in Compègne; Paris; Reisen durch Belgien, nach London und Dänemark
5.9.1862	*James Glaisher* und *Henry Tracey Coxwell* erreichen bewußtlos im Ballon 8000 m Höhe und sterben fast an Sauerstoffmangel
1863	*Nadar* gründet mit *Jules Verne* und anderen die ›Gesellschaft zur Förderung der Luftfahrt mit Maschinen, die schwerer sind als Luft‹
30.4.1863	Graf Zeppelin reist von Liverpool aus nach Nordamerika; Audienz beim Präsidenten Lincoln; Zeppelin erhält einen Paß für die Armeen der Nordstaaten und begleitet die Potomac-Armee bei ihren Kämpfen; erster Ballonaufstieg des Grafen

Juni 1863	*Solomon Andrews,* Arzt in Perth Amboy (USA), unternimmt mit seinem Tandem-Luftschiff Aereon I gelenkte Flüge
4. 10. 1863	Erstflug des *Nadar*schen Riesenballons ›Le Géant‹ mit vierzehn Passagieren vom Pariser Marsfeld aus
19. 10. 1863	*Nadars* ›Géant‹ muß nach einem Flug von Paris aus bei Frehren in der Nähe Hannovers notlanden; Nadar bricht den Arm
Nov. 1863	Graf Zeppelin kehrt aus den Vereinigten Staaten nach Deutschland zum Regimentsdienst zurück
1864	*Jules Verne* wird durch seinen Erstlingsroman ›Fünf Wochen im Ballon‹ berühmt
April 1865	Zeppelin wird Adjutant des Württembergischen Königs
Juni 1865	Erster und letzter Flug des *Andrewschen* Luftschiffes Aereon II über New York
1866	Graf Zeppelin nimmt mit Auszeichnung am Feldzug gegen Preußen teil; er erhält das Ritterkreuz des Militärischen Verdienstordens
Febr. 1868	Nach einer ›unglücklichen‹ Initiative beim König wegen der innenpolitischen Lage kehrt Zeppelin auf eigenen Wunsch zur Truppe zurück
April 1868	Versetzung Zeppelins zum großen Generalstab in Berlin; ab November beim Garde-Dragoner-Regiment
April 1869	Graf Zeppelin wird persönlicher Betreuer des zwanzigjährigen Thronfolgers Prinz Wilhelm von Württemberg
Sommer 69	Vermählung des Grafen mit Freiin Isabella von Wolff aus dem Hause Altschwanenburg
24.-26. 7. 1870	›Rekognoszierungsritt‹ des Grafen Zeppelin hinter den französischen Linien
23. 9. 1870	Erster Start eines Ballons aus dem von deutschen Truppen eingeschlossenen Paris; im Verlauf des Krieges erfolgten insgesamt sechsundsechzig Aufstiege
Sept. 1871	Der amerikanische Aeronaut *Wilburg* stürzt aus mehr als 1000 m Höhe ab
Jan. 1872	Zeppelin wird zum Kommandeur der 5. Schwadron des Schleswig-holsteinschen Ulanen-Regiments in Stuttgart ernannt
Dez. 1872	In Brünn finden Bodenversuche mit dem Lenk-Luftschiff des Konstrukteurs *Haenlein* statt
1874	Graf Zeppelin als Major beim 2. württembergischen Dragoner-Regiment in Ulm
23. 3. 1875	23stündige Ballonfahrt der Gebrüder *Tissandier*
15. 4. 1875	Höhenfahrt *Gaston Tissandiers* bis auf 8600 m; seine beiden Gefährten sterben an Sauerstoffmangel, Tissandier verliert das Gehör
1882	Graf Zeppelin wird Kommandeur des Ulanen-Regiments Nr. 19 in Stuttgart
8. Okt. 1883	Erster Aufstieg der Gebrüder *Tissandier* in ihrem Lenkballon mit Elektro-Antrieb
1884	Kein einziger tödlicher Unglücksfall auf dem Gebiet der Luftschiffahrt in diesem Jahr; Beförderung Zeppelins zum Oberst
9. Aug. 1884	*Renard* und *Krebs* machen ihren ersten Aufstieg mit dem elektrisch angetriebenen Lenkballon ›La France‹
1885	Ernennung Zeppelins zum Militärbevollmächtigten an der Württembergischen Gesandtschaft in Berlin
Sept. 1886	Erster Ballonflug über die Nordsee von Boulogne nach Yarmouth durch *Hervè*

1887	Zeppelin wird württembergischer Gesandter in Berlin; richtet Denkschrift zur ›Notwendigkeit der Lenkballone‹ an den württembergischen König
1888	*Dr. Karl Wölfert,* flugbegeisterter Geistlicher, unternimmt den ersten Aufstieg in seinem mit einem Daimler-Benz-Motor angetriebenen Luftschiff
1890	Der amerikanische Luftschiffer *v. Tassel* wird nach einem Fallschirmabsprung zu Ehren des Königs von Hawai vor Honolulu von Haifischen gefressen; in Illinois stürzt der Aeronaut *Black* mit brennendem Fallschirm ab
März 1890	Nach Ablauf seiner Gesandtentätigkeit richtet Zeppelin eine ›Persönliche Denkschrift‹ an das preußische Staatsministerium des Äußeren, kritisiert preußisches Oberkommando über württembergische Truppenteile
Sept. 1890	Zeppelin mit einer Kavallerie-Division im Manöver; ungünstige Beurteilung durch den Inspekteur General von Kleist
9. 10. 1890	*Clément Aders* dampfgetriebener Flieger zerschellt nach fünfzig Metern Flugstrecke
Nov. 1890	Graf Zeppelin wird unter Beförderung zum Generalleutnant aus dem aktiven Militärdienst verabschiedet
1892	Das Flugzeug des Erfinders der ›Maxim-gun‹, *Sir Hiram S. Maxim,* verunglückt bei Versuchsläufen am Boden
7. 8. 1892	Ballonaufstieg und Fallschirmabsprung *Lattemanns* über dem Zoologischen Garten von Frankfurt am Main
1892	Zeppelins erste Denkschrift über das lenkbare Luftschiff; engagiert einen Ingenieur Kober zur Ausarbeitung seiner Pläne
1893	Eingabe seines Entwurfs an eine technische Militärkommission
1894	Im März, Juli und Dezember Kommissionssitzungen unter Leitung von Prof. Helmholtz zur Prüfung der Zeppelinschen Pläne
3. 6. 1894	Ballonaufstieg und Doppelfallschirmabsprung von *Lattemann* und Fräulein *Paulus* über dem Frankfurter Zoologischen Garten; im gleichen Jahr kommt Lattemann durch Fallschirmversagen ums Leben
4. 12. 1894	Der deutsche Physiker *Berson* erreicht im Ballon 9155 m Höhe
31. 8. 1895	Zeppelins Konstruktion zum Patent angemeldet; im Dezember 2. Denkschrift des Grafen
12. 8. 1896	*Otto Lilienthal* verunglückt bei einem seiner Gleitflüge tödlich
21. 12. 1896	Aufruf des ›Vereins deutscher Ingenieure‹ zugunsten der Pläne des Grafen Zeppelin
14. 6. 1897	Der Luftschiff-Konstrukteur *Wölfert* und sein Mechaniker finden beim achten Aufstieg seines benzinmotorgetriebenen Lenkballons ›Deutschland‹ in Berlin-Tempelhof den Tod
11. 7. 1897	*Andrée* startet mit zwei Gefährten von Spitzbergen aus zur Polfahrt, der Ballon muß im Eis notlanden, die Insassen überleben noch bis zum Oktober des Jahres
3. 11. 1897	Die sechs-Minuten-Fahrt des Aluminium-Starr-Luftschiffs des Österreichers *Schwarz* endet in Berlin-Tempelhof mit der Zerstörung bei der Landung
Mai 1898	Gründung der ›Aktiengesellschaft zur Förderung der Luftschiffahrt‹ unter Leitung Zeppelins
20. 9. 1898	Der Brasilianer *Santos-Dumont* unternimmt bei Paris seinen ersten motorgetriebenen Luftschiff-Aufstieg

3. 10. 1898 Alpenüberquerung *Spelterinis* von Sion nach Rivière

1899 Bau einer schwimmenden Halle auf dem Bodensee bei Manzell; Beginn der Luftschiffkonstruktion Zeppelins

30. 10. 1899 *Percy Pilcher,* Schüler Otto Lilienthals, verunglückt bei einem Gleitflug

1900 *Henry Deutsch de la Meurthe,* französischer Flugenthusiast, stiftet einen Preis von 100000 Franc für die erste Umkreisung des Eiffelturms vom Flugfeld St. Cloud aus mit Rückkehr zum Startpunkt innerhalb von dreißig Minuten

2.08. 1900 Erster Aufstieg des Zeppelin-Luftschiffs vom Bodensee

Okt. 1900 Die Gebrüder *Wright* unternehmen in North Carolina erste Gleitflugversuche

9. 10. 1900 Ballon-Rekordfahrt des Grafen *de la Vaulx* von Paris bis in die russische Provinz Kiew

Okt. 1900 Am 17. und 21. des Monats erfolgen der zweite und dritte Aufstieg des Zeppelinschen Luftschiffes

Dez. 1900 Auflösung und Liquidation der ›Aktiengesellschaft zur Förderung der Luftschiffahrt‹

7. 1. 1901 Kaiser Wilhelm II. verleiht Zeppelin den Roten Adler-Orden 1. Klasse

13. 7. 1901 *Santos-Dumonts* erster Versuch, den Henry Deutsch-Preis mit seinem Luftschiff Nr. 5 zu gewinnen, scheitert

Juli 1901 *Santos-Dumonts* Luftschiff explodiert bei einem neuerlichen Versuch; der Brasilianer rettet sich auf einen Pariser Dachfirst

31. 7. 1901 Prof. *Süring,* Direktor des meteorologischen Instituts von Potsdam, und *Berson* steigen im offenen Ballon bis auf 10800 m

19. 10. 1901 Mit seinem Luftschiff Nr. 6 verfehlt *Santos-Dumont* um wenige Sekunden die ›30 Minuten‹-Grenze der Preis-Bedingungen; nach Protesten und Fürsprache des Stifters wird ihm der Preis doch zuerkannt.

7. 12. 1901 *Louis Ferdinand Ferber* unternimmt Gleitflugversuche in Südfrankreich

1. 2. 1902 Hauptmann *von Sigsfeld* vom königlich-preußischen Luftschiffer-Bataillon verunglückt tödlich

12. 5. 1902 Der Brasilianer *Severo* kommt bei der Explosion seines Lenkballons ums Leben

22. 5. 1902 Miss *Brookes* stürzt bei einem Fallschirmabsprung zu Tode

Okt. 1902 Die Brüder *Wright* unternehmen ihren tausendsten Gleitflug; in Frankreich kommen Baron *Bradsky-Laboun* und sein Ingenieur *Morin* beim Absturz ihres Lenkballons ums Leben

13. 11. 1902 Erstflug des ›Lebaudy I‹, so genannt nach den Zuckerfabrikanten *Paul* und *Pierre Lebaudy,* die dem Konstrukteur *Henry Juillot* die nötigen Mittel zum Bau zur Verfügung stellten

8. 5. 1903 ›Lebaudy I‹ umfliegt bei einem mehrstündigen Überlandflug die Kathedrale von Mantes

Juni 1903 Aufruf des Grafen Zeppelin ›An das deutsche Volk‹ zur finanziellen Unterstützung seiner Pläne

3. 10. 1903 Zeppelins ›Notruf zur Rettung der Flugschiffahrt‹

3. 11. 1903 Der amerikanische Luftschiffer *Channer* kommt bei der Explosion seines Lenkballons in 800 m Höhe ums Leben; ›Lebaudy I‹ kollidiert nach der Landung auf dem Pariser Marsfeld mit einem Baum und verliert seine Gasfüllung; wird später als ›Lebaudy II‹ leicht vergrößert wieder in Dienst gestellt

8.12.1903	Prof. *Samuel Pierpont Langley,* Sekretär der Smithsonian Institution stürzt mit seinem ›Aerodrome‹ in den Potomac-Fluß
17.12.1903	Erste Motorflüge der Gebrüder *Wright*
31.8.1904	Der amerikanische Aeronaut *Baldwin* wird bei Bombenwurfversuchen mitsamt seinem Ballon zerrissen
21.6.1905	Der unstarre Lenkballon ›Italia‹ des Grafen *Almerico da Schio* unternimmt in Gegenwart des italienischen Königspaares seinen Erstflug von 35 min
3.7.1905	›Lebaudy II‹ wird zur militärischen Erprobung in Etappen nach Châlons sur Marne geflogen
19.7.1905	Der amerikanische Flieger *John Maloney* stürzt mit seinem Gleiter, der zuvor vom Ballon auf 1000 m Höhe gebracht worden war, zu Tode
22.7.1905	Das unstarre Luftschiff des Engländers Dr. *F. A. Barton,* des Präsidenten des Aeronautischen Instituts, verunglückt beim Jungfernflug
14.10.1905	Die ›Internationale Aeronautische Vereinigung (FAI) wird in Paris gegründet
Okt.-Nov. 1905	Mit dem ›Lebaudy II‹ werden militärische Übungen, Höhen- und Geschwindigkeitsflüge und Bombenwurfversuche durchgeführt
30.11.1905	Erster Flugversuch mit dem zweiten Luftschiff des Grafen Zeppelin
17.1.1906	Zweiter Aufstieg des neuen Zeppelin-Luftschiffs; Strandung bei Kißlegg im Allgäu, Totalschaden
23.1.1906	Erste Überquerung der Pyrenäen im Ballon durch *Duro*
Febr. 1906	Denkschrift Zeppelins: ›Die Wahrheit über mein Luftschiff‹
26.5.1906	Erstflug des unstarren *Parseval*-Ballons von eineinhalb Stunden
13.6.1906	Miss *Lilly Cove* aus London findet beim Fallschirmabsprung den Tod
15.9.1906	Die Berufsluftschifferin *Elvira Wilson* wird aus der Gondel ihres landenden Ballons geschleudert und erleidet tödliche Verletzungen
Okt. 1906	Am 9. und 10. des Monats erste erfolgreiche Fahrten des dritten Zeppelin-Luftschiffs
Nov. 1906	*Santos-Dumont* unternimmt vor zahlreichem Pariser Publikum seinen ersten ›Kraftdrachenflug‹
Dez. 1906	Zeppelin erhält staatliche Genehmigung für eine Lotterie zugunsten seiner Unternehmungen
2.6.1907	Hauptmann *Ulivettis* Ballon wird beim Aufstieg in Rom anläßlich des italienischen Nationalfeiertages vor aller Augen vom Blitz getroffen
Juli 1907	Anläßlich der Weltausstellung in St. Louis findet ein Luftschiffrennen statt; Teilnehmer: ›America‹ I und II des Konstrukteurs *Melvin Vaniman*
Anfang Sept. 1907	Erstflug des englischen Luftschiffs ›Nulli Secundus I‹ Am 24., 25., 26., 28. und 30. September und 8. Oktober macht das 3. Zeppelin-Luftschiff erfolgreiche Fahrten
30.9.1907	*Farman* legt mit seinem Flugzeug 60 m zurück
5.10.1907	›Nulli Secundus‹ überfliegt London, den Buckingham-Palast, umkreist St. Paul und landet beim Kristallpalast
10.10.1907	›Nulli Secundus‹ wird demontiert, um seine vollständige Zerstörung durch einen aufkommenden Sturm zu verhindern
24.10.1907	*Farman* gewinnt den von *Deutsch* und *Archdeacon* ausgeschriebenen Preis für einen Gradeausflug über 150 m

Okt. 1907	Eine große Kommission befürwortet die Förderung Zeppelins mit über zweieinhalb Millionen Mark
24. 11. 1907	›La Patrie‹, Frankreichs erstes Militärluftschiff vom halbstarren Lebaudy-Typ, wird von Châlons-sur-Marne nach Verdun verlegt
30. 11. 1907	›La Patrie‹ wird nach 43 erfolgreichen Fahrten bei Verdun vom Boden losgerissen und verschwindet über dem Atlantik
Ende 1907 bis März 1908	Geheimverhandlungen Zeppelins und eines Industriellenkonsortiums mit dem Reich über Gründung einer Gesellschaft zum Bau und Vertrieb von Luftschiffen
1. 1. 1908	Der unstarre Lenkballon ›Ville de Paris‹, der von *H. Deutsch de la Meurthe* nach dem ›Patrie‹-Unglück dem Militär zur Verfügung gestellt wurde, wird nach Verdun geflogen
13. 1. 1908	*Farman* gewinnt den ›Großen Preis‹ (50000 F) für den ersten geschlossenen Rundflug; Flugdauer 1 min 18 sec
23. 5. 1908	Der Riesenlenkballon des Kaliforniers *Morell* stürzt nach Reißen der Hülle mit 14 Personen an Bord ab
Juni 1908	Am 20., 23. und 29. des Monats finden die ersten, kleinen Fahrten des 4. Zeppelin-Luftschiffes statt
1. 7. 1908	Große Schweiz-Fahrt Zeppelins mit dem neuen Schiff; der Militär-Lenkballon des Hauptmann *Groß* strandet im Tegeler Forst
3. 7. 1908	Fahrten des württembergischen Königspaars im Zeppelin-Luftschiff Nr. 4 über dem Bodensee
6. 7. 1908	*Farman* erringt den *Armengaud*-Preis (10000 F) mit einer Flugdauer von 20 min 20 sec über 20,4 km
8. 7. 1908	Siebzigster Geburtstag des Grafen Zeppelin
Juli 1908	Am 14. und 15. werden Aufstiege zu 24-Stunden-Fahrten mit dem vierten Zeppelin wegen technischer Probleme abgebrochen
25. 7. 1908	*Ferber* unternimmt bei Paris den ersten Flug mit seinem Apparat
4.-5. 8. 1908	Graf Zeppelin macht mit seinem vierten Luftschiff eine Fernfahrt von Friedrichshafen bis Mainz und zurück; nach der Landung wegen eines Motorschadens bei *Echterdingen* wird das Luftschiff vom Sturm losgerissen und explodiert vor den Augen tausender von Zuschauern
14. 8. 1908	In einer Halle der englisch-französischen Ausstellung in London verbrennt der Lenkballon des Luftschiffers *Lovelace*
22.-29. 8. 1908	Große Flugwoche in Reims mit *Gordon-Bennet*-Flugrennen; erzielte Rekorde: *Farman* fliegt mit seinem Apparat 180 km in 3 h 4 min; *Latham* erreicht 155 m Höhe, *Bleriot* eine Höchstgeschwindigkeit von 76,9 km/h
2. 9. 1908	Der Lenkballon von *Charles Oliver Jones* stürzt bei Waterville brennend ab, der Lenker bricht sich das Rückgrat
8. 9. 1908	Gründung der Firma ›Luftschiffbau Zeppelin GmbH‹
Sept. 1908	Erstflug der ›La République‹, Ersatzschiff für die verschollene ›La Patrie‹; französischer Dauerrekord: sechseinhalb Stunden
11. 9. 1908	13stündige Fahrt über 400 km mit dem Militärballon M I des Hauptmann *Groß*
12. 9. 1908	*Orville Wright* verunglückt mit seinem Fluggast, der tödlich verletzt wird
Okt. 1908	Am 23., 24. und 26. des Monats Fahrten des 3. Zeppelinluftschiffs
27. 10. 1908	Fahrt des 3. Zeppelin mit Prinz Heinrich von Preußen

Nov. 1908	Am 7. des Monats Fahrt des Zeppelin 3 mit dem preußischen Kronprinzen an Bord nach Donaueschingen; am 10. Schauflug für den Kaiser in Manzell; Zeppelin erhält den Schwarzen-Adler-Orden
11. 11. 1908	Der *Groß*sche Militärballon erleidet nach einer Treibfahrt über das Stettiner Haff Totalschaden
18. 12. 1908	*Wilbur Wright* fliegt in Frankreich mit seinem Apparat in 113 min 99 km
24.-30. 12. 1908	Erster Aero-Salon in Paris
30. 12. 1908	Errichtung der ›Zeppelin-Stiftung‹ aus den Geldspenden des deutschen Volkes
31. 12. 1908	*Wilbur Wright* gewinnt den Michelin-Preis (20000 F) mit einem 2 h 20 min Flug über 124,7 km von Les Mans aus
1909	Der Polflugversuch der amerikanischen Luftschiffer *Wellman* und *Vaniman* scheitert nach dem Aufstieg von Spitzbergen
16. 3. 1909	Neuer Aufstieg des Zeppelin-Luftschiff Nr. 3
1./2. 4. 1909	Fahrt des 3. Zeppelin nach München
7. 5. 1909	Englischer Militärauftrag an *Vikkers* zum Bau eines Starrluftschiffs HM Airship No 1 ›Mayfly‹
29. 5. bis 2. 6. 1909	Große Pfingst-Dauerfahrt des Zeppelin-Luftschiffes Nr. 5 über Nürnberg, Bayreuth, Hof, Gera, Leipzig, Bitterfeld, Halle, Weimar; 37 Stunden Dauer
19. 7. 1909	Der Versuch *Lathams,* mit seinem Aeroplan den Ärmelkanal zu überqueren, mißlingt; er stürzt ins Meer
25. 7. 1909	*Bleriot* überfliegt den Ärmelkanal und gewinnt den Daily-Mail-Preis von 25000 F
5. 08. 1909	Überführungsfahrt des 5. Zeppelin nach Köln zum Heeresdienst
25. 8. 1909	Das französische Militärluftschiff ›La République‹ verunglückt; vier Tote
	Erste Fahrt des 6. Zeppelin
27. 8.-2. 9. 1909	Berlin-Fahrt des Zeppelin-Luftschiffs Nr. 6; der Graf wird vom Kaiser empfangen
4. 9. 1909	Fahrten des Zeppelin Nr. 6 mit Reichstagsabgeordneten und Bundesratsmitgliedern über dem Bodensee
Sept. 1909	Flugwochen in Brescia und Johannesthal bei Berlin; *Bleriot* erhält 50000 F allein für seine Teilnahme
7. 9. 1909	*Eugène Lefèbre* stürzt mit seinem Wright-Flieger zu Tode
17.-19. 9. 1909	Fahrt des Zeppelin 6 zur ›Internationalen Luftfahrt-Ausstellung‹ (ILA) in Frankfurt, ins Kaisermanöver und nach Düsseldorf
22. 9. 1909	Capitain *Ferber* stürzt ab
Spätherbst 1909	Gründung der ersten Luftverkehrsgesellschaft: ›Deutsche Luftschiffahrts-Aktiengesellschaft‹ DELAG
1910-1914	Die DELAG-Luftschiffe ›Deutschland I‹ und II, ›Schwaben‹, ›Viktoria Luise‹, ›Hansa‹ und ›Sachsen‹ befördern über 13000 Fluggäste auf rund 1700 Fahrten
10.-25. 4. 1910	Flugtreffen in Nizza
22.-25. 4. 1910	Fahrt des 5. Zeppelin-Luftschiffs von Köln nach Homburg; Zerstörung des Luftschiffs bei Weilburg
5.-15. 5. 1910	Flugtreffen in Budapest; Rekordhöhe der ausgeschriebenen Preise: 600000 F und des Veranstalter-Defizits: eineinhalb Millionen
2. 6. 1910	*Charles Rolls*, Direktor »einer Londoner Automobil-Fabrik«, überquert den Ärmelkanal mit seinem Flugzeug in beiden Richtungen ohne Zwischenlandung in Frankreich
22. 6. 1910	Überführungsfahrt des Zeppelin 7 ›Deutschland‹ nach Düsseldorf

28.6.1910	Flug des Zeppelin 7 ›Deutschland‹ mit Pressevertretern; Strandung im Teutoburger Wald, Totalschaden
3.-24.7.1910	Flugtreffen in Reims; neue Rekorde: *Morane* erreicht 106,5 km/h, *Olieslagers* fliegt 392 km in 5 h 3 min, *Latham* steigt auf 1384 m Höhe; Veranstalter-Defizit: 1 Million Francs
12.7.1910	*Charles Rolls* berührt beim Kurvenflug mit einer Tragfläche den Boden und stirbt in den Trümmern seines Aeroplans; die ›Fallschirmkünstlerin‹ Miss *Spencer* erliegt ihren Sturzverletzungen
15.10.1910	Der Versuch der Amerikaner *Wellman* und *Vaniman* mit dem Luftschiff ›America II‹ den Atlantik zu überqueren, endet nach siebzigstündigem Flug mit einer Notwasserung wegen Maschinenschadens; die Luftfahrer werden vom Dampfer ›Trent‹ gerettet
	Der umgebaute Zeppelin Nr. 6 wird durch Leichtsinn in der Halle entzündet und verbrennt
28.12.1910	Die Flieger *Laffont* und *Pola* kommen bei der Bruchlandung ihres Aeroplans ums Leben
16.1.1911	Die deutschen Ballonfahrer *Kohrs* und *Keidl* werden im Eis eines Pommerschen Sees eingefroren aufgefunden
23.1.1911	Erstflug des halbstarren *Siemens-Schuckert*-Luftschiffs
9.2.1911	Der französische Militär-Aviatiker *Noël* und sein Kopilot *de la Torre* stürzen bei einem »Pfeil-Abstieg« (Sturzflug) aus 100 m Höhe zu Tode
1911	Im Februar-März ›Lohnbewegung der Arbeiterschaft‹ beim ›Luftschiffbau Zeppelin GmbH‹
7./11. April	Überführungsfahrt des Zeppelin 8 ›Deutschland‹ II nach Düsseldorf
16.5.1911	Schwere Beschädigung des Zeppelin 8 ›Deutschland‹ II beim Herausbringen aus der Halle in Düsseldorf; Totalschaden
23.-26.5.1911	*Jules Védrines* gewinnt den Fernflug Paris-Madrid; beim Start wird der französische Kriegsminister Bertaux von der Luftschraube eines tieffliegenden Aeroplans zerrissen
11.6.-10.7.1911	*König* gewinnt den ›Deutschen Rundflug‹ in dreizehn Tagesstrecken über 1798 km
18.6.1911	Start zum ›Europäischen Rundflug‹
12.9.1911	Der *Groß*sche Militärballon M III verunglückt durch Explosion
18.9.1911	21-Stunden-Dauerfahrt über 850 km des französischen Kraftballons ›Adjutant Réau‹
24.9.1911	Vickers HM Naval Airship ›Mayfly‹ bricht am Boden zusammen
17.10.1911	Erstflug des *Schütte-Lanz*-Starrluftschiffs Nr. 1
Anf. 1912	Die halbstarren italienischen Luftschiffe P2 und P3 werden von Tripoli aus im italienisch-türkischen Krieg eingesetzt
24.4.1912	Erster Auftrag der Deutschen Kriegsmarine für ein Zeppelin-Luftschiff
28.6.1912	Zeppelin 10 ›Schwaben‹ in Düsseldorf zerstört
2. Juli 1912	*Melvin Vanimans* Luftschiff ›Akron‹ explodiert
Dez. 1912	Die deutsche Armee übernimmt das Schütte-Lanz-Luftschiff Nr. 1
19.3.1913	Der Militär-Zeppelin 15 wird nach einer Nacht- und Dauerfahrt in Karlsruhe am Boden zerstört
4.4.1913	Irrfahrt des Militär-Zeppelin 16; Notlandung in Luneville/Frankreich
9.-10.6.1913	Fahrt des Zeppelin 17 ›Sachsen‹ nach Wien

22.6.1913	Eröffnung des Luftschiffhafens in Leipzig mit einem Besuch der Zeppeline 11 und 17, ›Viktoria Luise‹ und ›Sachsen‹
17.7.1913	Das Schütte-Lanz-Luftschiff Nr. 1 wird nach dem dreiundachtzigsten Flug am Boden vom Sturm zerstört; Schütte-Lanz Nr. 2 im Bau
Sept. 1913	Gründung der ›Zeppelin-Wohlfahrt GmbH‹ in Friedrichshafen
9.9.1913	Das Zeppelin-Marineluftschiff L 1 geht vor Helgoland im Sturm unter; 14 Vermißte
17.10.1913	Der Marine-Luftkreuzer L 2 – Zeppelin 18 explodiert bei der Abnahme-Fahrt über dem Flugfeld von Johannisthal; 42 Tote
Dez. 1914	*Winston Churchill,* First Lord der Admiralität, entscheidet gegen weiteren Bau von militärischen Starrluftschiffen
Jan. 1915	In der Nacht vom 19. zum 20. findet der erste Angriff von Zeppelinen auf englischen Boden statt
Febr. 1915	Schütte-Lanz-Luftschiff Nr. 3 von der Marine in Dienst gestellt
31.5.1915 u. 9./10.8.1915	Erste Zeppelin-Luftangriffe auf London (East End)
1914-1918	Rund 5000 Kriegseinsätze von 96 Zeppelinen; 72 Verluste
8.3.1917	Graf Zeppelin †
2.11.1917	Rekordfahrt des Zeppelin 59 von Bulgarien in Richtung Deutsch-Ostafrika und zurück ohne Zwischenlandung; 6750 km in 96 Stunden
5.8.1918	Letzter Zeppelin-Angriff auf London; der Kommandant der Marine-Luftschiffe, *Strasser,* wird mit L 70 über See abgeschossen und kommt mit der Besatzung um
Frühjahr 1919	Die DAILY MAIL/London setzt einen 10000 Pfundpreis für die erste Atlantik-non-stop-Überquerung aus Ein amerikanisches Flugboot unter Korvettenkapitän *Read* erreicht nach Zwischenlandung auf den Azoren Europa; Captain *Alcock*/Royal Air Force und sein amerikanischer Navigator *Brown* landen mit einem Vickers-Bomber von St. Johns/Neu Fundland kommend in einem irischen Moor
2.-6. Juli 1919	Das englische Starrluftschiff R 34 überquert den Atlantik; Rückkehr am 10.-13. Juli mit 2 von 5 Motoren
Aug.-Okt. 1919	Zeppelin 120 ›Bodensee‹ befördert auf 103 Fahrten zwischen Friedrichshafen und Berlin 2300 Personen
28.1.1921	Englands Rekordluftschiff R 34 wird nach einer harten Landung am Boden vom Sturm zerstört
Sommer 1921	Die Nachkriegs-Passagierzeppeline ›Nordstern‹ und ›Bodensee‹ werden an Italien und Frankreich ausgeliefert
23./24. Juni 1921	Erster Probeflug des von den Amerikanern in England in Auftrag gegebenen Starrluftschiffs R 38/ZR II
23.8.1921	Beim letzten Probeflug vor der geplanten Überführung in die USA zerbricht die R 38/ZR II über der Stadt Hull/England und geht in Flammen auf; fünf Überlebende von neunundvierzig Mann Besatzung
21.2.1922	Die von den USA erworbene ›Roma‹ des italienischen Luftschiffkonstrukteurs *Umberto Nobile* explodiert nach Berührung mit einer Hochspannungsleitung; 33 Tote
4.9.1923	Erstflug des amerikanischen Helium-Starrluftschiffes USS – ZR I ›Shenandoah‹
Dez. 1923	Der an Frankreich übergebene Kriegszeppelin L 72/Dixmude verschwindet nach Afrika-Rekordfahrten über dem Mittelmeer

27.8.1924	Erster Aufstieg des deutschen ›Reparations‹-Zeppelin 126; später USS – ZR III ›Los Angeles‹ genannt
25.-26. Sept.	Große Deutschlandfahrt des Luftschiffes
7.10.1924	Transkontinentalflug der ZR I ›Shenandoah‹ von Lakehurst nach San Diego
12.-15. Oktober 1924	Überführungsflug des ›Reparations‹-Luftschiffs ZR III nach Nordamerika und Übergabe in Lakehurst
1924	Gründung der Goodyear-Zeppelin-Company; Übertragung aller Zeppelin-Patente an diese Firma
Frühsommer 1925	*Amundsen* und *Ellsworth* müssen bei ihrem Polarunternehmen mit Flugbooten auf dem Eis notlanden und bleiben fünfundzwanzig Tage verschollen
4.9.1925	USS-ZR I ›Shenandoah‹ nach 57 Flügen über 40000 km im Sturm über Ohio zerbrochen
26.2.1926	Jungfernflug des umgebauten Luftschiffs N 1 »Norge« in der Nähe Roms
8. Mai 1926	*Richard Byrd* erreicht mit seinem Fokker-Aeroplan den Nordpol
12.5.1926	*Amundsen, Ellsworth* und *Nobile* erreichen mit dem Luftschiff des Italieners den Nordpol
20./21. Mai 1927	*Charles Lindbergh* überquert als erster im Alleinflug den Atlantischen Ozean von New York nach Paris
25.5.1928	*Nobiles* eigenes Nordpolunternehmen endet mit dem Absturz seines Luftschiffs ›Italia‹ auf das Packeis
11.6.1928	*Amundsen,* zur Rettung Nobiles unterwegs, verschwindet auf dem Fluge von Tromsö nach Spitzbergen
24.6.1928	*Nobile* wird zunächst allein aus dem Eis gerettet
18.9.1928	Erster Aufstieg des Friedrichshafener Luftschiffes Nr. 127 ›Graf Zeppelin‹

11.10.-1.11. 1928	Nordamerikafahrt des ›Grafen Zeppelin‹
25.-28.3.1929	Orientfahrt des ›Grafen Zeppelin‹
15.8.-4.9. 1929	Weltrundfahrt des ›Grafen Zeppelin‹
Mai 1930	Erste Südamerika-Fahrt des ›Grafen Zeppelin‹
29.7.-16.8.1930	Das englische Starrluftschiff R 100 überquert den Atlantik in beiden Richtungen
1.10.1930	Das englische Luftschiff R 101, mit hohen Persönlichkeiten auf Indienfahrt, stürzt nachts bei Beauvais ab und geht in Flammen auf; 50 Tote; Ende der englischen Luftschiffahrt
9.-11.9.1930	Rußlandfahrt des ›Grafen Zeppelin‹
9.-13.4.1931	Ägypten-Reise des ›Grafen Zeppelin‹
Juli 1931	Arktisfahrt des ›Grafen Zeppelin‹
Sept. 1931	Aufnahme eines fahrplanmäßigen Südamerika-Dienstes Friedrichshafen – Rio de Janeiro
23.9.1931	Erstflug des amerikanischen Helium-Luftschiffs ›Akron‹
18.8.1932	*Picard* und *Cosyns* erreichen im Stratosphärenballon eine Höhe von 16201 m
3./4.4.1933	USS – Akron nach 1700 Flugstunden vor der Küste von New Yersey im Sturm vernichtet; 3 Überlebende von 76
1933	Der amerikanische Luftschiff-Eigenbau ZR 5 ›Macon‹ unternimmt erste Probefahrten
2.9.1933	›Graf Zeppelin‹ beim Reichsparteitag in Nürnberg
12.2.1935	ZR 5 ›Macon‹ bei Manövern vor Los Angeles über See im Sturm zu Grunde gegangen; zwei Tote; Ende der amerikanischen Großluftschiffahrt
22.3.1935	Gründung der ›Deutschen Zep-

	pelin-Reederei GmbH unter Görings Vorsitz
Sept. 1935	100. Ozeanüberquerung und 500. Fahrt des ›Grafen Zeppelin‹
4.3.1936	Erster Aufstieg des Zeppelin 129 ›Hindenburg‹
23.3.1936	Dreitägige Propaganda-Fahrt der Luftschiffe ›Graf Zeppelin‹ und ›Hindenburg‹
31.3.1936	Erste Südamerika-Fahrt des ›Hindenburg‹
Okt. 1936	Zwanzigste Nordamerika-Fahrt des ›Hindenburg‹
7.5.1937	Explosion des ›Hindenburg‹ kurz vor der Landung in Lakehurst
24.10.1939	ZR III ›Los Angeles‹ wird abgewrackt
März 1940	LZ 127 ›Graf Zeppelin‹ (I) und LZ 130 ›Graf Zeppelin‹ (II) auf Befehl Görings abgewrackt
6.5.1940	Sprengung der großen Luftschiffhallen des Frankfurter Flughafens

TAFELN

1. Drei Kinder betrachten den ersten Aufstieg des LZ 1 am 2.7.1900.
LZ (**L**uftschiffbau **Z**eppelin) 1: Länge 127 m, Durchmesser 11,7 m, Gasinhalt 11 300 m³; Geschwindigkeit 8 m/sek (umgerechnet 28,8 km/h), Antrieb durch zwei 14 PS-Daimler-Benzinmotoren, jeweils über Kardanwellen auf zwei seitlich angebrachte Luftschrauben wirkend; Höhensteuerung mittels eines zunächst unter dem Verbindungssteg zwischen den Gondeln aufgehängten, dann auf demselben verschiebbaren Laufgewichts.

1

2

3

4

5

2.-7. Photosequenz des ersten Aufstiegs.

6

7

8.-10. Die schwimmende Luftschiff-Halle auf dem Bodensee vor Manzell. An einer Schmalseite verankert, stellt sich die Halle selbsttätig in den Wind und ermöglicht so das Ein- und Ausbringen der Luftschiffe auf der jeweils windabgewandten Leeseite.

8

9

10

11

12

11.-12. Erster Aufstieg des LZ 1 am 2. Juli 1900 um acht Uhr abends. Das Schwimmfloß mit der Hilfsmannschaft folgt im Schlepp eines Dampfers dem Kurs des Luftschiffs.

13

13. Der König und die Königin von Württemberg beim 3. Aufstieg des LZ 1, am 22. Oktober 1900

14

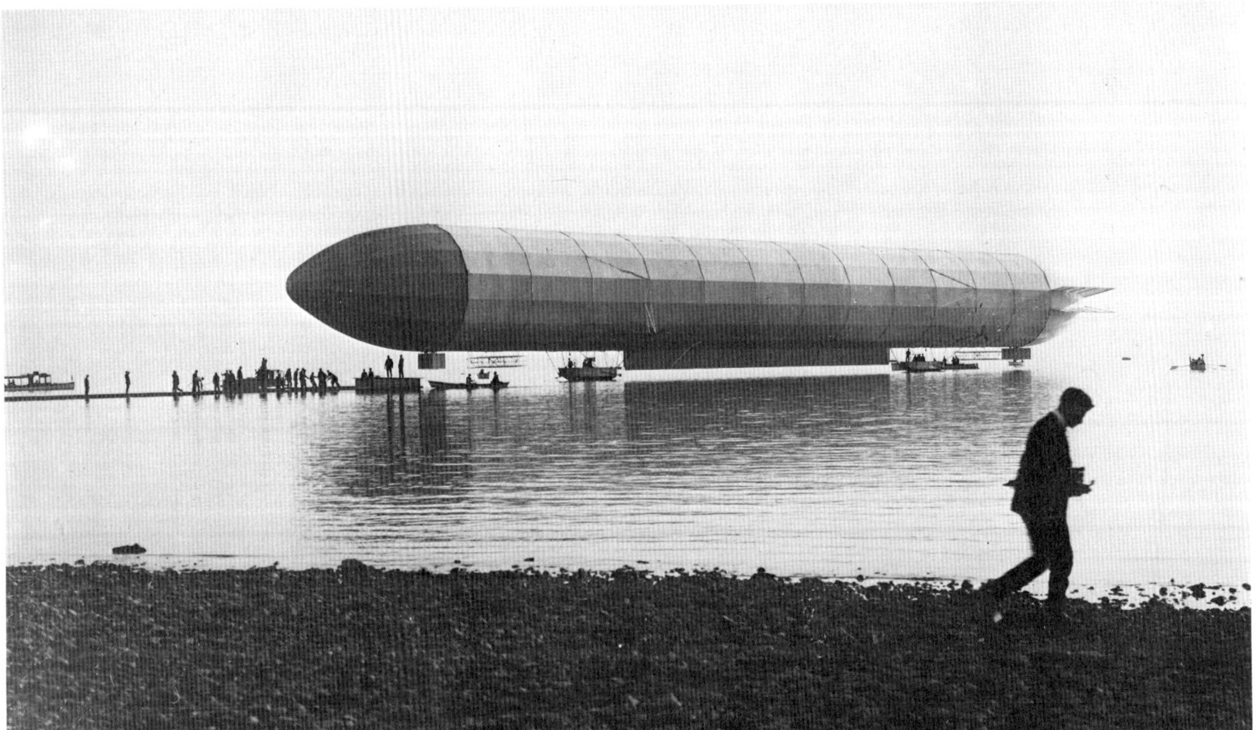

15

16

17

14.-17. Der im Herbst 1905 fertiggestellt LZ 2 ist konstruktiv stark verbessert: Deutlich erkennbar sind die neuen Steuerungsanlagen an Bug und Heck des Schiffes sowie der zu einem räumlichen Fachwerk umgearbeitete, starr mit dem Schiffskörper verbundene Verbindungsgang zwischen den Gondeln.
Des weiteren kamen bei der Konstruktion des Gerippes anstelle der bisherigen T-Profile verwindungssteifere Dreieckträger zur Verwendung, und schließlich konnte die Motorleistung erheblich gesteigert werden: Zwei Daimler-Vierzylindermaschinen von je 85 PS ermöglichten eine Geschwindigkeit von 39,6 km/h. Nach der ersten Ausfahrt am 30. November 1905 (Bild 14 u. 17) wurden erneut Änderungen am Steuersystem vorgenommen, die auf den Photographien des zweiten Aufstiegs am 17. Januar 1906 (Bild 15 und 16) gut auszumachen sind.

18

19

18.-19. Das Ende des LZ 2 am 17. Januar 1906 bei Kißlegg/Allgäu: Ein Motordefekt zwingt das zunächst von starkem Wind abgetriebene Luftschiff zur Notlandung; vom Sturm wird es dann so weitgehend demoliert, daß es schließlich abgewrackt werden muß. Unter dem Gerippe und der zerrissenen Außenhaut sind die Traggaszellen zu erkennen.

20

21

22

23

24

25

26

27

28

20. Das Luftschiff LZ 3, fertiggestellt im Herbst 1906, (Länge 136 m, Durchmesser 11,65 m, Gasinhalt 12200 m³, 2 Motoren zu je 85 PS, Nutzlast 2,9 t, Geschwindigkeit 45 km/h) über Friedrichshafen.
21. LZ 3 – später als Z 1 erstes Luftschiff des Heeres an der Ankerboje verholt.
22. LZ 3 über der schwimmenden Luftschiffhalle. Die Steuerungsanlagen dieses Schiffes sind weiter verbessert: Vierflächige Balance-Kastenruder paarweise an Bug und Heck, sowie dreiflächige Seitenruder zwischen den vergrößerten Stabilisierungsflächen (1907).
23.-25. Der LZ 3 an der Schleppleine und beim Vertäuen am Schwimmsteg.
26.-27. Einbringen des LZ 3 in die provisorische Zelthalle auf dem neuen Werftgelände der Luftschiffbau Zeppelin GmbH bei Friedrichshafen.
28. Erste Landung des LZ 3 auf dem Werftgebiet am 16. März 1909. Das unkontrollierte Hochsteigen des Schiffbugs führt zum Bruch des Seitenruders auf der Backbordseite.
29. Graf Zeppelin mit Tochter in der Führergondel des LZ 3.

29

30. Das Luftschiff LZ 4 (fertiggestellt im Juni 1908, Länge 136 m, Durchmesser 13 m, Inhalt 15 000 m³, 2 Motoren von je 105 PS, Nutzlast 4,5 t, Geschwindigkeit 48,6 km/h) am 24. August 1908 über Straßburg.

31. Der Schiffsschatten des LZ 4 neben einem Eisenbahnzug.

32. Beim Ausbringen des LZ 4 am 15. 7. 1908 bricht eine Schlepptrosse, und das Luftschiff wird vom Wind gegen die Halle geworfen. Zwei Gaszellen, Höhensteuer und Propeller werden demoliert.

33. LZ 4 beim Aufstieg in Manzell.

34.-36. LZ 4 wassert vor der Halle in Manzell und wird eingefahren. In diesen Heckansichten treten die neu hinzugekommenen vertikalen Stabilisierungsflächen und das flossenförmige gestaltete mittlere Seitenruder am Heck des Schiffes deutlich in Erscheinung. Probefahrt des LZ 4 ohne die zentrale Seitenruderfläche am Heck (Bild 35).

30

31

32

33

34

35

36

37

38

39

40

41

42

43

44

45

46

47

48

49

50

51

37.-38. Das wegen eines ausgelaufenen Kurbelwellen-Lagers am 5. August 1908 auf einer Wiese bei Echterdingen notgelandete Luftschiff LZ 4.

39.-40. Von einer Gewitterbö losgerissen, explodiert das havarierte Luftschiff und glüht aus.

41. Der Bug des bei Göppingen gelandeten LZ 5 wird gegen einen Birnbaum gedrückt und aufgerissen (31. Mai 1909). (Der LZ 5, 1908 begonnen, war nahezu baugleich mit dem Vorgängerschiff LZ 4.)

42.-44. Das Schiff wird mit Hopfenstangen provisorisch instand gesetzt und kann aus eigener Kraft nach Manzell zurückkehren. (Die Bereitstellung einer Feuerspritze (Bild 44, re) erschien wohl aufgrund der Ereignisse von Echterdingen angezeigt.)

45.-48. Das Gerippe des Luftschiffs LZ 6 wird zur Fertigstellung und den anschließenden Probefahrten aus der festen in die schwimmende Halle überführt. Dieses Schiff (Länge 136 m, Durchmesser 13 m, Gasinhalt 15000 m³, 2 Daimler-Motoren von je 115 PS, Nutzlast 4,5 t, Geschwindigkeit 48,6 km/h) wurde im Oktober 1909 auf 144 m verlängert und mit einem zusätzlichen Motor versehen – einer Maybach-Maschine mit 140 PS.

49. Überführung der schwimmenden Luftschiffhalle nach Ludwigshafen durch 2 Schleppdampfer.

50. Aufnahme eines Modells von den ersten Werftanlagen des Luftschiffbau Zeppelin in der Bucht von Manzell am Bodensee.

51. Das Delag-Verkehrsluftschiff »Schwaben« (LZ 10) über dem Brandenburger Tor in Berlin.

52

52. Zwischenlandung des LZ 6 auf dem Flug nach Berlin am 28. August 1909 in Bitterfeld.

53

54

55

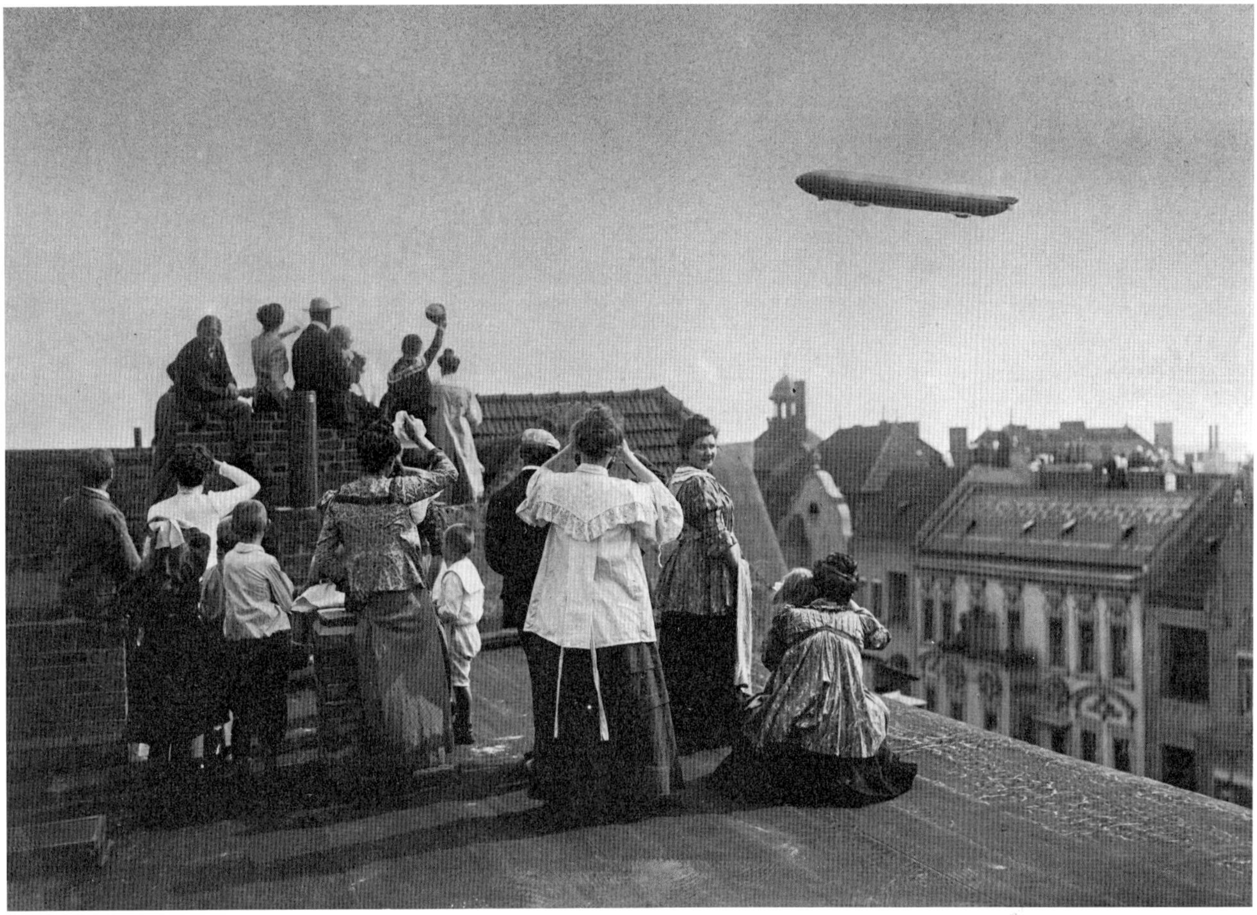

56

57

53.-56. Der Zeppelin mobilisiert die Menschen.
57. Das deutsche Kaiserpaar mit Graf Zeppelin nach seiner Landung in Berlin-Tempelhof am 29. August 1909.

58

59

58. Die »Deutschland«, das erste Verkehrsluftschiff der neugegründeten »Deutschen Luftschiffahrts Aktiengesellschaft« (Delag) mit der Baunummer LZ 7 bei der Landung in Düsseldorf. (Länge 148 m, Durchmesser 14 m, Volumen 19300 m^3, 2 Daimler-Vierzylindermotoren von je 120 PS, Nutzlast 6,8 t, Geschwindigkeit 60,1 km/h).
59. Die Fahrgast-Kabine des Verkehrs-Luftschiffs »Deutschland«: Stützen und Träger mit sparsamem Jugendstil-Dekor, Bestuhlung aus leichtem Rohrgeflecht.
60.-61. Die Havarie des Delag-Luftschiffs »Deutschland 2« (LZ 8) im Luftschiffhafen Düsseldorf am 16. Mai 1911.

60

61

62

62. Die erste Landung eines Luftschiffes in Wien: Die »Sachsen« (LZ 17) auf dem Flugfeld von Aspern bei Wien (1913). Im Vordergrund sind die zur Ergänzung der Traggasmenge bereitgestellten Gasflaschen zu erkennen.

63. Erzherzog Eugen und Gemahlin begrüßen den Grafen Zeppelin nach der Landung vor der Filmkamera.

64.-65. Das 1910 erbaute Verkehrsluftschiff »Schwaben« (LZ 10) in der Luft und beim Einfahren in die Halle auf dem Werksgelände in Friedrichshafen. Bei einer Länge von 140 m und einem Gasinhalt von 17800 m³ konnte das Schiff eine Nutzlast von 7000 kg mit einer Geschwindigkeit von 78,1 km/h befördern. Erstmals kamen 3 Maybach-Motoren zur Verwendung, die eine Gesamtleistung von 435 PS erbrachten und auch die Steuerungsanlage wurde weitgehend umkonstruiert: Durch eine Koppelung von je 4 Höhen- bzw. Seitenrudern am Heck des Schiffes konnte auf die vorderen Höhensteuer verzichtet werden.

66. Das Delag-Verkehrsluftschiff »Viktoria-Luise« (LZ 11), fertiggestellt 1912, mit einer weiteren Steigerung der Abmessungen und Daten: Länge 148 m, Durchmesser 14 m, Gasinhalt 18700 m³, Motorleistung 450 PS, Nutzlast 6,5 t, Geschwindigkeit 79,9 km/h.

67. Die »Viktoria-Luise« über einer Regatta der Kieler Woche 1912.

63

64

65

66

67

68

68. Heeresluftschiff Z VIII (LZ 23) im Mai 1914. Z VIII und das baugleiche Schwesterschiff Z VII (LZ 22) repräsentieren den im militärischen Luftschiffbau vor Ausbruch des Krieges erreichten technisch-konstruktiven Stand: Länge 156 m, Durchmesser 14,90 m, Gasinhalt 22 100 m^3, 540 PS, Nutzlast 8,8 t, Geschwindigkeit 72 km/h.
Die dem Luftschiffbau in der Folgezeit zugeführten Rüstungsmittel führen dann zu einer rapiden Beschleunigung der technischen Entwicklung.
Augenfälligster Unterschied zu den Verkehrsluftschiffen dieser Zeit ist die Maschinengewehrplattform auf der Oberseite des Schiffsrumpfes.

69

69. Flugabwehr vor 1914: Im offenen Kraftwagen installiertes Geschütz zur Bekämpfung der Luftschiffwaffe.

70

71

70. Landung des Heeresluftschiffs LZ 86 bei Königsberg, 1915.
71. Der Luftschiffhafen bei Hage in Ostfriesland.
72. Luftschiff im Aufklärungseinsatz: Der Spähkorb mit dem Beobachtungsposten wird ausgebracht und abgelassen. Bei einer Seillänge von über 1000 m war es dabei möglich den Korb – entsprechend den telephonisch in die Führergondel übermittelten Weisungen seiner Besatzung – auf die Unterseite einer das Schiff selbst schützenden Wolkendecke zu bringen.

73

73.-80. Luftschiffe der Marine:
Nur ein einziges, für die Aufgaben und Ziele der Seekriegsführung zudem nur sehr beschränkt verwendungsfähiges Luftschiff (L 3) stand der Marine am Tag der Mobilmachung zur Verfügung. Der Aktionsradius und die allgemeine Leistungsfähigkeit der Luftschiffe konnten jedoch in einem Maße gesteigert werden, daß sich hierdurch – insbesondere im Bereich der Aufklärung – neuartige strategische Möglichkeiten eröffneten.

Die rasant vorangetriebene Perfektionierung dieses Waffensystems läßt ein Vergleich der Daten des erwähnten Marine-Zeppelins L 3 – Baujahr 1914 –, mit denjenigen des letzten Marineluftschiffs, des L 72 von 1918, recht deutlich werden: 158 m Länge, 22470 m^3 Inhalt, 9200 kg Nutzlast, 84,2 km/h Geschwindigkeit und eine Steighöhe von 2500 m gegenüber 211,5 m Länge, 62200 m^3 Gasinhalt, 44500 kg Nutzlast, 131 km/h Geschwindigkeit und 7000 m Steighöhe.

Ein charakteristisches äußeres Merkmal dieser technischen Entwicklung stellt der Übergang von den vorderen walzenförmigen Schiffsrümpfen zu stromlinienförmig, in aerodynamisch günstigerer Tropfenform gestalteten dar.

Ein durchschlagender Erfolg blieb der militärischen Luftschiffahrt jedoch aufgrund der systemimmanten Schwachstellen versagt.

Zu den einzelnen Abbildungen: L 44 (Baujahr 1917) bei der Landung auf dem Stützpunkt Ahlhorn (Bild 73).

Notlandung von L 15 (Baujahr 1915) bei Nordholz (Bild 74). Der von den Engländern abgeschossene L 12 kann trotz völlig deformierter Heckpartie noch nach Ostende eingeschleppt werden (10.8.1915). (Bild 75 und 76). L 11 überfliegt eine auslaufende Flottenformation (1915) (Bild 77). Das Luftschiffgeschwader L 10, L 11, L 12 und L 13 im Einsatzflug (1915) (Bild 78). Der von der englischen Abwehr angeschossene, auf dem Heimflug in der Luft auseinandergebrochene L 15 in der Themsemündung bei Kentish-Knock (1.4.1916) (Bild 80).

74

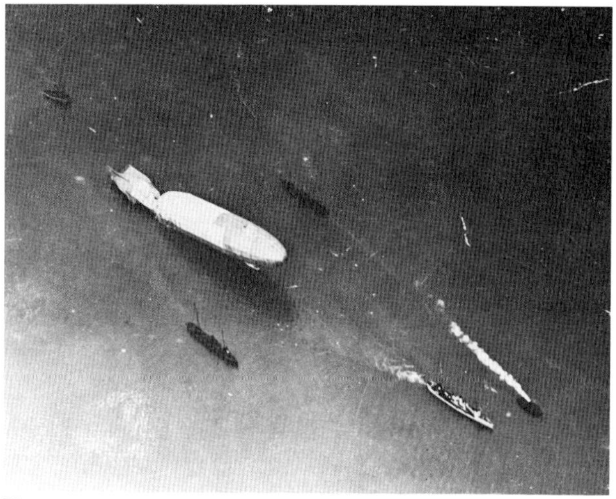
75

76

77

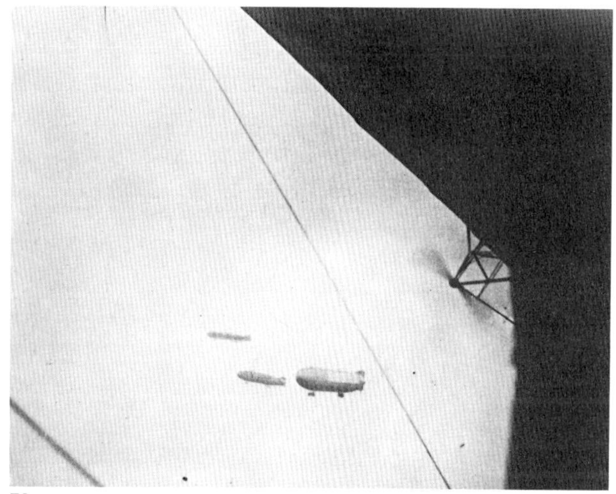
78

79

80

81

82

81. Von einer Zeppelin-Bombe getroffenes Pferd in der Rue St. Antoine in Paris.
82. Luftschiffschatten über einem in seichtes Wasser gestürztes Wrack.

83

84

83. Das zur Verhinderung seiner Auslieferung von der Besatzung zerstörte Luftschiff L 65 in der Halle in Nordholz (23.6.1919).
84.-86. Auf dem Rückflug von einem Einsatz über England wird L 20 abgetrieben und muß an der norwegischen Küste bei Stavanger notwassern (3.5.1916). Die Besatzung zerstört das Schiff und geht in norwegische Internierungshaft.

85

86

87

88

87. Das erste Verkehrsluftschiff der Nachkriegszeit: Die »Bodensee«, Baunummer LZ 120. Bei einer Länge von 120,8 m, einem Durchmesser von 18,70 m und einem Volumen von 20000 m³ konnten 10 t Nutzlast befördert werden. Drei Maybach-Sechszylindermotoren von jeweils 260 PS Leistung ermöglichten eine Spitzengeschwindigkeit von 132,5 km/h.
Das Schiff unternahm seine erste Fahrt am 20.8.1919 und wurde dann ab Oktober 1919 im regelmäßigen Linienverkehr Friedrichshafen–Berlin eingesetzt.
Als sich am 21.6.1919 bei Scapa Flow die deutsche Flotte, um der Auslieferung an die Alliierten zu entgehen, selbst versenkte, und diese Zerstörungsaktionen auch auf Teile der Luftschiffflotte ausgedehnt wurden (vgl. Bild Nr. 83), mußten in der Folge sowohl die »Bodensee« als auch LZ 121 »Nordstern« im Sommer 1921 an Italien bzw. Frankreich abgetreten werden.

88.-91. Die »Bodensee« über dem Flugfeld in Berlin-Staaken, und beim Einfahren in die dortigen Hallen (1919). Diese Abbildungen machen deutlich, daß alle technischen Erkenntnisse des militärischen Luftschiffbaus in diese Neukonstruktion eingebracht wurden. Die frühere Trennung von Führergondel und Passagierkabine ist aufgegeben: In einer einzigen Gondelkabine sind Führerstand und Fahrgastraum unter dem Vorderteil des Rumpfes vereinigt.
92. Navigationsraum in der »Bodensee«: Die Besatzung peilt den Standort und kontrolliert den Kurs am Kartentisch. Im Hintergrund der Bordphotograph.
93. Passagiere eines Linienfluges im Fahrgastraum der »Bodensee« (Sommer 1919).
94. Am unteren Laufgang gelegener Mannschaftsraum im Innern der »Nordstern« (LZ 121).

89

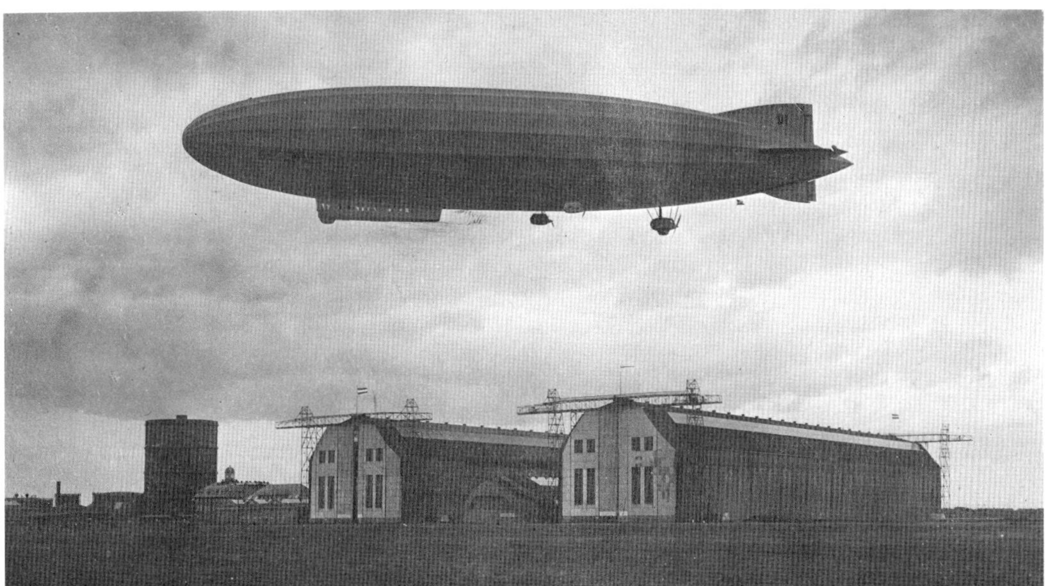

90

91

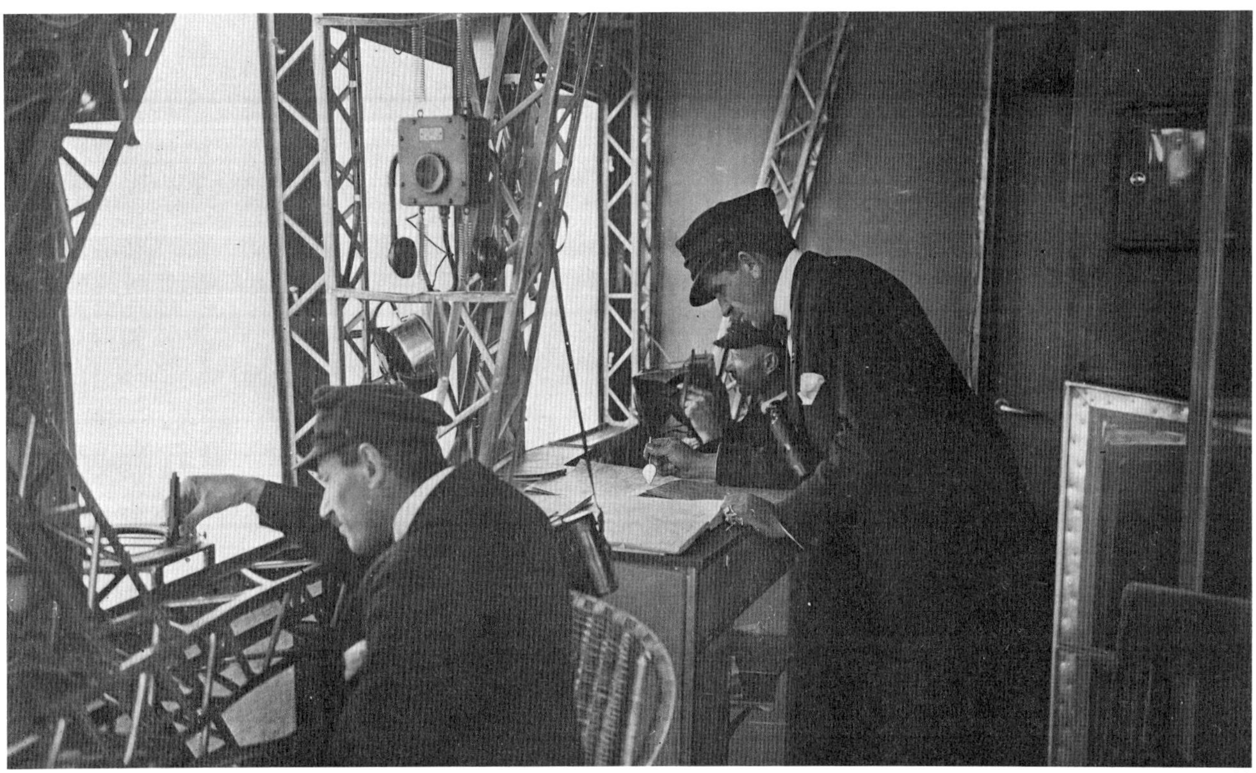
92

93

94

95

96

97

95.-97. LZ 126 (amerikanische Unterscheidungsnummer ZR III) in Friedrichshafen. Dieses Schiff, fertiggestellt im Sommer 1924, war von der Reichsregierung in Auftrag gegeben worden und als Reparationsleistung für Amerika bestimmt.
Der ZR III «Los Angeles« (R für rigid = starr) verfügte bei einer Länge von 200 m, 27,6 m Durchmesser und 70 000 m³ Gasinhalt über einen Aktionsradius von 9000 km und eine Tragfähigkeit von 41 t. 5 Maybach-Motoren von je 400 PS Leistung erbrachten eine Geschwindigkeit von 126 km/h. In den Abbildungen sind das Mastfesselgeschirr an der stabilen Bugkappe bzw. die jetzt als räumliche Flächen ausgebildeten Leitwerke am Heck gut zu erkennen.

98

98.-106. Das Reparationsluftschiff ZR III »Los Angeles« am 26.9.1924 über Berlin. Eine begeisterte Menschenmenge verfolgt den Flug des Schiffes: Über der Siegessäule (Bild 99 und 104), den Kuppeln der Domkirche (Bild 100 und 102) und beim Landeanflug auf den Luftschiffhafen Berlin-Staaken (Bild 98).

99

100

101

102

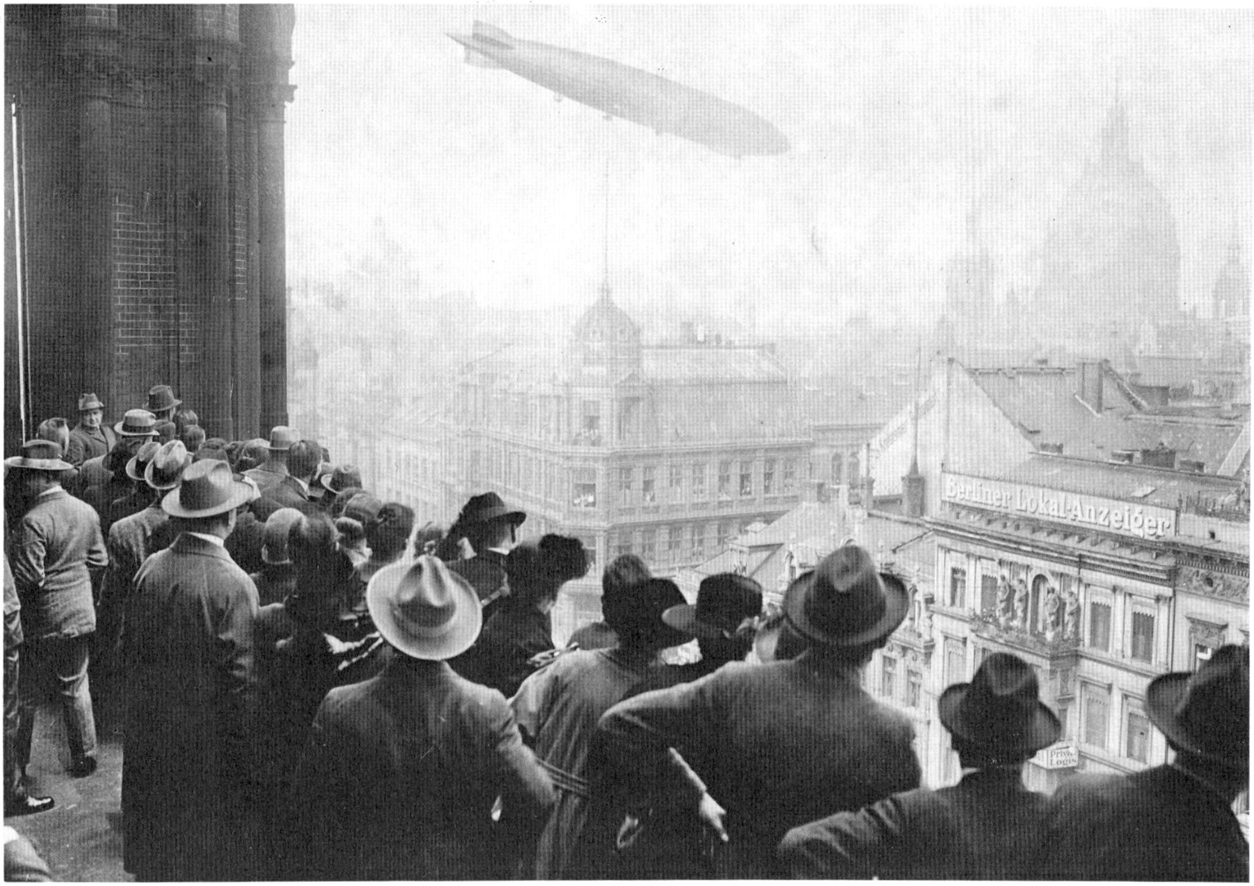

103

104

105

106

107

107.-108. Der Start des ZR III am 12.10.1924 um 7.30 Uhr zur Überführungsfahrt nach Amerika. Im dichten Morgennebel verläßt das Luftschiff Friedrichshafen.

108

109. Das zurückbleibende Publikum stürmt auf der Jagd nach einem Andenken die Halle.
110.-111., 114. Nach einer Fahrtstrecke von 8050 km erreicht der ZR III am 15. 10. 1924 um 9.37 Uhr Ortszeit den Luftschiffhafen Lakehurst in der Nähe von New York. Bei einer Durchschnittsgeschwindigkeit von 99 km/h betrug die Flugzeit 81 Stunden und 2 Minuten.

109

110

111

112

112.-113. Der ZR III überfliegt New York und den Hudson-river.

113

115. Die Anlage des Luftschiffhafens in Lakehurst. Hinter der großen Halle im Vordergrund ist der kreisförmige Landeplatz mit dem im Mittelpunkt errichteten Ankermast auszumachen.
116.-117. Das Einbringen des Luftschiffs in die Halle von Lakehurst.

114

115

116

117

118

118.-120. LZ 127 »Graf Zeppelin«: Nach Aufhebung der für die deutsche Luftfahrt-Industrie geltenden Baubeschränkungen durch die Entente, wird 1927 mit den Mitteln der »Zeppelin-Eckener-Spende« (von Dr. Eckener auf Vortragsreisen beigebrachte 2,5 Mio. Reichsmark, plus Zuschuß der deutschen Regierung in Höhe von 1,5 Mio. Reichsmark) der Bau des neuen Luftschiffs LZ 127 begonnen. Im Juli 1928 wird das Schiff getauft und startet nach seiner endgültigen Fertigstellung am 18. September 1928 zum Jungfernflug.

Die Abmessungen und Daten des LZ 127: 236,6 m Länge, 30,5 m maximaler Durchmesser, 105 000 m^3 Gasinhalt, 5 Maybach Zwölfzylinder-Motoren von je 580 PS, 128 km/h Höchstgeschwindigkeit, 15 t Nutzlast, 10 000 km Aktionsradius.

Die Gesamtgasfüllung dieses Luftschiffs addiert sich erstmalig zu 2 Dritteln aus dem üblichen Wasserstoff-Traggas, zu einem Drittel der Gesamtfüllmenge aber aus einem neuartigen Treibgas – dem sog. »Kraftgas«.

In wahlweisem Wechselbetrieb mit dem bislang ausschließlich verwendeten Benzin bildet dieses etwa luftschwere Kohlenwasserstoffgas nunmehr das Hauptbetriebsmittel der Antriebsaggregate. Der Vorteil dieses Gasgemischs liegt, – in Verbindung mit einem im Vergleich zum Benzin um ca. 25% höheren Heizwert – vor allem darin, daß der Gasverbrauch während der Fahrt den statischen Gleichgewichtszustand des Luftschiffs nicht verändert. Kraftstoffverbrauch dagegen hat eine fortschreitende Erleichterung des Schiffes, zu deren Kompensation schließlich Traggas abgeblasen werden muß. Auf den Benzinbetrieb kann während des Fluges also immer dann umgestellt werden, wenn das durch Regen oder Kondenswasser schwer gewordene Schiff ohne Verlust an Traggas wieder erleichtert werden soll.

Die Abbildungen 119 und 120 zeigen, daß die im regulären Flugbetrieb jeweils mit einem Maschinisten besetzten, über eine klappbare Trittleiter jederzeit zugänglichen Motorengondeln beiderseits des Rumpfes in einer Weise vertikal versetzt angeordnet sind, daß sich die Turbulenz – bzw. Wirkungsbereiche der Luftschrauben nicht überschneiden.

119

120

121

121.-122. Die Bodenmannschaften beim Ausbringen des LZ 127: Nach Auswiegen des Schiffes in der Halle – Abgabe von Traggas bei zu leichtem, von Wasserballast bei zu schwerem Schiff – verteilen sich die Trupps auf die Griffstangen zu beiden Seiten der Führerkabine bzw. der hinteren Motorengondel, sowie die in Knebeltaue aufgefächerten Ausfahrleinen, die sog. »Spinnen«.
Auf das Kommando »Luftschiff marsch« beginnt dann der Transport des Schiffes auf das Flugfeld. Bild 121 zeigt interessante Einzelheiten: Neben dem Landungspuffer aus starkem Gummi auf der Unterseite der Führergondel, insbesondere die in Ruhestellung an der Außenwand anliegende Winddynamomaschine zur Stromerzeugung.

122

123

124

125

126

123.-125. Zeppelin-Begeisterung in den 20er Jahren: Bei der Landung des LZ 127 am 5. November 1928 in Berlin stürmt die Menge das Flugfeld in Staaken.
126.-127. Das Schiff wird an den Steuerbord- bzw. Backbord-Ankerleinen von den Bodenmannschaften durch Auseinandergehen gelandet, und unmittelbar anschließend am Ankermast verholt. Am Fuß des Mastes mehrere Stapel von bereitgestellten Gasflaschen.

127

128

129

128.-129. LZ 127 im Heimathafen am Bodensee. Die zur Ausfahrt geöffneten Tore des hellerleuchteten Hangars geben den Blick auf das Heck des startklaren Luftschiffs frei (Bild 128).

130

130.-131. Zwischenlandung des LZ 127 auf der Nordland-Fahrt vom 24.-30. Juli 1931 in Berlin-Staaken.
An der Führergondel mit Sandsäcken beschwert, liegt das Schiff in gleißendem Scheinwerferlicht auf dem nächtlichen Flugfeld vor Anker.
132. Blick in den Führerstand während des Fluges: Die Rudergänger an Seitensteuer (vorne) und Backbord-Höhensteuer (links). Der dritte Steuermann, der das Steuerbord-Höhenruder an der gegenüberliegenden Seitenwand der Kabine bedient, ist in der Aufnahme nicht sichtbar. Oberhalb des Höhenruder-Steuerrads die große Rundskala des Höhenmessers, darüber am Querträger die Züge der Gas- bzw. Ballast-Ventile.

131

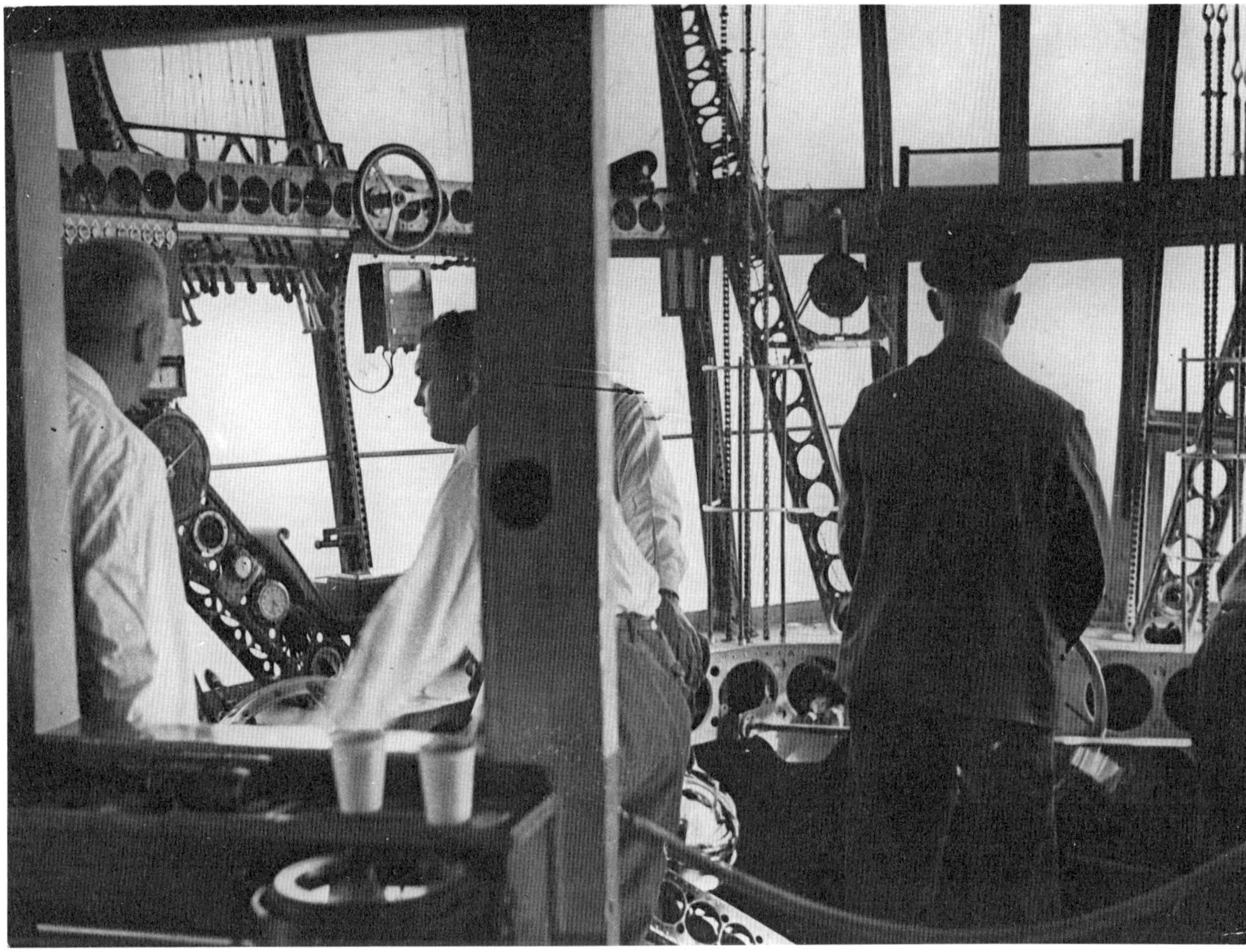

132

133

133. Standortbestimmung über dem sowjetischen Polararchipel Sewernaja Semlja, in 82° nördlicher Breite und etwa 900 km Entfernung zum Pol.

134

135

134.-145. Die Begegnung des LZ 127 »Graf Zeppelin« mit dem sowjetischen Eisbrecher und Forschungsschiff »Malygin« am 27. 7. 1931 in der »Stillen Bucht« vor den Hooker-Inseln (Franz-Josefs-Land)

134. Zu den einzelnen Abbildungen:

Das Luftschiff geht auf die Wasserfläche nieder – der Sinkflug jedoch ist nicht ohne Tücken, wie der »einzige Journalist an Bord, der Mitarbeiter der ›Grünen Post‹« Arthur Koestler in der Ausgabe vom 9. 8. 1931 den Lesern berichtet:

»In weiten eleganten Kurven senkt sich der Zeppelin immer tiefer über das Wasser herab, bis schließlich die Motoren abgestoppt werden. Das Schiff aber, das zuviel Auftrieb hat, beginnt langsam wieder in die Höhe zu schweben. Schweren Herzens muß sich Eckener entschließen, Gas abzublasen. Zum Glück genügt schon eine verhältnismäßig kleine Menge, um das Schiff so tief zu bringen, daß es zwei große Eimer an einer Winde herablassen und mit den Eimern Wasserballast schöpfen kann.«

136

137

138

139

140

141

142

143

144

145

135. Die Besatzung beim Schöpfen von Wasserballast – auch der durch das Gewicht des zu Wasser gebrachten Schlauchboots verursachte Auftrieb muß ausgeglichen werden.
136.-137, 138, 140. Der von Schwimmankern gehaltene LZ 127 vom Beiboot des »Malygin« aus aufgenommen. Der Abstand zwischen Dampfer und Luftschiff mußte aus Sicherheitsgründen vergleichsweise groß bemessen sein, um der Gefahr des Funkenfluges aus dem Schornstein des Dampfschiffs vorzubeugen. Auf Bild 137 sind unterhalb der Gondel wiederum die Schöpfaktionen zu beobachten.
139. Blick aus der Luft auf den vor Hooker-Island ankernden Eisbrecher »Malygin«.
140.-145. Das Beiboot des »Malygin«, mit dem italienischen Polarforscher General Umberto Nobile (mit Pelzmütze) und dem Leiter der meteorologischen Station auf der Hooker-Insel, Professor Iwanow (mit Bart) an Bord, nähert sich dem Luftschiff und geht längsseits.
Nach kurzer Begrüßung und dem Austausch der Postsäcke jedoch wird das Luftschiff durch starke Abdrift zum raschen Wiederanstieg gezwungen.
146.-149. Der LZ 127 auf dem Rückflug aus der Arktis: Über der Treibeiszone (Bild Nr. 149) und dem Norden Rußlands: Kreisförmige Struktur eines Moorgebietes im Bjanma-Land (Bild 146); die ausgedehnten Holzländen und Lagerplätze von Archangelsk (Bild 147-148).

146

147

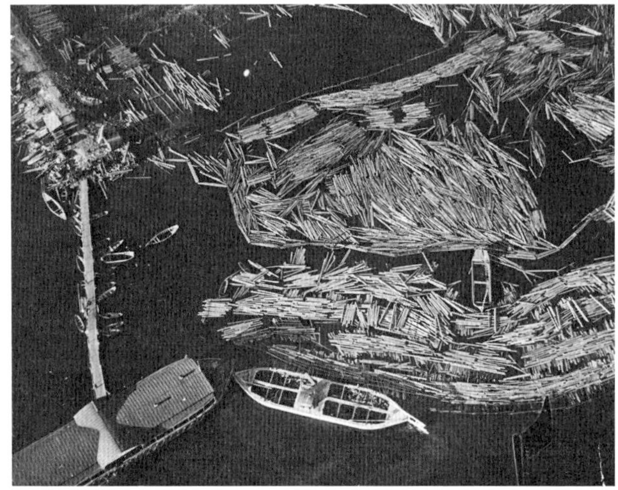
148

149

150

151

150.-151. Zwei Teilnehmer am Arktisflug des »Graf Zeppelin«: Professor Weickmann, Direktor des Geophysikalischen Instituts in Leipzig (Bild 150) und der junge Arthur Koestler, der »Berichterstatter an Bord«, bei seiner Arbeit für das Haus Ullstein (Bild 151). Außer Koestler war für den Ullstein Verlag noch der Züricher Photograph W. Bosshard an Bord, der die hier abgedruckten Bilder von der Polarfahrt des Zeppelin aufgenommen hat.

152

152. Fotoreporter bei der Zwischenlandung des »Graf Zeppelin« in Kasumi-ga-ura bei Tokio (Weltfahrt des LZ 127, August 1929).

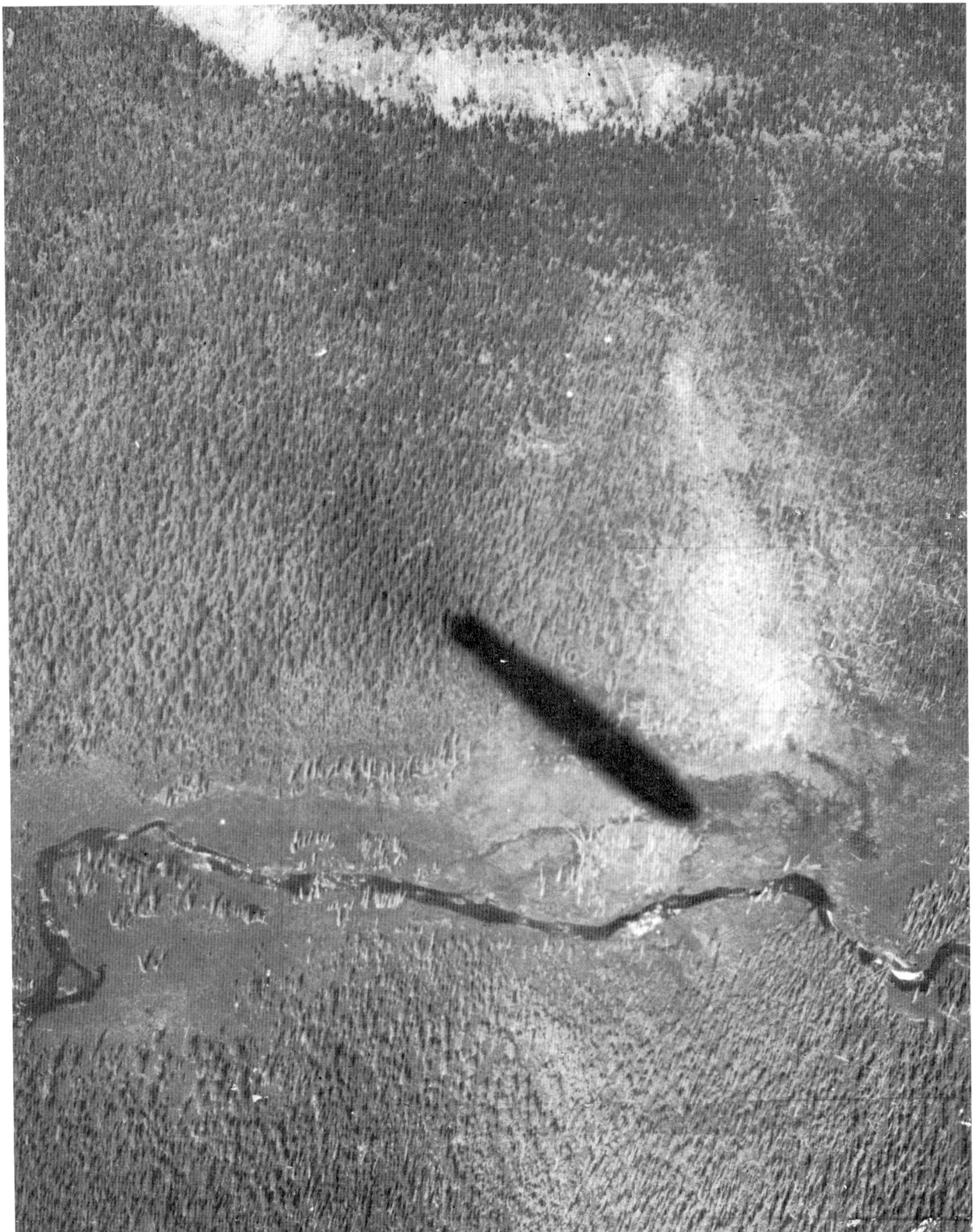

153

154

155

156

157

153.-157. Die Weltfahrt des LZ 127 vom 15. August bis 4. September 1929 auf der Route Friedrichshafen–Tokio–Los Angeles–Lakehurst–Friedrichshafen.
Der Schiffsschatten über der sibirischen Taiga (Bild 153), Blick auf die östlichste, vom Luftschiff aus gesichtete Ansiedlung Sibiriens (Bild 154), Überquerung des entlang der asiatischen Ostküste verlaufenden Stonowoi-Gebirgszuges (Bild 157, aufgenommen aus der hinteren Motorengondel an Backbord), das Luftschiff über dem ochotskischen Meer (Bild 155) und den ersten japanischen Inseln (Bild 156).

158

158. Nachschubtransport von Traggas auf dem Flugfeld von Kasumi-ga-ura bei Tokio.

159

160

159.-160. Bodenmannschaften der japanischen Marine in Kasumi-ga-ura.

161

161.-165. LZ 127 »Graf Zeppelin« und LZ 129 »Hindenburg« (Baujahr 1935) in Südamerika: Nachdem zunächst auf einer Testfahrt vom 18.5. bis zum 6.6.1930 unter der Führung Eckeners die Möglichkeiten für eine ständige Südamerika-Verbindung erprobt worden waren, kam es ab September 1933 zur Einrichtung eines regelmäßigen Post- und Passagierdienstes nach Rio de Janeiro.

161. LZ 127 erreicht bei Recife die Küste Südamerikas (aufgenommen während des 25. Südamerika-Fluges des »Graf Zeppelin«).

162. Der Schatten des LZ 129 »Hindenburg« über einer Flottille von Fischerbooten (1936).

163.-165. Drei Fotografien von Martin Munkacsi (1896-1963), dem Berichterstatter der »Berliner Illustrierten« und Mitarbeiter des Ullstein-Verlages, entstanden an Bord des LZ 127 »Graf Zeppelin« auf Südamerika-Fahrt. Bild 164 zeigt den Blick auf die Anlage einer Fischreuse im seichten Küstengewässer, und Bild 165 die Begegnung mit einem Passagierdampfer auf hoher See – verbunden in der Regel mit einem Austausch von Post und Grüßen.

162

163

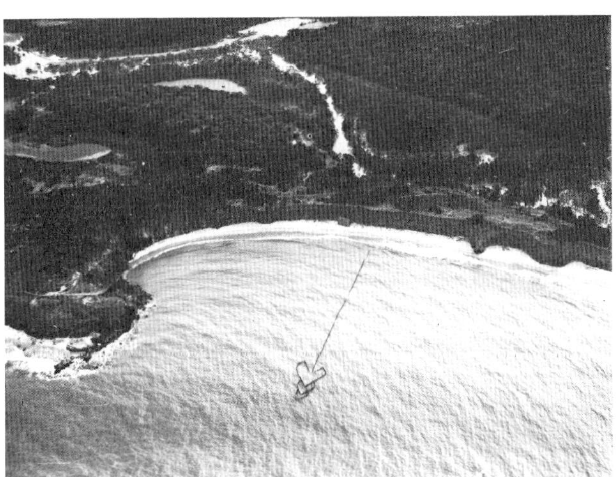

164

165

166.-168. Drei Fotografien aus der Serie »Sieben Tage im Zeppelin – Fotoreportage eines Südamerika-Fluges«, von Alfred Eisenstaedt, 1933:
166. Reparatur der beschädigten Außenhaut des Luftschiffs auf dem Flug über den südlichen Atlantik (Bild 166).
14stündiger Aufenthalt bei der Zwischenlandung in Pernambuco (Brasilien): Passagiere beim Landgang (Bild 167), die Zöglinge eines brasilianischen Mädchenpensionats besuchen das Luftschiff (Bild 168).
Der »Graf Zeppelin« am Ankermast des provisorischen Flugfeldes von Pernambuco (Bild 169-170).

166

167

168

169

170

171

172

171. Blick aus dem Flugzeug auf den LZ 127 am Ankermast von Sevilla – Zwischenstation auf dem Weg nach Südamerika.
172. Der LZ 127 über der Halbinsel von Manhattan. Von einem das Luftschiff überfliegenden Flugzeug aus aufgenommen.
173.-175. Luftaufnahmen von der Orientfahrt des LZ 127 vom 9.-13. April 1931.
Das Luftschiff bei Gizeh über Sphinx und Chephren-Pyramide (Bild 173),
Blick auf Alt-Kairo (Bild 174),
Der Schatten des Zeppelin über einer Kralsiedlung (Bild 175).

173

174

175

176. LZ 127 am abendlichen Wolkenhimmel.
177.-179. LZ 127 »Graf Zeppelin« während einer Flugreise über die Schweiz, aufgenommen aus einem begleitenden Flugzeug.
Im Tal der Linth (Kanton Glarus) (Bild 179), und über der Ebene des Rheintals (Bild 178). Die charakteristische Silberfarbe der äußeren Stoffhülle des Zeppelins, die als ein gestalterisches Element von hohem optisch-ästhetischem Reiz in der fotografischen Darstellung (s. Bild 177, 179) des Luftschiffes immer wieder hervorgehoben wird, wurde aus funktionalen Erwägungen gewählt: Das dem letzten Cellon-Überzug beigemischte Aluminiumpulver hat die Aufgabe, die Außenhaut zum einen gegen die zersetzende UV-Strahlung zu schützen und zum anderen durch Reflektion des Sonnenlichtes einer erwärmungsbedingten Ausdehnung der Gaszellen entgegenzuwirken, die einen Traggasverlust durch Abblasen zur Folge hätte.
180.-182 Die Fertigstellung des LZ 129 in dem für Bau und Betrieb dieses Luftschiffs auf dem Friedrichshafener Werftgelände errichteten Hallen-Neubau. Der Blick auf das noch nicht mit der Außenhaut überzogene Aluminiumgerippe läßt den Aufbau des Rumpfskeletts aus Ringen und Längsträgern, sowie die konstruktive Unterscheidung von Haupt- und zwei zwischenliegenden Hilfsringen erkennen. Da Entwurf und Konstruktion des LZ 129 nicht den Abmessungen einer schon bestehenden Halle angepaßt werden mußten, konnten bei diesem Neubau alle verfügbaren Erkenntnisse der Aerodynamik ohne Abstriche verwirklicht werden. Bei etwa gleicher Länge wie LZ 127 »Graf Zeppelin«, faßte das Schiff aufgrund der strömungsgünstigeren bauchigen Form nahezu die doppelte Menge Traggas, und war dadurch in der Lage, etwa 60 t Nutzlast zu befördern. Die Daten des LZ 129 (Der Sprung von Baunummer 127 zu Nr. 129 erklärt sich aus dem Umstand, daß die Planungsarbeiten für LZ 128 bis zur Fertigungsreife des Projekts betrieben wurden, eine bauliche Realisierung dann jedoch unterblieb): Länge 245 m, maximaler Durchmesser 46,80 m, Gasinhalt 200 000 m^3, 4 Daimler-Benz 16-Zylindermotoren von je 1320 PS Leistung, Geschwindigkeit ca. 136 km/h, Nutzlast 60 t, Erstflug am 4. 3. 1936.
Der vorgesehene Betrieb des LZ 129 mit dem unbrennbaren Heliumgas scheiterte am Veto der Vereinigten Staaten, die über das Monopol der Helium-Gewinnung verfügten, und nicht bereit waren die benötigten Mengen Gases an die Friedrichshafener Werft zu liefern.
183. Landungsmanöver des LZ 129 »Hindenburg«. Unterhalb der Bugnase sind die geöffneten Klappen der vorderen Landeseilkästen zu erkennen.

176

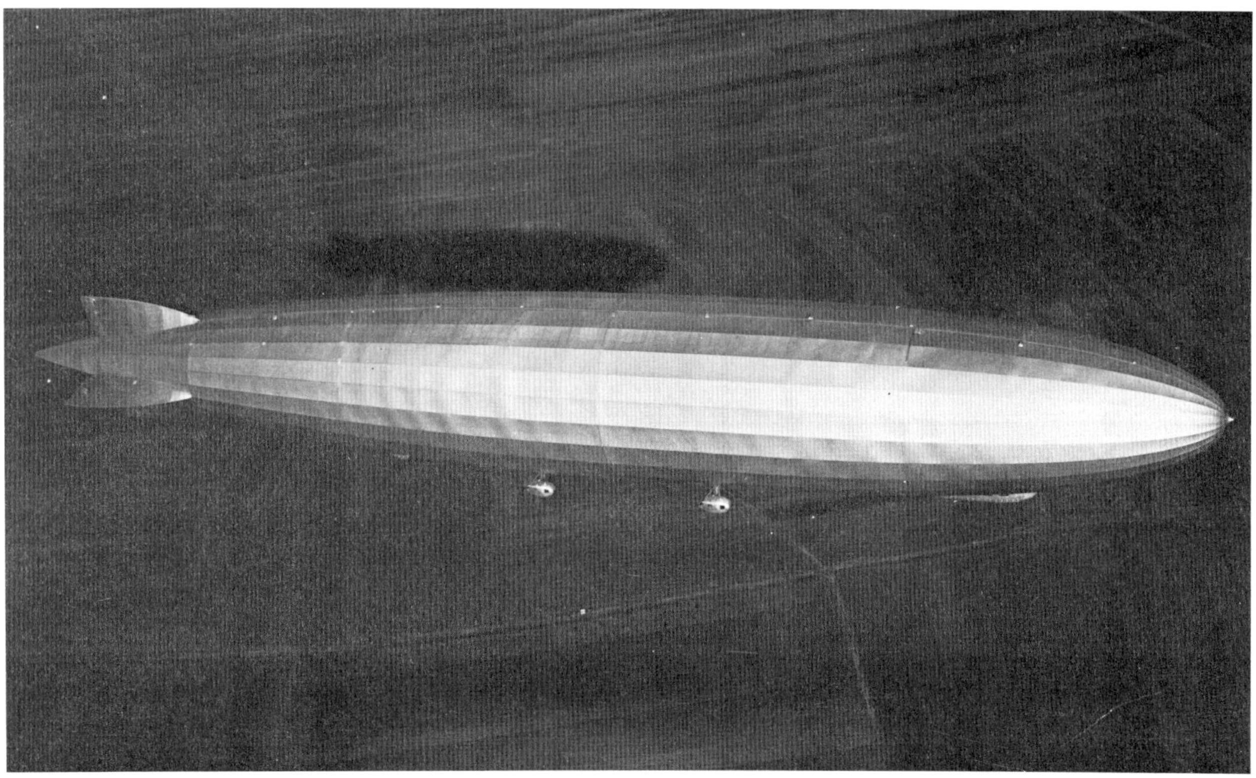

177

178

179

180

181

182

183

184

185

186

187

188

184.-185. Start des LZ 129 zu einem 30-Stunden-Flug am 17.3.1936 in Friedrichshafen. Die Hakenkreuze auf den Leitwerken am Heck (Bild 185) und das olympische Symbol an den Rumpfseiten weisen schon voraus auf die Propagandaflüge des »Hindenburg« während der Olympischen Spiele 1936 in Berlin.
186. Landeanflug des LZ 129 auf das Flugfeld von Frankfurt am Main: Das zu schwere Schiff muß, um Auftrieb zu gewinnen, Wasserballast abgeben.
187. LZ 129 »Hindenburg« am Nachthimmel über Berlin.
188. Konstruktive Neuerungen des LZ 129:
Eine ausfahrbare Fahrwerkkonstruktion ersetzt den Landepuffer aus Gummi, und die verkleinerte Gondelkabine ist jetzt ausschließlich der Bedienung und Navigation vorbehalten. Die ausgedehnten Räumlichkeiten, die den 50 Passagieren zur Verfügung stehen, sind in ein A- und B-Deck unterteilt, ins Innere des Luftschiffs verlegt.
189. Die Ankunft des »Hindenburg« in Lakehurst nach dem 61-Stunden-Rekordflug über den Nordatlantik (Mai 1936).
190. Funkbild des auf seinem Rekordflug nach den USA über Manhattan eingetroffenen »Hindenburg« vom 9. Mai 1936.

189

190

191

191.-193. LZ 129 auf dem Flug nach Südamerika:
Eine Gruppe von Passagieren im hinteren Teil des Promenadedecks (Bild 191; die frappierende Perspektive dieser Aufnahme wurde vom Fotografen durch weites Hinauslehnen aus einem der geöffneten Fenster erreicht.)
Reisende beim Sonnenbaden auf dem Promenadedeck des »Hindenburg« (Bild 192).
Blick aus der vorderen Motorengondel am Backbord zum Heck des Luftschiffs: Die Kühlerjalousie der hinteren Motorengondel ist halb aufgezogen, am unteren Seitenleitwerk das Spornrad. Durch ein aufgelockertes Wolkenfeld erkennt man die Fläche des Atlantiks.

192

193

194

194.-206. Der Absturz des LZ 129 »Hindenburg«:
Nach mehr als 50 Flügen im Nordamerika-Dienst ohne jeden Zwischenfall explodierte das Luftschiff am 6. Mai 1937 über dem Flugfeld von Lakehurst. Die Ursache der Katastrophe blieb ungeklärt.
Die Phasen von Explosion und Absturz:
Das wegen einer aufziehenden Gewitterfront zunächst verschobene Landemanöver des Luftschiffs wird um 18.21 Uhr mit dem Abwurf der Landetaue schließlich doch eingeleitet.
194. Beim Ablassen des Hauptbugkabels aus der Nase des bereits über dem Landeplatz schwebenden »Hindenburg«, kommt es im Heckteil des Luftschiffs zu einer Explosion. Funkbild.
195. Während das Heck von der Explosionshitze bereits weitgehend zerstört ist und abzusacken beginnt, ist der Vorderteil des Luftschiffs noch gänzlich unversehrt. Auf der Unterseite der Gondelkabine ist das ausgefahrene Landerad zu erkennen.
196.-197. Das Schiff stürzt mit dem in Flammen und Rauch gehüllten Heck zu Boden, aus dem steil aufgerichteten Bug schießt eine Stichflamme.
198.-201. Auch der bis zu diesem Zeitpunkt von den Flammen noch nicht ergriffene Bereich um die Führergondel (s. Bild 199) schlägt jetzt auf der Erde auf. In einer hoch auflodernden Feuersäule verbrennt auch dieser Teil des Rumpfes (Bild 200-201).

195

196

197

198

199

200

201

202

203

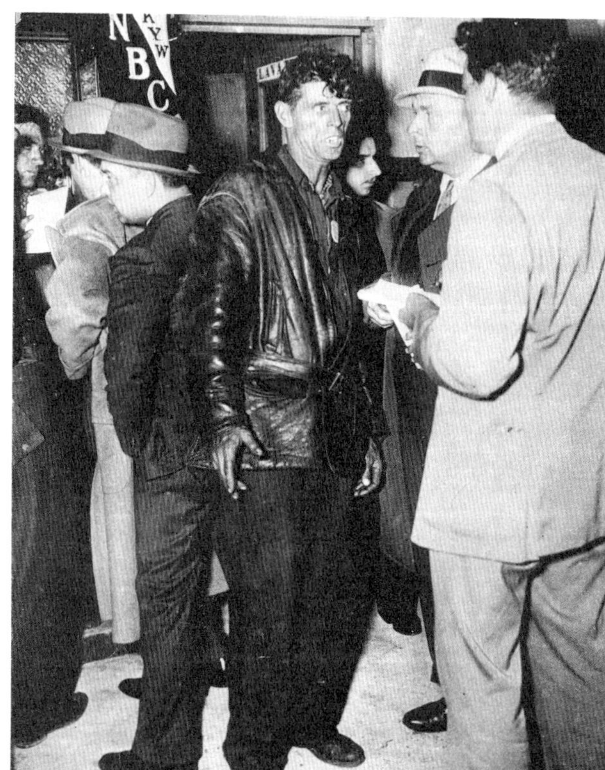

204

202. Das rauchende Wrack des »Hindenburg«.
203. Feuerwehr und Bergungsmannschaft an der Absturzstelle.
204. Ein Augenzeuge berichtet: Pressereporter befragen einen Mann vom Bodenpersonal.
205. Pressekonferenz. An der Tafel die Namen der Opfer und Überlebenden.
206. Abtransport der Wrackteile, die zur Untersuchung der Absturzursachen nach Deutschland gebracht wurden.

KNOWN CREW SAVED.
BALLA
KOLLMER
GROEZINGER
KNOWN SAVED
ADELT, LEONARD
CLEMENS, OTTO
WALTER
WERNER
ZIEGLER
ZETTEL
VON HEIDENSTAM, ROLF
HINKELBEIN, CLAUS

205

206

Bildnachweis

Bildarchiv Süddeutscher Verlag, München: 30, 49, 60, 61, 69, 76, 81, 96-98, 103, 109, 120, 196, 199, 201. Schirmer/Mosel Verlag, München: 164, 175, 197. Time-Life, New York: 166. Ullstein Bildarchiv, Berlin: 9-11, 16, 34, 36-38, 48, 50, 53-56, 62, 63, 87-95, 99-102, 104-108, 113-116, 125, 128, 130-132, 134-139, 141-158, 160-163, 165, 167, 168, 171, 176, 186, 187, 189-195, 198, 200, 203-206. Zeppelin Archiv, Friedrichshafen: 1-8, 12-15, 17-29, 31-33, 35, 39-47, 51, 52, 57-59, 64-68, 70-75, 77-80, 82-86, 110-112, 117-119, 121-124, 126, 127, 129, 133, 140, 159, 169, 170, 172-174, 177-185, 188, 202.